Atlas der Pflanzen und Tiere im Baltischen Bernstein

Die Deutsche Bibliothek - CIP-Einheitsaufnahme

Weitschat, Wolfgang:
Atlas der Pflanzen und Tiere im baltischen Bernstein /
Wolfgang Weitschat und Wilfried Wichard. -
München : Pfeil, 1998
ISBN 3-931516-45-8

Vorsatz und Nachsatz:

Ausschnitte aus »Der Bernsteinwald« · Ölbild von Otto FRELLO, 1998
Das Original befindet sich im »Ravmuseet« (Das Bernsteinmuseum), Vestergade 25, DK-6840 Oksbøl.
Administration: Museet for Varde By og Omegn, Lundvej 4, DK-6800 Varde, Dänemark.

Wir danken Otto Frello und dem Museum
für die freundliche Genehmigung, das Bild hier zu reproduzieren.

Dr. Friedrich Pfeil, Wolfratshauser Straße 27, D-81379 München

Druckvorstufe: Verlag Dr. Friedrich Pfeil, München
CTP-Druck: grafik + druck GmbH Peter Pöllinger, München
Buchbinder: Thomas, Augsburg

Printed in Germany

– gedruckt auf alterungsbeständigem und chlorfrei gebleichtem Papier –

ISBN 3-931516-45-8

Atlas der Pflanzen und Tiere im Baltischen Bernstein

Wolfgang Weitschat
Wilfried Wichard

Verlag Dr. Friedrich Pfeil · München

Vorwort

Vor 50 Jahren hat BACHOFEN-ECHT (1949) mit seinem Buch »Der Bernstein und seine Einschlüsse« einem breiten, aufgeschlossenen Leserkreis die Pflanzen und Tiere des Baltischen Bernsteins nahegebracht. Für lange Zeit war das Buch ein Standardwerk, unverzichtbar für alle, die sich einen Überblick über den Bernstein und seine Inklusen verschaffen wollten. Wenn wir nun einen ausführlichen »Atlas der Pflanzen und Tiere des Baltischen Bernsteins« vorlegen, dann sind wir der Tradition der Bernsteinforschung verpflichtet und greifen auf die bewährten Grundkenntnisse zurück, die vor fast 150 Jahren mit den Arbeiten von BERENDT, GEOPPERT, GERMAR, KOCH und PICTET u.a. angelegt und seitdem in vielfältiger Weise von zahlreichen engagierten Bernstein-Forschern erweitert wurden. Von unschätzbarem Wert war uns darum die bibliographische Aufarbeitung der zahlreichen und oft schwer zugänglichen Veröffentlichungen über die Bernstein-Inklusen durch KEILBACH (1982) und SPAHR (1981-1993).

Der vorliegende Atlas wäre ganz sicher nicht möglich geworden ohne die freundliche Hilfe von Fachkollegen, ohne die Unterstützung privater und öffentlicher Sammlungen und Museum, ohne die Zusammenarbeit mit Bernsteinhändlern und vor allem ohne die vielen begeisterten Liebhaber des Baltischen Bernsteins und seiner Einschlüsse. An erster Stelle möchten wir die Mitglieder des »Arbeitskreises Bernstein« des Vereins zur Förderung des Geologisch-Paläontologischen Museums der Universität Hamburg nennen. Viele von ihnen haben hilfsbereit und ohne zu zögern ihre guten Stücke zur Verfügung gestellt, damit die Vielfalt an Formen und so manche Besonderheiten in diesem Atlas zum Ausdruck kommen. Ganz herzlich danken wir dem Mitbegründer des Arbeitskreises, Herrn Peter Christian VOIGT, der uns Autoren in so manchen Gesprächen zu diesem Buch ermunterte.

Der Dank an den Arbeitskreis gilt namentlich Dr. Elena EZHOVA (Kaliningrad), Hans-Jörn FREIHEIT (Offenbach), Hilda GROTE (Hamburg), Henry HOERSCH (Santo Domingo), Christel und Hans-Werner HOFFEINS (Hamburg), Alexander JUNG (Halle), Friedrich KERNEGGER (Hamburg), Mikhail KOTASHEVICH (Kaliningrad), Dr. Andrey KRYLOV (Kalinigrad), Dr. Yefim KUKUEV (Svetlogorsk), Hans LÜDECKE (Kronberg), Kazimiras MIZGIRIS (Nida), Oliver PAULSEN (Kiel), Yuri PEDORENKO (Svetlogorsk), Dr. Jochen SCHLÜTER (Mineralogisches Institut, Hamburg), Lutz SCHREITER (Lübeck), Jacek SERAFIN (Kasparus), Bernhard STRIEBICH (Buxtehude), Peter SORGE (Meldorf), Dirk TEUBER (Harsewinkel), Jürgen VELTEN (Idstein), Dr. Kazimiras VYSNIANSKAS (Vilnius) und Peter WINTER (Hamburg).

Große private Sammlungen und die Sammlungen einiger Bernsteinhändler wurden uns freundlicherweise zugänglich durch Jonas DAMZEN (Vilnius), Fa. Günther HERRLING (Bramsche), Jens von HOLT (Amber World, Hamburg), Matthias GLINK (Buxtehude), Carsten GRÖHN (Glinde bei Hamburg), Jens-Wilhelm JANZEN (Hamburg), Gerhard LIEDTKE (Itzehoe), Frau B. PETERS (Bernsteinladen, München), Saulius URBONAS / Juozas VEILANDAS (Klaipeda / Vilnius).

Auch auf die wissenschaftliche Beratung konnten und wollten wir nicht verzichten und danken den freundlichen Kollegen: Dr. V. ARNOLD, Heide (Pollen), Prof. Dr. W. BÖHME, Bonn (Vertebraten), Prof. Dr. R. EHRNSBERGER, Vechta (Acari), R. EHRMANN, Karlsruhe (Mantodea), Dr. J.-P. FRAHM, Bonn (Laubmoose), Dr. R. GROLLE, Jena (Lebermoose), Dr. E. HEISS, Innsbruck (Aradidae), Dr. A. HERCZEK, Katowice (Heteroptera), J.-W. JANZEN, Hamburg (Hymenoptera), Prof. Dr. B. KLAUSNITZER, Leipzig (Wasserkäfer), Prof. Dr. J. KOTEJA, Krakow (Coccoidea), Prof. Dr. S.M. KLIMASZEWSKI, Katowice (Psylloidea), Dr. R. KOHRING, Berlin (REM-Photographie), Prof. Dr. J. MARTENS, Mainz (Opiliones), Dr. h.c. H. MENDL, Kempten (Plecoptera, Diptera), Dr. P. OHM, Kiel (Coniopterygidae), Dr. S. PODENAS, Vilnius (Limoniinae), Frau Dr. E. PIETRZENIUK, Berlin (Coleoptera), Dr. H. POHL, Darmstadt (Strepsiptera), Dr. Y. POPOV, Moskau (Heteroptera), Prof. Dr. H. STRÜMPEL, Hamburg (Zikaden), Dr. H. ULRICH, Bonn (Diptera), Prof. Dr. R. WAGNER, Schlitz (Diptera), Dr. P. WEGIEREK, Katowice (Aphidina), Dr. V. WILDE, Frankfurt (Pflanzen), Dr. A. WOHLTMANN, Berlin (Acari), Jörg WUNDERLICH, Straubenhardt (Araneae).

Die Aufnahmen haben wir nach meist aufwendiger Präparation mit dem Makroskop Leica M 420 und einer Spiegelreflexkamera (Bonn) oder häufiger noch mit dem Photo Makroskop Wild M 400 (Hamburg) durchgeführt. Nicht immer waren die Inklusen so photogen, wie wir es uns gewünscht hätten. Auf manche interessanten Stücke mußten wir ganz verzichten. Dennoch glauben wir, daß dieser Atlas mit seinen exemplarischen Tafelbildern und den begleitenden Texten einen informativen und ansprechenden Überblick über die Pflanzen und Tiere des Baltischen Bernsteins vermittelt.

Bei der Fertigung des Manuskriptes haben uns mit zusätzlichen Fotos und Grafiken Frau Barbara BAUMER (Pöcking), Dr. Klaus REICHERTER (Hamburg), Dr. Rainer SLOTTA (Bergbaumuseum, Bochum), Eva VINX (Lieth), Wibke WEITSCHAT (Bargteheide) geholfen. Das systematische Register hat Frau Annette FRINGS (Bonn) erstellt. Ganz besonders danken wir für die gelungenen Zeichnungen, die Herr Gerhard LIEDTKE (Itzehoe) sowie Frau Annette-Caroline BÖLLING (Köln) und Frau Sandra NICKLISCH (Köln) anfertigten. Herr Prof. Dr. Gero HILMER (Hamburg) übernahm freundlicherweise die kritische Durchsicht.

Das Geologisch-Paläontologische Institut und Museum der Universität Hamburg und das Institut für Biologie und ihre Didaktik der Universität zu Köln haben uns ein anregendes, innovatives Forum geschaffen, in dem gemeinsames Arbeiten über die Biologie und Paläontologie des Baltischen Bernsteins möglich wurde.

September 1998

Wolfgang Weitschat, Wilfried Wichard

Inhalt

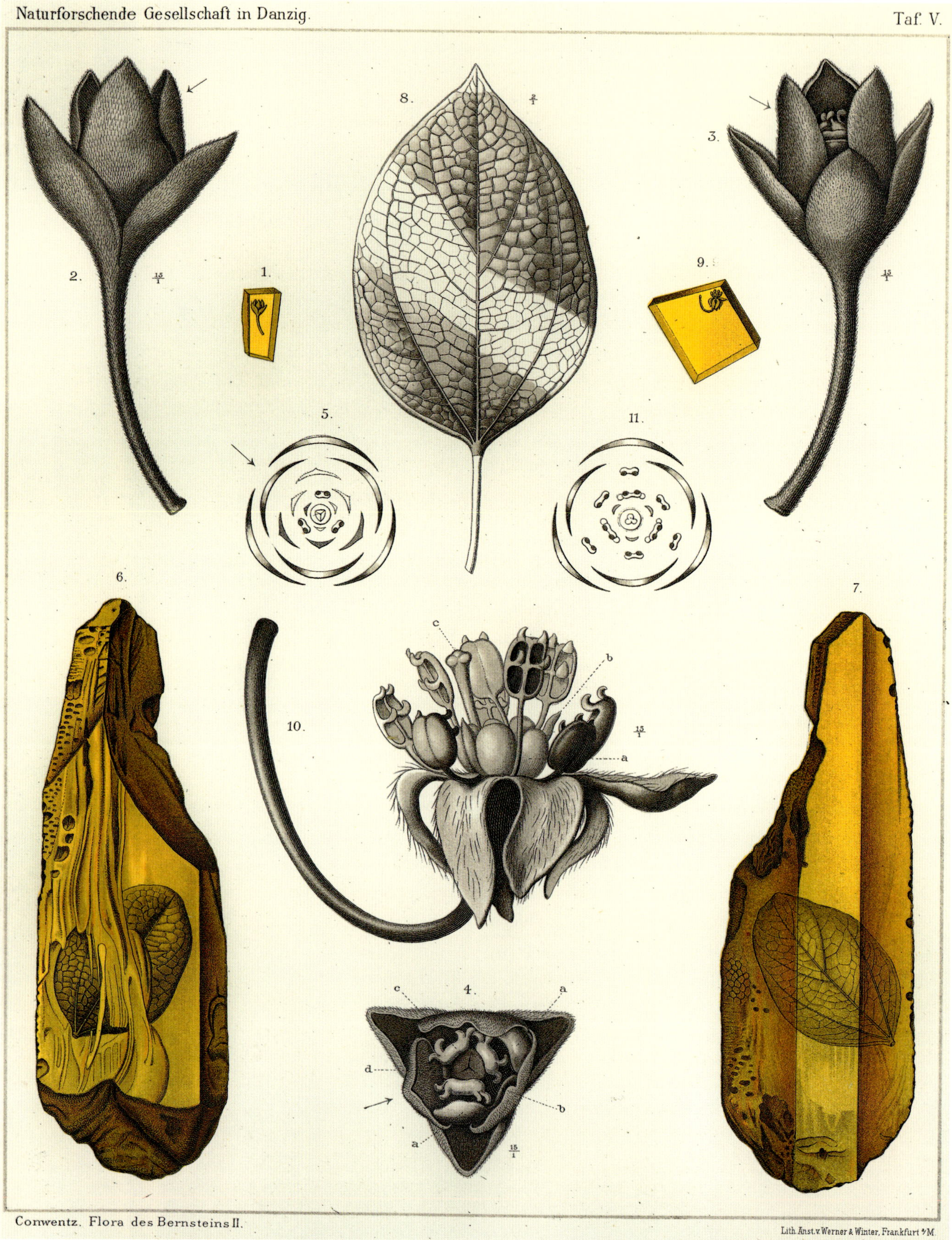

Tafel V aus CONWENTZ, H.: Die Flora des Bernsteins. – 2. Die Angiospermen des Bernsteins. – Danzig 1886.

1 Allgemeiner Teil

1.1 Grundkenntnisse über Bernstein

1.1.1 Harz – Kopal – Bernstein

Der Name Bernstein gilt als allgemeine Bezeichnung für fossile Harze, also für »versteinerte« pflanzliche Saftflüsse. Wie lange und unter welchen Bedingungen und Reaktionsfolgen die Prozesse ablaufen, um aus Harz Bernstein entstehen zu lassen, ist im Einzelnen noch nicht eindeutig geklärt. Lediglich die Anfangsphasen der Bernsteinentstehung sind an den Harzausscheidungen heutiger Pflanzen nachvollziehbar. Viele Nadelbäume und eine Anzahl von Laubbäumen produzieren Harze, die normalerweise und teilweise aufgrund von Verletzungen von der Pflanze ausgeschieden werden. Chemisch sind Harze Gemische verschiedener organischer Verbindungen und gehören zur Stoffklasse der Terpenderivate. Sie sind wasserunlöslich, riechen im allgemeinen mehr oder weniger aromatisch und sind anfänglich klebrig. An der Luft kann die zähflüssige Harzmasse unter Verlust der leichtflüchtigen Bestandteile relativ schnell verfestigt werden. Es erfolgt eine Polymerisierung, wobei sich Kohlenstoffketten bilden. Im Laufe von Jahrmillionen schreitet die Veränderung und Verfestigung des Harzes weiter voran, wobei sich die Fadenmoleküle der Harzmasse immer weiter »verknoten« und die Lösungsmittel und leichtflüchtigen Bestandteile allmählich verschwinden. Man kann bei der Bernsteinbildung von einem Reifeprozeß sprechen, vergleichbar mit der Inkohlungsreihe von Pflanzen über Braunkohle zu Steinkohle.

Der Vorgang impliziert auch altersbedingte Zwischenformen zwischen Harz und Bernstein. Diese bezeichnet man allgemein als Kopale. Sie sind oft glasklar, fest und riechen meist nicht, schmieren jedoch noch beim Anschliff. Typische Kopale, die von tropischen Laub- oder Nadelbäumen stammen, kennt man aus Ostafrika, Madagaskar, Neuseeland, Kolumbien und der Dominikanischen Republik. Sie wurden früher insbesondere von Afrika und Neuseeland in Tausenden von Tonnen für die Lackfabrikation exportiert. Altersbestimmungen anhand der ^{14}C-Methode haben ergeben, daß der überwiegende Teil der handelsüblichen Kopale aus geschichtlicher Zeit stammt.

1.1.2 Bernstein – der Brennstein

Der Name Bernstein geht auf seine allgemein bekannte Eigenschaft der Brennbarkeit zurück. »Börnen« ist die niederdeutsche Form für brennen. Nach dem Gesteinscharakter ist Bernstein in die Gruppe der Kaustobiolithe einzuordnen, zu der auch Kohle und Ölschiefer gehören. Diese umfassen Gesteine, die die Eigenschaft der Brennbarkeit besitzen (kaio – griech. = brennen) und deren Ursprung biogener Natur ist (bios – griech. = leben).

Für eine gewisse Verwirrung hat bis heute die Tatsache gesorgt, daß man in früheren Zeiten den Begriff Bernstein auf den Baltischen Bernstein beschränkt sehen wollte. Begründet wurde dies mit dem Gehalt an Bernsteinsäure, womit der Baltische Bernstein (Succinit) von allen anderen fossilen Harzen (Retiniten) unterschieden wurde. Später führte dies zu Bezeichnungen wie »Echter« Bernstein oder »Bernstein im engeren oder weiteren Sinne«. Die »unsichere« Begriffsbestimmung geht darauf zurück, daß die Vielzahl weltweiter Fundstellen fossiler Harze früher noch nicht bekannt war. Unter diesen kennt man auch Harze mit einem Gehalt an Bernsteinsäure, die für Baltischen Bernstein das charakteristische Erkennungsmerkmal war, das nicht mehr für diesen allein gelten kann (HELM 1885, BECK 1996). Neuere Ergebnissse aus der Harzchemie haben außerdem gezeigt, daß die Kenntnis der geologischen Geschichte eines jeden fossilen Harzes von außerordentlicher Bedeutung für seine botanische Zuordnung sein kann. So können Harzabsonderungen identischer »Mutterpflanzen« bei unterschiedlicher geologischer Beanspruchung zu Bernsteinen mit deutlich voneinander abweichendem Chemismus führen.

Wir schließen uns der Auffassung von SCHLEE (1978, 1980, 1984, 1990) an, der den Begriff Bernstein grundsätzlich für alle fossilen, d.h. für »viele Jahrmillionen alte« Naturharze verwendet. Zur weiteren Präzisierung sollte dann der Lokalitätsname benutzt werden, z.B. Sibirischer Bernstein, Borneo Bernstein, New Jersey Bernstein, Dominikanischer Bernstein und Baltischer Bernstein.

1.1.3 Vorkommen von Bernstein

Mittlerweile sind fast 100 Bernsteinvorkommen aus aller Welt bekannt und jährlich kommen neue hinzu. Abgesehen von der Antarktis wird Bernstein heute auf allen Kontinenten gefunden. Allerdings sagt diese großflächige Verbreitung nichts über die Qualität und Quantität der einzelnen Lagerstätten aus. Nur wenige der in letzter Zeit bekannt gewordenen Vorkommen haben eine wirtschaftliche Bedeutung erlangt (z.B. Dominikanischer Bernstein, Bitterfelder Bernstein, Bernstein aus der Ukraine). Die Anzahl der bekannten fossilführenden Bernsteinvorkommen ist in den letzten Jahrzehnten in hohem Maße angestiegen.

Das geologische Alter der Bernsteinvorkommen ist sehr unterschiedlich ebenso wie die Natur der harzproduzierenden Pflanzen. Lange Zeit hatte man angenommen, daß die Pflanzen des Erdaltertums (Paläozoikums) noch keine Harze produziert haben (SCHLEE, 1978). Diese Annahme ist mittlerweile durch Harzfunde in Steinkohlen des Ober-Karbon (320-285 Mio. Jahre) widerlegt. Dabei handelt es sich um kleinste Partikel, die vermutlich im Innern der Pflanzen gebildet wurden und damit nicht als Harzfallen für Insekten in Frage kamen. Ähnliches gilt auch für einige Bernsteinvorkommen aus dem frühen Mesozoikum (Trias/Jura).

Die geologisch ältesten bisher bekannten fossilhaltigen Bernsteine stammen aus Ablagerungen der Unter-Kreide des Libanon Gebirges und haben ein absolutes Alter von ca. 130-120 Mio. Jahren. Zwar hat diese Fundstelle keine kommerzielle Bedeutung, ist aber durch ihre Fossilien von besonderem wissenschaftlichen Wert, da die Entstehung dieser Harze in eine paläontologisch außerordentlich interessante Epoche fällt. Auf der einen Seite gab es noch Saurier, Ammoniten und Belemniten, anderseits existierten aber bereits Säugetiere, Vögel und Blütenpflanzen. Die wissenschaftliche Bearbeitung der reichen Faunen des Libanon-Bernsteins hat teilweise zu überraschenden Ergebnissen bezüglich der Evolution verschiedener Insekten-Gruppen geführt (SCHLEE, 1970).

Aus dem späten Erdmittelalter (Mesozoikum) sind gerade in den letzten Jahren noch eine Anzahl weiterer Bernsteinvorkommen bekannt geworden. Unter diesen sind fossilführend der Jordanien-Bernstein (ca. 120 Mio. Jahre), der Taimyr-Bernstein (ca. 80 Mio. Jahre), der New-Jersey-Bernstein (ca. 70 Mio. Jahre), der Cedar-Lake-Bernstein (ca. 75-80 Mio. Jahre), der Französische Bernstein (ca. 70 Mio. Jahre) und der erst kürzlich entdeckte Bernstein aus den Pyrenäen (ca. 100 Mio. Jahre).

Das eigentliche »Bernstein-Zeitalter« ist jedoch die Erdneuzeit, das Känozoikum, aus der die weitaus größte Anzahl fossiler Harzlagerstätten stammt. Diese Vorkommen stehen im ursächlichen Zusammenhang mit der Entwicklung der modernen Pflanzenwelt am Ende des Erdmittelalters und zu Beginn der Erdneuzeit, als Angiospermen (Bedecktsamer) und Gymnospermen (Nacktsamer) und insbesondere die Koniferen divergierten.

1.1.4 Entstehungsgebiete von Bernstein

Ein großer Teil der noch weitgehend offenen Fragestellungen zum Themenkomplex Bernstein betrifft die exakte zeitliche und geographische Einordnung der Bernsteine. Grund dafür ist die Tatsache, daß sich nahezu alle bisher bekannten Bernsteinlagerstätten heute nicht an der Stelle befinden, wo ehemals die Harze entstanden und primär in den Waldboden geraten sind. Eine Bernstein-Lagerstätte repräsentiert in der Regel nicht, wie man vielleicht annehmen möchte, einen fossilen Waldboden. In den meisten Fällen deuten die Sedimente, in denen er angereichert vorkommt, eher auf ein marines Milieu, d.h. eine Meeresablagerung hin.

Hauptursache dafür scheint die sehr geringe Verwitterungsresistenz von Bernstein gegenüber Sauerstoff zu sein. Im Waldboden abgelagert würde das Harz nur eine sehr begrenzte Lebensdauer haben und bereits nach wenigen Jahrtausenden durch Oxidationsprozesse und durch Austrocknung zerstört werden. Nach einem Modell von SAVKEVICH (1969) ist deshalb eine unabdingbare Voraussetzung für die Entstehung fossiler Harze und deren Umbildung zu Bernstein eine rasche Einbettung unter Luftabschluß. Folgt man dieser These, so können Bernsteinlagerstätten nur dann entstehen, wenn die Harze schon während oder kurz nach ihrer Bildungszeit durch Flüsse aus dem Waldboden herausgeschwemmt und ins Meer oder in große Seen transportiert werden, wo sie nach ihrer Ablagerung vor weiteren Verwitterungsprozessen geschützt sind.

Wenn nun die Erhaltung von Bernstein offensichtlich von seinem Transport durch fließende Gewässer abhängig ist, so lassen sich von der Lage der heutigen Fundpunkte kaum exakte Angaben über die ehemaligen Entstehungsgebiete machen. Da Bernstein durch sein geringes spezifisches Gewicht in bewegtem Wasser leicht aufschwimmt, wird er beim Transport vor Zerkleinerung und Abrollung geschützt und behält in der Regel seine ursprüngliche Form bei. Damit sind natürlich auch jegliche Aussagen über die etwaigen Längen der Transportwege, die mit Sicherheit sehr unterschiedlich gewesen sind, nicht mehr möglich.

Einmal abgelagert, kann Bernstein aus dieser seiner zweiten, sog. »sekundären« Lagerstätte durch geologische Prozesse erneut weitertransportiert und umgelagert werden. Das kann schließlich zur Folge haben, daß Harze eines einzigen Entstehungsraumes in sehr verschiedenen, aber auch unterschiedlich alten Bernsteinlagerstätten anzutreffen sind. Der Fundort einer Bernstein-Lagerstätte stimmt also in der Regel nicht mit dem Lebensraum der harzproduzierenden Bäume überein.

1.1.5 Das Alter des Bernsteins

Welche Möglichkeiten stehen zur Ermittlung des Alters von Bernsteinen zur Verfügung? Viele bestehende Probleme wären lösbar, bestände die Möglichkeit einer direkten Datierung des einzelnen Bernsteinstückes. Dies ist bis heute weder mit physikalischen noch mit chemischen Methoden möglich. Das einzige in Frage kommende radioaktive Element im Bernstein, der Kohlenstoff (^{14}C-Datierung), reicht nur für Alter bis zu 60000 Jahren.

Neben der absoluten Zeitmessung verfügt die Geologie über eine weitere Art von »Kalender«, dem die Entwicklungsgeschichte der als Fossilien in den Gesteinsabfolgen eingeschlossenen Organismen zugrunde liegt. Mit Hilfe sog. Leitfossilien, die für einen bestimmten, möglichst kurzen Abschnitt der Erdgeschichte charakteristisch sind, haben Generationen von Geologen weltweit eine universale Schichtenskala, eine Art von Zeitschema, erarbeitet, die bis heute ständig ausgebaut und verfeinert wird. Da man mit dieser Methode nur relative Altersangaben erreicht, wird sie auch als relative Zeitmessung bezeichnet. Die in den verschiedenen Bernsteinen eingeschlossenen Floren und die terrestrischen Faunen sind als Leitfossilien nicht verwendbar. Damit entfällt eine weitere Möglichkeit der direkten Altersbestimmung am inklusenführenden Bernsteinstück.

Als letzte Möglichkeit bleibt die geologische Datierung der bernsteinführenden Schicht. Nur wenn diese selbst oder auch einer der darüber oder darunter liegenden Schichten Leitfossilien führt, ist eine Festlegung des relativen Alters möglich. Das auf diese Weise ermittelte geologische Alter der jeweiligen Bernstein-Lagerstätte stimmt – wie bereits erwähnt – nicht mit dem Alter des ursprünglichen Entstehungsortes des Harzes und nicht mit dem des Lebensraumes der harzproduzierenden Bäume überein. Die Mehrzahl der bisherigen Altersangaben von Bernsteinvorkommen beziehen sich nur auf die ungefähre Zeit und geben in der Regel nur das Mindestalter seiner Entstehung an.

1.1.6 Die Herkunft des Bernsteins

Nicht minder problematisch als die Ermittlung des geologischen Alters von Bernsteinen ist die Zuordnung der verschiedenen fossilen Harze zu ihren Ursprungspflanzen. Das Spektrum der pflanzlichen Inklusen der jeweiligen Bernsteinvorkommen gibt erste Hinweise. Unter diesen sollte die harzproduzierende Pflanze mit vertreten sein. Weiterführende direkte Beobachtungen sind nur selten möglich. Hierfür benötigt man Holzstücke mit »in situ« erhaltenem Bernstein, die für eine Untersuchung der Zell- und Gewebestrukturen geeignet sind und außerdem möglichst artspezifische Merkmale aufweisen (SCHUBERT 1939, 1953). In den bisher bekannten sekundären Bernsteinlagerstätten werden derartige Stücke äußerst selten gefunden. Wahrscheinlich wird bereits bei den Umlagerungsprozessen Holz von Bernstein separiert.

Um Auskunft über die Ursprungspflanzen der Bernsteine zu bekommen, bedient man sich verschiedener Methoden. Als besonders geeignet erwies sich bis in die heutige Zeit die Infrarot-Spektroskopie (BECK 1996, KOLLER et al. 1997). Dabei handelt es sich um eine Herkunftsbestimmung des Harzes unter Berücksichtigung seiner chemisch-physikalischen Beschaffenheit. Die Methodik beruht u.a. auf Arbeiten von HUMMEL (1958), MOENKE (1962), BECK et al. (1964, 1965), LANGENHEIM & BECK (1965). Die Infrarot-Spektroskopie mit nur wenigen Milligramm Bernstein-Substanz erlaubt gesicherte Aussagen über die Identität von Bernsteinen und rezenten Harzen, wenn die Spektren, d.h. ihre infrarot-spektrometrischen Diagramme, miteinander verglichen werden. Ähnlichkeiten oder Übereinstimmungen der Kurven rezenter Harze bekannter botanischer Herkunft mit einem Bernstein geben dabei Hinweise auf den Harzproduzenten. So stimmen die infrarot-spektrometrischen Diagramme zwischen dem heutigen Harz eines tropischen Laubbaumes, der Leguminose *Hymenaea courbaril*, mit dem Mexikanischen und auch Dominikanischen Bernstein fast bis ins Detail überein. Neben dieser erfolgreichen Anwendung der Methode werden auch die Grenzen der Methode deutlich. Der Hauptgrund für die Schwierigkeiten liegt darin begründet, daß sich der Chemismus eines fossilen Harzes in Abhängigkeit von seiner geologischen Geschichte verändern kann. SAVKEVICH (1969, 1996) macht deutlich, daß insbesondere unter Einfluß von Druck und Temperatur Harze derselben Pflanzenart ihren chemischen Aufbau und damit auch ihre Eigenschaften verändern. SAVKEVICH fand Übergangsreihen zwischen verschiedenen Bernsteinsorten und wies experimentell die Umwandlung von *Succinit* in *Rumänit* nach. Andererseits können Harze verschiedener botanischer Herkunft unter ähnlichen Druck- und Temperaturbedingungen einen analogen chemischen Aufbau annehmen, der sich dann neben einer Reihe von Eigenschaften auch in den Infrarotspektren widerspiegelt. Folgt man diesen Überlegungen, so spiegeln verschiedene Bernsteine meist ihre spezielle geologische Geschichte und Situation wider und nicht immer ihren botanischen Ursprung.

1.2 Genese des Baltischen Bernsteins

1.2.1 Übersicht

Fast 150 Jahre ist Baltischer Bernstein bereits Gegenstand intensiver Forschung aus verschiedensten wissenschaftlichen Blickrichtungen. Man könnte annehmen, daß nach so langer Zeit nur noch wenige offene Fragen grundsätzlicher Natur bestehen. Die Vielzahl der Publikationen der letzten Jahre, in denen wir eine bis in die heutige Zeit anhaltende Art von »Bernstein-Renaissance« erlebt haben, belegt jedoch eher das Gegenteil. Fundamentale Themen wie die Frage nach dem Harzproduzenten oder nach einer exakten zeitlichen Einordnung des Baltischen Bernsteins und damit verbunden der Lage und Zeitdauer des »sagenumwobenen Bernsteinwaldes« werden weiterhin kontrovers diskutiert. Dabei hat es fast den Anschein, daß die intensive Forschungsarbeit innerhalb des letzten Jahrzehntes eher zu einem Anstieg der Zahl der ungelösten Probleme geführt hat.

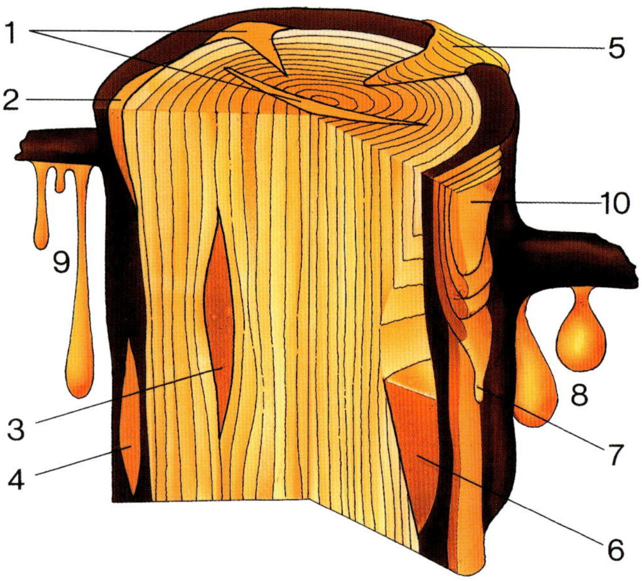

Abb. 1: Naturformen des Bernsteins (nach KATINAS 1971 und GANZELEWSKI 1996): 1. Rissfüllungen, 2. Formen unter der Borke, 3. Harztasche, 4. Formen in der Borke, 5. Füllung von Wunden, 6. Hohlraumfüllung mit flacher Oberseite (Harzniveau), 7. Zapfen- und stalaktitnähnliche Formen, 8. Tropfen, 9. Stalaktiten (Nadeln), 10. Schlauben.

Obwohl in diesem Atlas das Hauptaugenmerk auf die im Baltischen Bernstein eingeschlossenen fossilen Floren und Faunen gerichtet ist, soll im Folgenden auf einige der angesprochenen offenen Probleme bezüglich der Lagerstätten, der Genese und des Alters des Baltischen Bernsteins eingegangen werden, insbesondere natürlich in den Fällen, in denen die Zusammensetzung der fossilen Floren und Faunen zur Lösung der angesprochenen Fragestellungen beitragen kann. Aus der Vielzahl der weiteren Themenkreise des Baltischen Bernsteins sollen hier nur diejenigen Aspekte aufgezeigt und näher diskutiert werden, die im direkten oder auch indirekten Zusammenhang mit seinen Einschlüssen stehen.

1.2.2 Naturformen des Bernsteins

Wenn es noch eines Beweises für die Harznatur des Bernsteins bedürfte, so könnten hierfür die natürlichen Formen der einzelnen Bernstein-Stücke herangezogen werden, in denen er in den Lagerstätten vorkommt. Die auffälligsten unter diesen sind Sinterformen wie Bernstein-Tropfen oder Zapfen, die wir noch heute in den Wäldern an vielen harzenden Bäumen beobachten können (Abb. 2, 3). Prinzipiell hat jedoch jedes natürliche Bernstein-Stück eine bestimmte, nicht dem Zufall unterworfene Form, die seine Entstehung am oder im Baum widerspiegelt. Anhand von Struktur, Morphologie und Oberflächencharakter ist es in vielen Fällen sogar möglich, präzise Angaben über seine Entstehungsgeschichte zu machen (Abb. 1). Danach lassen sich Naturformen des fossilen Harzes ableiten (KATINAS 1971). Grob wird dabei zwischen »externen« – an der Außenseite der Bäume entstandenen Harzanreicherungen – und »internen«, solchen, die innerhalb der Baumstämme, zwischen Kernholz und Rinde, entstanden sind, unterschieden. Interne Formen, die prozentual den deutlich höheren Anteil ausmachen, sind in der Regel undurchsichtig und enthalten keine Einschlüsse. Unter ihnen finden sich auch die großen Bernsteinstükke; das größte bisher bekannte Fundstück wiegt 9750 g (BARFOD et al. 1989).

Die Fossillieferanten des Baltischen Bernsteins

Abb. 2: Birnenförmiger »Bernstein-Tropfen«, mit Schrumpfungsrillen und Wülsten am Hals. Tropfen dieser Art sprechen für eine zähflüssige Beschaffenheit des Harzes.

Abb. 3: »Tropfstein« mit verdicktem Ende; entstanden durch mehrfach überschichtete Harzflüsse. Indiz für die extreme Dünnflüssikeit des Harzmaterials.

müssen naturgemäß unter den externen Formen zu suchen sein. Hier ist es ein ganz besonderer Steintypus, der nahezu ausschließlich die für die Wissenschaft so außerordentlich wertvollen Einschlüsse von Tieren und Pflanzen enthält. Er wird traditionell als *Schlaube* oder wegen seines Reichtums an Einschlüssen auch als *Inklusenstein* bezeichnet. Schlauben sind in der Regel nicht sehr groß – nur selten erreichen sie Faustgröße –, bestehen aus klarem geschichteten Bernstein und haben eine schalige Struktur (Abb. 4 a,b). ANDRÉE (1937) nimmt an, daß die überaus wichtige Tatsache der Durchsichtigkeit von Schlauben auf intensive Sonneneinwirkung zurückzuführen ist, wodurch das Harz erwärmt und schließlich geklärt wurde.

Im Gegensatz zu den großen eiförmigen Bernstein-Tropfen (Abb. 2), die eher für eine zähere Beschaffenheit des ausfließenden Harzes sprechen, deutet bei den Schlauben alles auf eine extreme Dünnflüssikeit des Materials hin. Besonders deutlich wird dies bei den langgezogenen, dünnen sog. »Bernsteinnadeln« mit den an haardünnen Harzfäden hängenden Tropfen (Abb. 3).

Schlauben entstehen, wenn Harz einer einzigen Quelle in mehreren, zeitlich unterbrochenen Schüben an der Baumrinde herabfließt. Dabei vermischen sich die dünnen Harzlagen nicht, sondern bilden aufeinandergelagerte Schichten. Jeder Harzfluß schließt sich dem vorangegangenen so an, daß seine Auflagefläche konkav, seine Oberfläche aber konvex ist. Über den zeitlichen Rhythmus der einzelnen Harzschübe kann man nur spekulieren; oft lagen sicherlich nur wenige Stunden dazwischen. Einige wenige Beispiele von Verpilzung des eingeschlossenen Insektes deuten jedoch darauf hin, daß einzelne Harzschübe auch in größeren Zeitabständen (vielleicht mehrere Tage) geflossen sein müssen. Die Schichtdicken betragen in der Regel nicht mehr als einige Millimeter, ihre deutlich erkennbaren Grenzflächen treten als stärker lichtbrechende, rötliche oder gelbe Linien hervor (Abb. 4 b). Folgten die Harzflüsse in größeren zeitlichen Abständen, so könnte die ältere Schichtoberfläche bereits leicht verfestigt sein. Zwischen zwei derartig entstandenen Schlaubenelementen findet man nicht selten eine luftgefüllte Trennfläche, an der die Schlaube in Fließrichtung bei mechanischer Beanspruchung leicht auseinanderbricht.

Diese den Baumrinden anhaftenden, klebrigen Harzflächen müssen buchstäblich wie Fliegenfänger gewirkt haben. Auf den einzelnen Schichtgrenzen, die alte Harzoberflächen darstellen, ist naturgemäß die Mehrzahl der Inklusen angereichert. Ein beträchtlicher Anteil liegt jedoch auch inmitten der Schichten und

Abb. 4a: Bernstein-Schlaube mit erkennbaren Grenzschichten der verschiedenen Harzflüsse. Schlauben deuten ebenfalls auf eine niedrige Viskosität des Harzmaterials hin.

Abb. 4b: Querschnitt durch eine Bernstein-Schlaube. Die roten Linien kennzeichnen die Grenzen der verschiedene Harzflüsse.

vermittelt so den Eindruck, daß die in das Harz geratenen Tiere sehr schnell darin eingesackt und förmlich darin »ertrunken« sind, was als weiteres Indiz für die extreme Dünnflüssikeit des ausfließenden Harzes gewertet werden kann.

Auch die tropfsteinähnlichen Gebilde, die Bernstein-Zapfen (Abb. 3), deren Genese sich prinzipiell nicht von der der Schlauben unterscheidet, können Einschlüsse enthalten. In selteneren Fällen treten Inklusen auch in ungeschichteten, sehr klaren massiven Steinen auf, die praktisch durch einen einzelnen gleichmäßigen, schnellen Harzfluß entstanden sein müssen.

1.2.3 Farbe und Transparenz des Bernsteins

Baltischer Bernstein ist überwiegend gelb in den verschiedensten Abstufungen, vom hellsten Gelb über Orange und Dunkelgelb bis hin zum Braun. Daneben gibt es jedoch auch grüne, blaue, graue, schwarze, weiße und rote Bernsteine, wobei nicht selten ein einzelner Stein die unterschiedlichsten Farbvariationen zeigen kann (Abb. 5 a,b). An transparentem Bernstein wird deutlich, daß die eigentliche Grundsubstanz gelblich ist. Jeder undurchsichtige Bernstein hat jedoch eine interne schaumige Struktur, die durch eingeschlossene, mikroskopisch kleine Luftbläschen erzeugt wird. Die verschiedenen Farbtöne entstehen dabei durch optische Effekte wie Interferenz, Lichtstreuung, Reflexion und Absorption und sind weitestgehend abhängig von Anzahl, Größe und Anordnung dieser Bläschen. Eine weitere, wenn auch untergeordnete Rolle für die Farbgebung, können auch im Bernstein eingeschlossene Mineralien wie etwa der Pyrit spielen. Weit größer ist der Einfluß sekundärer Verwitterungsprozesse, wodurch gelber Bernstein an der Außenkruste und entlang von Löchern und Hohlräumen eine intensive Rotfärbung erfährt.

Abb. 5a: Rohbernsteine aus der »Blauen Erde«, Tagebau Primorskoje, Yantarnyi, (Bezirk Kaliningrad).

Abb. 5b: Außergewöhnliche Farbvarianten des Baltischen Bernsteins.

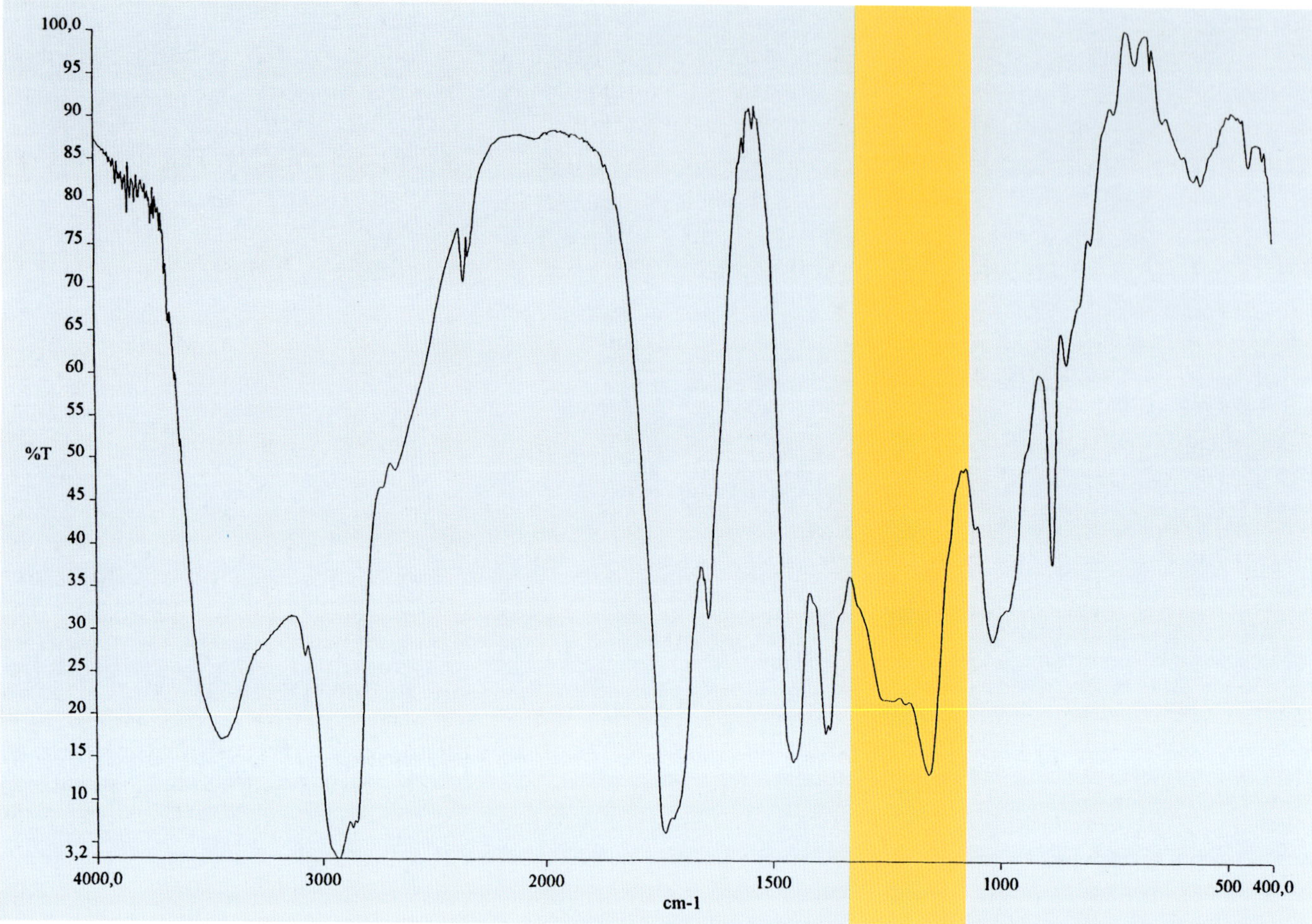

Abb. 6: Infrarotspektrum von Succinit, mit der typischen »Baltischen Schulter« (schattierter Bereich).

1.2.4 Der Harzproduzent

Lange Zeit galt es als gesichert, daß die Mutterpflanze des Baltischen Bernsteins nur eine Kiefer sein kann. Bereits Mitte des letzten Jahrhunderts hatte der Botaniker H. R. GOEPPERT (1836) auf Grund mikroskopischer Untersuchungen von im Bernstein eingeschlossenen Holzfragmenten eine fossile Kiefer als Harzproduzenten des Baltischen Bernsteins für wahrscheinlich gehalten. Da er jedoch gewisse Unterschiede zu dem Holz rezenter *Pinus*-Arten erkannt hatte, stellte er für die fossile Form eine neue Gattung *Pinites succinifera* auf. CONWENTZ (1890), ein Schüler von GOEPPERT, beschrieb bei seiner Neubearbeitung der im Bernstein erhaltenen Hölzer den Harzproduzenten als *Pinus succinifera* (GOEPPERT & BEHRENDT, 1845), bemerkte jedoch, »dass der Bau der Bernsteinhölzer nicht allein den Typus der Kiefern, sondern auch den der Fichten zeigt, wenngleich er vornehmlich zu ersterem hinneigt«. Paläohistologische Untersuchungen aus neuerer Zeit bestätigten die Hypothese, daß der Harzlieferant des Baltischen Bernsteins offensichtlich eine Kiefer war (SCHUBERT, 1961; TURKIN 1996; PIELINSKA, 1996) (vgl. Kap 2.04).

Erste Zweifel an der Natur des Harzproduzenten kamen aus einer ganz anderen wissenschaftlichen Arbeitsrichtung, nämlich der Archäometrie. Lange Zeit galt in der Archäologie das Vorhandensein von Bernsteinsäure als verläßliches Merkmal zur Herkunftsbestimmung des Baltischen Bernsteins (HELM 1877). Auf Grund dieses charakteristischen Bestandteils wurde er als *Succinit* allen anderen bernsteinähnlichen fossilen Harzen *(Retinite)* gegenübergestellt. Als jedoch erstmals Bernsteinsäure auch im rumänischen Bernstein (HELM 1885) und später in einigen weiteren fossilen Harzen nachgewiesen wurde (LOHRMANN, 1935) verlor die HELM'sche Methode der Herkunftsbestimmung des Baltischen Bernsteins ihren Wert in der Archäologie.

Aus diesem Grund suchte man nach einer anderen Möglichkeit und fand sie in der Infrarotspektroskopie (HUMMEL, 1958; BECK, 1964, 1965). Nach Arbeiten von Beck (1986) zeigen von 2500 Infrarotspektren der bisher bekannten Bernsteinvorkommen Europas alle Spektren des Baltischen Bernsteins (Succinit) den gleichen charakteristischen Verlauf. Succinit ist durch eine einzelne Absorptionsbande zwischen 1250 und 1175 cm^{-1} ausgezeichnet, der eine breite Absorptionsschulter, die sog. »baltische Schulter«, vorangeht (Abb. 6). In gut erhaltenem Bernstein ist diese Schulter nach BECK (1996) nahezu horizontal, mit zunehmender Verwitterung wird sie immer mehr abgeschrägt. Keine anderen europäischen Bernsteinvorkommen zeigen ähnliche Spektren. BECK betont jedoch ausdrücklich, daß die Infrarotspektren lediglich als »Fingerabdrücke« für die Herkunftsbestimmung einzelner Bernsteinvorkommen gewertet werden sollten und in der Regel keine Aussagen über die botanische Zuordnung des Harzproduzenten ermöglichen.

Beim Vergleich der Infrarotspektren des Baltischen Bernsteins mit Harzen rezenter Koniferen stellte sich überraschenderweise heraus, daß diese nur wenig Ähnlichkeit mit Kiefernharz aufweisen, sondern den Harzen heute in Neuseeland wachsender Araukarien *(Agathis australis)* sehr viel ähnlicher sind (LANGENHEIM 1960). Auf die große Ähnlichkeit zwischen den Infrarotspektren des Baltischen Bernsteins und dem Kopal von *Agathis australis* wies außerdem THOMAS (1969) hin. Zudem produzieren neuseeländische Araukarien große Mengen Harz, das am Boden schnell erhärtet. Die spektroskopische Ähnlichkeit und die hohe Harzproduktion ist für mehrere Autoren (KUCHARSKA & KWIATKOWSKI, 1978; POINAR, 1992) Anlaß genug, über den Harzproduzenten des Baltischen Bernsteins erneut zu spekulieren und eine Araukarie als Urheber wahrscheinlich zu machen. Auch die Harze einer rezenten Zeder *(Cedrus atlantica)* aus dem Atlas-Gebirge Nordafrikas zeigen recht große Ähnlichkeit mit Succinit, so daß neuerdings auch eine Zeder als Harzlieferant diskutiert wird (KATINAS 1987).

Damit entsteht die kontroverse Situation, daß alle bisherigen morphologischen und paläohistologischen Untersuchungen eindeutig auf eine Kiefer als Ursprungspflanze hindeuten, während nach analytischen Methoden Araukarien und Zedern als Harzlieferant in Frage kommen sollen. Gegen letztere Annahme spricht jedoch eindeutig das bisher aus den Inklusen des Baltischen Bernstein vorliegende Arten-Spektrum der Makro- und Mikroflora. Während Nadeln und männliche Blüten von Kiefern seit langem bekannt sind, fehlt bisher jeglicher Nachweis von Araukarien oder Zedern. Auch die Mikroflora bietet ein ähnliches Bild. Untersuchungen der Pollen im Baltischen Bernstein (ARNOLD 1998) zeigen eine deutliche Dominanz von Luftsackpollen des Kieferntyps. Die bislang vielfach vernachlässigten Pollenuntersuchungen liefern beachtenswerte Indizien für eine Kiefernverwandtschaft des möglichen Harzlieferanten.

1.3 Verbreitung des Baltischen Bernsteins

Wie die Mehrzahl aller Lagerstätten und Vorkommen fossiler Harze findet man auch den Baltischen Bernstein heute nicht mehr an der Stelle, wo ehemals die Harze entstanden und primär in den Waldboden gelangt sind. Bereits während oder kurz nach der Entstehung im »Bernsteinwald« begann seine Umlagerung. Bei diesem ersten, für das »Überleben« der Harze wichtigsten Schritt, schwemmten große, vielleicht jahreszeitlich bedingte Flüsse die Harzmassen aus dem Waldboden heraus und transportierten sie in ein Ablagerungsmilieu, wo sie vor Verwitterungsprozessen geschützt waren. Der Vorgang hat sicherlich nur einen sehr geringen Anteil der im gesamten Bernsteinwald produzierten Harzmenge betroffen. Der sehr viel größere, im Waldboden verbliebene Teil wurde wahrscheinlich bereits nach relativ kurzer Zeit durch Oxidation und Austrocknung zerstört.

Zwar liegen die durch Abtransport und Umlagerung erhalten gebliebenen Harze in ihrer neuen Umgebung bereits auf zweiter (»sekundärer«) Lagerstätte, doch lassen nur diese Ablagerungen Aussagen und Rückschlüsse über Mindestalter und Ursprungsgebiet des Baltischen Bernsteins zu.

Die ältesten bisher bekannten Vorkommen im östlichen Schonen und in der Blauen Erde des Samlandes zeigen, daß der Bernsteinwald bereits im Unter-Eozän (vor ca. 50 Mio. Jahren) bestanden haben muß. Näheren Einblick in die damaligen geographischen Verhältnisse in Nord- und Mitteleuropa vermitteln uns die von Geologen erstellten paläogeographischen Karten. Durch die moderne Theorie der Plattentektonik (Kontinental-Verschiebung) hat sich unsere Vorstellung von der Lage und den Veränderungen der einzelnen Kontinente im Laufe der Erdgeschichte deutlich verändert.

Für das Ursprungsgebiet des Baltischen Bernsteins kommt ein riesiges Areal in Frage (Abb. 8a). Seine westliche Grenze wäre etwa auf einer N-S Linie Südschonen – Rügen – Berlin zu ziehen (östliche Begrenzung des Unter-Eozän-Meeres). Nach Osten könnte es bis an den Ural gereicht haben. Die Nordgrenze war sicherlich klimatisch bedingt, seine Südgrenze war durch den nördlichen Küstenverlauf der Tethys bestimmt.

Zweifellos war dieser europäische Großkontinent überall dort von Wäldern bedeckt, wo es die klimatischen Verhältnisse zuließen, und nichts spricht dage-

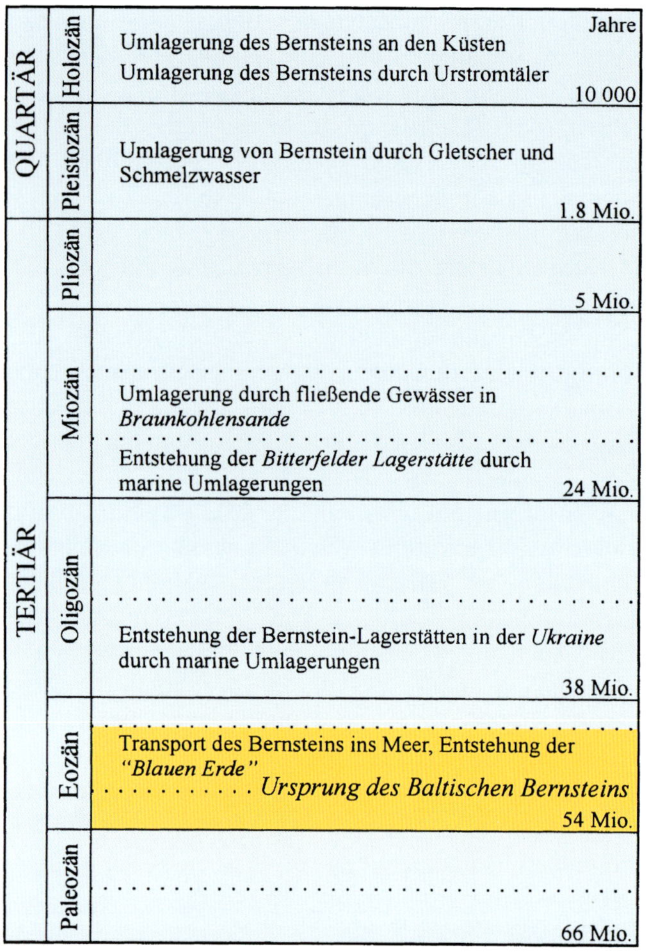

Abb. 7: Geologische Gliederung des Känozoikums (Erdneuzeit) und Geschichte des Baltischen Bernsteins (nach REINICKE 1990).

gen, daß auch die harzproduzierenden Bäume sehr weit verbreitet waren. Theoretisch müßte man deshalb überall in diesem riesigen Areal große Bernsteinlagerstätten erwarten. Viele geologische Vorgänge und sicherlich auch das bereits diskutierte geringe Erhaltungspotential fossiler Harze haben dies jedoch verhindert.

Schon im Laufe des Eozäns begann das Meer, immer weiter nach Osten vorzudringen, wodurch erhebliche Teile des Bernsteinwaldes überflutet und zerstört wurden (Abb. 8b). Durch große Flüsse konnten nun jedoch von Norden her die Harze direkt in das alttertiäre Flachmeer gelangen, wo sie, abgelagert in großen Deltaschüttungen, vor Verwitterungsprozessen geschützt waren. Eine derartige Entstehungsgeschichte wird auch für die bisher größte bekannte Bernstein-Lagerstätte, die Blaue Erde des Samlandes, angenommen (KOSMOWSKA-CERANOWICZ, 1996). Anhand von Bohrungen wurde nachgewiesen, daß diese Deltaablagerungen sich vom Samland weit nach Westen bis in die Umgebung von Danzig (Bezirk Leba, Chlapowo) fortsetzen (KOSMOWSKA-CERANOWICZ 1987). Die bernsteinführenden Schichten liegen dort jedoch in so großer Tiefe, daß sich eine bergbaumäßige Gewinnung nicht mehr lohnt.

Im Jungtertiär änderte sich die paläogeographische Situation wiederum vollständig. Das Meer hatte sich aus dem nordosteuropäischen Becken fast vollständig zurückgezogen, und der Ostseebereich war wieder festländisch geworden. Seit dem Beginn des Miozäns transportierten große Flußsysteme des skandinavischen Schildes und der Baltischen Plattform klastische Sedimente nach Süden in das Nordwesteuropäische und Ostdeutsch-Polnische Becken. Dabei kamen sog. Braunkohlensande zur Ablagerung, in denen Bernstein in nicht unbeträchtlichen Mengen vorkommt. Der darin nestartig angereicherte Bernstein führte zum ersten systematischen Abbau (RUNGE 1868). Die Braunkohlensande haben ihren Bernstein zweifellos aus aufgearbeiteten alttertiären Schichten bezogen und liegen damit zumindest bereits auf dritter Lagerstätte (ANDRÉE 1951, WEITSCHAT 1987, KOSMOWSKA-CERANOWICZ 1991/92).

WETZEL (1939) hat auf Grund dieser nicht unbeträchtlichen mittelmiozänen Bernsteinvorkommen auf die Existenz eines jungtertiären Bernsteinwaldes im Gebiet etwa der heutigen westlichen Ostsee geschlossen. Bis heute gibt es keinen Beweis dafür. Eindeutig dagegen Stellung bezogen hat ANDRÉE (1942, 1951). Die WETZEL'schen Thesen eines miozänen Bernsteinwaldes haben in den letzten Jahren durch große Bernsteinfunde in den mitteldeutschen Braunkohlegebieten bei Bitterfeld neue Aktualität erhalten. BARTHEL & HETZER (1982) sowie SCHUMANN & WENDT (1989) betonen unter Bezug auf die Genese und das Alter der Lagerstätte die Eigenständigkeit dieses Vorkommens, das im Unter-Miozän entstanden sei und ein absolutes Alter von ca. 22 Mio. Jahre aufweise.

Der Annahme, daß es eigenständige Bernsteinwälder während des Miozäns gegeben hat, stellt sich WEITSCHAT (1987, 1997a,b) entschieden entgegen. Als Hauptargument wird die Identität der Floren und Faunen mit dem Baltischen Bernstein im Zusammenhang mit paläoklimatischen Befunden aufgeführt. Demnach zeugt die Bitterfelder Lagerstätte von großen Umlagerungen Baltischen Bernsteins in bisher nicht bekanntem Ausmaße während des Jungtertiärs.

Die bei weitem größten Umlagerungen des Baltischen Bernsteins fanden zweifellos während des Pleistozäns, also etwa innerhalb der letzten 2 Mio. Jahre, statt. Betrachtet man das heutige Bernstein-Verbreitungsgebiet, das im Osten bis weit nach Russland, im Westen bis nach Holland und an die englische Küste und im Süden bis an unsere Mittelgebirge reicht, so stellt man fest, daß diese Grenzen mit denen der eiszeitlichen Ablagerungen nahezu identisch sind (Abb. 9).

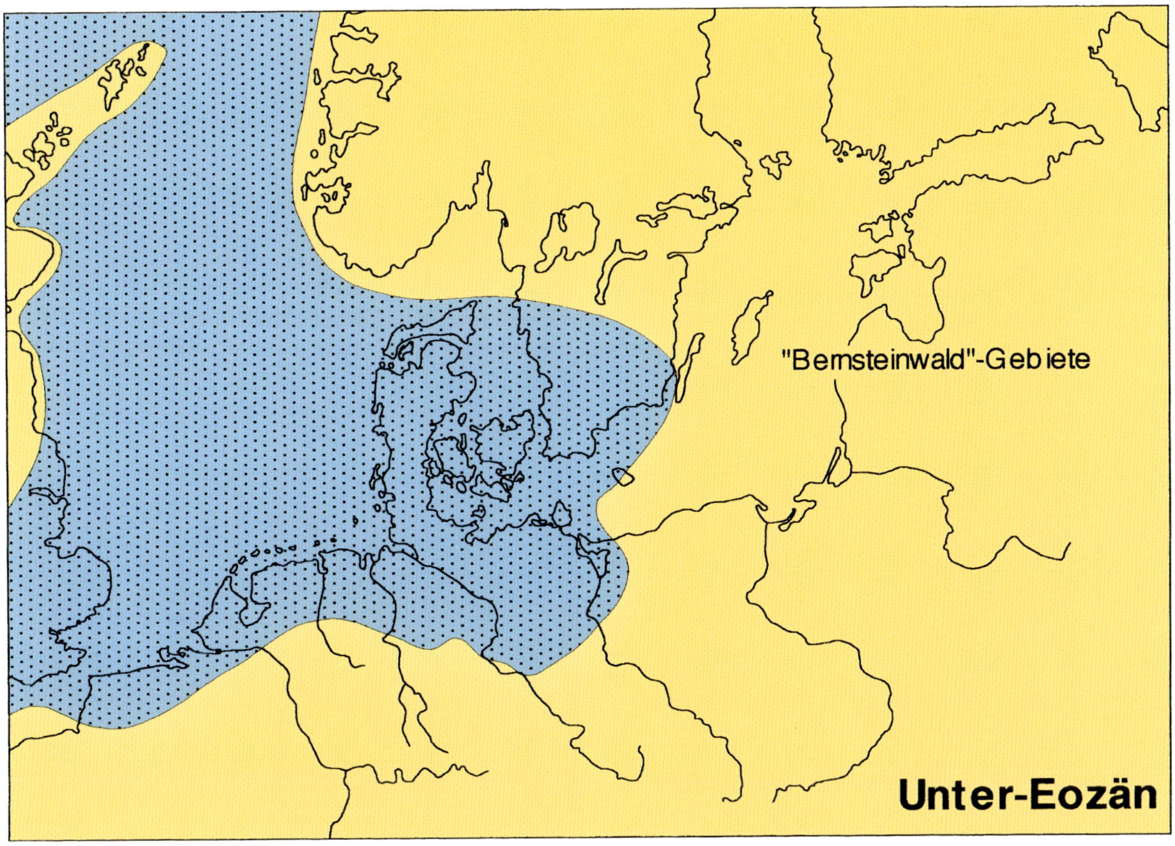

Abb. 8a: Verteilung von Land und Meer im Unter-Eozän (vor ca. 54 Mio. Jahren) und vermutete Lage der »Bernsteinwälder« (nach VINKEN 1987).

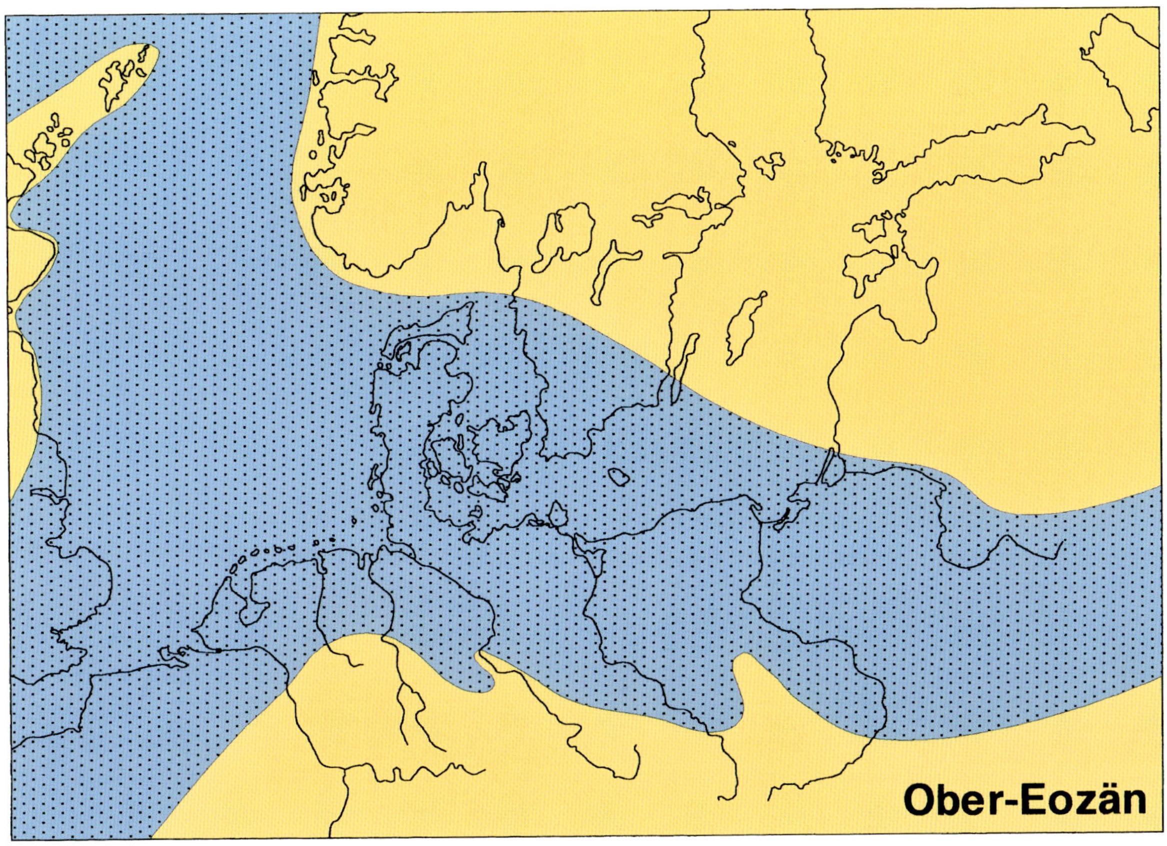

Abb. 8b: Verteilung von Land und Meer im höchsten Eozän (vor ca. 39 Mio. Jahren) (nach VINKEN 1987). Im Mittel und Ober-Eozän dringt das Meer weit nach Osten vor und überflutet große Teile der »Bernsteinwald«-Gebiete.

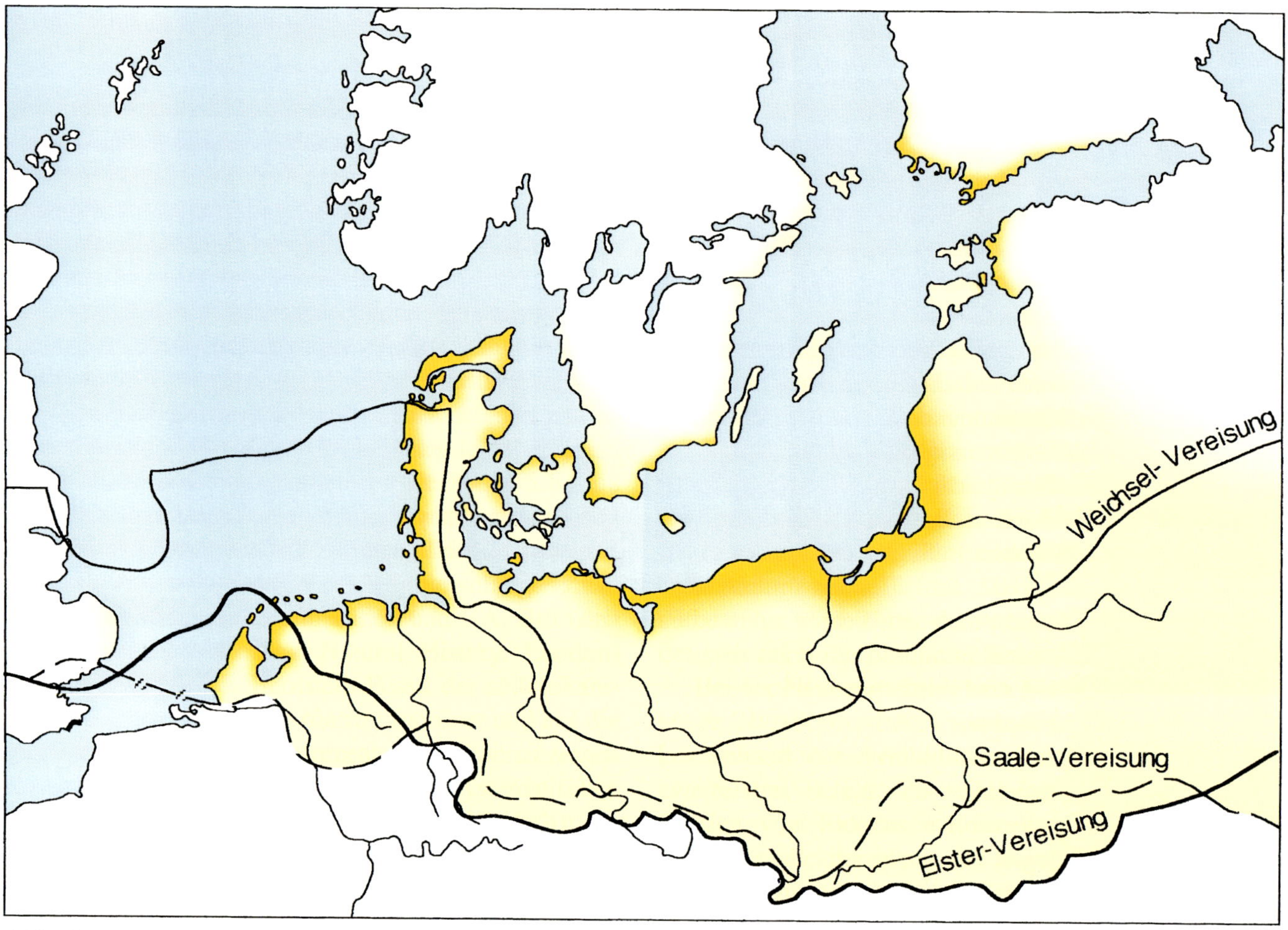

Abb. 9: Das heutige Verbreitungsgebiet des Baltischen Bernsteins (orange) und die Ausdehnung der verschiedenen Kaltzeiten während des Pleistozäns (nach BISMARCK 1987).

Abb. 10: Bernstein mit »gekritzter« Oberfläche, ein Beleg für den Transport durch Gletscher; Kiesgrube Hude bei Bremen.

Die großen Inlandvereisungen hobelten, von Skandinavien herkommend, den Ostseetrog aus und transportierten riesige Schutt- und Gesteinsmassen u.a. auch bernsteinführende Sedimente in das nordeuropäische Flachland. Kamen die Eismassen zum Stehen oder zogen sie sich zurück, etwa in den Interglazial-Zeiten, übernahmen die Schmelzwasser die Aufbereitung der verfrachteten Lockergesteine und lagerten sie entsprechend ihrer Korngröße oder dem spezifischen Gewicht an anderer Stelle wieder ab.

So finden wir Bernstein in den verschiedensten und unterschiedlich alten pleistozänen Ablagerungen. Einmal als ganze Scholle Blauer Erde im Geschiebemergel ›schwimmend‹, ein anderes Mal in Nestern zusammengeschwemmt in Schmelzwassersanden und schließlich auch in den zwischeneiszeitlichen Ablagerungen (Abb. 10, 11).

Dabei bestehen offensichtlich bezüglich des Bernsteinreichtums deutliche Unterschiede zwischen jung- und altpleistozänen Ablagerungen, eine Beobachtung, auf die bereits MEYN (1876) hingewiesen hat und die durch Arbeiten von NEUBAUER (1994) bestätigt wur-

Abb. 11: »Geschiebe-Bernstein« mit rissiger, gelbbrauner Verwitterungskruste. Die dicke, leicht abplatzende Rinde ist durch Lagerung in Schmelzwassersanden oberhalb des Grundwasserspiegels verursacht worden (Gewicht: 160 g), Kiesgrube Hoisdorf, bei Hamburg.

Abb. 12: Bernstein im Spülsaum der Ostseeküste bei Nidden (Kurische Nehrung).

Abb. 13: Seebernstein (»Seestein«) mit Bewuchs von Seepocken. Seebernstein ist durch das Fehlen einer Verwitterungskruste gekennzeichnet.

den. Dies ist jedoch verständlich, da man annehmen muß, daß die ältesten Vereisungen der Elster Kaltzeit, die ein tertiäres Relief überfuhren, mehr Tertiär-Material und damit auch Bernstein aufgenommen haben, als die späteren der Saale- und Weichsel-Kaltzeit.

Nicht zuletzt sei der Bernstein erwähnt, der nach den Glazial-Zeiten bis in die Gegenwart aus einer der zahlreichen geologisch älteren Lagerstätten durch fließende Gewässer auf dem Festland (hauptsächlich durch die großen Urstromtäler) oder durch das Meer herausgespült und an anderer Stelle wieder abgelagert wurde. Diesen Vorgängen im Holozän verdanken wir vor allem den Bernstein in den Spülsäumen der Nord- und Ostsee (Abb. 12, 13). Er wird dort auch heute noch zu »Lagerstätten« zusammen geschwemmt, soweit der Mensch dem nicht entgegenwirkt.

Abb. 14: Jantarnyi, Blick von Osten auf den unteren Flügel des Tagebaues Primorskoje, Yantarnyi, (Bezirk Kaliningrad).

1.4 Lagerstätten des Baltischen Bernsteins

Trotz seines enormen Verbreitungsgebietes ist die Zahl der bisher bekannten »echten« Lagerstätten des Baltischen Bernsteins, d.h. seine abbauwürdigen Vorkommen, relativ klein. Das hängt vorwiegend mit dem geringen Erhaltungspotential fossiler Harze zusammen, kann aber in einzelnen Fällen auch wirtschaftliche Gründe haben. So hat man bei geologischen Prospektionsarbeiten im Bezirk Leba, westlich von Danzig, ein reichhaltiges Bernsteinvorkommen entdeckt, das jedoch wegen einer zu mächtigen Überdeckung wirtschaftlich nicht nutzbar ist.

Im Folgenden werden die Lagerstätten des Baltischen Bernsteins vorgestellt, wobei vorrangig ihre Genese und die Alterseinstufung diskutiert werden.

1.4.1 Blaue Erde des Samlandes

Die bedeutendste Lagerstätte des Baltischen Bernsteins, zugleich die größte bisher bekannte Bernstein-Lagerstätte überhaupt, liegt im Norden und Nordwesten der Halbinsel Samland, im Gebiet des früheren Ostpreußens, heute Oblast Kaliningrad der Russischen Republik. Hier ist Bernstein in der Blauen Erde derartig stark angereichert, daß er seit Ende des letzten Jahrhunderts in großen Tief- und Tagebauen hauptsächlich aus den Gruben bei Palmnicken (heute Yantarnyi) bergmännisch gewonnen wird. Die Schichtmächtigkeit der »Blauen Erde« schwankt im Samland zwischen 2 und 10 m mit einem durchschnittlichen Bernsteinanteil von ca. 2,5 kg pro Kubikmeter. Im Bereich des Ostseestrandes liegt die Blaue Erde fast auf Meerespiegelniveau, während sie landeinwärts von 30-40 m mächtigen tertiären und pleistozänen Sedimenten überlagert wird. Die ›AG Russischer Bernstein‹ betreibt augenblicklich zwei große Tagebaue, in denen jährlich mehrere Hundert Tonnen Bernstein gefördert werden (Abb. 14). Die Bernsteinvorräte in diesem Gebiet schätzt man auf etwa 640 000 t, was einem Vielfachen der bereits gewonnenen Menge entspricht (Kosmowska-Ceranowizc 1996).

Die Blaue Erde, der wichtigste Träger des Balti-

Abb. 15a: »Blaue Erde« mit Bernstein; Tagebau Primorskoje, Yantarnyi, (Bezirk Kaliningrad). Der im bergfeuchten Zustand grünlich-blaue, tonige Feinsand färbt sich bei Austrocknung hellgrau.

Abb. 15b: Rohbernstein mit Resten von »Blauer Erde« in kleinen Vertiefungen (Gewicht 1050 g). Tagebau Primorskoje, Yantarnyi, (Bezirk Kaliningrad).

schen Bernsteins, ist Teil der alttertiären Schichtenfolge des Samlandes, die früher als Bernsteinformation oder auch »Glaukonitformation« zusammengefaßt wurde. Die Unterscheidung und Namensgebung der einzelnen Schichtglieder stammt aus uralten Bernsteingräbereien und wurde von ZADDACH (1868) in die Literatur eingeführt. Sie bezieht sich weniger auf lithologische Unterschiede, als auf die für den Bergbau lohnende Bernsteinführung. Wenn auch bis heute diese Namen noch gebräuchlich sind, so wurden sie jedoch mittlerweile in ein modernes lithostratigraphisches Konzept eingebunden (KATINAS 1971, KAPLAN et al. 1977).

Die Blaue Erde führt ihren Namen nach der grünlich-blauen Färbung, die durch den beträchtlichen Anteil von Glaukonit, einem Eisen-Aluminium Silikat, hervorgerufen wird. Lithologisch handelt es sich um einen schwach tonigen, glimmerreichen Feinsand. Bernstein enthält sie ganz regellos verteilt in Stücken von allen Größen und Formen (Abb. 15a,b). Die Blaue Erde ist jedoch nicht der älteste bernsteinführende Horizont im samländischen Alt-Tertiär. Bereits im Liegenden existieren zwei weitere Horizonte, in denen Bernstein, wenn auch nicht in abbauwürdigen Mengen, vorkommt.

Die altersmäßige Einstufung der samländischen Bernsteinformation geht auf Arbeiten von NOETLING (1883, 1888) zurück und gründet sich auf eine reiche marine Fauna, die sich vorwiegend aus Mollusken, Echinodermen, Crustaceen und Bryozoen zusammensetzt. Anhand von Vergleichen mit ähnlich alten Faunen aus dem norddeutschen Tertiär (v. KOENEN, 1865) wurde die gesamte Schichtenfolge in das Unter-Oligozän (ca. 38 Mio. Jahre) eingestuft. Diese biostratigraphische Einstufung, die insbesondere auf den Mollusken-Faunen basierte, galt lange Zeit als zweifelsfrei. Mittlerweile sind jedoch durch neue wissenschaftliche Untersuchungsmethoden berechtigte Zweifel an ihrer Gültigkeit aufgekommen. Dabei wurde deutlich, daß Mollusken-Faunen zur exakten Gliederung des in Frage kommenden Zeitabschnittes im Alttertiär nicht geeignet sind. Die moderne Zonierung gründet sich hauptsächlich auf verschiedene Mikrofossil-Gruppen (kalkiges Nannoplankton, Dinoflagellaten-Zysten) und verbindet diese mit absoluten (radiometrischen) Datierungen (ODIN & LUTTERBACHER 1992). Die Anwendung dieser Methodik auf die Schichtenfolge des samländischen Alttertiärs hat zu Ergebnissen geführt, die z.T. deutlich von den bisherigen Anschauungen abweichen.

Auf Grund von neuen, an Glaukoniten durchgeführten absoluten Datierungen kommt RITZKOWSKI (1997) zu dem Schluß, daß die Bildungszeit der Blauen Erde in das Mittel-Eozän (Lutetium) fällt und damit deutlich älter ist, als bisher angenommen wurde. Aus den zwei weiteren im Liegenden der Blauen Erde auftretenden bernsteinführenden Horizonten ist abzuleiten, daß bereits während des Unter-Eozäns (Ypresium) vor nahezu 50 Mio. Jahren Bernstein in sekundäre Lagerstätten transportiert wurde. Folgt man diesen Thesen, so hat sich das geologische Mindestalter des Baltischen Bernsteins durch die neue Methodik um fast 10 Mio. Jahre nach hinten verschoben.

1.4.2 Bernstein der Ukraine

Da wir von der Existenz eines einzigen zusammenhängenden großen Bernsteinwaldes in Nord- und Mitteleuropa während der Zeit des Alttertiärs ausgehen, sollte man die Bernsteinlagerstätten der Ukraine mit in den Gesamtrahmen einbeziehen.

Die Bernsteinvorkommen im Norden und Westen der Ukraine sind bereits lange bekannt und von TUTKOVSKI (1911) eingehend beschrieben. In den Jahren 1978-1985 wurden in der Nordukraine und im südlichen Weißrußland detaillierte geologische Erkundungsarbeiten auf Bernstein durchgeführt. Dabei konnten in Sedimenten des Paläogen über 50 bernsteinführende Fundstellen ermittelt werden, die eine Eingrenzung der Bernstein-Vorkommen im Pripjat-Becken ermöglichte (VASSILISHIN & PANTSCHENKO 1996). Das Haupt-Verbreitungsgebiet liegt am nordwestlichen Hang des Ukrainischen Schildes, und besteht aus Sedimenten des Paläogen der Umrandungszone der kristallinen Gesteine. Gegenwärtig wird der Bernstein des Pripjat-Beckens in der Lagerstätte von Klesow abgebaut. Er ist dort in einer bis zu 6 m mächtigen Schichtenfolge von schwach glaukonitischen, fein-mittelkörnigen Quarzsanden mit humusreichen tonigen Zwischenschichten angereichert. Die Sande werden als Ablagerungen einer Lagunen-Delta-Fazies interpretiert, womit deutlich wird, daß der Bernstein auch hier bereits zumindest auf sekundärer Lagerstätte liegt. Der durchschnittliche Bernsteingehalt beträgt etwa 50 g pro Kubikmeter Sediment, kann aber in besonderen Vertiefungen (»Fallen«) auf über 400 g ansteigen. Biostratigraphisch werden die bernsteinführenden Schichten in das mittlere und obere Oligozän eingeordnet.

Der Bernstein der Ukraine ist wie der Baltische Bernstein ein Succinit (KOSMOWSKA-CERANOWICZ 1991/92). Er unterscheidet sich von dem Bernstein der Blauen Erde des Samlandes hauptsächlich durch die Verwitterungskruste. Die Mehrzahl der Rohstücke ist mit einer mehrere Millimeter dicken, dunkelbraunen bis schwarzen Oxidationskruste überzogen. Häufig zeigen diese Verwitterungskrusten ein polygonales Rissmuster, das sich bis in den gesunden Stein hinein fortsetzt (Abb. 16a). Unter solchen Krusten, die sich z.T. leicht vom Kern lösen, folgt eine weitere tief dunkelrot gefärbte Zone, die dem Bernstein der Ukraine sein charakteristisches Farbspektrum verleiht (Abb. 16b). Die Bildung dieser Oxidationskruste ist wahrscheinlich auf einen, im Gegensatz zu der Blauen Erde deutlich höheren Sauerstoffeinfluß innerhalb der bernsteinführenden Ablagerungen zurückzuführen.

Pflanzliche und tierische Einschlüsse scheinen im Ukraine Bernstein deutlich seltener als im Baltischen

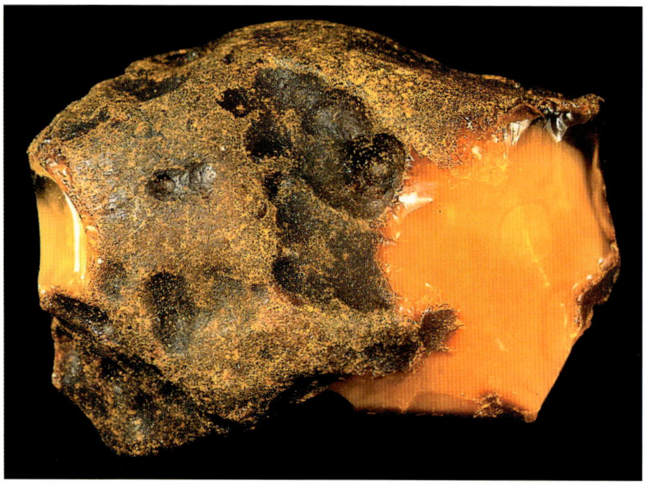

Abb. 16a: Ukrainischer Bernstein (Gewicht 205 g); Tagebau bei Klesow, Ukraine. Im Gegensatz zum Bernstein aus der »Blauen Erde« hat ukrainischer Bernstein eine mehrere Millimeter dicke, typisch braun-schwarze Oxidationskruste. Die Bildung dieser häufig polygonalen Krusten erklärt sich durch den starken Sauerstoffeinfluß auf den Bernstein der ukrainischen Lagerstätten.

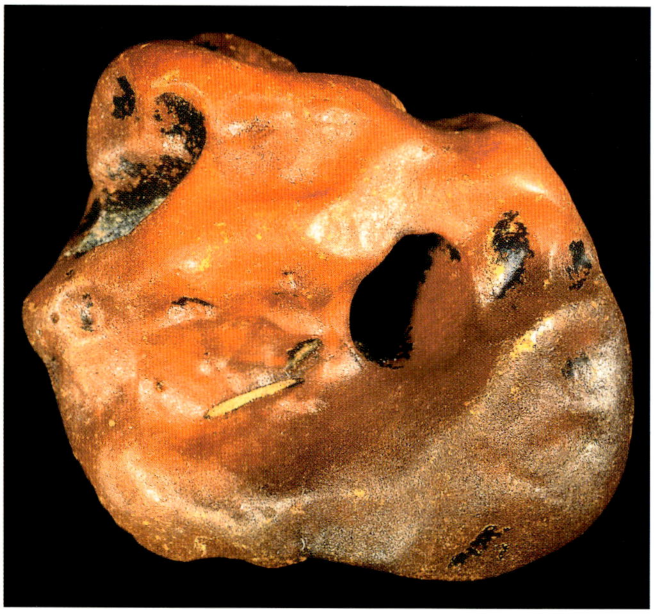

Abb. 16b: Ukrainischer Bernstein ohne Oxidationskruste mit dem charakteristischen dunkelroten Farbspektrum; Tagebau Klesow, Ukraine.

Bernstein zu sein. Nach eigenen Beobachtungen könnte dies auf den ungewöhnlich geringen Anteil von Schlaubenmaterial zurückzuführen sein. Inklusenfunde im Ukraine Bernstein beschränken sich bisher vorwiegend auf größere klare Flußstücke ohne erkennbare Schichtung. Es wäre vorstellbar, daß die relativ leicht zerbrechlichen Schlauben bei den Umlagerungsprozessen weitgehend zerstört wurden.

Bisherige Untersuchungen der tierischen und pflanzlichen Einschlüsse deuten auf große Ähnlichkeiten mit denen des Baltischen Bernsteins hin (MAIDANOVITSCH & MAKARENKO, 1988; PANTSCHENKO & KVASNICA, 1882, SEREBRICKIJ, 1979).

1.4.3 Bitterfelder Lagerstätte

Im Jahre 1955 wurden im Braunkohletagebau ›Goitsche‹ bei Bitterfeld (Großraum Halle, Leipzig) im Liegenden des Bitterfelder Hauptflözes bernsteinführende Schichten angeschnitten. Die geologische und bergmännische Erkundung dieses Vorkommens in den folgenden Jahren ergaben, daß es sich dabei um ein abbauwürdiges Vorkommen, also um eine echte Bernstein-Lagerstätte handelt. Bis zur Schließung des Werkes, die im Jahre 1993 aus Gründen des Umweltschutzes erfolgte, wurden ca. 50 t Rohbernstein pro Jahr gewonnen.

Der Bitterfelder Bernstein ist in 4-6 m mächtigen, schluffig sandigen, stark braunkohlehaltigen, glimmerführenden Sedimenten angereichert. Die Mikrofauna und der Glaukonitgehalt belegen ein vollmarines Ablagerungsmilieu, woraus hervorgeht, daß der Bernstein zumindest auf sekundärer Lagerstätte liegt. Biostratigraphisch werden diese Schichten auf Grund ihrer Sporen- und Pollen-Floren in das tiefste Miozän eingeordnet, was einem absoluten Alter von ca. 22 Millionen Jahren entspricht. Daraus zu folgern, daß der Bitterfelder Bernstein 12 Millionen Jahre jünger als der baltische Bernstein sei, erscheint jedoch mehr als fragwürdig. Beide Bernsteinvorkommen liegen nicht an ihrem ursprünglichen Entstehungsort, sondern in marinen Sedimenten zumindest bereits auf »sekundärer« Lagerstätte; nur diese sind datierbar und direkt vergleichbar. Betrachtet man das Gesamtspektrum der in der Bitterfelder Lagerstätte auftretenden Bernsteine, so spricht die offensichtliche Größensortierung ebenso wie der sehr uneinheitliche Charakter der Verwitterungskruste der einzelnen Stücke eher für eine mehrfache Umlagerung des Materials.

Erste eingehende wissenschaftliche Publikationen der Bitterfelder Lagerstätte, auf der auch der Großteil der später nachfolgenden Arbeiten basiert, lieferten BARTHEL & HETZER (1982) sowie SCHUMANN & WENDT (1989). Bezüglich der Genese und des Alters betonen die Autoren die Eigenständigkeit dieses Vorkommens und führen den Terminus »Bitterfelder Bernstein« ein. Die naheliegende Frage, ob es sich bei dieser Lagerstätte um mehrfach umgelagerten Baltischen Bernstein handeln könnte, wurde nicht diskutiert. Als Zeitraum seiner Entstehung wird tiefes Unter-Miozän angegeben, was einem absoluten Alter von ca. 22 Millionen Jahren entspricht.

Dem widersprochen haben bisher lediglich Wissenschaftler, die sich mit dem Fossilinhalt des Bitterfelder Bernsteins auseinandergesetzt haben (WUNDERLICH 1983, WEITSCHAT 1987, LOURENCO & WEITSCHAT 1996, WICHARD & WEITSCHAT 1996) Auf Grund vergleichender Untersuchungen der Faunen der Bitterfelder Lagerstätte mit denen des Baltischen Bernsteins wurde die Identität der Floren und Faunen an taxonomisch begründeten Beispielen aufgezeigt und damit die Eigenständigkeit des Bitterfelder Bernsteins in Frage gestellt (WEITSCHAT 1997 a,b).

1.4.4 Inklusen des Bitterfelder Bernsteins

Inwieweit kann nun der Inkluseninhalt des Bitterfelder Bernsteins in die Diskussion bezüglich seiner Altersstellung mit einbezogen werden?

Bei ähnlichen Fragestellungen betreffend »autochthone« miozäne Bernsteinvorkommen im Westbaltikum (WETZEL 1939) forderte der wohl profilierteste Bernsteinkenner seiner Zeit, Karl ANDRÉE (1943): »Nur das Auffinden stratigraphisch eindeutig miozäner Bernsteininklusen wäre Beweis für ein unterschiedliches Alter«. Nun finden bekanntlich Arthropoden nur höchst selten einmal Verwendung in biostratigraphischen Fragestellungen oder gar als Leitfossilien. Was ANDREÉ jedoch gemeint haben dürfte, ist die Forderung des Nachweises prägnanter Unterschiede in Flora und Fauna zweier zeitlich derartig weit auseinanderliegender Inklusenvergesellschaftungen.

Bringen wir die Klimageschichte des Tertiärs, die so detailliert zu Lebzeiten von ANDRÉE noch nicht bekannt war, mit in die Diskussion ein, so wird aus seiner damaligen Forderung heutzutage eine unabdingbare Notwendigkeit. Floren und Faunen eines subtropisch-tropischen Bernsteinwaldes des Eozän müssen sich zwangsläufig von denen eines Unter-Miozänen unterschieden haben. Insbesondere die Insektenfaunen dürften die drastische Abkühlung an der Grenze Eozän/Oligozän, die weltweit zu einem deutlichen Faunenschnitt führte, nicht unverändert überstanden haben.

Vergleicht man jedoch die mittlerweile vorliegenden detaillierten Floren und Faunenlisten des Bitterfelder Bernsteins (SCHUMANN & WENDT,1989; KRUMBIEGEL & KRUMBIEGEL, 1994, 1996) mit denen des Baltischen Bernsteins, so wird aus paläontologischer Sicht eine nahezu vollständige Identität beider Vorkommen deutlich (WICHARD & WEITSCHAT 1996; WEITSCHAT 1997). Das betrifft nicht nur die systematische Vielfalt, sondern insbesondere auch die prozentualen Zusammensetzungen beider Floren und Faunen, besonders derjenigen innerhalb der einzelnen Taxa. Von entscheidender Bedeutung bei diesem Vergleich ist naturgemäß die Fragestellung, inwieweit die typisch subtropisch-tropischen Faunenelemente des Baltischen Bernsteins sich im Bitterfelder Bernstein wiederfinden lassen.

Bezogen auf die Spinnenfauna stellt WUNDERLICH (1996) fest, daß »ein überwiegender Teil der Spinnenfamlien des Baltischen und Bitterfelder Bernsteins heutzutage auf tropisch-subtropische Gebiete beschränkt sind«. WEITSCHAT (1997) führte eine Vielfalt derartiger Beispiele unter den Vertretern der verschiedenen Insekten-Ordnungen an, die hier im einzelnen nicht näher diskutiert wird. Aus paläontologischer Sicht sprechen damit alle Indizien dafür, daß der Bitterfelder Bernstein seiner Entstehungszeit nach ebenfalls in das Eozän einzuordnen ist und damit im Unter-Miozän bereits zumindest auf dritter Lagerstätte liegt.

1.5 Klima zur Zeit des Baltischen Bernsteins

Auf die Klimageschichte des Tertiärs soll hier ein wenig näher eingegangen werden, da unserer Ansicht nach dem Klima nicht nur eine entscheidende Rolle bei der Frage der Altersstellung des Bitterfelder Bernsteins zukommt, sondern es auch Lösungswege zu bisher noch weitgehend offenen Fragen über das Alter und die Zeitdauer des Baltischen Bernsteinwaldes nahelegt.

Der Wissensstand über das Paläoklima, d.h. die Entwicklung der klimatischen Bedingungen im Laufe der Erdgeschichte hat sich in den letzten Jahrzehnten, durch Auswertung der sog. »Deep Sea Drilling«-Aktivitäten der Amerikaner sprunghaft gesteigert. Eine entscheidende Rolle spielen dabei Sauerstoffisotopen-Untersuchungen, die inzwischen verläßliche Angaben über die Paläotemperaturangaben möglich machen (Abb. 17). Insbesondere die Klimakurve des Tertiärs (Abb. 18) ist mittlerweile recht gut belegt, so daß heute nicht mehr über die Kurve selbst, sondern mehr über deren Ursachen diskutiert wird (BUCHARDT, 1978; ZACHOS et al. 1994).

Das ausgehende Mesozoikum war durch sehr warme, jedoch aride Klimaverhältnisse gekennzeichnet. Während sich die Temperaturen im beginnenden Tertiär nur unwesentlich änderten, erhöhten sich die Gesamtniederschläge erheblich. Nach einer relativ kurzen

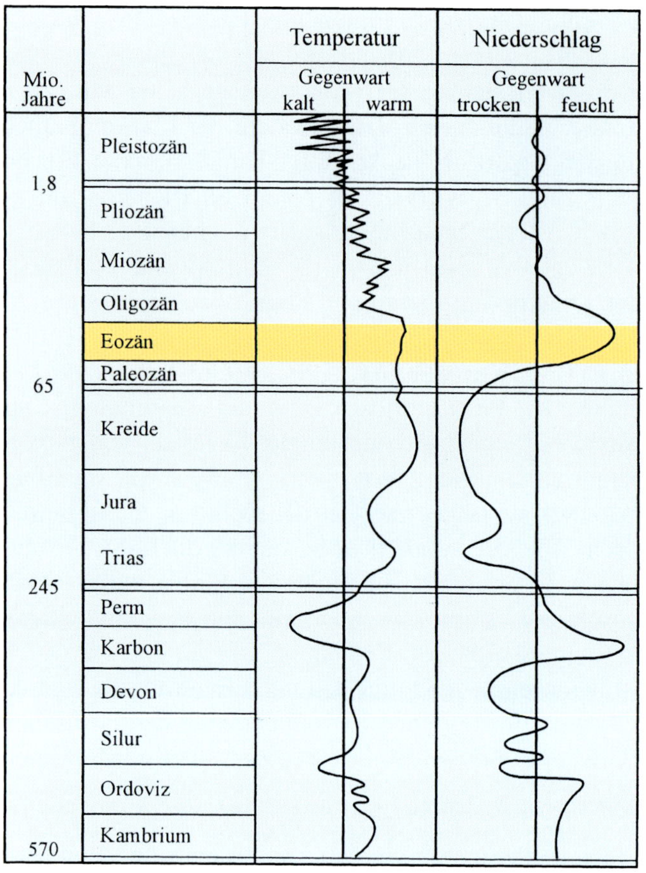

Abb. 17: Globale Klima-Entwicklung (Temperatur und Niederschläge) im Laufe der Erdgeschichte (nach: FRAKES 1979, CROWLEY & NORTH 1991).

Abkühlungsperiode im Paleozän, stiegen die Temperaturen mit dem Ende des Paleozäns und dem Beginn des Eozäns wieder deutlich an. Das Unter-Eozän war das mit Abstand wärmste Interval im gesamtem Känozoikum und erreichte Globaltemperaturen, die etwa 2-4° höher lagen als die heutigen. Dies wird durch eine Vielzahl geologischer und paläontologischer Klimaindikatoren belegt.

Während des Unter-Mittel Eozäns erreichten das Meeresspiegelniveau sowie die Bodenwassertemperaturen der Meere ihren höchsten Stand. Tropische Floren aus dem »London Ton«, sowie Floren und Faunen aus dem Geiseltal und der Grube Messel deuten auf subtropisch-tropische Verhältnisse in relativ hohen Paläobreiten hin. Lateritische Verwitterungshorizonte, Indikatoren für warme Temperaturen mit saisonalen Niederschlägen, überschritten auf beiden Hemispheren ebenfalls 45° Paläobreite. Des Weiteren sei hier auf das seit langem bekannte Vorkommen wärmeliebender fossiler Floren und Faunen des Eozäns in sehr hohen Paläobreiten hingewiesen, insbesondere auf Kohlevorkommen der heutigen Arktis (Spitzbergen) und Antarktis, sowie auf Mammalia- und Krokodil-Funde von Ellesmere Island (arktisches Kanada). Nicht zuletzt gehört die Flora und Fauna des Baltischen Bernsteins in diese Indizienreihe mit hinein.

Die genannten Klimaindikatoren weisen auf subtropisch-tropische Verhältnisse im tiefen Eozän hin, die

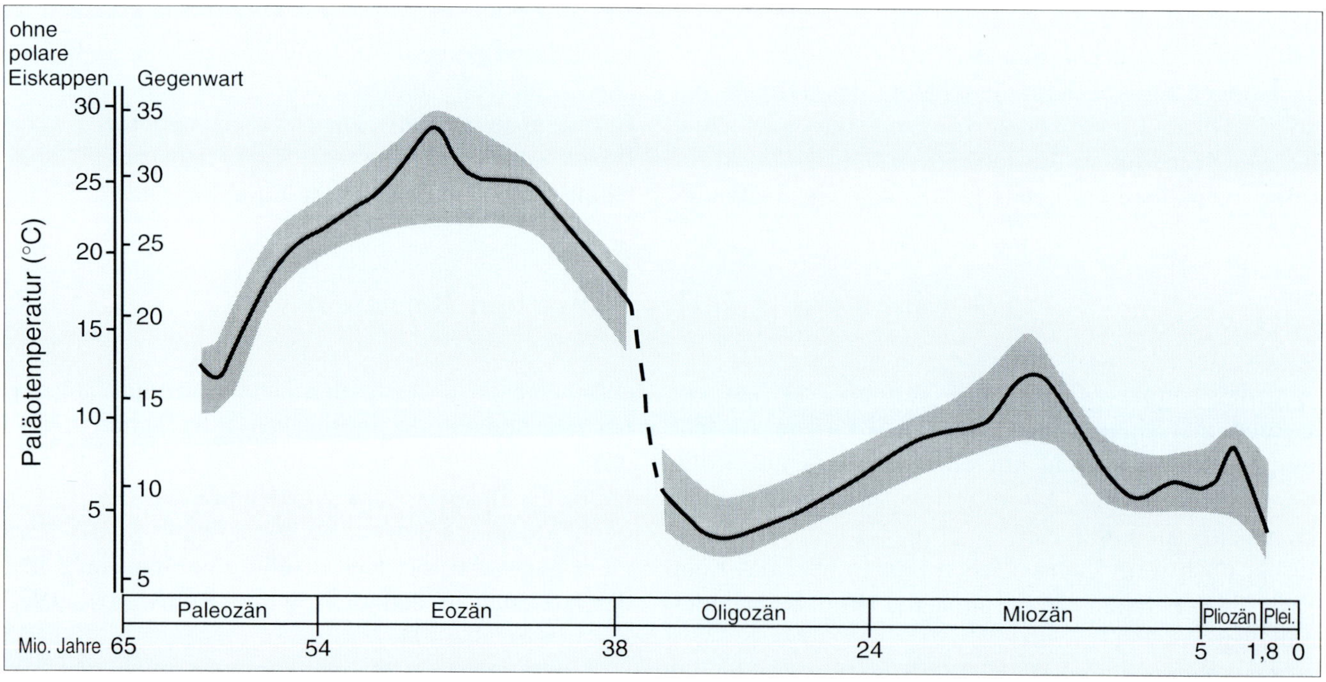

Abb. 18: Temperatur-Kurve des Tertiärs nach Sauerstoffisotopen-Messungen; schattierter Bereich: Schwankungsbreite tertiärer Meereswasser-Temperaturen. Die unterschiedlichen Skalen sind durch die Verschiebung der Sauerstoffisotopen-Zusammensetzung der Meere während der Glazialzeiten bedingt; für Zeiträume, in denen die Pole von Eiskappen bedeckt waren gilt die rechte mit »Gegenwart« bezeichnete Skala (nach BUCHARDT 1978).

die heutigen Klimagrenzen polwärts um mehr als 15 Breitengrade überschritten haben müssen.

Der Wärmeperiode im Unter-Eozän folgte dann ein Interval, das durch deutlich niedrigere Temperaturen gekennzeichnet war. Mit dem Ende des Mittel-Eozäns setzte eine durch plattentektonische Ereignisse (Trennung Australien von der Antarktis) ausgelöste drastische globale Abkühlung ein, die als markanteste innerhalb des Känozoikums gilt. Verbunden war diese mit einem erheblichen Rückgang der jährlichen Niederschläge. Im ursächlichen Zusammenhang damit verschoben sich die Klimagürtel der Erde in äquatoriale Richtung und ihre Unterschiede wurden schärfer. Faunen und Floren versuchten auszuweichen, und subtropisch-tropische Organismen verschwanden mit dem Ende des Eozäns aus hohen Paläobreiten. Dies führte zu dem bekannten dramatischen Floren- und Faunenschnitt des Känozoikums vor ca. 40 Millionen Jahren, der etwa mit der Grenze Eozän/Oligozän zusammenfällt.

Aus den aufgeführten paläontologischen, paläogeographischen und paläoklimatischen Daten lassen sich für die Bildungszeit- und Bedingungen des Baltischen Bernsteins eine Reihe von Schlußfolgerungen ableiten. Die Bernstein-Bildung in Nord- und Mitteleuropa begann wahrscheinlich bereits im tiefsten Eozän und war möglicherweise gegen Ende des Mittel-Eozäns beendet. Baltischer und Bitterfelder Bernstein entstammen, zusammen mit den polnischen und ukrainischen Vorkommen einem einzigen »Bernsteinwald«, der sich in einem ausgeglichenen subtropisch-tropischen Klima für den Zeitraum von ca. 10 Millionen Jahren über ein riesiges Areal im damaligen Europa erstreckte.

1.6 Fossilien im Baltischen Bernstein

1.6.1 Inklusen

Als spezielle Bezeichnung für im Bernstein eingeschlossene Fossilien hat sich der Begriff »Inklusen« eingebürgert. Zu Recht wird diese Einbettung von pflanzlichem und tierischem Leben in Harz als einzigartiges Naturphänomen angesehen. In vielerlei Hinsicht sind Inklusen anders als die übrigen Fossilien. Wer würde schon auf die Idee kommen, ein im Bernstein eingeschlossenes Insekt als »Versteinerung« zu bezeichnen? In früheren Zeiten hat es sicher nicht an Versuchen gefehlt, ein auf so wunderbare Weise konserviertes Insekt aus dem Harz herauszulösen. Wie groß muß jedoch die Enttäuschung gewesen sein, als man feststellte, daß dies zum vollständigen Zerfall des Einschlusses führte. Der Grund dafür ist, daß es sich bei Bernsteininklusen prinzipiell nur um dünn ausgekleidete Hohlräume handelt. Erhalten ist lediglich die widerstandsfähige und schwer zersetzbare Chitinhülle; innen sind Inklusen, abgesehen von wenigen Ausnahmen, hohl. Trotz dieses wenig günstig erscheinenden Umstandes ist die Harzkonservierung in Bernsteinen bezüglich der Erhaltung von Feinstrukturen und deren Beobachtungsmöglichkeiten einzigartig in der Paläontologie. Die Art der Fossilisation erlaubt es Strukturen bis hin zur Auflösungsgrenze des Lichtmikroskopes zu untersuchen, wofür die Durchsichtigkeit des Materials Bernstein die wichtigste Voraussetzung ist.

Ein weiterer auffallender Unterschied zu anderen Fossilien ist die Tatsache, daß die Organismen in der Regel lebend in die Harzfalle geraten sind. Dem Betrachter einer Bernstein-Inkluse, natürlich insbesondere eines tierischen Einschlusses, fällt sofort auf, daß hier nicht nur ein Lebewesen eingeschlossen ist, sondern daß es sich in einer speziellen Situation befindet. Man meint nicht selten eine Momentaufnahme des Lebens vor sich zu haben, auch wenn es sich dabei nur um die Fixierung einer der letzten Lebenssekunden handelt.

1.6.2 Ablauf der Fossilisation

Nach Einbettung des Tieres im Harz liefen zwei Prozesse gleichzeitig ab: die Verfestigung des Harzes und der Abbau der Weichteile des eingeschlossenen Tieres. Für die Entstehung und dauerhafte Erhaltung einer Inkluse ist vor allem wichtig, daß der Einschluß so lange formstabil bleibt, bis das Harz fest geworden ist. Ferner ist wichtig, daß das Harz beim Erhärten nicht schrumpft. Um wirklich Bernstein zu werden, bedarf es noch einer Anzahl weiterer geochemischer und geologischer Prozesse.

Nach dem Tod des eingeschlossenen Lebewesens beginnt der Zerfall und Abbau des Weichkörpers mikrobiell. Die dabei entstehenden Gase und Flüssigkeiten treten vorangig aus Mund, After und aus weiteren Körperöffnungen (Verletzungen) aus und werden auf dem Wege der Diffusion auch durch Körperwände ausgeschieden. Durch diese Absonderungen kann es zu Emulsionsbildungen mit dem noch flüssigen Harz kommen, wodurch die Einschlüsse von einem trüben, weißlich-milchigen Belag überzogen werden können, der morphologische Detailstudien an den Inklusen unmög-

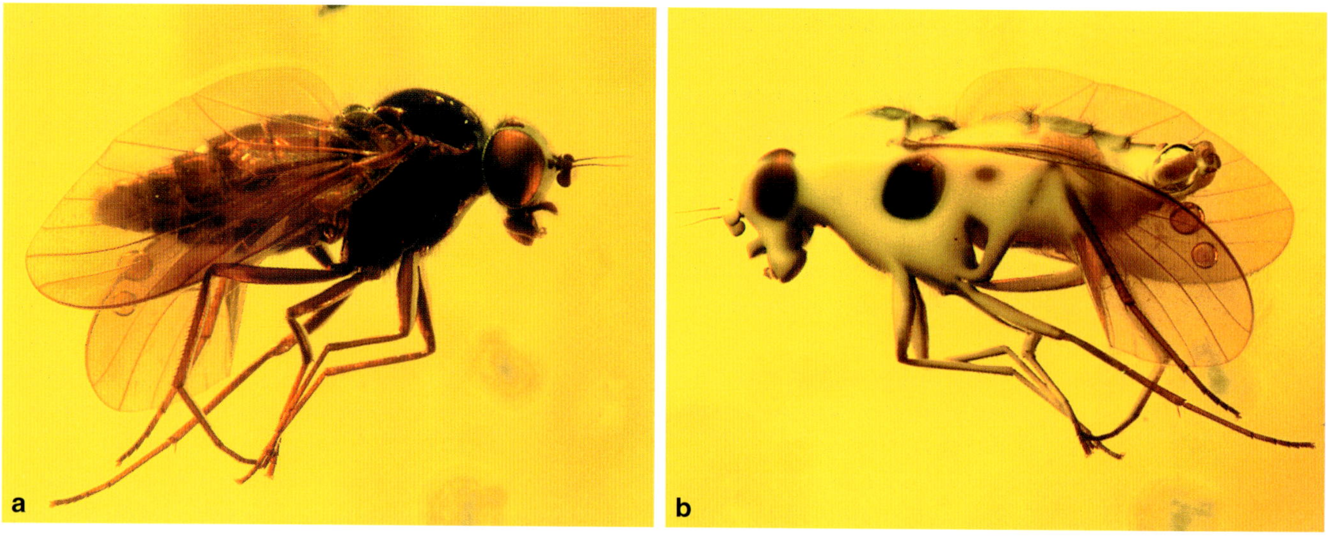

Abb. 19a,b: Schnepfenfliege (Ragionidae), **a:** Vorderseite, **b:** Rückseite. Als Beispiel für das Phänomen der einseitigen Trübung (»Verlumung«) von Inklusen im Baltischen Bernstein.

lich macht. Untersuchungen mit dem Rasterelektronenmikroskop haben gezeigt, daß es sich dabei um eine nicht näher identifizierbare schaumige Struktur, bestehend aus winzigen Bläschen, handelt. MIERZEJEWSKI (1977) hielt eine Entstehung der Trübung durch Austritt von Fäulnisgasen für wahrscheinlich.

Das Phänomen, das seit langem von vielen Einschlüssen insbesondere des Baltischen Bernsteins bekannt ist, wird allgemein als »Verlumung« bezeichnet und scheint, zumindest zum Teil abhängig von der Größe und der Menge der Körpersubstanz der Inklusen zu sein. Bei kleinen Dipteren und Milben tritt es nur selten auf, bei voluminösen Einschlüssen wie etwa Raupen, Myriapoden oder Isopoden ist es regelmäßig besonders kräftig ausgebildet. Nach eigenen Beobachtungen können jedoch auch pflanzliche Einschlüsse derartige Trübungen zeigen, woraus sich ableiten läßt, daß nicht, wie bisher angenommen, ausschließlich tierische Körpersekrete dafür verantwortlich sind, sondern bereits eine gewisse Feuchte den Trübungseffekt bewirken kann.

Erklärungversuche für dieses Phänomen werden besonders durch die Tatsache erschwert, daß die Emulsionsbildungen in allen erdenklichen Intensitäten und mit allen Übergangsstadien auftreten und nicht selten völlig fehlen. Selbst große Einschlüsse mit viel Körperflüssigkeit können völlig trübungsfrei erhalten sein.

SCHLÜTER & KÜHNE (1975) wiesen erstmals darauf hin, daß die Trübungen sehr häufig nur auf einer Seite der Inkluse zu finden sind (Abb. 19a,b). Sie konnten schlüssig belegen, daß es sich dabei in der Regel um die Seite handelt, die in Richtung der konkaven Innenseite der Schlaube, also in Richtung der Rinde zeigt, und damit der dem einfallenden Licht abgewandten Seite der Inkluse entspricht. Besonders anschaulich wird dies an Stücken mit mehreren, in unterschiedlicher Lage eingebetteten Einschlüssen. Die getrübten Zonen liegen dabei immer quasi im Körperschatten (Schlagschatten) der Einschlüsse, entsprechend einer aus einer bestimmten Richtung strahlenden Lichtquelle. Die genannten Autoren kamen zu dem Schluß, daß Intensität und Dauer der Sonneneinstrahlung einen maßgeblichen Anteil bei den Klärungsprozessen gehabt haben müssen. Demzufolge wurde die der Sonne zugewandte Seite des Einschlusses derartig stark erwärmt, daß Inahltsstoffe leichter herausdiffundierten und sich das Harz dort klärte. Gestützt werden diese Überlegungen durch das seit langem bekannte Verfahren der künstlichen Klärung, wobei trübe Bernsteine mit hohen Temperaturen und Druck geklärt werden können. Dabei treten kleine Bläschen zu größeren zusammen, bewegen sich an die Oberfläche des Harzes und treten dort aus.

Das Denkmodell einer Klärung des Bernsteins durch Sonneneinwirkung erscheint recht plausibel, da es auch Lösungsvorschläge für eine Anzahl weiterer noch offener Fragen bietet. So könnte beispielsweise die häufig diskutierte Frage, warum allein die Schlauben des Baltischen Bernsteins regelmäßig klar und durchsichtig sind, hiermit schlüssig erklärt werden. Auch die auffälligen Unterschiede bezüglich der Intensität der Trübungen bei den Einschlüssen würden hiermit ihre Erklärung finden. Die Ursachen könnten etwa jahreszeitlich bedingt sein oder auch nur auf verschiedene Standorte der harzenden Bäume innerhalb des Bernsteinwaldes zurückzuführen sein.

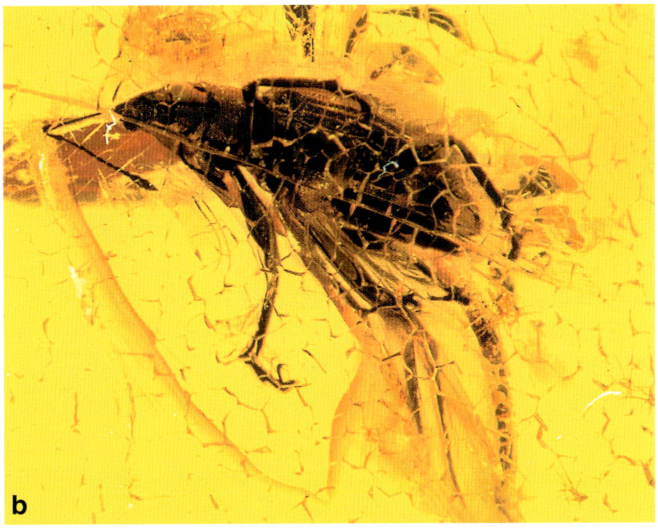

Abb. 20a: Exuvie einer Steinfliege (Plecoptera, Perlodidae). Deutlich erkennbar ist der fortgeschrittene Oxidationprozeß dieses etwa 70 Jahre alten Stückes. Die Rotfärbung hat bereits das Insekt erreicht.
Abb. 20b: Holotypus eines Rüsselkäfers (*Paonaupactus sitonitoides* VOSS, 1953). Durch jahrzehntelange unsachgemäße Lagerung entstand auf der Oberfläche des Bernsteins ein Netzwerk von Haarrissen, wodurch die Beobachtungen morphologischer Detailstrukturen stark erschwert wird.

1.6.3 Stabilität und Alterung

Obwohl viele Millionen Jahre alt, ist das Naturprodukt Bernstein keine stabile Substanz. Unter dem natürlichen Einfluß von Luftsauerstoff und Licht beginnt er sich durch Polymerisation, Oxidation und Austrocknung schon nach wenigen Jahren zu verändern. Der Vorgang zeigt sich im allmählichen Dunklerwerden der Farben, wobei nacheinander rotgelbe, rubinrote, braunrote und braune Töne entstehen. Der Bernstein bekommt eine fast undurchsichtige stumpfe Oberfläche. Gleichzeitig mit den Farbveränderungen beginnt sich ein Netzwerk von kleinen Haarrissen an der Oberfläche zu bilden, das sich mit der Zeit immer tiefer in den Stein hinein fortsetzt, ihn brüchig werden läßt und letztlich zum Zerfall führt.

Daß dies bereits in geschichtlichen Zeiten geschehen konnte, ist durch Depotfunde aus der Römerzeit belegt. Vorgeschichtliche Bernsteinfunde haben in der Regel nur dann »überlebt«, wenn sie in ihrem Ablagerungsmilieu, etwa in Mooren oder im Wasser, vor Verwitterungsprozessen geschützt waren.

Auch alle natürlichen Rohstücke zeigen eine derartige mehr oder weniger dicke Verwitterungskruste, und je nach Art der Einlagerung finden sich alle Stadien dieses äußerlichen Umbildungsprozesses. Nicht selten läßt sich schon nach Aussehen und Dicke der Verwitterungskruste die Herkunft und Fundschicht eines Bernsteins bestimmen. In den Fällen, in denen er in seinen verschiedenen Lagerstätten vor dem oxidierenden Einfluß von Luftsauerstoff geschützt im Bereich unterhalb des Grundwasserspiegels vorkommt, bildet sich nur eine dünne Verwitterungsschicht, durch die die internen Strukturen geschützt werden und der Bernstein Millionen von Jahren überleben kann. So hat der Bernstein der Blauen Erde eine relativ dünne, gleichmäßig ausgebildete, fest anhaftende Rinde, die getrocknet weißlich staubig erscheint. Bernstein aus den eiszeitlichen Ablagerungen besitzt, sofern er in sandigen oder kiesigen Lagerstätten oberhalb des Grundwasserspiegels vorkommt, eine dicke, leicht abplatzende Rinde, die trichterförmig tief in den gesunden Stein hineinreicht (Abb. 10). Demgegenüber zeigt der Seebernstein oder Seestein, der an unseren Küsten gefunden wird gar keine oder nur eine ganz dünne Verwitterungskruste, da diese durch die Brandung abgerieben wurde.

Das schlimmste Schicksal, das einem Stück Bernstein widerfahren kann, ist seine Präsentation in einem nicht luftdicht verschlossenen Schaukasten in der trockenen Luft eines Museums. Unter derartigen Bedingungen kann die Verwitterung relativ schnell fortschreiten. Besonders gefährdet sind u.a. die wissenschaftlich wertvollen Inklusensammlungen und unter diesen das unersetzbare Typenmaterial. Gerade hierunter befindet sich eine Vielzahl von Stücken, die für exakte wissenschaftliche Untersuchungen in kleine, teils nur wenige Millimeter dünne Scheibchen geschnitten wurden, wodurch sie natürlich für die Verwitterung besonders anfällig und gefährdet sind. Hat die nach innen fortschreitende Verwitterung einmal die Inkluse erreicht, so färbt sich auch diese dunkelrot und schließlich braun (Abb. 20a), was ein detailliertes Studium der eingeschlossenen Organismen in der Regel nicht mehr zuläßt. Daneben sind diese dünnen

Stückchen insbesondere auch durch tiefe Rißbildung (Abb. 20 b) extrem bruchgefährdet.

Ein großer Teil des in verschiedenen europäischen Museen lagernden Typenmaterials von Baltischen Bernstein-Faunen und -Floren, das z.T. noch aus dem letzten Jahrhundert stammt, befindet sich in einem fortgeschrittenen Zustand der Verwitterung und des Zerfalls. Um zumindest einen Teil zu retten, bedarf es dringend koordinierter Konservierungsmaßnahmen.

Der schleichende Zerfall des Bernsteins, der in relativ kurzer Zeit vor sich gehen kann, ist schon lange bekannt und hat zu umfangreichen wissenschaftlichen Untersuchungen geführt. Bis heute wissen wir jedoch noch relativ wenig über die dafür verantwortlichen chemo-physikalischen Prozesse. Fest zu stehen scheint, daß die zum Zerfall führende Austrocknung und Rißbildung auf Verdunstung leichtflüchtiger Bestandteile des Bernsteins zurückzuführen ist und daß diese Vorgänge durch Licht- und Wärmeeinfluß noch gefördert werden (KOLLER et al. 1997).

Es hat nicht an Versuchen gefehlt, den Bernstein durch entsprechende Lagerung vor seinem Schicksal zu bewahren. Die einfachste Möglichkeit schien anfangs die Lagerung in Wasser, was einer Kopie des natürlichen Zustandes am nächsten käme. Bald stellte sich jedoch heraus, daß die notwendigerweise zur Reinigung des Wassers hinzugefügten antiseptischen Reagenzien den Bernstein angriffen. Versucht wurde auch eine Lagerung in Alkohol oder Mineralöl mit dem Ergebnis, daß wertvolle Sammlungen völlig zerstört wurden.

Zufriedenstellende Lösungen des Problems ergaben sich erst mit der Anwendung moderner Kunstharze. Dabei gibt es heute zwei verschiedene Methoden der Konservierung, zum einen die Einbettung mittels eines Zweikomponenten Polyester-Gießharzes und zum anderen die Beschichtung mit einem Einkomponenten Polyurethanharz. Die Einbettung in Gießharz hat neben der Konservierung den Vorteil, daß für morphologische Detailuntersuchungen präzise planparallele Schliffebenen angelegt werden können. Die Beschichtung erfordert sehr viel weniger Aufwand und erreicht den gleichen Konservierungseffekt. Langzeiterfahrungen bezüglich schädlicher Wechselwirkungen zwischen Bernstein und Kunstharzen stehen bei beiden Methoden verständlicherweise noch aus. Inklusensteine aus der Hamburger Sammlung, die bereits mehr als 60 Jahre in Kunstharz eingebettet sind, zeigen jedoch keine negativen Auswirkungen.

1.6.4 Erhaltung von Weichteilen

Wenn auch Bernsteininklusen prinzipiell nur dünn ausgekleidete Hohlräume darstellen, so hat es nicht an Versuchen gefehlt, in diesen nach erhaltenen Organresten zu suchen. Grundsätzlich bestehen zwei Möglichkeiten, in den Einschlüssen noch vorhandene organische Überreste nachzuweisen: zum einen das Auflösen des Bernsteins mitsamt dem Einschluß und die Untersuchung der im Lösungsrückstand befindlichen Teile, zum anderen das mechanische Öffnen der Inkluse und die mikroskopische Untersuchung der Hohlraumhälften.

Bereits Anfang des Jahrhunderts hatte KORNILOWITSCH (1903) in einer wenig beachteten, in russischer Sprache publizierten Veröffentlichung quergestreifte Muskulatur in Dipteren- und Neuropteren-Beinen von Bernsteineinschlüssen beschrieben. Andere Autoren, insbesondere TORNQUIST (1910), bezogen dagegen scharf Stellung und wiesen auf die Unmöglichkeit der fossilen Überlieferung von Weichkörperstrukturen hin. Man hielt eine Verwechslung der Bernsteininklusen mit Kopaleinschlüssen für die wahrscheinlichste Erklärung.

Erst die erstaunliche Erhaltung der eozänen Fossilien in der Braunkohle des Geiseltales mit dem Nachweis von Weichteilen, Hautresten, Farbstoffen und Epithelien (VOIGT 1935), veranlaßte verschiedene Wissenschaftler, sich nochmals mit dem Erhaltungszustand tierischer Bernsteininklusen auseinanderzusetzen. Durch Herauslösen der Einschlüsse aus dem Bernstein konnten dabei beachtliche Ergebnisse erzielt werden, über die in einem Vortrag vor der Physikalisch-ökonomischen Gesellschaft zu Königsberg berichtet wurde (ANDRÉE & KEILBACH 1936). Damit wurden die immer wieder angezweifelten Ergebnisse von KORNILOWITSCH in eindeutiger Weise bestätigt. Man fand erhaltene Tracheen, Darmgewebe und Eischläuche. Besonders häufig konnten Reste quergestreifter Muskulatur nachgewiesen werden und das nicht nur bei größeren Insekten, sondern in fast jedem Präparat in kleinen oder größeren Mengen. Dabei lagen die Muskelzüge entweder gelokkert in den Hohlräumen oder waren angeheftet an die Chitinpanzer.

Den endgültigen Nachweis von erhaltenen Organteilen in Bernsteininklusen erbrachte schließlich VOIGT (1937, 1938) mittels Anwendung der Lackfilmmethode. Dabei trennte er den Einschluß mit einer feinen Säge median auf, fertigte von beiden Teilen kleine

Lackabzüge an und konnte so die durchsichtigen Präparate unter stärkster Vergrößerung untersuchen. Mittels dieser Methode gelang VOIGT bei einer Vielzahl verschiedener Insektengruppen der Nachweis von erhaltener Muskulatur und Tracheenbündeln.

Mit Einführung der Elektronenmikroskopie ergaben sich neue vielversprechende Möglichkeiten bezüglich der Erforschung von Weichteilerhaltung an Bernsteineinschlüssen. Man brauchte den Einschluß lediglich zu öffnen und den Hohlraum mittels des Raster-Elektronen-Mikroskops bei entsprechender Vergrößerung nach erhaltenen Weichkörper-Strukturen abzurastern (Abb. 21 a-c). Mit dieser Methode gelang es MIERZEJEWSKI (1976 a,b) bei Spinneninklusen des Baltischen Bernsteins Überreste von Lunge und Spinndrüsen nachzuweisen. HENWOOD (1992 a,b) beschrieb Flugmuskulatur bei diversen Dipteren sowie Weichteilerhaltung bei Käfern des Dominikanischen Bernsteins. KOHRING & WEITSCHAT (1994), KOHRING (1998) dokumentierten an verschiedenen aufgebrochenen Insekten des Baltischen Bernsteins vollständige Überlieferung von organischen Weichteilen vor allem im Bereich von Muskulatur, Tracheen und Augen (Abb. 21 a-c).

POINAR & HESS (1982) beschrieben am Beispiel einer Pilzmücke aus dem Baltischen Bernstein neben Muskelfasern sogar Zellbestandteile, womit erstmals die Ultrastruktur einer ca. 50 Millionen Jahre alten tierischen Zelle unter dem Transmisssions-Elektronen-Mikroskop sichtbar wurde.

Angeregt durch derartig spektakuläre Ergebnisse, begannen Wissenschaftler über die Möglichkeit nachzudenken, die sog. DNS, den Träger der genetischen Information, aus Bernsteininklusen zu isolieren. Anfangs wurden die Untersuchungen besonders durch die viel zu kleinen Mengen der in den Insekten des Bernsteins erhaltenen Weichkörperreste erschwert. Erst im Jahre 1992 gelang es zwei unabhängig voneinander arbeitenden Forschergruppen in den USA fast gleichzeitig, DNS bei einer Termite und einer Biene des Dominikanischen Bernsteins (CANO et al. 1992, DE SALLE et al. 1992) nachzuweisen. Wenn auch in beiden Fällen nur sehr kleine DNS Fragmente mit Längen von 200-300 Nukleotiden isoliert werden konnten, so bedeutete doch der Nachweis von 25 Millionen Jahre alter DNS eine wissenschaftliche Sensation. Schon ein Jahr später berichtete die gleiche Forschergruppe (CANO et al. 1993) über die erfolgreiche Isolation von DNS-Sequenzen aus einem Rüsselkäfer des Libanon Bernsteins, der mit einem Alter von 120-130 Millionen Jahren aus der Zeit der Saurier stammt. Die Veröffentlichung dieser wissenschaftlichen Ergebnisse fiel kurioserweise zeitlich zusammen mit der Produktion des Filmes Jurassic Park, wodurch die Spekulationen über das Klonen ausgestorbener Kreaturen unerwartet neue Nahrung erhielten.

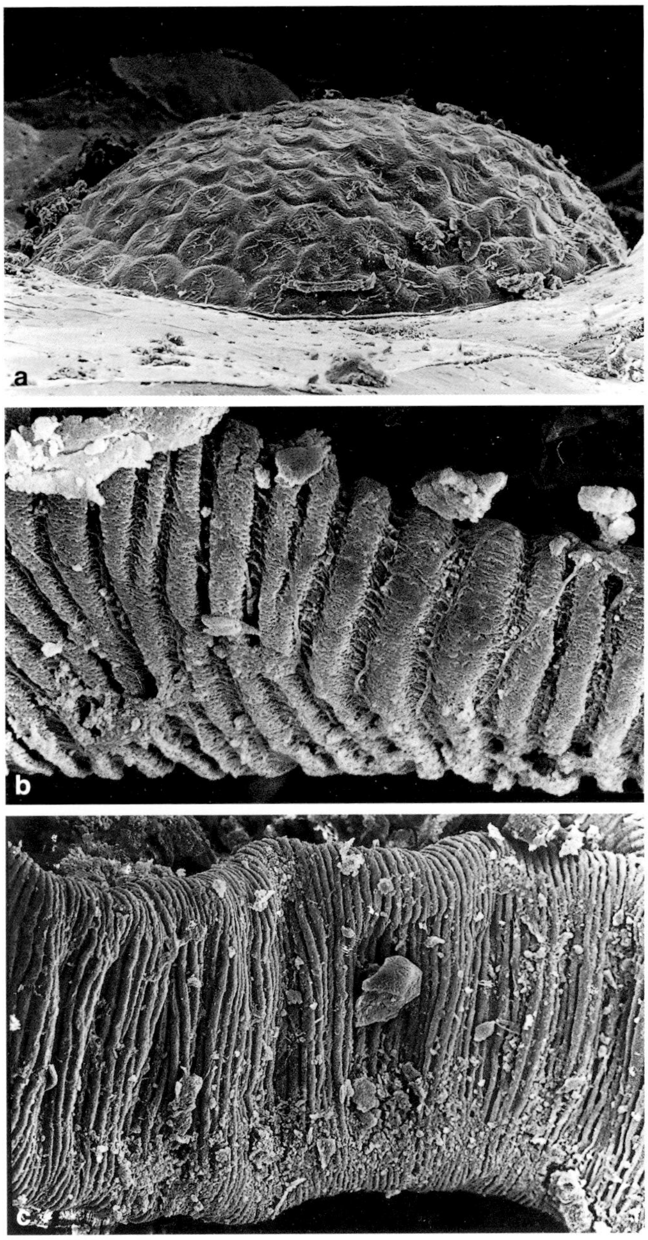

Abb. 21a-c: Weichteilerhaltung von einer fossilen Termite *(Termopsis bremi)* aus dem Baltischen Bernstein. **a:** Aufsicht auf ein Komplexauge, **b-c:** Weichteilerhaltung im Hinterleib (»Muskulatur«), (nach KOHRING 1998).

1.7 Flora und Fauna des Baltischen Bernsteins

1.7.1 Bedeutung der Harzkonservierung

Trotz der unglaublichen Menge und Formenvielfalt der uns aus den Inklusen des Baltischen Bernsteins überlieferten Flora und Fauna, sollte man nicht annehmen, daß damit ein lückenloses Dokument der unterschiedliche Biotope der eozänen Baltischen Bernsteinwälder vorliegt. Es handelt sich vielmehr nur um einen relativ eng begrenzten Ausschnitt der Gesamtfauna und Flora, nämlich um die Tiere und Pflanzen, die Möglichkeit hatten, mit dem klebrigen Harz in Berührung zu kommen, darin eingebettet und fossil überliefert zu werden. Das hat zur Folge, daß bestimmte Biozönosen der Bernsteinwälder sehr stark vertreten sind, während andere fast völlig fehlen können. Das in den Inklusen des Bernsteins überlieferte Material spiegelt damit eher das unterschiedliche Fossilisationspotential der verschiedenen Organismengruppen als deren tatsächliches zahlenmäßiges Verhältnis. Da die fossile Erhaltung zusätzlich noch durch eine Anzahl selektiver Faktoren, wie etwa Größe, Lebensraum oder Verhaltensweisen der Organismen erheblich beeinflußt werden kann, entsteht schließlich ein verzerrtes Bild, das nur bedingt Aussagen über die verschiedenen Biotope des Bernsteinwaldes und deren Lebensgemeinschaften zuläßt (VAVRA 1982, KRZEMINSKA & KRZEMINSKI 1992). Jegliche Art von Harzkonservierung fossiler Floren- und Faunengemeinschaften ist geradezu ein Musterbeispiel dafür, daß die Zusammensetzung vorwiegend durch das unterschiedliche Fossilisationspotential der einzelnen Organismengruppen bestimmt wird.

Ein eindrucksvolles Beispiel hierfür ist aus der Pflanzenwelt des Baltischen Bernsteins dokumentiert. Die häufigsten organischen Inklusen sind winzige, strahlenartig verzweigte Pflanzenhaare, die wahrscheinlich von Eichen stammen (Abb. 22). Diese mit dem bloßen Auge kaum erkennbaren sogenannten Sternhaare finden sich regelmäßig in nahezu allen Schlaubensteinen und gelten deshalb als einen Art Charakteristikum des Baltischen Bernsteins. Würde man aus dieser Sachlage direkte Rückschlüsse auf den Biotop ableiten, so müßte der Bernsteinwald in erster Linie ein Eichenwald und der Harzproduzent eine Eiche gewesen ein. Da vieles gegen eine derartige Vorstellung spricht, kann die Häufigkeit der Eichensternhaare nur auf ihr besonders günstiges Erhaltungspotential zurückzuführen sein. Die Möglichkeit dieser winzigen, leichten Härchen, durch den Wind an die klebrigen Harzflächen geweht zu werden und daran festzukleben, ist von Natur aus schon recht groß. Als maßgebliche Voraussetzung für eine derartige Häufigkeit müßte man jedoch annehmen, daß Eichen vergesellschaftet mit dem Harzproduzenten wuchsen und daß außerdem die Bildung der Knospen in die Zeit der aktivsten Harzproduktion gefallen sein müßte. Natürliches Ausstoßen von Säften geschieht bei unseren heutigen Bäumen vorwiegend im Frühling und zu Beginn des Sommers (LARSSON 1978, S. 48); ähnliches könnte für die harzproduzierenden Bäume der Baltischen Bernsteinwälder angenommen werden.

1.7.2 Pflanzliche Inklusen

Das häufig diskutierte zahlenmäßige Ungleichgewicht zwischen den pflanzlichen und tierischen Einschlüssen des Baltischen Bernsteins könnte in ursächlichem Zusammenhang mit dem unterschiedlichen Erhaltungspotential beider Gruppen stehen.

Abgesehen von den oben erwähnten Sternhaaren von Eichen sind pflanzliche Einschlüsse, insbesondere größere Pflanzenteile, im Baltischen Bernstein ausgesprochen selten. Unter tausend Inklusen des Baltischen Bernsteins findet sich durchschnittlich lediglich eine einzige pflanzlicher Natur.

Auf Grund der bergbaumäßigen Gewinnung mit riesigen Abbaumengen ist uns jedoch eine vielgestaltige Flora der Bernsteinwälder in eindrucksvoller Artenvielfalt überliefert worden, deren monographische Bearbeitungen größtenteils bereits aus dem vorigen Jahrhundert stammen (GOEPPERT & BEHRENDT 1845, CONWNENTZ 1886, 1890, CASPARY & KLEBS 1906). Dabei darf jedoch nicht übersehen werden, daß trotz der ungeheuren Inklusenmengen eine bedeutende Anzahl der beschriebenen Taxa nur auf sehr wenigen Belegexemplaren, z.T. sogar nur auf Unikaten beruht.

Eine befriedigende Erklärung für die außerordentliche Seltenheit pflanzlicher Inklusen ist bisher noch nicht gefunden worden. Sicherlich ist die Möglichkeit der Überlieferung von Pflanzen oder Pflanzenteilen schon dadurch stark eingeschränkt, daß sie nur »passiv«, etwa durch Wind mit den klebrigen Harzflächen in Berührung kommen konnten. Dies gilt insbesondere für Pflanzen, die nicht in unmittelbarer Nähe der harzenden Bäume wuchsen. Wenn auch dieser Sachverhalt noch begreiflich ist, so erscheint er doch absolut unverständlich bezüglich des Harzproduzenten selbst. Nach heute vorherrschender Meinung sollen Kiefern den Baltischen Bernstein erzeugt haben. Aber wo sind die Nadeln? Sie müßten zu Milliarden im Bernsteinwald

Abb. 22: »Sternhaare« von Eichen (Größe: ca. 0,5-1 mm). Sternhaare finden sich regelmäßig in Schlauben und gelten als Charakteristikum des Baltischen Bernsteins.

vorhanden gewesen sein und zu den häufigsten Inklusen gehören. Das Gegenteil ist jedoch der Fall; gefunden hat man bisher nur eine verschwindend geringe Anzahl, was immer wieder Anlaß zu Zweifeln an der Natur des Harzproduzenten gegeben hat. Einschlüsse von Nadeln des mutmaßlichen Harzproduzenten zählen kurioserweise zu den Raritäten im Baltischen Bernstein.

Eine mögliche, wenn auch nur wenig befriedigende Erklärung dafür könnte nach SCHLEE (1990) die besondere Länge der Kiefernnadeln gewesen sein. Dadurch bedingt, würden diese nur teilweise von einem Harzfluß eingeschlossen werden, seitlich aus der Schlaube in die Luft herausragen und so Ansatz für eine spätere Verwitterung bieten. Das würde schließlich zu einer totalen Zerstörung »von innen heraus« führen, womit am Ende lediglich Hohlräume mit der Umrißform der Nadeln übrig bleiben. Gegen eine derartige Hypothese spricht allerdings die Tatsache, daß Nadel-Hohlformen im Baltischen Bernstein noch seltener überliefert sind als die Nadeln selbst. Damit fehlt es weiterhin an einer plausiblen Erklärung nicht nur für die Seltenheit von Einschlüssen des Bernsteinbaumes, sondern auch von pflanzlichen Inklusen insgesamt.

Abb. 23: Männliche Eichenblüte mit »in situ« erhaltenen Sternhaaren.

1.7.3 Tierische Inklusen

Die uns durch den Baltischen Bernstein überlieferte Tierwelt gehört fast ausschließlich zu den Arthropoden (Gliedertieren), unter denen Insekten und Spinnentiere mit zusammen fast 99 % den Hauptanteil bilden. Einschlüsse von Vertretern weiterer Tierstämme (Würmer, Weichtiere, Wirbeltiere) sind überaus selten und z.T. nur durch einige wenige Einzelfunde belegt. In der zahlenmäßigen Verteilung spiegelt sich deutlich das durch verschiedene Faktoren beeinflußte unterschiedliche Erhaltungspotential der einzelnen Tiergruppen wider.

Ein erster bedeutender Auslesefaktor ist die Größe. Die deutliche Mehrzahl der im Baltischen Bernstein eingeschlossenen Tiere ist klein, mit Körperlängen zwischen 1 und 5 mm. Kräftige, große Tiere konnten sich in der Regel aus dem Harz befreien und sind daher, wenn überhaupt, nur sehr selten anzutreffen. Ausnahmen davon bilden Exuvien oder bereits tot in das Harz geratene Tiere. Vereinzelt wird durch Einschlüsse größerer Inklusen dokumentiert, daß die an das Harz geratenen Tiere noch zur Beute anderer wurden, bevor das Harz sie vollständig umhüllte. Nicht selten ist dies bei Köcherfliegen und Termiten zu beobachten, deren Hinterkörper völlig ausgefressen, offen und mit Harz des folgenden Flusses verfüllt sind. In einigen Fällen haben größere Tiere auch nur ihre Spuren in Form von isolierten Flügeln, einzelnen Extremitäten oder Häutungsresten hinterlassen. Das Erhaltungspotential der einzelnen Tiergruppen wird in erster Linie durch ihren Lebensraum innerhalb des Bernsteinwaldes bestimmt (KRZEMINSKA & KRZEMINSKI 1992). Tiere, die an den harzproduzierenden Bäumen selbst oder in deren unmittelbarer Nähe gelebt haben, sind die mit Abstand häufigsten Opfer der Harzfallen geworden. Die vielen Faunengemeinschaften der unterschiedlichen ökologischen Nischen des Bernsteinbaumes von der Wurzelzone bis hinauf in die Baumkronen sind uns in großer Formenmannigfaltigkeit detailreich im Bernstein überliefert. Neben den echten Bewohnern kennen wir auch eine beträchtliche Anzahl von »Besuchern«, die den Bernsteinbaum aus unterschiedlichen Gründen (z.B. Jagd, Reproduktion, Ruhe) aufsuchten und dabei in die Harzfallen gerieten. Nicht zuletzt sei hier auf die Vielzahl kleiner geflügelter Insekten (Diptera, Hymenoptera) hingewiesen, die im Unterholz der harzproduzierenden Bäume lebten. Sie repräsentieren zahlenmäßig fast zwei Drittel der Inklusen des Baltischen Bernsteins. Es ist anzunehmen, daß diese Tiere die Harzfallen vorwiegend aktiv angeflogen sind. Denkbar wäre, daß die leuchtend gelben Harzflächen als »Lichtfallen« wirkten und zusammen mit dem Duft des frischen Harzes einen »Fliegenfängereffekt« hatten.

Die Möglichkeit, mit dem Harz in Kontakt zu kommen, kann in besonderen Fällen auch durch bestimmte Verhaltensweisen der Organismen erheblich beeinflußt werden (KRZEMINSKA & KRZEMINSKI 1992). Das betrifft insbesondere die Schwarmflüge gewisser Gruppen von Insekten (Dipteren, Isopteren). So ist der Nachweis der verschiedenen Kasten von Termiten (Arbeiter, Soldaten, Geschlechtstiere) nahezu ausschließlich durch die geflügelten Geschlechtstiere belegt, die bei ihren Schwarmflügen oder bald danach auf der Suche nach einer Nistgelegenheit in das Harz geraten sind. Die im Inneren des Holzes oder in Erdgängen lebenden Arbeiter und Soldaten hatten dazu keine Gelegenheit. Naturgemäß ist auch das Erhaltungspotential derjenigen Organismen deutlich erhöht, die sich aktiv an den Baumstämmen der harzenden Bäume bewegten (Ameisen und Spinnen) oder sich bevorzugt in Spalten oder Rissen der Baumrinde aufhielten (bestimmte Mikrolepidopteren) (SKALSKI 1973). Bei nachtaktiven Arthropoden hingegen könnte die Gefahr, vom Harz eingeschlossen zu werden, geringer gewesen sein, da bei den niedrigeren Nachttemperaturen die Harzoberflächen schneller verfestigten oder der Harzfluß sogar völlig unterbrochen war. Die merkwürdige Seltenheit von Isopoden (Asseln) und Myriapoden (Tausendfüßern) im Baltischen Bernstein wäre hiermit erklärbar. Schließlich könnten auch noch saisonale Faktoren Einfluß auf die Zusammensetzung der tierischen Inklusen gehabt haben. Heutige Beobachtungen zeigen, daß Harzflüsse auch in subtropischen Klimaten vorwiegend im Frühling und Sommer ausgestoßen werden, wodurch die Möglichkeiten der Überlieferung typischer Herbst- oder Winterfaunen deutlich eingeschränkt sein könnte. Als Beleg dafür wird die große Seltenheit von Wintermücken (Trichoceridae) im Baltischen Bernstein angeführt (KRZEMINSKA & KRZEMINSKI 1992).

1.7.4 Lebensbilder im Bernstein

Fossilien, die Aussagen über ihre Lebensgeschichte oder Verhaltensweisen ermöglichen, zählen zu den Besonderheiten in der Paläontologie. Sie gehören in den Arbeitsbereich »Paläoethologie«, die die Verhaltensweisen fossiler Organismen rekonstruiert. »Fossil eingefrorene« Momente des Lebens erfordern ganz besondere Einbettungs- und Erhaltungsbedingungen. Die Harzkonservierung ist dafür in besonderer Weise geeignet und hat uns eine Reihe eindrucksvoller Beispiele geliefert. Im Bernstein sind neben den Entwicklungsstadien vieler Insektengruppen eindrucksvolle Zeugnisse von Paarung, Eiablage, Brutpflege, Nahrungsaufnahme und vielen sozialen Verhaltensweisen überliefert.

Nicht selten sind kopulierende Pärchen von Dipteren in die Harzfalle geraten und bieten die einzigartige Möglichkeit der Beobachtung von Fortpflanzungsverhalten aus längst vergangener Zeit. Verschiedene Dipteren und auch Trichopteren des Baltischen Bernsteins haben, nachdem sie in die Harzfalle gerieten, reflexartig oder in der Not Eistränge ausgestoßen. Die Eier von Pilzmücken beeindrucken durch feine Wabenstrukturen auf der Eischale.

Von verschiedenen Insektengruppen sind neben den Imagines auch die Larven- und Puppenstadien im Bernstein überliefert. Ein schönes Beispiel präsentieren die Pfriemenmücken (Anisopodidae), von denen nicht nur die im Holz bohrenden Puppen bekannt sind, sondern in Einzelfällen auch der Schlüpfvorgang der Imagines fossil dokumentiert wird.

Am Bernsteinbaum lebende Ameisen haben besonders zahlreiche Lebensbilder hinterlassen. Wir kennen nicht nur verschiedene Entwicklungsstadien (Larve, Kokon, Imago) mit den Vertretern der unterschiedlichen Kasten (Soldaten, Geschlechtstiere), sondern viele Szenen aus dem alltäglichen Ameisenleben (BACHOFEN-ECHT 1935).

Von den Spinnentieren des Baltischen Bernsteins sind eine Anzahl von Beispielen für Brutfürsorge bekannt. So sind Spinnenkokons überliefert, die den Jungspinnen als Schutzraum dienen und zuvor teils mit Eiern und teils mit gerade geschlüpfter Brut gefüllt waren (Taf. 20). Eine Inkluse stellt ein Weibchen beim Transport eines derartigen Kokons dar. Auch die typischen Jagdmethoden der Spinnen mittels Wurfnetz oder die Netze der Radspinnen, mit darin noch erhaltenen Beuteresten sind durch mehrere Inklusenfunde im Baltischen Bernstein belegt.

Unsere Kenntnis über verschiedene Lebensgemeinschaften (Parasitismus, Phoresie) des Baltischen Bernsteins sind im besonderen Maße durch Milben erweitert worden. Parasitische Milben-Larven sind nicht selten an verschiedene Fliegen, Mücken, Köcherfliegen, Ameisen, Käfer oder auch an Zikaden angeheftet.

Ein weiteres Beispiel für Paläoparasitismus ist der Nachweis von Läuseeiern (Nissen) an Säugetierhaaren im Baltischen Bernstein (VOIGT 1952). Dieser Fund dokumentiert den fossilen Erstnachweis von Tierläusen (Phthirapteren).

Das berühmteste Beispiel von Parasitismus im Baltischen Bernstein ist wohl der »Bernsteinfloh« der Gattung *Palaeopsylla* (DAMPF 1939, HENNIG 1939), der mit zwei verschiedenen Arten aus dem Baltischen Bernstein vorliegt. Beide zeigen enge verwandtschaftliche Beziehungen zu den rezenten Arten dieser Gattung (PEUS 1968). Daraus kann abgeleitet werden, daß die Evolution der Flöhe in ihren wesentlichen Zügen im Eozän bereits abgeschlossen war, eine Tatsache, die wohl für den größten Teil der Arthropoden gültig sein dürfte. Die heutigen Vertreter der Gattung *Palaeopsylla* leben an Insektenfressern und zwar vorwiegend an Spitzmäusen (Soricidae) oder Maulwürfen (Talpidae). Es ist denkbar, daß ihre fossilen Vorfahren ebenfalls an frühen Insectivoren parasitiert haben.

Beispielhaft für den Nachweis von Endoparasitismus im Baltischen Bernstein sind Fadenwürmer der Familie Mermithidae (Kap. 2.07) Diese kleinen Würmer schmarotzen vorwiegend an Dipteren und insbesondere in Zuckmücken (Chironomidae). Die Bernstein-Fossilien zeigen, daß diese spezielle Form des Parasitismus und die Ausbreitung des wasserlebenden Wurms bereits im Eozän bestanden hat.

Eine weitere interessante Verhaltensweise innerhalb der Lebensgemeinschaften heutiger Arthropoden ist der Transport ungeflügelter Tiere durch einen geflügelten Transportwirt. Dieses »Taxifahren«, das in der Regel der Ausbreitung einer Spezies dient, ist durch relativ viele Beispiele im Baltischen Bernstein dokumentiert. Häufig sind es bestimmte Milben, deren »letzte Fahrt« angeheftet an Käfern, Dipteren oder Hymenopteren in der Harzfalle ihr Ende fand.

Phoresie ist auch von Pseudoskorpionen im Baltischen Bernstein nachgewiesen (Kap. 2.11). Damals wie heute erweitern diese nur wenige Millimeter großen Tiere ihr Verbreitungsgebiet, indem sie sich mit den Scheren an Mücken oder an den Beinen von Weberknechten festklammern und mitnehmen lassen. Auch aus dem Dominikanischen Bernstein liegen einige Belege vor, wobei Holzbohrkäfer (Platipodidae) und Stelzmücken als Wirtstiere fungieren (SCHLEE 1978, 1990; POINAR 1992).

1.8 Wasserinsekten im Baltischen Bernstein

1.8.1 Aquatische Fauna

Auf den ersten Blick scheint die Möglichkeit einer Überlieferung von aquatisch lebenden Organismen in fossilen Baumharzen eher unwahrscheinlich. Zieht man jedoch in Betracht, daß eine maßgebliche Voraussetzung bei der Bernsteingenese ein schneller Abtransport der Harze durch fließende Gewässer war, so wird verständlich, daß diese Fauna vergleichsweise häufig im Bernstein vertreten ist. Gerade der Baltische Bernstein hat durch eine Vielzahl derartiger Einschlüsse auf ganz besondere Weise dazu beigetragen, uns Einblick in die verschiedenen Biotope der Bernsteinwälder und deren Gewässer zu geben (WICHARD & WEITSCHAT 1996).

Bei den amphibischen (merolimnischen) Wasserinsekten leben die Imagines für eine vergleichbar kurze Zeit ihres Entwicklungszyklus an Land, z.B. Steinfliegen (Plecoptera), Eintagsfliegen (Ephemeroptera). In dieser fertilen Phase ihres Lebens vermehren und verbreiten sich die geflügelten Insekten. Bei ihren Ausbreitungs- und Schwarmflügen besteht immer wieder die Möglichkeit, in Kontakt mit den Baumharzen zu kommen. Dokumentiert wird dies durch die große Anzahl im Bernstein erhaltener aquatischer Dipteren und Trichopteren.

Viele Wasserinsekten verlassen nicht erst als Imagines den aquatischen Lebensraum, sondern bereits als Larven, um außerhalb des Wassers an hochgelegenen, trockenen Stellen zu schlüpfen, z.B. Libellen (Odonata). Die Larven einiger holometaboler Wasserinsektengehen an Land, um sich zu verpuppen und anschließend zur Imago zu schlüpfen, z.B. Schlammfliegen (Megaloptera), Netzflüglern (Planipennia) und Wasserkäfer (Coleoptera). Es überrascht deshalb nicht, wenn im Bernstein vereinzelt Larven dieser aquatischen Tiere anzutreffen sind. Ihre Puppen sind meist verborgen und für Harz unerreichbar.

Einige sehr seltene Einzelfunde lassen sich mit diesen Vorstellungen jedoch nicht erklären. Dazu gehören Inklusen der Larven von Ruderwanzen (Heteroptera: Corixidae) und der strömungsliebenden Eintagsfliegen (Ephemeroptera: Heptageniidae) (WICHARD & WEITSCHAT 1996). Die Larvenstadien dieser Tiergruppen verlassen den aquatischen Biotop normalerweise nicht. Das gleiche gilt für Flohkrebse (Crustacea: Amphipoda), die immerhin im nassen Moos überleben können (Kap. 2.21). Das Vorkommen dieser Tiergruppen im Bernstein ist nur schwer zu deuten, vielleicht als Folge der Austrocknung von Gewässern.

1.8.2 Gewässer des »Bernsteinwaldes«

Das Faunenspektrum der Wasserinsekten-Fauna im Baltischen Bernstein ermöglicht weiterreichende Rückschlüsse auf das Landschaftsbild des eozänen »Bernsteinwaldes«. Es gibt Zeugnis von der Existenz zahlreicher fließender und stehender Gewässer.

Als beispielhaft für eine Analyse der palökologischen Verhältnisse gilt die Untersuchung der reichen Köcherfliegen-Fauna des Baltischen Bernsteins (ULMER 1912). Unter Voraussetzung, daß sich fossile und rezente Gattungen und Familien in Anpassung an ihre Lebensräume ähnlich verhalten (Aktualitätsprinzip), rekonstruiert ULMER aus der Zusammensetzung der Trichopteren-Fauna ein detailreiches Landschaftsbild. Auf der Grundlage von ca. 5000 determinierten Trichopteren verteilt sich die überwiegende Zahl auf stark fließende Gewässer; ein deutlich geringerer Teil ist charakteristisch für Stillgewässer und einige wenige Arten lassen keinerlei Präferenz erkennen. ULMER schließt daraus, daß das Einzugsgebiet der harzproduzierenden Bäume eine gebirgige Landschaft war, deren stark strömende Bergbäche talabwärts in größere Flüsse mündeten und die Niederungen durchzogen.

Diese These wird durch die Kenntnis der Lebensweise weiterer Wasserinsekten, die im Berstein vorkommen, gestützt (WICHARD & WEITSCHAT 1996). Eintagsfliegen-Larven (Ephemeroptera) und besonders die Larven der Steinfliegen (Plecoptera) weisen auf eine Berglandschaft hin, die durchzogen ist von klaren, schnellfließenden und sauerstoffreichen Fließgewässern, in denen Larven lebten, deren nächst verwandte Arten heute im gemäßigten Klima der Paläarktis verbreitet sind (Kap. 2.29).

Eine Anzahl weiterer im Bernstein erhaltener amphibischer Insektengruppen ermöglichen palökologische Aussagen. Wasserwanzen und die artenreichen Wasserkäfer zeigen pflanzenreiche Teiche und Tümpel an. Die im Baltischen Bernstein arten- und individuenreiche Käferfamilie der Scirtidae (Sumpfkäfer) deutet auf Kleinstgewässer in der Nähe der harzenden Bäume hin, z.B. moorige Schlenken von Bruchwäldern oder Fallaubtümpel. Das Vorkommen der räuberischen Schlammfliegen-Larven (Megaloptera) steht beispielhaft für das Interstitium der sand- und schlammreichen, stehenden und langsam fließenden Gewässer (WICHARD 1997).

Die amphibischen Dipteren des Bernsteins stellen mit den Fliegen und Mücken eine arten- und individuenreiche Insektengruppe dar, die sehr verschiedene

Lebensräume besiedelt und bei genauer Kenntnis der Biologie und Ökologie der Taxa detaillierte Biotopbeschreibungen der Bernsteinwälder ermöglicht. In beiden Dipteren-Gruppen gibt es eine Vielzahl von Arten, deren Larven und Puppen Seen, Teiche oder Tümpel bewohnt haben, und solche, die fließende Gewässer bevorzugt haben. Auf die besondere palökologische Aussagekraft von Zuckmücken (Chironomidae) hat SCHLEE (1978) hingewiesen. Zuckmücken zählen im Baltischen Bernstein zu den am häufigsten erhaltenen Insekten und sind zu Tausenden in den Inklusen überliefert. Dabei handelt es sich vorwiegend um Arten der Orthocladiinae, die für Fließgewässern charakteristisch sind. Ein kleinerer Teil gehört zu der Untergruppe Chironominae, die heute in stagnierenden, häufig sauerstoffarmen Gewässern, z.B. am Boden großer Seen leben. Der ungeheure Individuenreichtum dieser Tiere im Bernstein deutet außerdem darauf hin, daß ihre Schwarmflüge in der Zeitphase der aktiven Harzproduktion der Bernsteinbäume lagen.

1.9 Biogeographische Aspekte

Die Inklusen des Baltischen Bernsteins sind uns als Grabgesellschaft, Thanatozönose, überliefert. Die Frage, ob diese fossile Vergesellschaftung auch eine Lebensgemeinschaft (Biozönose) war, wird seit Beginn der Bernsteinforschung intensiv diskutiert.

Im »Bernsteinwald« kommen Gattungen und Unterfamilien vor, seltener auch ganze Familien, die heute noch fast unverändert in der Paläarktis bzw. Holarktis leben, während andere Taxa rezent nur noch in subtropischen oder tropischen Gebieten beheimatet sind, vorwiegend in der indo-malaischen Region und Australien, aber auch in Afrika und einige im tropischen Amerika. Aus heutiger Sicht erscheint uns die Bernsteinfauna und -flora als Mischung fremder Pflanzen und Tiere unterschiedlichster Klimate. Man hat diese Erscheinung auf verschiedenste Weisen zu erklären versucht.

HEER (1865) vermutete verschiedene Höhenlagen des Bernsteinwaldes und nahm an, daß die gemäßigten Formen in gebirgigen Höhen lebten, während die wärmeliebenden Formen in den Niederungen gediehen (vgl. SCHUBERT 1961). WHEELER (1914) hielt Klimaänderungen für wahrscheinlicher. Der eigentlichen Bernsteinzeit sei eine wärmere Periode vorausgegangen; ihre subtropisch-tropischen Elemente wären die letzten Zeugen ehemals existierender Floren und Faunen. ABEL verglich den Bernsteinwald mit den Dschungeln und Kiefernwäldern Floridas, ANDER (1942) mit den wesentlich feuchteren Wäldern Südostasiens. Beides sind pflanzen- und tiergeographische Mischgebiete. ANDER diskutierte als weitere Möglichkeit, daß die heutigen tropischen Formen früher stark eurytherm, d.h. an ein weites Temperaturspektrum angepaßt waren. Schlußfolgernd scheint die Annahme berechtigt, daß die aus dem Baltischen Bernstein überlieferten Inklusen insgesamt nicht einem einzigen Lebensraum entstammen, sondern verschiedenste Lebensgemeinschaften dokumentieren.

WEITSCHAT (1997) griff zur Klärung dieses Problems auf Kriterien zurück, die bereits von ANDRÉE (1937, 1951) aufgezeigt wurden. Dieser hatte angeregt zu ergründen, »ob im gleichen Bernsteinstück Organismen vorkommen, die beim Vergleich mit den heutigen Floren- und Faunengebieten auf verschiedene Regionen hindeuten«. ANDRÉE fand tatsächlich des öfteren gemeinsame Vorkommen von »tropischen« und »gemäßigten« Organismen im gleichen Bernsteinstück.

Tiere und Pflanzen, die vom selben Harzfluß eingeschlossen und darin gestorben sind, müssen zwangsläufig zur gleichen Zeit, am gleichen Baum und unter gleichen klimatischen Bedingungen gelebt haben. Übertragen auf die diskutierte Problematik kann dies nur heißen, daß die Faunen und Floren des eozänen Bernsteinwaldes vielschichtig waren und nicht nach den heutigen biogeographischen Kriterien beurteilt werden dürfen.

Belegt wird eine derartige These durch die drastischen geographischen und klimatischen Veränderungen auf der Erde während der letzten 50 Millionen Jahre. Paläoklimatische Daten belegen für den Zeitraum des ausgehenden Mesozoikums und des Alt-Tertiärs sehr warme klimatische Verhältnisse, die bis in hohe Paläobreiten reichten. Die Erde war ohne Poleiskappen. Die Temperaturdifferenzen waren deshalb in N-S-Richtung weniger deutlich ausgeprägt. Im Eozän waren deshalb subtropisch-tropische Lebensformen über ein sehr weites Areal verbreitet. Man muß annehmen, daß einzelne Arten, verglichen mit der Jetztzeit, eine erheblich größere N-S-Verbreitung hatten. Mit dem Ende des Eozäns erfolgte eine durch plattentektonische Ereignisse ausgelöste, drastische globale Abkühlung, die markanteste innerhalb des Känozoikums. Damit verschoben sich die Klimagürtel in Äquator-Richtung und ihre Unterschiede wurden schärfer. Subtropisch-tropische Faunen und Floren versuchten nach Süden hin auszuweichen und verschwanden aus hohen Paläobreiten.

Während dieser Periode weltweiter Abkühlung waren alle Lebensformen einem besonderen Selektionsdruck ausgesetzt. Ein großer Teil von Gattungen und Arten starb aus. Faunen und Floren schrumpften zusammen und viele Gattungen überlebten nur in isolierten Regionen, wo sie als »Reliktformen« überdauerten. Ein kleiner Teil paßte sich den veränderten Gegebenheiten und Klimaten an und besiedelte die frei gewordenen Lebensräume. Erst im Laufe des ausgehenden Tertiärs und des Pleistozäns bildeten sich die heutigen biogeographischen Regionen heraus.

Die Zusammensetzung der Inklusenfauna und Flora des Baltischen Bernsteins ist nur aus heutiger biogeographischer Sicht eine »kuriose Mischung gemäßigter, subtropischer und tropischer Lebensformen«. Im alttertiären Bernsteinwald bildete diese in einem riesigen Areal des damaligen nordeuropäischen Festlandes bei ausgeglichen subtropisch-tropischen Klimaten eine über mehrere Millionen Jahre funktionierende Lebensgemeinschaft.

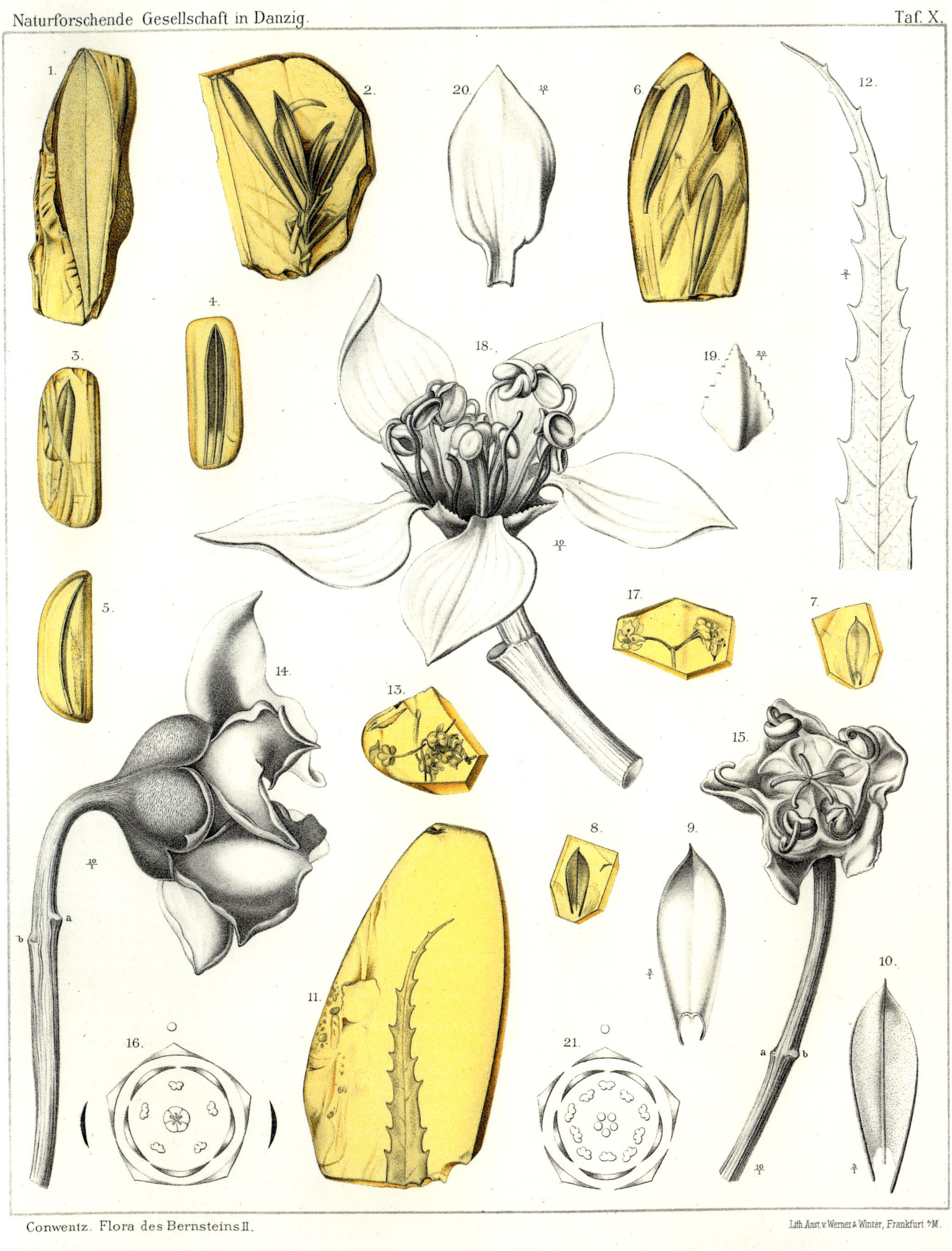

Abb. 24: Tafel X aus CONWENTZ, H.: Die Flora des Bernsteins. – 2. Die Angiospermen des Bernsteins. – Danzig 1886.

2 Spezieller Teil

2.01 Farnpflanzen – Pteridophyta

Die erste gründliche Arbeit, die sich mit den im Bernstein befindlichen Pflanzenresten befaßte, haben GOEPPERT & BERENDT 1845 auf 125 Seiten und 7 Tafeln veröffentlicht. Pilze, Algen und Flechten werden neben Moosen, Farn- und Samenpflanzen dargestellt. *Sporotrichites heterospermus* GOEPPERT & BERENDT, 1845 und *Peziza (Pezizites) candida* (GOEPPERT & BERENDT, 1845) GOEPPERT, 1853 sind die ersten Pilze, die aus dem Bernstein beschrieben wurden. Mittlerweile sind neben längst ausgestorbenen, fossilen auch überlebende, rezente Arten gemeldet, die SPAHR (1993) in einem systematischen Katalog zusammengefaßt hat. Von Schleimpilzen, Myxomycetes, wurden erstmals *Licea* sp. (Liceaceae) und *Stemonitis splendens* cf. *succini* (Stemonitaceae) nachgewiesen (PIELINSKA 1990, DOMKE 1952). Das Vorkommen von Algen und Flechten wird von GOEPPERT & BERENDT 1845 zunächst noch kritisch gesehen. Doch schon bald werden die Algen (Phycophyta) und vor allem Kieselalgen (Diatomeae) von EHRENBERG (1848), SCHUMANN (1863) und ZANON (1929) bearbeitet. Gesicherte Hinweise auf Flechten folgen dann mit den Arbeiten von GOEPPERT (1852), CASPARY & KLEBS (1907), MÄGDEFRAU (1957), PIELINSKA (1990).

Im Mittelpunkt der Flora des Baltischen Bernstein von GOEPPERT & BERENDT (1845) stehen die Moose, Farn- und Samenpflanzen. Die ersten, in diesem frühen Werk beschriebenen Moose der Gattungen *Jungermannites* und *Muscites* stehen heute im Kontext einer modernen Revision durch GROLLE und FRAHM (Kap. 2.02).

Die farnartigen Pflanzen, zu denen die echten Farne (Filicatae) gehören, sind im Baltischen Bernstein äußerst selten, aber bereits von GOEPPERT & BERENDT (1845) nachgewiesen. Bisher wurden von den Tüpfelfarngewächsen (Filicatae: Polypodiaceae) zwei Arten beschrieben: *Pecopteris humboldtiana* GOEPPERT & BERENDT, 1845 und *Alethopteris serrata* CASPARY, 1881. Das abgebildete Reststück eines Farnwedels (Taf. 1, Abb. 25), der Ähnlichkeiten zu *Pecopteris humboldtiana* aufweist, ist eines der wenigen bekannt gewordenen Einschlüsse von Farnen im Baltischen Bernstein. Auf Sporen, die Farnpflanzen zuzuordnen sind, wurde bislang wenig geachtet (WETZEL 1953). Der eozäne Bernsteinwald war reich an farnartigen Pflanzen in der Strauch- und Krautschicht, ähnlich heutigen Wäldern. Dominierend aber waren offensichtlich die Samenpflanzen mit ihren Nadel- und Laubbäumen.

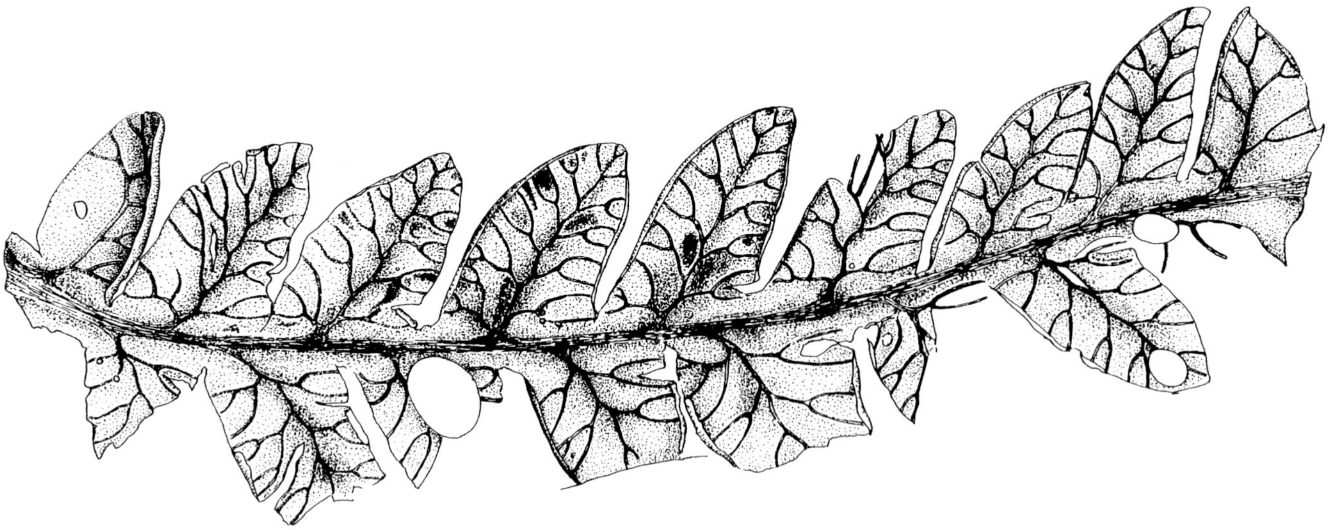

Abb. 25: Farnwedel von ? *Pecopteris humboldtiana* GOEPPERT & BERENDT, 1845 (Polypodiaceae).

Tafel 1: Farnpflanzen (Pteridophyta) im Baltischen Bernstein.

Farnwedel von ? *Pecopteris humboldtiana* GOEPPERT & BERENDT, 1845 (Polypodiaceae).

2.02 Laub- und Lebermoose – Bryophyta

Moose gehören mit den farnartigen Pflanzen zu den ältesten Landpflanzen. Sie wurden bereits im Devon vor 350 Mill. Jahren und seitdem in allen folgenden geologischen Formationen nachgewiesen. Unter den fossilen Moosen weisen die tertiären Formen eine hohe strukturelle Übereinstimmung mit rezenten Moosen auf. Manche der im Tertiär gefundenen Moos-Arten haben sich offensichtlich bis in die heutige Zeit behauptet.

Bei den Lebermoosen (Hepatice) zählt *Notoscyphus lutescens* zu den seltenen Arten, die fossil im Baltischen Bernstein und rezent in Südostasien vorwiegend auf feuchten Böden im subtropisch-tropischen Berg- und Tiefland vorkommen (GROLLE 1988 a). Verglichen mit den ökologischen Ansprüchen gattungsverwandter rezenter Arten werden viele der im Bernstein nachgewiesenen Arten ein feucht tropisches und subtropisches Klima bevorzugt haben. Beispiele bieten Vertreter der Gattungen *Cheilolejeunea*, *Nipponolejeunea* und *Trocholejeunea*. Die Gattung *Cheilolejeunea* kommt heute südlich des 40. Breitengrades im feucht warmen Klima der Subtropen und Tropen vor (GROLLE 1984). Die eozäne *Nipponolejeunea europaea* hat rezente Verwandte, die als Rindenepiphyten in subalpinen Koniferenwäldern *(N. pilifera* und *N. subalpina)* und in der Stufe der laubwerfenden Wälder *(N. pilifera)* im Nordosten Asiens, insbesondere in Japan, leben (GROLLE 1981). Die Gattung *Trocholejeunea*, die im Baltischen Bernstein mit *T. contorta* vorkommt, ist rezent mit zwei mesophytischen, (tropisch-)subtropischen Arten im südöstlichen Asien beheimatet (GROLLE 1982).

GROLLE (1988 b) stellt eine vorläufige Liste von 19 Lebermoos-Arten auf, die im Baltischen Bernstein und in seiner Bitterfelder Lagerstätte nachgewiesen wurden. Von den 9 Arten aus der Bitterfelder Lagerstätte sind sieben Arten bereits vom Baltischen Bernstein bekannt. Zwei Arten, *Calypogeia stenzeliana* und *Radula bitterfeldensis* wurden neu beschrieben. Es ist nicht ausgeschlossen, daß auch diese beiden Arten über die Bitterfelder Lagerstätte hinaus im Baltischen Bernstein gefunden werden. Ebenso ist zu erwarten, daß noch weitere Lebermoose im Bitterfelder Bernstein auftreten, die zu den noch nicht nachgewiesenen 10 Arten des Baltischen Bernsteins gehören. Das Artenspektrum des Bitterfelder Bernsteins ist derzeit zwar ärmer, fügt sich aber gut in das Gesamtspektrum der Lebermoos-Arten des Baltischen Bernsteins.

Die Laubmoose (Musci) des Baltischen und Bitterfelder Bernsteins hat FRAHM (1996 a,b, 1998) zusammengestellt. Der derzeitige Kenntnisstand weist neben zahlreichen völlig unbestimmbaren oder nur auf die Gattung bestimmten Proben 9 fossile, offenbar ausgestorbene Arten auf, und 10 weitere Arten, die heute in Asien vorkommen. Zwei dieser Arten kommen als Tertiärrelikte zugleich auch in Europa vor. *Hapocladium angustifolium* bewohnt in drei Vorkommen die südlichen Alpen. *Fabronia ciliaris* (Taf. 2 g) beschränkt sich ebenfalls auf den mediterranen Raum, aber auch auf wärmebegünstigte Standorte in Mitteleuropa.

Die meisten Laubmoose, die im frühen Tertiär vorkamen und heute als vermutlich identische Arten oder in den Gattungen weiter existieren, sind in Südostasien angesiedelt. Zu diesen Asiaten zählen die Gattungen *Bescherella*, *Mastopoma*, *Symphyodon* sowie die Arten *Campylopodiella* cf. *himalayana* und *Merrilliobryum* cf. *fabronionides* (FRAHM 1996 b). Die heutige Verbreitung vieler Bernstein-Moose weist nicht nur auf das hohe Alter mancher Arten hin, sondern auch auf das günstige tropisch-subtropische Klima, das wahrscheinlich im Eozän vorherrschte und in Südostasien möglicherweise die wechselnden Zeiten überdauerte und damit das Überleben der eozänen Moose garantierte. Es ist bemerkenswert, daß auch unter den Insekten des Baltischen Bernsteins viele verwandtschaftliche Bezüge zur rezenten Fauna in Südostasien bestehen.

Tafel 2: Laub- und Lebermoose (Bryophyta) im Baltischen Bernstein.

a-b Lebermoos: *Radula oblongifolia* CASPARY, 1887: **a** Sproß von ventral, **b** Sproßende.
c-d Lebermoos: *Frullania schumannii* (CASPARY, 1887) GROLLE, 1981: **c** Moosrasen, **d** Sproß.
e-f Laubmoose: **e** unbekanntes Laubmoos, **f** *Muscites* cf. *tortifolius* CASPARY & KLEBS, 1907.
g-h Laubmoose: **g** *Fabronia* cf. *ciliaris* FRAHM, 1994, **h** Laubmoos der Leskeaceae.

a
b
c
d
e
f
g
h

2.03 Samenpflanzen: Nacktsamer – Spermatophyta: Gymnospermae

Unter den pflanzlichen Einschlüssen befinden sich nicht nur rindenbewohnende Flechten und Moose und Algenaufwuchs, sondern auch Pflanzenteile von Farnen und Samenpflanzen. Obwohl die Pflanzen verglichen mit den Tieren zu den seltenen Einschlüssen im Baltischen Bernstein zählen, wurden sie allzu schnell nach ihren Blüten und Pollen, nach Zapfen, Samen und Früchten, nach ihren Blättern und Nadeln sowie nach Zweigen, Rinden- und Borkenstücken als neue Arten beschrieben. In Unkenntnis der Gesamtansicht einer Pflanze und der Zugehörigkeit einzelner Pflanzenteile wurden Doppelbeschreibungen unausweichlich und die Zahlen von Synonymen entsprechend groß. Dieses taxonomische Problem hat CZECZOTT (1962) in einer ersten, notwendigen Revision der Flora des Baltischen Bernsteins erkannt und berücksichtigt.

Von den Gymnospermen werden drei Taxa diskutiert: Cycadinae (Palmfarne), Coniferae (Nadelhölzer) und Gnetinae (Gnetumgewächse). Der »sehr unsichere« Nachweis (SCHUSTER 1931) der Palmfarne (Cycadinae) basiert auf einem ca. 1 cm großen Abdruck eines Blattes, beschrieben als *Zamiophyllum sambiense* (CASPARY, 1881) CASPARY & KLEBS, 1907. Der verschollene Abdruck dürfte sich als Artefakt erweisen. Auch die Gnetumgewächse (Gnetales) konnten »im Bernstein nicht beobachtet« werden (CASPARY & KLEBS 1907), obwohl bereits ein Blütenzweig als *Patzea gnetoides* CASPARY, 1872 beschrieben wurde, ferner »quirlförmig um die Zweige stehende Blüthenäste« als *Ephedra (Ephedrites) johnianus* (GOEPPERT & BERENDT, 1845) CONWENTZ, 1886 und schließlich ein Fruchtstand als *E. mengeana* (GOEPPERT, 1883) CONWENTZ, 1886 beschrieben wurden. CONWENTZ (1886) ordnet alle drei Arten der Gattung *Patzea* der Familie Loranthaceae zu, die nicht zu den Gymnospermae sondern zu den monokotylen Angiospermae zählt.

Nadelhölzer (Coniferae) sind bislang die einzigen Gymnospermae im Baltischen Bernstein. Dazu gehören die Familien Cupressaceae, Taxodiaceae, Podocarpaceae und Pinaceae. Auch die Podocarpaceen werden angezweifelt, zumal nur ein einzelnes Blättchen mit der Beschreibung von *Podocarpites kowalewskii* CASPARY & KLEBS, 1907 die Familie ausweist. Andererseits aber ist *Podocarpus* als Fossil aus dem Eozän nachgewiesen (LARSSON 1978).

Zu den drei verbleibenden Coniferen-Familien Cupressaceae, Taxodiaceae und Pinaceae zählen nach CZECZOTT (1962) 33 Arten unter Vernachlässigung von zweifelhaften Taxa und unter Berücksichtigung von weiteren Synonymen. Die Revision (CZECZOTT 1962), die bisher nicht durch Neubeschreibungen von Coniferen ergänzt wurde, weist 11 Pinaceae-Arten in den Gattungen *Pinus* (8), *Picea* (1) und *Abies* (2) auf, 4 Taxodiaceae-Arten mit den Gattungen *Glyptostrobus* (1) und *Sequoia* (3) und zählt 18 Arten zu den Cupressaceae mit den Gattungen *Widdringtonia* (3), *Thuites* (4), *Libocedrus* (1) *Chamaecyparis* (4), *Juniperus* (2) und unsichere Arten (4).

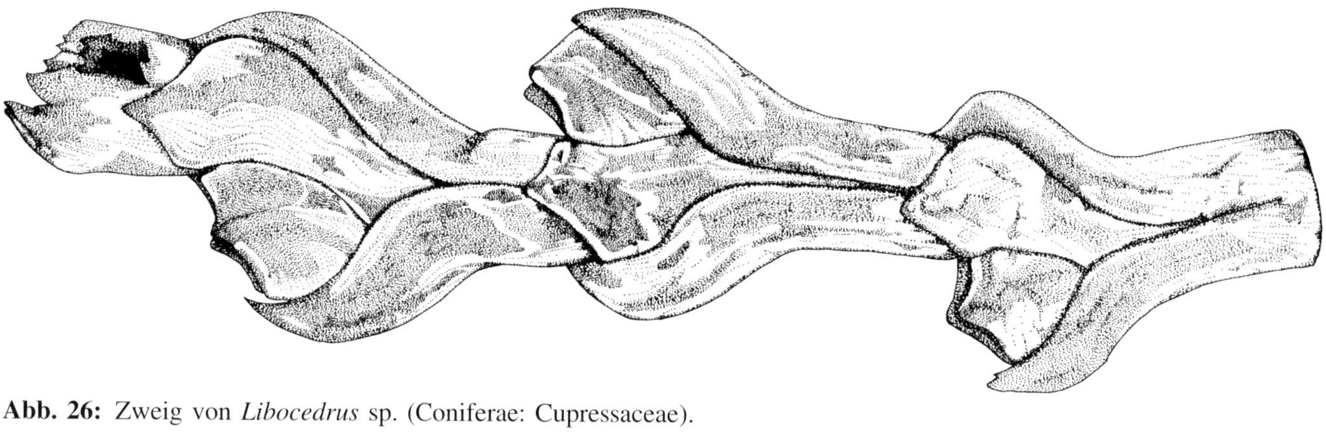

Abb. 26: Zweig von *Libocedrus* sp. (Coniferae: Cupressaceae).

Tafel 3: Samenpflanzen: Nacktsamer (Spermatophyta: Gymnospermae) im Baltischen Bernstein.

a-b Cupressaceae (Zypressengewächse): **a** *Thuites*-Zweig, **b** *Thuites*-Zweig.
c-d Cupressaceae (Zypressengewächse): **c** *Thuites*-Blüte **d** *Libocedrus*-Zweig.
e-f Cupressaceae (Zypressengewächse): **e** Zweig, **f** Zweig.
g-h Taxodiaceae (Sumpfzypressengewächse): **g** Blüte, **h** Blüte.

a b c d e f g h

2.04 Harz produzierende Nadelbäume – Spermatophyta: Gymnospermae

Die Frage nach dem Harzlieferanten für den Baltischen Bernstein ist bis in die heutige Zeit nicht schlüssig beantwortet. GOEPPERT (1850, 1853, 1883) hat aufgrund anatomisch-histologischer Untersuchungen von fossilem Holz mehrere Coniferen-Arten als Produzenten vorgeschlagen. Sein Schüler CONWENTZ versuchte (1890) in der »Monographie der baltischen Bernsteinbäume« eine Antwort zu finden, indem er eine von GOEPPERT & BERENDT beschriebene Kiefer *Pinus succinifera* (GOEPPERT & BERENDT, 1845) CONWENTZ, 1890 für die Harzproduktion wahrscheinlich machte. Sie ist taxonomisch gesehen eine Sammelart, in der sich viele synonyme Beschreibungen wiederfinden (vgl. SPAHR 1993). Eine vorrangige Rolle spielt die Stärke der Harzproduktion, ohne die eine große Menge an Bernstein nicht zu erklären sei. Als Ursache für den gesteigerten Harzfluß werden pathologische Befunde herangezogen. CONWENTZ macht holzschädigenden Insektenbefall und parasitische Pilze, aber auch Blitzschlag, Waldbrand und Sturm verantwortlich, die das Krankheitsbild der »Succinose« hervorrufen würden. Auch SCHUBERT (1961) hält in seinen paläohistologischen Untersuchungen an *Pinus succinifera* (GOEPPERT & BERENDT, 1845) CONWENTZ, 1890 als Harzlieferanten für den Bernstein fest. Die Art zeichnet sich durch eine starke Kork-, aber schwache Holzproduktion aus. Das Spätholz besteht nur aus wenigen Zellagen, das Dickenwachstum ist schwach. Die Tracheiden besitzen auffallend dünne Membranen. Die Harztaschen, Rißfüllungen und Harzkanäle (Abb. 1) mit vielfach ungewöhnlich großen Durchmessern weisen auf eine erhöhte Harzproduktion hin.

Die Kiefer ist nach SCHUBERT (1961) der prägende Baum eozäner Bernsteinwälder: in höheren Lagen als Kiefern-Eichenwald, an Flußläufen als dichter Kiefern-Hartlaubwald und in niederen, warmen Lagen als Savannenwald mit Kiefern-Palmen Bestand. Mit einschneidenden Klimaänderungen (Feuchtigkeit/Temperatur) – im Gefolge des heranrückenden Eozän-Meeres (Abb. 10) – gingen physiologische Umstellungen einher, die nach SCHUBERT (1961) einen erhöhten Harzfluß hervorgerufen haben sollen.

Neuerdings werden neben Kiefern auch Zedern *(Cedrus)* und Araucarien *(Agathis)* als mögliche Harzlieferanten für den Baltischen Bernstein diskutiert (KATINAS 1971, KRZEMINSKA & KRZEMINSKI 1992, KRUMBIEGEL & KRUMBIEGEL 1994). Ihre hohe, natürliche Harzproduktion wäre ein willkommenes Argument, um die zwanghafte Hypothese einer »Succinose« (CONWENTZ 1890) bzw. einer Stoffwechselkrankheit (SCHUBERT 1961) zu verwerfen. Möglicherweise sind Harze von Zedern und Araucarien an Kopale und anderen Bernsteinbildung beteiligt (POINAR 1992, GRIMALDY 1996), aber nicht am Baltischen Bernstein, in dem bislang weder Zedern noch Araucarien nachgewiesen wurden (SPAHR 1993, PIELINSKA 1997, TURKIN 1997).

Die Stärke der Harzproduktion von Koniferen ist sicher artspezifisch verschieden und entspricht höchst wahrscheinlich dem Klima, dem eine Koniferen-Art angepaßt ist. In Richtung des Äquators, vom gemäßigten über subtropisches zu tropischem Klima, nimmt die Harzproduktion der meisten Coniferen artspezifisch zu. Was spricht daher gegen die Annahme, daß im tropisch-subtropischen Bernsteinwald eine natürlich angepaßte und leicht erhöhte Harzproduktion die Regel war? Wenn der Bernsteinwald von Centraleuropa bis zum Ural reichte und im Eozän über einen Zeitraum von ca. 10 Mill. Jahre Bestand hatte, dann war die Produktion an Harzen unermeßlich groß. Flüsse, die möglicherweise über ihre Ufer traten, haben die Böden ausgewaschen und alle Harze und Kopale ins Meer getrieben. Mit den wechselnden Meeresströmungen wurden sie ständig zu neuen Lagerstätten verfrachtet und immer wieder umgelagert, bis sie in den heutigen Lagerstätten zur Ruhe kamen.

Tafel 4: Samenpflanzen: Nacktsamer (Spermatophyta: Gymnospermae) im Baltischen Bernstein.

a-b Pinaceae: Nadeln **a** einer Abietoidae-Art, **b** einer Pinoideae-Art.
c-d Pinaceae: Pollen einer *Pinus*-Art bei unterschiedlicher Vergrößerung und Sicht.
e-f Pinaceae: männliche Blüten von *Pinus*-Arten in Übersicht und Ausschnitt.
g-h Pinaceae: männliche Blüten von *Pinus*-Arten in unterschiedlichem Zustand.

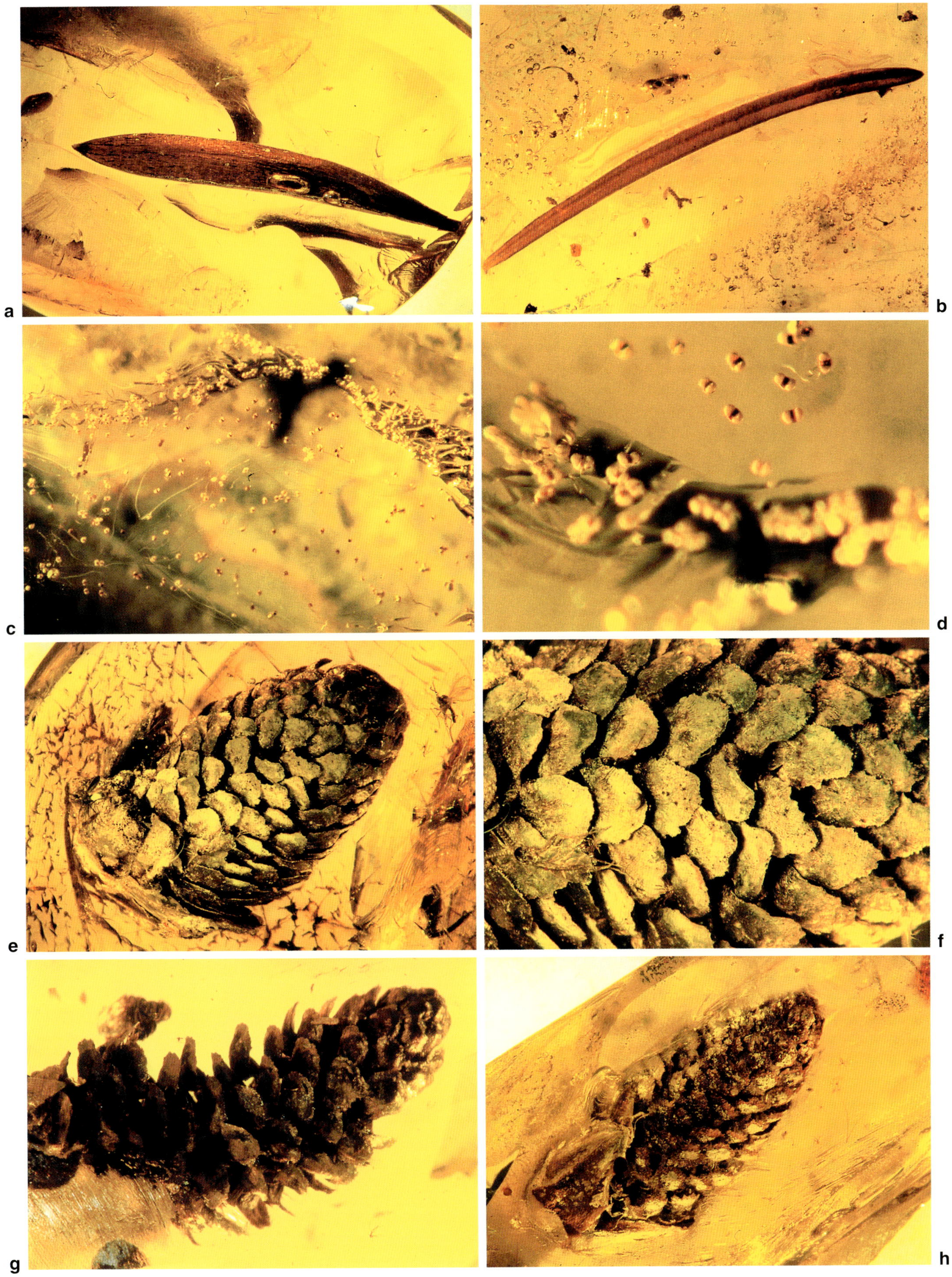
a
b
c
d
e
f
g
h

2.05 Samenpflanzen: Bedecktsamer – Spermatophyta: Angiospermae

Angiosperme Blütenpflanzen sind im Baltischen Bernstein verglichen mit allen anderen pflanzlichen Einschlüssen recht zahlreich. Nach CZECZOTT (1961) wurden 67 % der Angiospermae nach Blüten, Früchten und Samen und 33 % nach Blättern und Zweigen identifiziert. Sie verteilen sich auf 44 Familien, die ergänzt durch neuere Untersuchungen (WILLEMSTEIN 1978, PIELINSKA 1990) in einer Übersicht (Kap. 2.06) aufgelistet sind. Tropische und subtropische Pflanzen machen mit vielleicht 10-12 Familien ca. 25 % aus, obwohl rein tropische Familien (Dipterocarpaceen, Melastomataceen und Musaceen) offensichtlich fehlen. Stattdessen gehören einige Familien zu den sommergrünen Pflanzen der gemäßigten Regionen: Aceraceae, Betulaceae, Hamamelidaceae, Juglandaceae, Rosaceae, Saxifragaceae und Umbelliferae. Fast die Hälfte aller Familien aber läßt sich klimatischen Faktoren nicht eindeutig zuordnen. Sie sind oft kosmopolitisch verbreitet.

Unter den Blütenpflanzen sind es die monokotylen Palmen, die ein subtropisches und tropisches Klima nahelegen. Die Einschlüsse des Baltischen Bernsteins weisen insgesamt aber auf eine artenreiche Flora hin, die pflanzensoziologisch nicht einheitlich und eher von subtropischem als von tropischem Klima geprägt war. Sie reichte bis weit in die nördlichen Breiten, in denen die Flora heute durch eine gemäßigtes Klima bestimmt wird.

In diesem Zusammenhang ist auch die dikotyle Familie der Fagaceae hervorzuheben, die mit den Gattungen *Castanea, Dryophyllum, Fagus, Quercites* und *Quercus* (incl. *Tricolpopollenites*) (GOEPPERT 1845) im Bernstein vorkommt und ein wichtiges Floren-Element im gemäßigten und subtropischen Klima darstellt. Eichenblüten und Teile des Blütenstandes sind aus dem Baltischen Bernstein von allen seinen Lagerstätten bekannt. Weit verbreitet und häufiger sind die sogenannten »Sternhaare«, die sich an Blüten- und Blattknospen von Eichen bilden (»Flaum«) und Jahr für Jahr in großer Zahl abgestoßen werden. Sie befinden sich nahezu in jeder Schlaube des Baltischen Bernsteins und werden als Indiz für die Echtheit eines Baltischen Bernsteins herangezogen. Leider fehlen analytische Untersuchungen, die eindeutig die Herkunft der fossilen Sternhaare und zugleich auch ihre Bedeutung für den Bernstein klären.

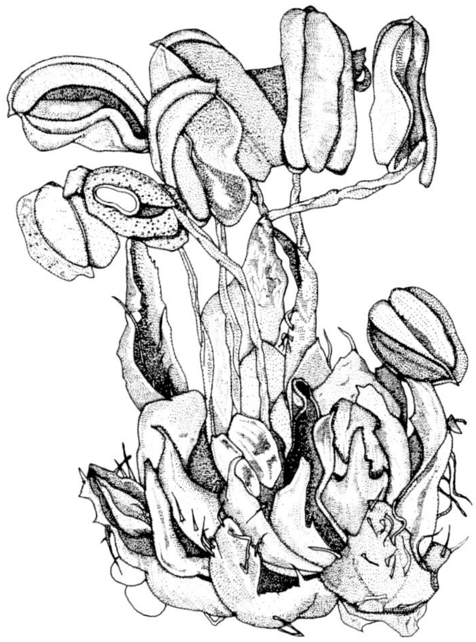

Abb. 27: Blüte einer *Quercus* sp. (Fagaceae).

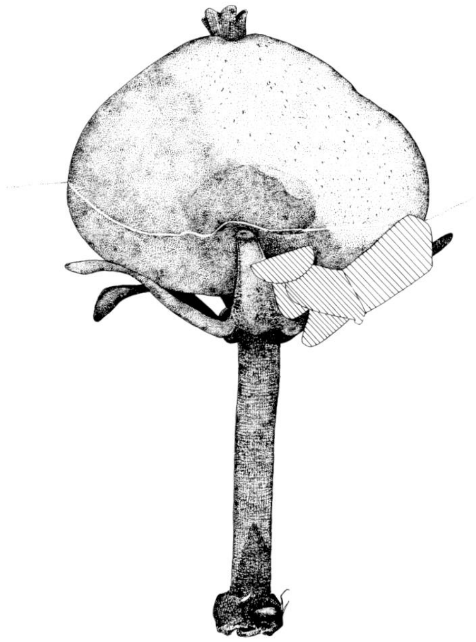

Abb. 28: Frucht einer *Oxalidites* sp. (Oxalidaceae).

Tafel 5: Samenpflanzen: Bedecktsamer (Spermatophyta: Angiospermae) im Baltischen Bernstein.

a-b *Quercus* sp. (Eiche), Fagaceae (Buchengewächse): **a** Blütenstand und **b** Knospe.
c-d *Quercus* sp. (Eiche), Fagaceae (Buchengewächse): zwei Blüten.
e-f Blätter von einer **e** Dilleniaceae (Hartheuartige) und **f** Myricaceae (Gagelstrauchgewächse).
g-h Blätter von einer **g** unbekannten dikotylen Art und **h** Salicaceae (Weidengewächse).

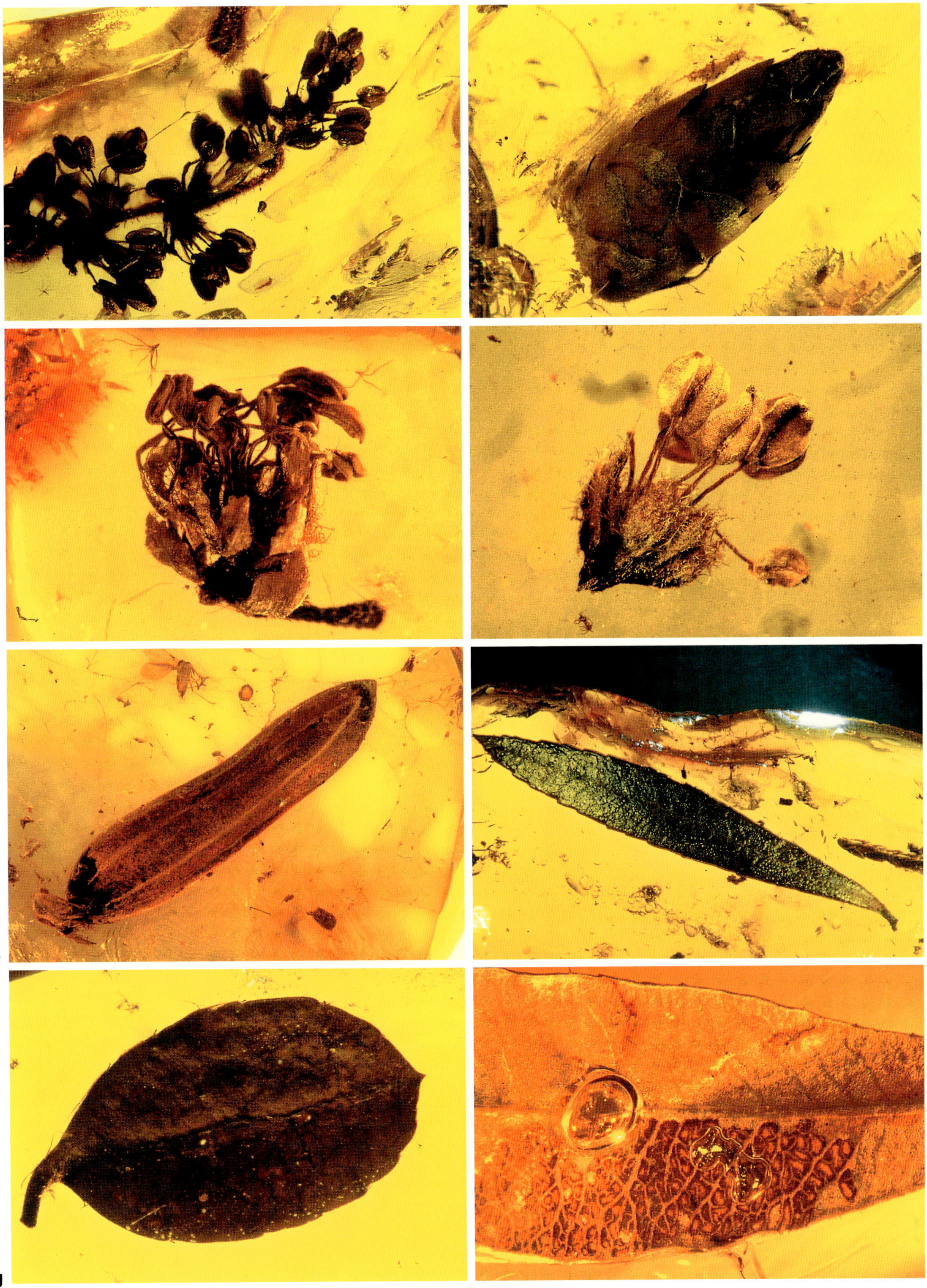
a b c d e f g h

2.06 Systematische Übersicht der Samenpflanzen im Bernstein – Spermatophyta

GYMNOSPERMAE (Nacktsamer)
Coniferae (Nadelhölzer)

Cupressaceae (Zypressengewächse)
Taxodiaceae (Sumpfzypressengewächse)
Pinaceae (Kieferngewächse)

ANGIOSPERMAE (Bedecktsamer)
Monocotyledonae (Einkeimblättrige)

Araceae (Aronstabgewächse)
Commelinaceae (Kommelinengewächse)
Poaceae (= **Gramineae**) (Süßgräser)
Liliaceae (Liliengewächse)
Najadaceae (Nixenkrautgewächse)
Palmeae (Palmen)

Dicotyledonae (Zweikeimblättrige)

Aceraceae (Ahorngewächse)
Apocynaceae (Hundsgiftgewächse)
Aquifoliaceae (Stechpalmgewächse)
Betulaceae (Birkengewächse)
Campanulaceae (Glockenblumengewächse)
Caprifoliaceae (Geißblattgewächse)
Celastraceae (Spindelbaumgewächse)
Chenopodiaceae (Gänsefußgewächse)
Cistaceae (Zistrosengewächse)
Clethraceae
Asteraceae (= **Compositae**) (Korbblütler)
Connaraceae
Brassicaceae (= **Cruciferae**) (Kreuzblütler)
Dilleniaceae (Hartheuartige)
Droseraceae (Sonnentaugewächse)
Ericaceae (Heidekrautgewächse)
Euphorbiaceae (Wolfsmilchgewächse)
Fagaceae (Buchengewächse)
Geraniaceae (Storchschnabelgewächse)
Hamamelidaceae (Zaubernußgewächse)
Hippocastanaceae (Roßkastaniengewächse)
Lauraceae (Lorbeergewächse)
Loranthaceae (Mistelgewächse)
Magnoliaceae (Magnoliengewächse)
Myricaceae (Gagelstrauchgewächse)
Myrsinaceae
Olacaceae (Olaxgewächse)
Oleaceae (Ölbaumgewächse)
Oxalidaceae (Sauerkleegewächse)
Papilionaceae
Pentaphylaceae
Pittosporaceae
Polygonaceae (Knöterichgewächse)
Proteaceae
Pyrolaceae (Wintergrüngewächse)
Rhamnaceae (Kreuzdorngewächse)
Rosaceae (Rosengewächse)
Rubiaceae (Rötegewächse)
Salicaceae (Weidengewächse)
Santalaceae (Sandelgewächse)
Saxifragaceae (Steinbrechgewächse)
Scrophulariaceae (Braunwurzgewächse)
Theaceae (Teestrauchgewächse)
Thymelaeaceae (Seidelbastgewächse)
Tiliaceae (Lindengewächse)
Ulmaceae (Ulmengewächse)
Apiaceae (= **Umbelliferae**) Doldengewächse
Urticaceae (Brennesselgewächse)
Vitaceae (Weinrebengewächse)

Die Übersicht der nachgewiesenen Familien von Samenpflanzen (Spermatophyta) im Baltischen Bernstein basiert auf CZECZOTT (1961), WILLEMSTEIN (1978), PIELINSKA (1990) und SPAHR (1993), ist kritisch durchgesehen und hat dennoch nur vorläufigen, orientierenden Charakter. Einige Familien sind allein durch den Nachweis von Pollen gesichert (WILLEMSTEIN 1978, WETZEL 1953): Chenopodiaceae, Asteraceae, Brassicaceae, Hippocastanaceae, Tiliaceae und Urticaceae. Der Nachweis der Familien Najadaceae, Droseraceae und Vitaceae begründet PIELINSKA (1990) ohne nähere Angaben. Eine Revision der Samenpflanzen wird ein begründetes und detailreiches Bild der Bernstein-Flora schaffen.

Tafel 6: Samenpflanzen: Bedecktsamer (Spermatophyta: Angiospermae) im Baltischen Bernstein.

a-b Blüten einer **a** ? Rosaceae (Rosengewächse) und **b** Hamamelidaceae (Zwergnußgewächse).
c-d Blüte und Knospe der Clethraceae.
e-f Blüten der ? Theaceae (Teestrauchgewächse).
g-h Früchte der Oxalidaceae (Sauerkleegewächse).

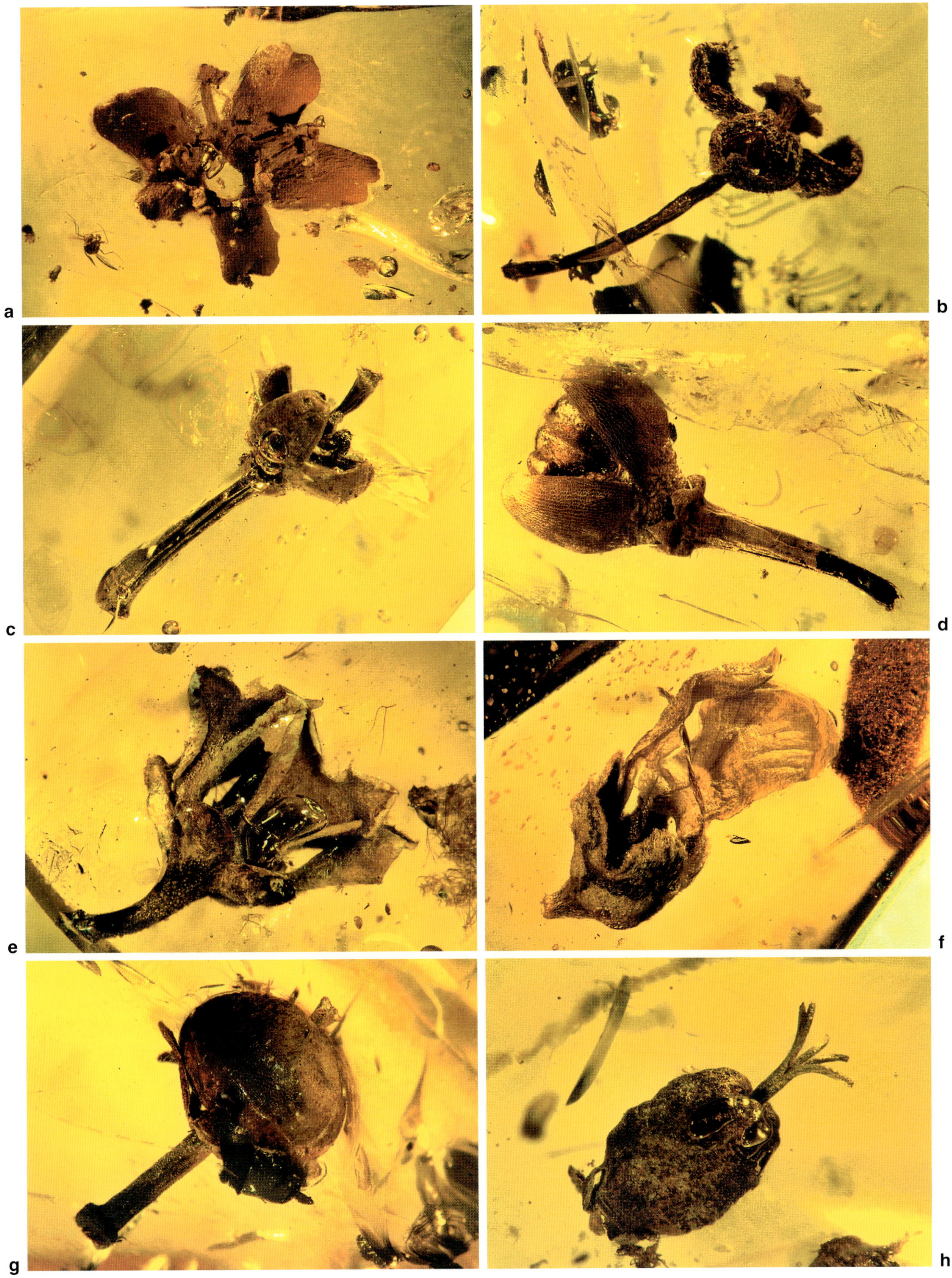
a
b
c
d
e
f
g
h

2.07 Würmer – Nematoda, Annelida

Tiere von würmförmiger Gestalt weisen mit ihrer Körperform auf das angepaßte Leben im Boden oder auf eine parasitische Lebensweise hin. Die Würmer, die bislang im Baltischen Bernstein gefunden wurden, gehören als Nematoda (Fadenwürmer) zum Tierstamm der Nemathelminthes und als Oligochaeta (Wenigborster) in den Tierstamm der Annelida.

Die meisten Nematoda sind nur wenige Millimeter groß und leben im Boden. Ihr Arten- und Individuenreichtum macht die Fadenwürmer zur größten Gruppe unter den Bodentieren. Im Bernstein sind Bodennematoden dennoch selten, da sie euedaphisch tief im Wurzelbereich der Pflanzen und im Porensystems des Bodens leben. Die wenigen im Bernstein gefundenen Nematoden gehören meist zu den parasitischen Formen der Mermithidae, die Insekten befallen. Auf Mermithiden an Mücken, deren Larven im Wasser leben, weisen POINAR (1984) sowie SCHLEE & GLÖCKNER (1978) und SCHLEE (1990) hin (Taf. 7). Viele rezente Mermithidae leben aquatisch und legen Eipakete in den Schlammboden der Gewässer oder an Wasserpflanzen. Ihre Larven suchen nach dem Schlüpfen Wasserinsekten auf, bohren sich durch den Insektenkörper und ernähren sich im 2. Larvenstadium endoparasitisch. Häufig werden Zuckmückenlarven, Chironomidae, befallen. Mit den adulten Mücken gelangen phoretisch einige Würmer in neue Biotope und offensichtlich vor 40-50 Mio. Jahren ausnahmsweise auch in den Baltischen Bernstein. Die von DUISBURG (1862) und MENGE (1866, 1872) beschriebenen fossilen Arten werden der schwierigen Determination wegen kollektiven Gattungsnamen für fossile Nematoden zugeordnet: *Heydenius* (Mermithidae) und *Oligoplectus* (Plectidae) sowie der Gattung *Vetus* (Fam. incert. sed.) für freilebende Nematoden, die keiner Familie zuzuordnen sind (vgl. SPAHR 1993).

Zu den Würmern, die im Boden leben, gehören auch Oligochaeten der Familie Enchytraeidae. Sie leben in der Laub- und Streuschicht und gelangen als Substratfresser auch tief in den Boden. Den Regenwürmern gleich verlassen sie die Erde und kommen an die Oberfläche, sobald Witterungseinflüsse die Lebensbedingungen im Boden verschlechtern. Diese Gelegenheit nutzen räuberische Fliegen, Dolichopodiden, die kleine Enchytraeiden mit ihrem Rüssel ergreifen, aus dem Boden ziehen und mit der Beute an einen sicheren Platz, meist zu Blättern, fliegen. Beim Ergreifen und Herausziehen aus einer möglichen Verankerung im Boden kann ein Wurm reißen.

Diese Beobachtung an rezenten Dolichopodiden mit Enchytraeiden haben ULRICH & SCHMELZ (1999) auf ein Szenario im Baltischen Bernstein übertragen. In einem kleinen Stein befindet sich neben einer 2,4 mm langen Dolichopodidae, *Gheynia bifurcata*, ein Wurmfragment einer Enchytraeide (Taf. 7). Der Wurm ist leicht gebogen und nur mit seinem hinteren Teil erhalten; Kopf und vorderer Abschnitt fehlen. Körperflüssigkeiten sind an der Abrißstelle möglicherweise ausgeflossen und haben einen erkennbaren Hof um die Wunde gelegt. Fliege und Wurm befinden sich auf demselben Schlaubenniveau eines leicht gewölbten Bernsteinstropfens, den eine zweite Harzlage bedeckt und beide Tiere miteinander einschließt. Alle Indizien deuten darauf hin, daß das Wurmfragment als Beute in den Bernstein geraten ist.

Diese Taphozönose belegt, daß Dolichopodiden bereits im eozänen Bernsteinwald Enchytraeiden zur Beute nahmen. Sie zeigt, auf welchem Wege bodenbewohnende Oligochaeten in den Bernstein gelangen konnten. Die Seltenheit der Enchytraeiden, die als Bodentiere keine Affinität für Harz entwickeln, findet in diesem Szenario eine plausible Erklärung.

Tafel 7: Würmer (Nematoda, Annelida) im Baltischen Bernstein.

a, b Stelzmücke (Limoniinae) mit Schwarm kleiner Fadenwürmer (Nematoda?).
c Mücke mit fossilem Fadenwurm (Nematoda, Mermithidae ?).
d frei lebender (?), fossiler Fadenwurm (Nematoda).
e Zuckmücke (Chironomidae) mit fossilem Fadenwurm (Nematoda, Mermithidae?).
f frei lebender (?), fossiler Fadenwurm (Nematoda).
g *Gheynia bifurcata* (MEIGEN) – Dolichopodidae mit liegendem Wurmfragment einer Enchytraeidae.
h Wurmfragment einer Enchytraeidae (Oligochaeta), Vorderteil ist abgerissen.

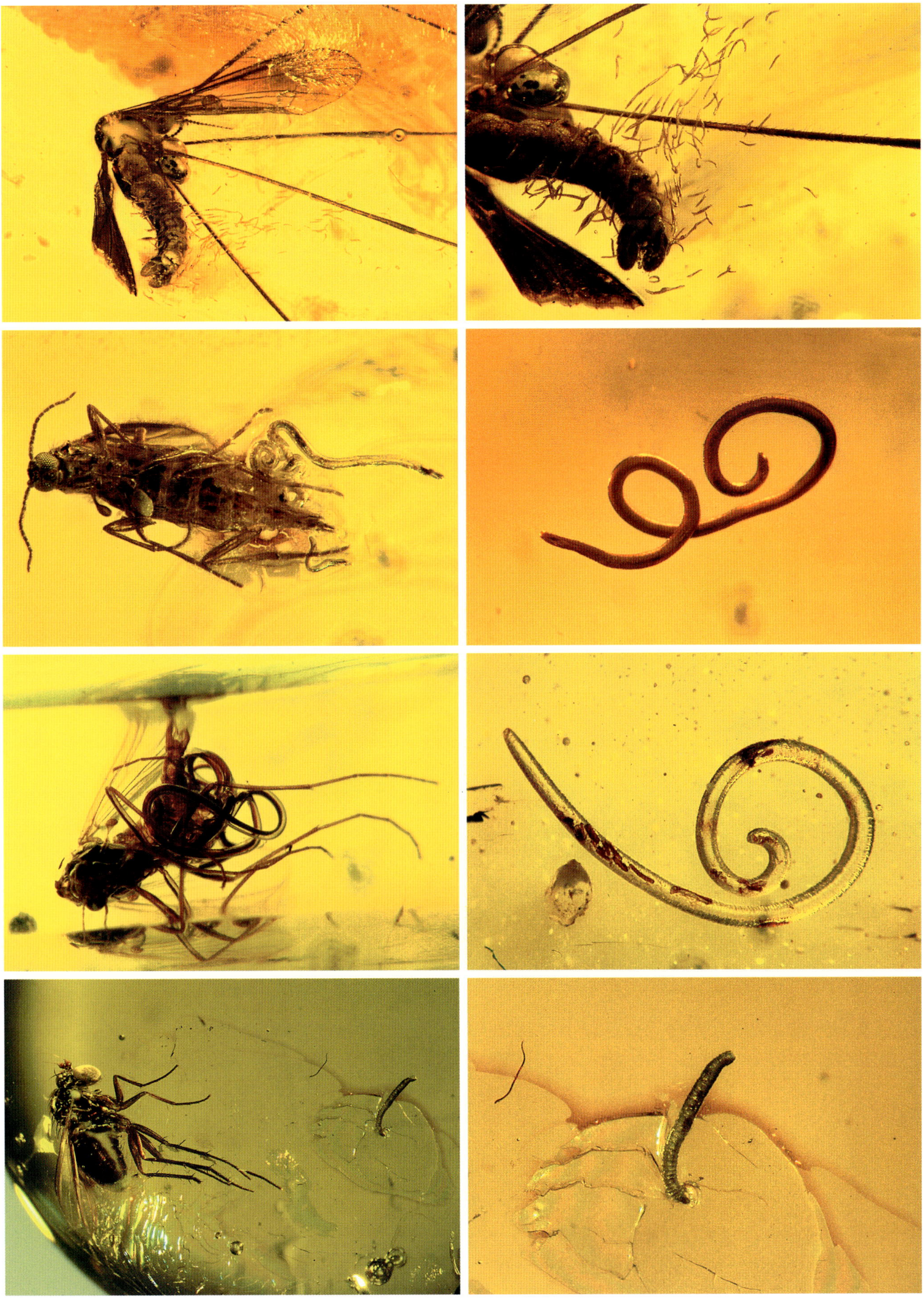

a b c d e f g h

2.08 Schneckengehäuse im Baltischen Bernstein – Mollusca: Gastropoda

Von Weichtieren (Mollusca) sind im Baltischen Bernstein nur Schnecken (Gastropoda) bekannt, deren Gehäuse vorliegen. Untersuchungen über Bernsteinschnekken stammen von KLEBS (1886), SANDBERGER (1887) und von BACHOFEN-ECHT (1949). Neue Arbeiten fehlen, weil auch in den letzten Jahren stets nur wenige Einzelfunde gemacht wurden. Übersichten geben LARSSON (1978) und SPAHR (1993).

Die nachgewiesenen Landschnecken gehören zu den Lungenschnecken. Nach SPAHR (1993) wurden folgende Pulmonata-Arten beschrieben:

Clausilliidae

Balea antiqua KLEBS, 1886

Helicidae

Helix sp. BACHOFEN-ECHT, 1949

Parmacellidae

Parmacella succini KLEBS, 1886

Pupillidae

Vertigo hauchecornei KLEBS, 1886
Vertigo künowii KLEBS, 1886

Zonitidae

Hyalina alveolus SANDBERGER, 1887
Hyalina gedanensis (KLEBS, 1886)
Hyalina sp. KLEBS, 1886
Microcytis kaliellaformis KLEBS, 1886

Eine verwandtschaftliche Nähe der Bernsteinschnecken wird zur (süd)ostasiatischen Fauna und zu Arten aus Nordamerika gesehen. Die *Helix* soll afrikanischen Arten nahestehen (BACHOFEN-ECHT 1949). Insgesamt scheinen tropisch-subtropische Formen vorzuherrschen. Abgesehen von den zitierten Lungenschnecken hat KLEBS (1886) eine weitere Art *Electra kowalewskii* KLEBS, 1886 beschrieben, die er in die terrestrische Familie Cyclostomatidae der Vorderkiemer, Prosobranchia, stellt.

Die Schnecke, die in Tafel 8 d abgebildet ist, scheint das bisher einzig bekannte Exemplar im Bernstein zu sein, das ihren Weichkörper deutlich aus dem Gehäuse streckt. Wenn hierbei keine Artefakte vorliegen, entsteht der Eindruck, als bewege sich die Schnecke kriechend auf der Muskelkriechsohle über eine harzige Unterlage fort. Schleimspuren sind nicht zu erkennen. Vorne ist der vorgewölbte Kopfbereich mit der rechten Antenne zu sehen. Erst im zweiten Harzguß wird die Schnecke total in Harz eingebettet, das dünnflüssig und damit von geringer Viskosität sein mußte. Normalerweise kontrahieren die Antennen bei geringsten Störungen, doch hier scheint die rechte Antenne ausgefahren zu sein, aber ohne erkennbare Kontraktionsspuren.

Tafel 8: Schnecken (Mollusca: Gastropoda) im Baltischen Bernstein.

a-d Schneckengehäuse aus dem Baltischen Bernstein (Gastropoda: Pulmonata).

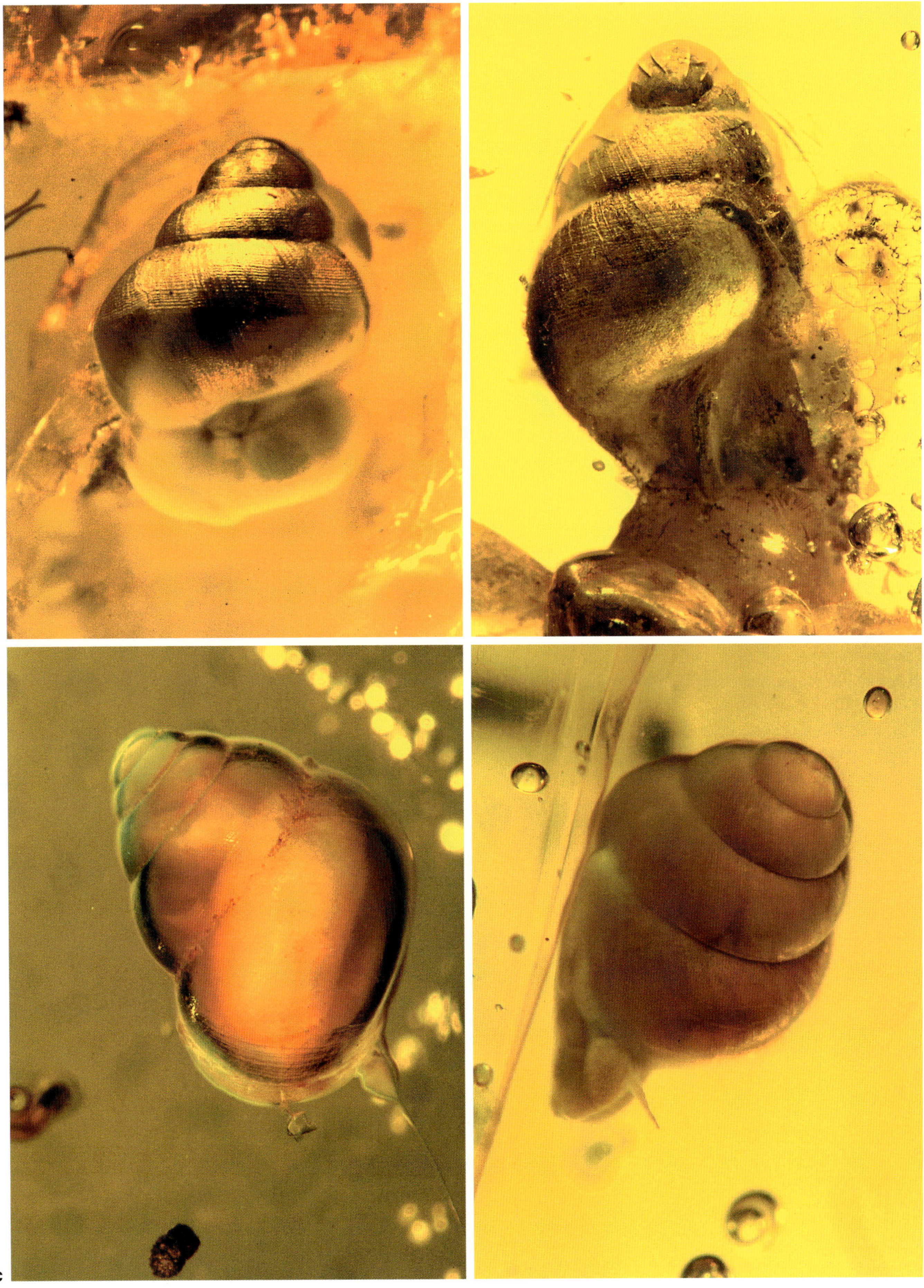

a b c d

2.09 Skorpione im Baltischen Bernstein – Arachnida: Scorpiones

Von den Spinnentieren, Arachnida, sind im Baltischen Bernstein die Skorpione (Scorpiones), die Moosskorpione (Pseudoscorpiones), die Weberknechte (Opiliones), die Milben (Acari) und insbesondere die Webspinnen oder echten Spinnen (Araneae) vertreten. Sie haben gemeinsame Merkmale, mit denen sie sich von den übrigen Gliedertieren, den Arthropoda, unterscheiden: Der Körper der Arachnida gliedert sich in einen Vorderkörper (Prosoma) und dem Hinterleib (Opistosoma). Antennen fehlen den Spinnentieren. Der Vorderkörper ist ausgestattet mit 6 Gliedmaßenpaaren. Das erste Paar bilden die zu den Mundwerkzeugen umgebildeten Cheliceren, die scherenartig ineinandergreifen. Bei einigen Milben sind sie stilettartig und bei einigen Weberknechten zu einklappbaren Giftklauen umgebildet. Es folgt das kräftige (bei den Scorpiones und Pseudoscorpiones), nach vorne weisende Pedipalpenpaar, das ebenfalls der Nahrungsaufnahme dient. Schließlich verfügen Spinnentiere über vier siebengliedrige Laufbeinpaare.

Von dem ersten von HOLL (1829) als *Scorpio schweiggeri* beschrieben Exemplar liegt uns heute leider nur noch eine recht grobe Skizze und die Beschreibung vor, da die Inkluse schon im letzten Jahrhundert als verschollen galt. Auf Grund der Beschreibung ist lediglich eine systematische Einordnung in die Familie Buthidae möglich.

MENGE (1869) beschrieb anhand von zwei weiteren Exemplaren aus dem Baltischen Bernstein eine neue Art als *Tityus eogenus*. Im Gegensatz zu *Scorpio schweiggeri,* von dem die Wissenschaft kaum Notiz genommen hatte, erregte dieser Fund erhebliches Aufsehen vor allem durch seine taxonomische Zuordnung zu einer rezenten neotropischen Gattung. Da jedoch auch diese beiden Exemplare schon kurz nach ihrer Beschreibung verschwunden sind, blieb die Frage nach der exakten taxonomischen Zuordnung bis heute unbeantwortet. Die relativ ungenaue Abbildung und Beschreibung lassen lediglich den Schluß zu, daß *Tityus eogenus* wahrscheinlich der Familie Buthidae zuzuordnen ist.

Im Jahre 1994 tauchte ein vierter Skorpion auf, der ebenfalls zur Familie Buthidae gehört (LOURENÇO & WEITSCHAT 1996). Die Mehrzahl der Merkmale weist auf enge verwandtschaftliche Beziehungen des Neufundes zu der rezenten Gattung *Lychas* hin, doch machten einige primitive Merkmale eine Abtrennung und Einrichtung einer neuen Gattung notwendig. Bei dem als *Palaeolychas balticus* neu beschriebenen Exemplar handelt es sich um ein subadultes Männchen von nur 1,3 cm Länge, das in die Gruppe der »Mikroskorpione« eingeordnet werden kann (LOURENÇO 1995), die als »primitive Formen« gelten. Diese beinhalten verschiedene recht kleinwüchsige Gattungen, mit einfacher Skulptur des Kieles und des gesamten Körpers (LOURENÇO, 1992). Hierzu gehören die rezenten Gattungen *Tityobuthus* POCOCK und *Microcharmus* LOURENÇO, die heute endemisch auf Madagaskar leben und Vertreter der Gattung *Charmus* KARSCH, die in Sri Lanka und Thailand beheimatet sind.

Vertreter der nahe verwandten und weit verbreiteten Gattung *Lychas* kommen in Teilen Afrikas, auf den Seychellen und auf Mauritius, in der Indo-Malyischen Region, den südlichen Teilen der Paläarktik (China, Nepal) und in Nordaustralien vor. Der Neufund zeigt, daß die Skorpion-Fauna des Baltischen Bernsteins engere Beziehungen zu der heutigen Fauna der Alten Welt gehabt hat und macht deutlich, daß *Palaeolychas balticus* ein weiteres subtropisch-tropisches Element des Baltischen Bernsteins darstellt, deren nächste heutige Verwandte in den tropischen Wäldern von Südost-Asien und Australien zu Hause sind.

Tafel 9: Skorpione (Arachnida: Scorpiones) im Baltischen Bernstein.

Bernstein-Skorpion *Palaeolychas balticus* LOURENÇO & WEITSCHAT, 1996 (Buthidae), Holotyp.

2.10 Bücher- oder Moosskorpione – Arachnida: Pseudoscorpiones

Den volkstümlichen Namen Bücherskorpion erhielten die Pseudoskorpione im ausgehenden Mittelalter, als die Gelehrten ihr naturkundliches Wissen noch aus Büchern statt aus der Natur bezogen. In Büchern kamen ihnen die staubläuse-fressenden Pseudoskorpione zuerst vor Augen. Die flache, gedrungene Körperform mit ihren zwei kräftigen, scherentragenden Pedipalpen weckten Aufmerksamkeit und erinnerten an Skorpione. Sie nannten diese Tiere in Unkenntnis ihres ursprünglichen Lebensraumes Bücherskorpione. Die Größe von nur 1-7 mm und das Fehlen eines Giftstachels am Hinterleibsende sind auffallende Merkmale, die diese Spinnentiere nicht zu den Scorpiones stellen, sondern in die taxonomische Gruppe der Pseudoscorpiones.

In Kenntnis ihrer epedaphischen Lebensweise werden sie treffend als Moosskorpione bezeichnet. Sie bewohnen Gesteinsspalten, leben in Moosen, dringen unter Rinde von Bäumen und bewohnen vor allem die lockeren Fallaubschichten humusreicher Waldböden. Ihre flachen Körperformen sind diesem Lebensraum angepaßt. Die seitliche Stellung der vier Beinpaare und die weit nach vorne greifenden Pedipalpen unterstreichen die dorsoventrale Abflachung des Körpers. Moosskorpione sind räuberische Tiere, dringen in die oberen Streuschicht ein, in der sie Collembolen und Milben sowie andere kleine Bodentiere jagen. Ihre Biologie und Ökologie haben BEIER (1932, 1963), VACHON (1949), GABBUTT (1969), WEYGOLDT (1966, 1969) und LEGG & JONES (1988) ausführlich dargestellt.

Auf der Grundlage der taxonomischen Arbeit von BEIER (1963) werden die Pseudoskorpiones in drei Unterordnungen gegliedert, die alle auch im Baltischen Bernstein vertreten sind (Taf. 10):

1. Chthoniinea z.B. mit *Chthonius mengei*
2. Neobisiinea z.B. mit *Neobisium extinctum*
3. Cheliferinea z.B. mit *Cheiridium hartmanni, Electrochelifer balticus.*

Die Pseudoscorpiones im Baltischen Bernstein wurden von KOCH & BERENDT (1854), MENGE (1855) und BEIER (1937, 1947, 1955) mit bislang 25 fossilen Arten beschrieben. Sie sind überwiegend den rezenten mitteleuropäischen Arten verwandt und gehören zu den Rindenbewohnern (Cheiridiidae, Chernetidae, Cheliferidae) oder leben bevorzugt im Boden (Chthoniidae, Neobisiidae). Daneben gibt es im Bernstein auch Arten, die heutigen Formen der nearktischen Region (Pseudogarypidae: *Pseudogarypus extensus* BEIER, 1937, *P. hemprichii* (KOCH & BERENDT, 1854), *P. minor* BEIER, 1947) und der tropisch – subtropischen Zonen (Atemnidae: *Progonatemnus succineus* BEIER, 1955) nahestehen.

Abb. 29: *Neobisium extinctum* BEIER, 1955 (Holotyp) (Neobisiidae).

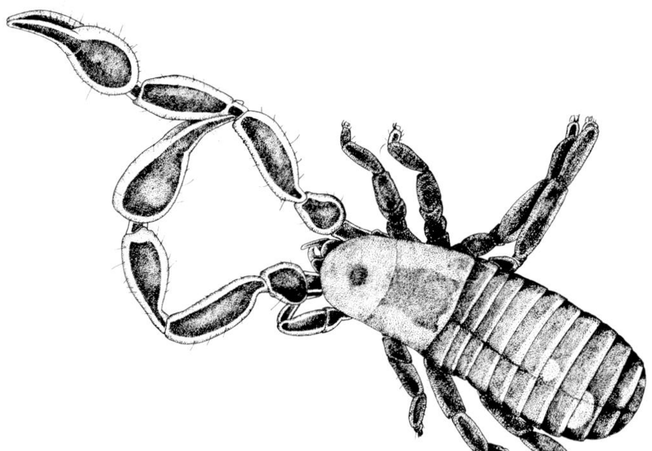

Abb. 30: *Progonatemnus succineus* BEIER, 1955 (Holotyp) (Atemnidae).

Tafel 10: Moosskorpione (Arachnida: Pseudoscorpiones) im Baltischen Bernstein.

a Neobisiidae.
b Neobisiidae (Kopf mit Pedipalpen).
c *Neobisium extinctum* (Holotyp) (Neobisiidae).
d *Neobisium* sp. (Neobisiidae).
e *Progonatemnus succineus* (Holotyp) (Atemnidae).
f *Electrochelifer balticus* (Holotyp) (Cheliferidae).
g Cheliferidae.
h *Cheiridium hartmanni* (Cheiridiidae).

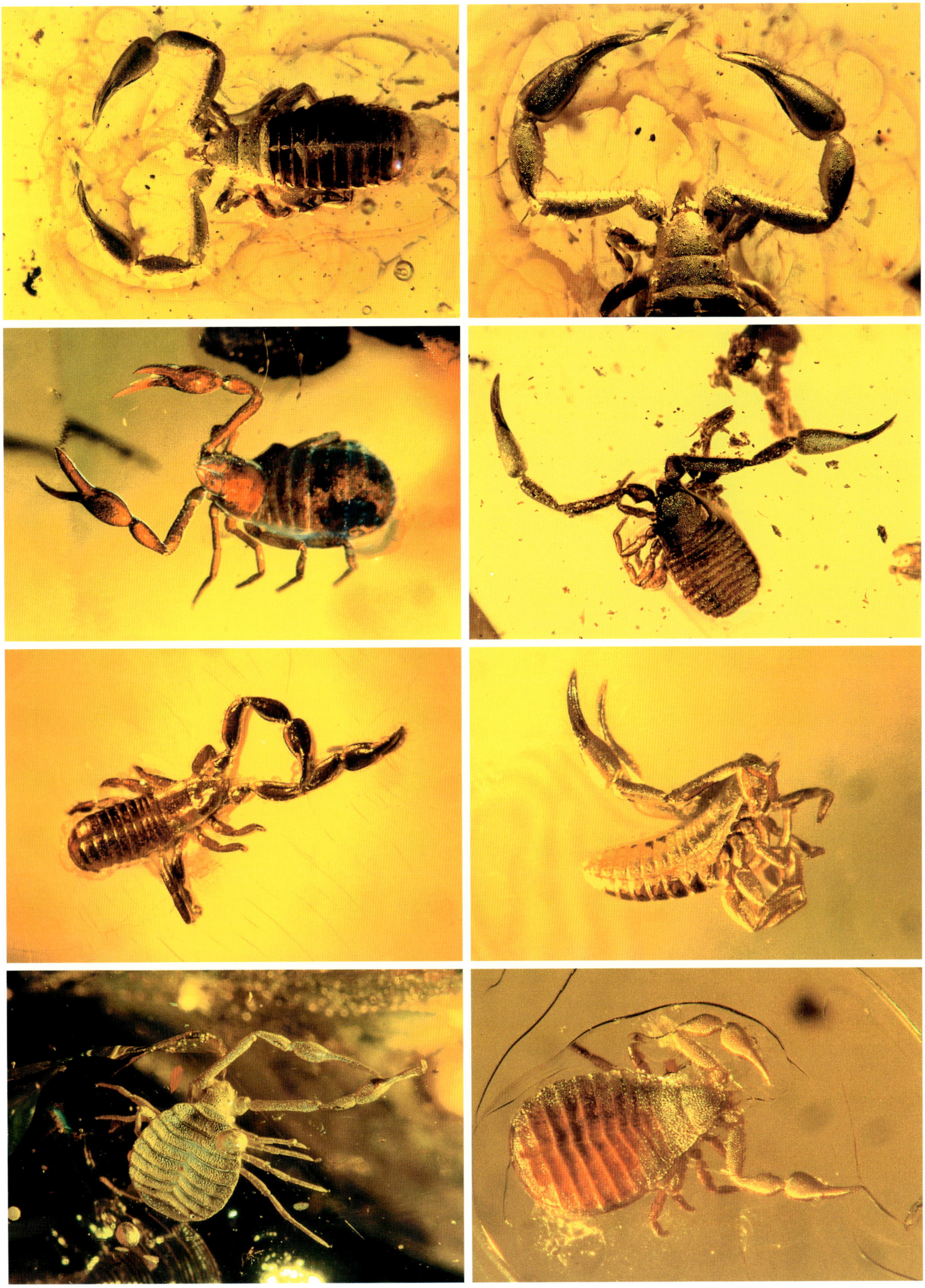
a
b
c
d
e
f
g
h

2.11 Phoresie bei Moosskorpionen – Arachnida: Pseudoscorpiones

Mit Phoresie wird ein Verhalten definiert, mit dem kleine Tiere von größeren Trägertieren über räumlich-zeitliche Distanzen hinweg zu neuen Lebensräumen verfrachtet werden. Die kommunizierenden Tiere kommen miteinander in Kontakt, wenn beide – mindestens zeitweilig – denselben Lebensraum besiedeln. Die Phoresie dient zur Ausbreitung und Fortpflanzung der Arten. Dieses Verhalten ist bei Gliedertieren (Arthropoda) verbreitet und auch im Baltischen Bernstein bei Bodenmilben (Acari) sowie bei Moosmilben zu beobachten (VACHON 1940, 1954, BEIER 1948, MUCHMORE 1971, JONES 1978).

Zu den fossilen, pterygoten Transportwirten, die phoretische Pseudoskorpione als Passagiere im Fluge befördern, gehören Mücken (Diptera: Limoniinae), Hautflügler (Hymenoptera: Braconidae, Ichneumonidae) und Köcherfliegen (Trichoptera) (MENGE 1854, BEIER 1937, 1948, SCHLEE & GLÖCKNER 1978, SCHAWALLER 1981). Nachgewiesen wurden im Baltischen Bernstein bisher:

1. Chernetidae (indet.) an Limoniinae
2. *Oligochernes bachofeni* an Braconidae
3. *Pycnochelifer kleemanni* an Braconidae
4. *Oligochelifer berendtii* an Ichneumonidae, und an Trichoptera.

Die Pedipalpenscheren dienen als wirkungsvolle Klammerorgane, mit denen die Moosskorpione vorzugsweise die Beine der Trägertiere umgreifen. Benutzen zwei Pseudoskorpione zugleich dasselbe Trägertier, so klammern sie sich zwangsläufig auf Abstand an den gegenüberliegenden Beinen des Trägertieres fest und sorgen auf diese Weise unwillkürlich für die Balance des Fluginsektes.

Die Phoresie eines Pseudoskorpions mit einer Köcherfliege im Bernstein, über die BEIER (1947) berichtet, wird eine Ausnahme bleiben, weil Köcherfliegen als Wasserinsekten im Larven- und Puppenstadium im Wasser leben und als Imagines nur kurzzeitig in Wassernähe fliegen.

Für Pseudoskorpione, die vor allem epedaphisch in der Streuschicht der organischen Auflage des Bodens leben, sind die langbeinigen Weberknechte (Opiliones) bevorzugte Trägertiere. Als Räuber suchen Weberknechte in der Streuschicht des Bodens nach Nahrung und treffen dabei auf Moosskorpione. Sie transportieren ihre Fahrgäste, die sich mit ihren Pedipalpen an die schlanken Beine klammern, in großen, schnellen Schritten von einem zum anderen Ort und stellen dabei sicher, daß der epedaphische Lebensraum gewahrt bleibt, weil ihn beide Partner bewohnen.

Die phoretische Vergesellschaftung verhilft nicht nur heutzutage sondern verhalf auch im Eozän den Pseudoskorpionen zur Verbreitung der Arten; auch wenn in den konkreten Fällen (Taf. 11) der Transfer ein unerwartetes Ende im Harz nahm.

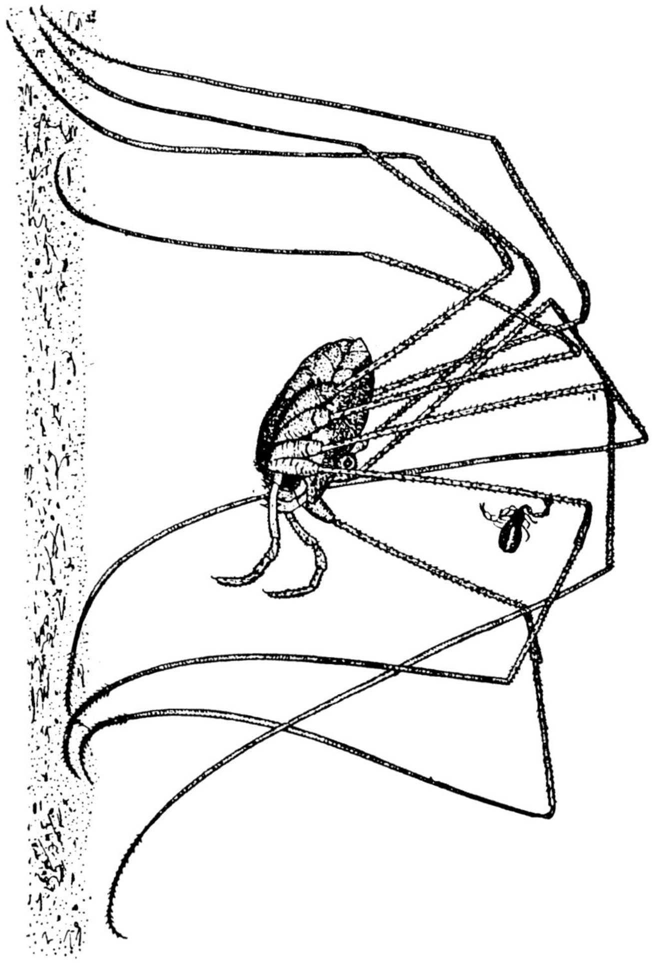

Abb. 31: Moosskorpion am Bein eines Weberknechts (Opiliones) (nach CLOUDSLEY-THOMPSON 1988).

Tafel 11: Phoresie der Moosskorpione (Arachnida: Pseudoskorpiones) im Baltischen Bernstein.

a *Oligochernes bachofeni* BEIER, 1937 (Holotyp) an einer Braconidae (Brackwespe) angeklammert.
b Laufkäfer, 4 Beine eines Weberknechtes mit festgeklammertem Pseudoskorpion.
c Pseudoskorpion klammert mit linkem Pedipalpus an einer Tibia eines Weberknechtes.

a

b

c

2.12 Weberknechte – Arachnida: Opiliones

Die Weberknechte oder Kanker bevorzugen im allgemeinen den Boden als Lebensraum (MARTENS 1978, EISENBEIS & WICHARD, 1985). In schattigen und feuchten Wäldern halten sie sich in der oberen Bodenschicht meist im Fallaub, unter Holz und Steinen auf. Sie sind Räuber, die ihre Beute mit den Cheliceren (Mundwerkzeugen), den Pedipalpen und dem vorderen Laufbeinpaar ergreifen. Ihre Beute sind Kleintiere des Bodens, meist Schnecken und Gliedertiere. Im Laufe des Tages wechseln manche Arten den Lebensraum und bewohnen Kräuter, Sträucher, Gebüsche und die Bäume. Nur selten dringen sie in offenes Gelände. PFEIFER (1956) hat die Lebensweise der Weberknechte nach der horizontalen Verteilung auf dem Boden, in der Kraut-, Strauch- und Baumschicht beschrieben. Eine entsprechende paläobiologische Zuordnung der im Baltischen Bernstein nachgewiesenen Opiliones fehlt.

Trotz ihrer angepaßten und teilweise verborgenen Lebensweise sind Weberknechte auffallende Tiere, die sich im Leben, aber auch fossil im Bernstein leicht von allen anderen Spinnentieren unterscheiden. Zu den typischen Merkmalen vieler Opiliones gehören die langen Laufbeine, mit denen sie leichten Fußes ihren gedrungenen Körper über den Boden hinweg tragen. Vorder- und Hinterkörper (Prosoma und Opistosoma) sind zu einer abgerundeten Einheit verschmolzen. Obenauf befindet sich fast in der Mitte ein Augenhügel mit beidseitig orientierten Augen.

Die Weberknechte des Baltischen Bernsteins haben KOCH & BERENDT (1854) und MENGE (1854, 1856) beschrieben (Abb. 32). Seit dieser Zeit wurden die Opiliones nur noch von ROEWER (1939) bearbeitet, obwohl neue Funde und interessante Formen hinzugekommen sind (Taf. 12), die im Vergleich mit den rezenten Tiere weitreichende Rückschlüsse auf die eozäne Vergangenheit der Opiliones zulassen. LARSSON (1978) weist mit Recht darauf hin, daß zusätzlich viele Beine von Weberknechten im Bernstein erhalten blieben. Offensichtlich sind manche Tiere mit dem Leben davongekommen und haben lediglich das ein oder andere Bein im Harz klebend zurückgelassen.

Caddidae (Caddonidae)
Caddo dentipalpus (KOCH & BERENDT, 1854)

Gaggrellidae
Liobunum inclusum ROEWER, 1939
Liobunum longipes MENGE, 1854

Gonyleptidae
Gonyleptes nemastomoides KOCH & BERENDT, 1854

Nemastomatidae
Mitostoma denticulatum (KOCH & BERENDT, 1854)
Nemastoma clavigerum MENGE, 1854
Nemastoma incertum KOCH & BERENDT, 1854
Nemastoma succineum ROEWER, 1939
Nemastoma tuberculatum KOCH & BERENDT, 1854

Phalangiidae (Phalangodidae, Gyantidae)
Cheiromachus coriaceus MENGE, 1854
Dicranopalpus palmnickensis ROEWER, 1939
Dicranopalpus ramiger (KOCH & BERENDT, 1854)
Opilio corniger MENGE, 1854
Opilio ovalis KOCH & BERENDT, 1854
Opilio ramiger KOCH & BERENDT, 1854
? *Scotolemon nemastomoides* (KOCH & BERENDT, 1854)

Sabaconidae
Sabacon bachofeni ROEWER, 1939

Tafel 12: Weberknechte (Arachnida: Opiliones) im Baltischen Bernstein.

a *Dicranopalpus* sp. (Phalangiidae).
b *Dicranopalpus* sp. (Phalangiidae).
c *Megabunus* (?) sp. (Phalangiidae).
d Sclerosomatinae (Phalangiidae).
e Nemastomatidae.
f Nemastomatidae.
g *Caddo* sp. (Caddidae).
h *Sabacon* sp. (Sabaconidae).

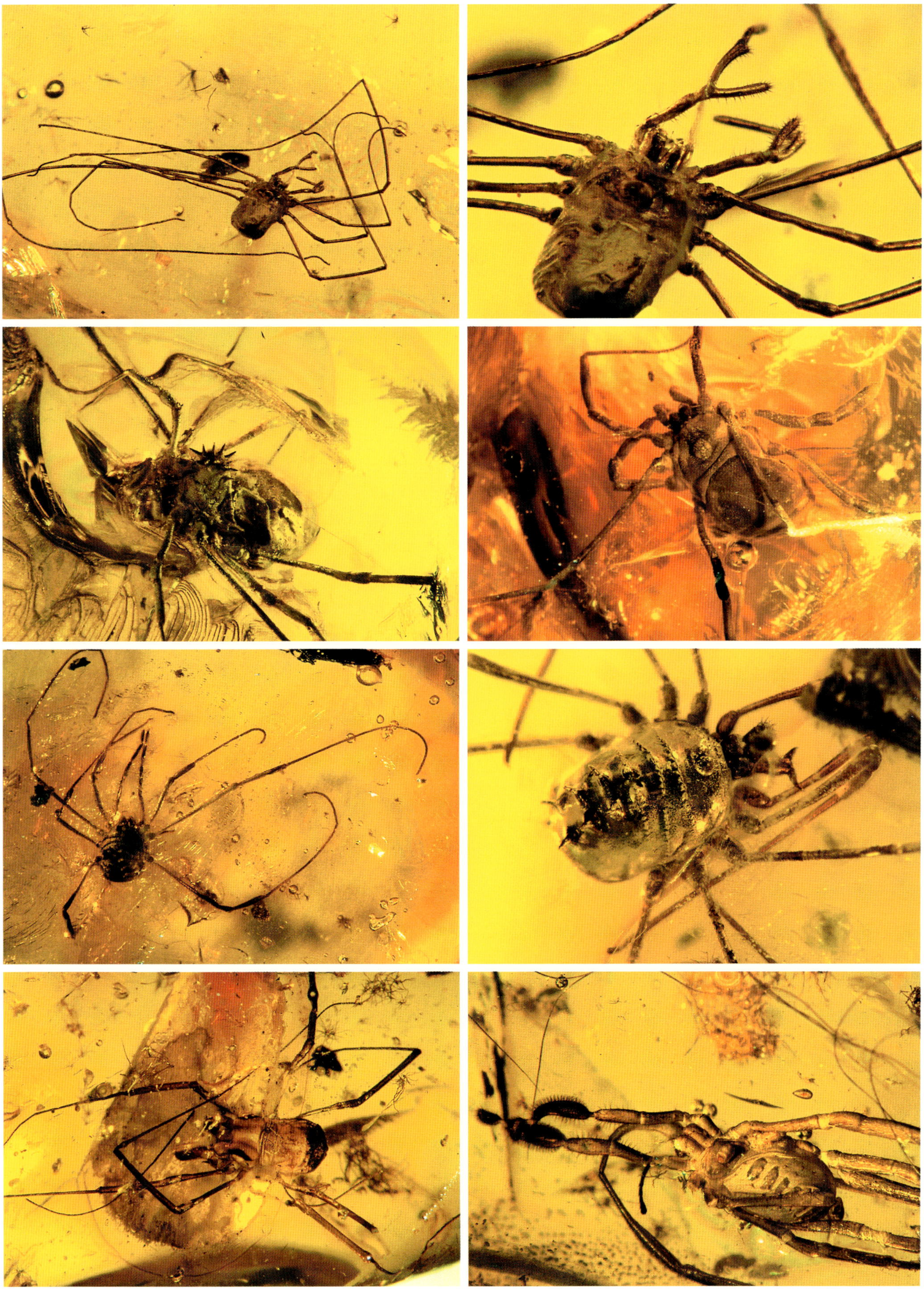

a b c d e f g h

2.13 Milben – Arachnida: Acari

Die Milben, Acari (= Acarina), sind nach der Artenzahl und ihrer weltweiten Verbreitung die erfolgreichsten Spinnentiere. Sie bevölkern alle terrestrischen Lebensräume, das Meer und Süßwasser, sind Parasiten an Pflanzen und Tieren und bewohnen die Böden aller Kontinente mit einer Dichte, die in der Bodenfauna nur noch von Einzellern und Fadenwürmern übertroffen wird. Im Eozän war die Vielfalt der Milben vermutlich nicht anders als heute. Davon zeugen die zahlreichen Milben-Einschlüsse, die gehäuft in vielen Bernsteinen zu finden sind, oft sehr klein und leicht zu übersehen, weil größere Inklusen meist die Aufmerksamkeit auf sich lenken.

Die Ordnung Acari besteht aus 3 Unterordnungen, Acariformes, Opilioacariformes und Parasitiformes (LINDQUIST 1984, EVANS 1992), und schließt Milben sowie Zecken ein. Der meist gerundete Körper ist dünnhäutig, aber stets dann sklerotisiert, wenn die Verdunstung außerhalb des Bodens eine Minimierung des Wasserverlustes erfordert. Zu den sklerotisierten Milben gehören unter den Acariformes die Oribata, Horn- oder Moosmilben, und unter den Parasitiformes die Ixodida, Zecken, und Holothyrida, die in den Tropen auf Moos und Farnpflanzen herumklettern. Milben haben 4 Paar Beine, aber laufen häufig auf 3 Beinpaaren, weil sie das erste Beinpaar zum Tasten benutzen (Taf. 13e,g,h). Wassermilben, Hydrachnellae, die zu den Acariformes (Trombidiformes, Prostigmata) zählen, verwenden zum Schwimmen das letzte Beinpaar, das in Anpassung an die Fortbewegung im Wasser stark beborstet sein kann (Taf. 13f).

Zecken (Taf. 13a) wurden von WEIDNER (1964) erstmalig mit der Beschreibung einer Art *Ixodes succineus* im Baltischen Bernstein nachgewiesen (Taf. 13a). Die fossile Art ist nach WEIDNER der rezenten *Ixodes ricinus* nahe verwandt und unterscheidet sich nur durch einen etwas anders ausgebildeten Coxaldorn. WEIDNER (1964) vermutet, das die eozäne Art wie die rezente Blut von Eidechsen und kleinen Säugetieren saugte.

KOCH & BERENDT (1854) beschrieben 16 Milben Arten. Drei weitere Arten fügte KARSCH (1884) hinzu. Die Horn- oder Moosmilben des Baltischen Bernsteins (Taf. 13c) wurden von SELLNICK (1919, 1927, 1931) bearbeitet und mit 71 Oribatidae-Arten aufgelistet. »Unter den Oribatiden aus dem Bernstein, die heutigen Formen ähneln, gibt es viele, die mit den rezenten Tieren so übereinstimmen, daß man sie vielleicht für heutige Formen halten würde, wenn man nicht wüßte, daß man Bernsteineinschlüsse vor sich hat«. SELLNICK (1931) beschrieb daher einige Moosmilben des Bernsteins als fossile Formen von rezenten Arten. Nach seiner Auffassung stagniere die Evolution der Oribatidae während der vergangenen 40-50 Mill. Jahre.

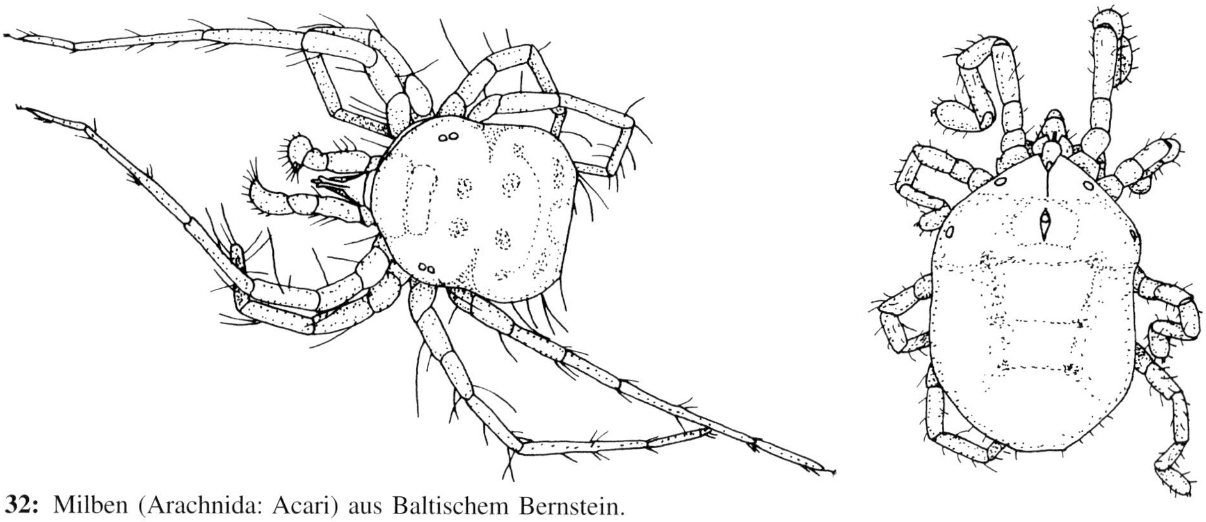

Abb. 32: Milben (Arachnida: Acari) aus Baltischem Bernstein.

Tafel 13: Milben (Arachnida: Acari) im Baltischen Bernstein.

a Zecke *Ixodes*.
b Bdellidae.
c Moosmilbe *Liodes*.
d Caeculidae.
e Parasitengonae.
f Hydrachnellae.
g Parasitengonae.
h Parasitengonae.

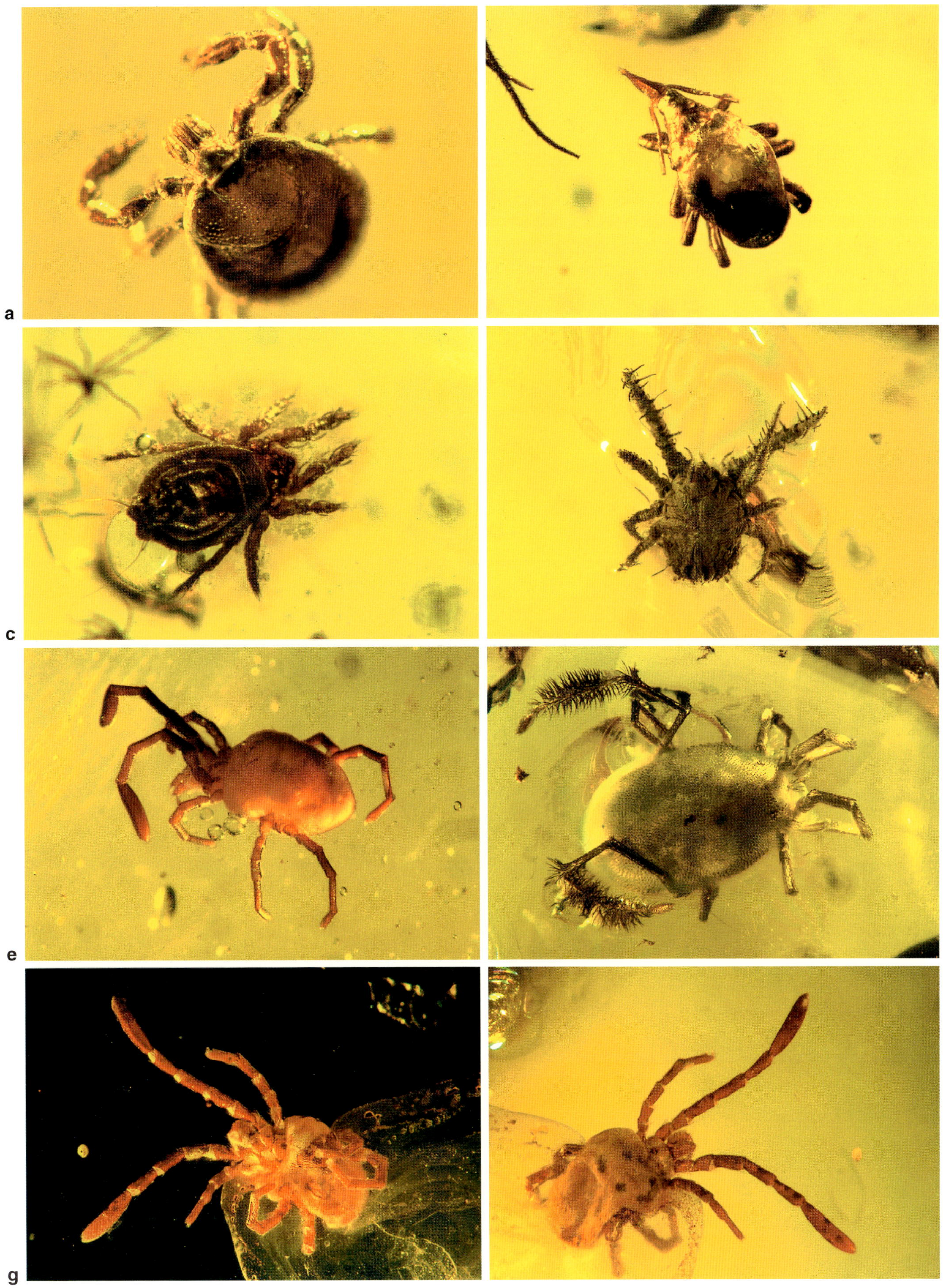

2.14 Parasitismus und Phoresie bei Milben – Arachnida: Acari

Zur besonderen Lebensweise von Milben gehören Parasitismus und Phoresie (KRANTZ 1978). Bei Bodenmilben stammen die Wirte oder Trägertiere für die parasitische oder phoretische Lebensweise aus der epedaphischen Bodenfauna. Meist sind es Gliedertiere mit Käfern, Mücken und Fliegen, Spinnen und Weberknechten, Asseln und Tausendfüßern usw. Bei Wassermilben, Hydrachnellae, sind es merolimniche (amphibische) Insekten, deren Entwicklungsstadien im Wasser und zumindest die Imagines zeitweilig an Land leben. Im Bernstein fehlen oft eindeutige Hinweise, ob Phoresie oder Parasitismus vorliegt. Diese Frage ist nur im Vergleich mit rezenten Beispielen und mit Vorsicht zu beantworten. Die Phoresie (vgl. Kap. 2.11) dient der Verbreitung der Milben, indem sich Wandernymphen an Trägertiere anheften und fortgetragen werden. Alle Wandernymphen haben reduzierte Mundwerkzeuge und nehmen keine Nahrung auf. Als Parasiten kommen sie daher nicht in Frage (EISENBEIS & WICHARD 1985).

Aus den Eiern der Milben schlüpfen Larven, denen im allgemeinen drei weitere Larvenstadien folgen: Proto-, Deuto, und Tritonymphe, die aber nicht bei allen taxonomischen Gruppen vollständig entwickelt sind. Die Deutonymphen sind das wichtigste Ausbreitungsstadium der Milben und werden als Wandernymphen bezeichnet. Sie sind phoretisch und setzen sich an Trägertieren mit speziellen Haftstrukturen fest. Die Deutonymphen in der Familie der Schildkrötenmilben, Uropodidae (Parasitiformes, Mesostigmata, Uropodina) sezernieren aus dem Anus ein Sekret, das zu einem festen Stiel erhärtet, mit dem sie am Trägertier anheften. Die Deutonymphen der Familie Anoetidae (Acariformes, Sacroptiformes, Astigmata) besitzen einen Saugnapf, mit denen sie auf glatter Oberfläche haften. Beide Vorrichtungen, ob gestielt oder angesaugt, schaffen Platz für viele Wandernymphen, die auch im Baltischen Bernstein mit mehr als 50 Tieren auf einem Buntkäfer (Cleridae) aufsitzen (Taf. 14a,b).

Parasitismus bei Milben repräsentiert beispielhaft die Familie Erythraeidae (Acariformes, Trombidiformes, Prostigmata), die mit der Gattung *Leptus* im Baltischen Bernstein vertreten ist. Die rezente Arten dieser Gattung bevorzugen eher sklerotisierte Bereiche der Wirte und meiden offensichtlich die Intersegmentalhäute. Die fossilen Nymphen sitzen im Bereich des Pronotums und haben die Cuticula mit den Cheliceren durchdrungen. Die Wirte sind Mücken (Limoniinae, Taf. 14 c,d und Sciaridae Taf. 14 e,f) und Fliegen (Dolichopodidae, Taf. 14 g,h). *Leptus*-Arten haben rezent ein weites Wirtsspektrum, das die Palette der auf der Bodenoberfläche lebenden Insekten und Spinnentiere umfaßt. Die Nymphen heften sich blitzartig mit einem Klebesekret vom Gnathosoma an und durchstoßen die Cuticula mit ihren stilettartigen Cheliceren. Sie verbleiben in dieser Haltung 5-8 Tage und saugen die Hämolymphe des Wirtes, bis das Gewicht der Milbenlarve das 15-25 fache erreicht hat. Danach lassen sie sich fallen und setzen ihre Entwicklung fort.

Tafel 14: Parasitismus und Phoresie bei Milben (Arachnida: Acari) im Baltischen Bernstein.

a-b Schildkrötenmilben, Uropodidae (Parasitiformes, Mesostigmata, Uropodina) auf Buntkäfer (Coleoptera, Cleridae).

c *Leptus* sp., Erythraeidae (Acariformes, Trombidiformes, Prostigmata) auf Stelzmücke (Diptera, Nematocera, Mycetophilidae).

d *Leptus* sp., Erythraeidae (Acariformes, Trombidiformes, Prostigmata) auf Trauermücken (Diptera, Nematocera, Limoniinae).

e *Leptus* sp., Erythraeidae (Acariformes, Trombidiformes, Prostigmata) auf Langbeinfliegen (Diptera, Brachycera, Dolichopodidae).

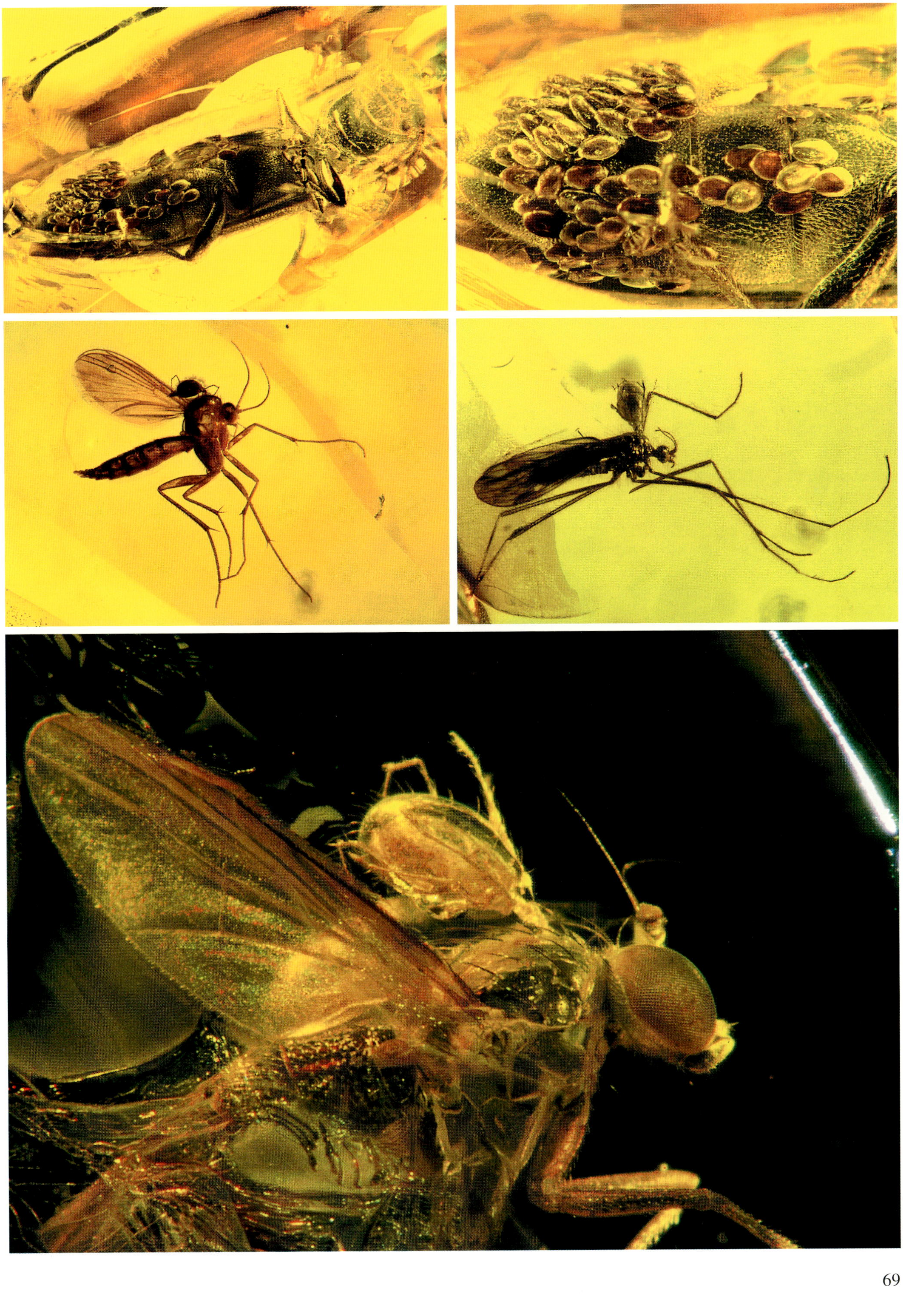
a
b
c
d
e

2.15 Spinnen im Baltischen Bernstein – Arachnida: Araneae

Spinnen (Araneae) gehören so selbstverständlich zu den Einschlüssen des Baltischen Bernsteins wie Ameisen, Käfer, Mücken und Fliegen. Ihre Häufigkeit, die auf mindestens 8 % aller Einschlüsse geschätzt wird (KRZEMINSKA et al. 1992), ist gepaart mit einer großen Vielfalt und einem hohen Artenreichtum, der sich auf manche ausgestorbene, aber auch auf viele überlebende, rezente Gattungen und Familien verteilt.

Die ersten grundlegenden Arbeiten über Bernstein-Spinnen stammen von KOCH & BERENDT (1854) und in einer zweiten Bearbeitungsphase, fast 100 Jahre später, von PETRUNKEVITCH (1942, 1950, 1958). Unsere Kenntnis über Spinnen im Baltischen Bernstein basiert danach auf 267 Arten in 140 Gattungen, die sich auf 37 Familien verteilen. Die Forschung über Bernstein-Spinnen ist seitdem nicht stehengeblieben und hat in einer dritten Phase durch die Arbeiten über Mexikanischen (PETRUNKEVITCH 1963, 1971) und Dominikanischen (SCHAWALLER 1981 a, b, 1982, 1984, WUNDERLICH 1988) und auch über Baltischen Bernstein (WUNDERLICH 1986, 1993 a, b, 1999 im Druck) neuen Auftrieb erhalten.

Die folgende Liste der nachgewiesenen Familien basiert unter Veränderung weniger Taxa auf WUNDERLICH (1996). Beibehalten und nicht als Unterfamilien anderen Familien unterstellt, wurden die Familien: Agelenidae (Trichterspinnen) und Hahniidae (Bodenspinnen). Zu den 43 Familien kommen 2 fragliche Familien, Theraphosidae und Ctenidae. Eine Revision der Bernstein-Spinnen wird neben einer wachsenden Zahl neuer Beschreibungen fossiler Arten weitere Familien nachweisen (WUNDERLICH 1999, im Druck). Bereits jetzt wird deutlich, daß das Spektrum der Spinnenfauna im Baltischen Bernstein mit mindestens 43 Familien gut repräsentiert ist.

Unterordnung MYGALOMORPHAE (Orthognatha)
- **Ctenizidae** (Falltürspinnen)
- **Dipluridae** (Röhren-Vogelspinnen)

Unterordnung ARANEOMORPHAE (Labidognatha)
- **Agelenidae** (Trichterspinnen)
- **Amaurobiidae** (Finsterspinnen)
- **Anapidae** (Zwerg-Kugelspinnen)
- **Anyphaenidae** (Zartspinnen)
- **Araneidae** (Radnetzspinnen)
- **Archaeidae** (Urspinnen)
- **Clubionidae** (Sackspinnen)
- **Corinnidae** (= **Myrmeciidae**) (Ameisenspinnen)
- **Cyatholipidae** (Becherspinnen)
- **Deinopidae** (Käscherspinnen)
- **Dictynidae** (Kräuselspinnen)
- **Dysderidae** (Sechsaugenspinnen)
- **Ephalmatoridae** (nur fossil)
- **Gnaphosidae** (Plattbauchspinnen)
- **Hahniidae** (Bodenspinnen)
- **Hersiliidae** (Kreiselspinnen)
- **Leptonetidae** (Schlankbeinspinnen)
- **Linyphiidae** (Baldachinspinnen)
- **Liocranidae** (Feldspinnen)
- **Mimetidae** (Spinnenfresserspinnen)
- **Nesticidae** (Höhlenspinnen) (incl. *Acrometa*)
- **Oecobiidae** (Scheibennetzspinnen)
- **Oonopidae** (Zwerg-Sechsaugenspinnen)
- **Oxyopidae** (Scharfaugenspinnen)
- **Philodromidae** (Laufspinnen)
- **Pholcidae** (Zitterspinne)
- **Pisauridae** (Raubspinnen)
- **Plectreuridae** (Achtaugen-Fischernetzspinnen)
- **Salticidae** (Springspinnen)
- **Scytodidae** (Speispinnen)
- **Segestriidae** (Fischernetzspinnen)
- **Sparassidae** (= **Heteropodidae**) (Jagdspinnen)
- **Spatiatoridae** (nur fossil)
- **Synotaxidae** (Kugelhöhlenspinnen)
- **Telemidae** (Höhlen-Sechsaugenspinnen)
- **Tetragnathidae** (Streckerspinnen)
- **Theridiidae** (Kugelspinnen)
- **Theridiosomatidae** (Zwerg-Radnetzspinnen)
- **Thomisidae** (Krabbenspinnnen)
- **Uloboridae** (Kräusel-Radnetzspinnen)
- **Zodariidae** (Ameisenjäger)

Tafel 15: Spinnen (Arachnida: Araneae) im Baltischen Bernstein I.

a Röhren-Vogelspinne (juv.) (Dipluridae).
b *Orchestina tubulosa* (Oonopidae).
c *Scytodes weitschati* (Holotyp) (Scytodidae).
d *Spatiator praeceps* (Spatiatoridae).
e *Archaea paradoxa* (Archaeidae).
f Kreiselspinne (Hersiliidae).
g Radnetzspinne (Araneidae).
h Kräusel-Radnetzspinne (juv.) (Uloboridae).

a b c d e f g h

2.16 Häufigkeit von Bernstein-Spinnen – Arachnida: Araneae

Wenn der Baltische Bernsteinwald 10 Mill. Jahren überdauerte, wird sich der Individuenreichtum der Arten in ökologischer und ethologischer Hinsicht stabilisiert und der Selektionsdruck relativiert haben. Vermutlich (WUNDERLICH 1986) waren es mindestens partiell euryöke Arten, die die verschiedensten Habitate im Baltischen Bernsteinwald besiedelten. Dazu gehören vor allem das Spaltensystem und die Oberfläche von Baumrinden. Bei hinreichendem Springvermögen hatten die Kleinspinnen die größten Chancen, im fossilen Harz eingeschlossen zu werden. Zu den Rindenbewohnern gehören die häufigen Zwerg-Sechsaugenspinnen der Gattung *Orchestina* (Oonopidae). Zu ihnen gesellen sich die fangnetzbauenden Kugelspinnen (Theridiidae) mit *Dipoena* und *Clya*, die Netzbauer *Acrometa cristata* und *Anandrus inermis* sowie die Baldachinspinne (Linyphiidae) *Custodela cheiracantha*, die ihre Netze in Stammnähe, in Astgabeln oder möglicherweise im Spaltensystem der Rinde angelegt haben. Das lebhafte Verhalten einiger Arten wird ebenfalls zur Häufigkeit im Bernstein beigetragen haben. Die Springfreudigkeit der *Orchestina*-Arten und der Salticidae (Springspinnen) erhöht die Trefferwahrscheinlichkeit unabhängig von der Frage, ob Geruch und Farbe des Harzes nicht auch Spinnen anlockten.

Araneae kommen im Baltischen Bernstein häufig als erwachsene Tiere vor, aber ebenso zahlreich auch als Jungtiere. Eine sichere Bestimmung ist meist nur bei den männlichen Tieren möglich. Die äußeren Geschlechtsmerkmale sind gute Kriterien für die Artbeschreibung. Die Mißachtung dieser Einschränkung hat früher zu manchen Fehlbeschreibungen geführt, die sich nach aufwendigen Revisionen als Synonyme erwiesen.

Spinnen verteilen sich im Baltischen Bernstein nicht gleichmäßig auf die Taxa der Arten, Gattungen und Familien. Einige Taxa lassen deutliche Präferenzen erkennen. Die Familien Theridiidae (Kugelspinnen) mit den Gattungen *Dipoena* und *Clya* und Oonopidae (Zwerg-Sechsaugenspinnen) mit der Gattung *Orchestina* weisen die größten Individuendichten im Bernstein auf, gefolgt von *Acrometa* (Nesticidae) und *Anandrus* (Synotaxidae). Urspinnen (Archaeidae) mit *Archaea* und Baldachinspinnen (Linyphiidae) mit *Custodela* sowie Springspinnen (Salticidae) folgen der Präferenz mit abnehmender Häufigkeit. Mehr als die Hälfte aller adulten Männchen gehören nur 8 Arten an (WUNDERLICH 1986), die mit ihrer Dominanz die Spinnenfauna des Baltischen Bernsteins prägen:

Acrometa cristata PETRUNKEVITCH, 1942
Orchestina furca WUNDERLICH, 1981
Orchestina breviembolus WUNDERLICH, 1981
Clya sp.
Dipoena ?infulata (KOCH & BERENDT, 1854)
Anandrus inermis PETRUNKEVITCH, 1942
Archaea paradoxa KOCH & BERENDT, 1854
Custodela cheiracantha (KOCH & BERENDT 1854)

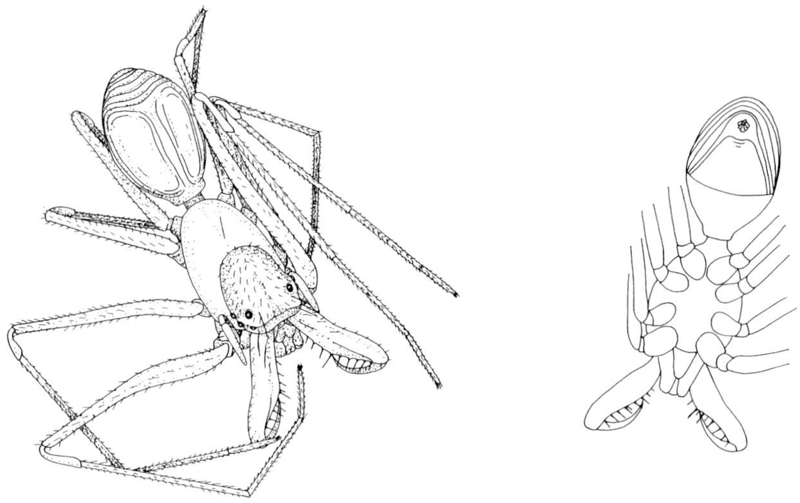

Abb. 33: Urspinne (Archaeidae) aus Baltischem Bernstein, von dorsal und im Umriß von ventral.

Tafel 16: Spinnen (Arachnida: Araneae) im Baltischen Bernstein II.

a *Archaea paradoxa* (Archaeidae).
b Springspinne (Salticidae).

a

b

2.17 Klimatisches Milieu der Bernstein-Spinnen – Arachnida: Araneae

Die Vielfalt und Zusammensetzung der fossilen Spinnenfauna im Bernstein geben Einblicke in die klimatischen Verhältnisse, unter denen Spinnen im eozänen Bernsteinwald lebten. Die Vorstellungen vom damaligen Klima basieren auf dem Vergleich von Spinnen-Familien, die im Baltischen Bernstein nachgewiesen wurden und heute noch vorkommen. Das Klima ihrer heutigen Verbreitungsgebiete erlaubt Rückschlüsse auf das Palaeoklima, dem ihre eozänen Vorfahren angepaßt waren.

WUNDERLICH (1986, 1996) zählt von den Spinnen die Familien und Unterfamilien auf, die im Baltischen Bernstein nachgewiesen wurden und heute überwiegend tropisch verbreitet sind: Ctenizidae: Ctenizinae, Dipluridae, Scolytidae, Oecobiidae: Urocteinae, Hersiliidae, Archaeidae, Deinopidae, Anapidae: Anapinae, Theridiosomatidae, Cyatholipidae und Thomisidae: Stephanopinae. Die klimatische Zuordnung wird im Vergleich mit der Spinnenfauna des signifikant tropischen Dominikanischen Bernsteins deutlich, der doppelt so viele tropische Familien aufweist. Insbesondere fehlen dem Baltischen Bernstein rein tropische Familien: Tetrablemmidae mit Tetrablemmonae, Araneidae mit Nephilinae, Selenopidae, Salticidae mit Lyssomaninae. Stattdessen reicht das Verbreitungsgebiet der Hersiliidae von den Tropen bis zu den gemäßigten Zonen. Ähnlich indifferent sind die Verbreitungsgebiete der Anapidae mit den Anapinae und der Archaeidae, die WUNDERLICH zu den überwiegend tropischen Formen auflistet. Von den 37 bisher nachgewiesenen Familien gehören 11 Familien mit überwiegend tropischen Formen; doch rein tropische Vertreter fehlen.

Aus biogeographischer Sicht konzentieren sich, abgesehen von kosmopolitischen Formen, die rezenten Verwandten der Spinnen des Baltischen Bernsteins auf die orientalischen und äthiopischen Regionen. Bemerkenswert sind ferner die Archaeidae (Urspinnen) und Cyatholipidae (Becherspinnen), deren nächste Verwandte in Südafrika, Madagaska, Australien (Archaeidae) und in Jamaika, Südafrika, Neuseeland und Australien (Cyatholipidae) zu finden sind. Nur wenige Gattungen der Spinnen des Baltischen Bernsteins sind heute rein paläarktisch verbreitet (WUNDERLICH 1986).

Der vorliegende Atlas der Pflanzen und Tiere im Baltischen Bernstein macht an vielen Beispielen und Gegenüberstellungen deutlich, daß verschiedene Taxa im Baltischen Bernstein, die auch rezent vorkommen, auf ein subtropisches Klima im eozänen Bernsteinwald hinweisen. Diese Vorstellung harmoniert mit dem Nachweis von Fossilien, deren unmittelbare rezente Verwandte dennoch gemäßigtes Klima oder auch tropisches Klima bevorzugen, solange der subtropische Bernsteinwald für diese Pflanzen und Tiere als variable Verbreitungsgrenze toleriert wird. Der überwiegende Teil aller Pflanzen und Tiere im Baltischen Bernstein ist subtropisch adaptiert und der Fauna und Flora vor allem im südostasiatischen Raum nächst verwandt. Die früher geäußerte Einschätzung, daß der Baltischen Bernsteins vorwiegend tropische Elemente beinhalte, wurde bereits von ANDER (1942) zurückgewiesen.

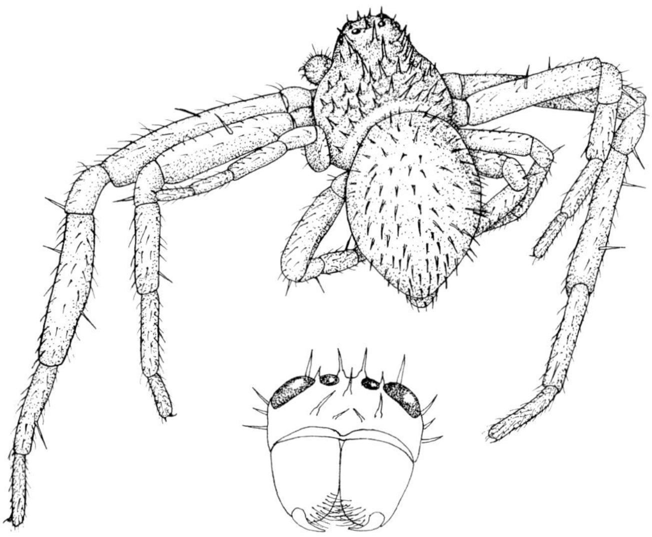

Abb. 34: Krabbenspinne (Thomisidae) mit Kopf im Umriß, frontal.

Tafel 17: Spinnen (Arachnida: Araneae) im Baltischen Bernstein III.

a *Balticorma* sp. (Anapidae).
b Spinnenfresserspinne (Mimetidae).
c Baldachinspinne (Linyphiidae).
d Baldachinspinne (Linyphiidae).
e *Spinilipus teuberi* (Cyatholipidae), Holotyp.
f *Anandrus* sp. (Synotaxidae).
g *Acrometa* sp. (Nesticidae).
h *Acrometa* sp. (Nesticidae).

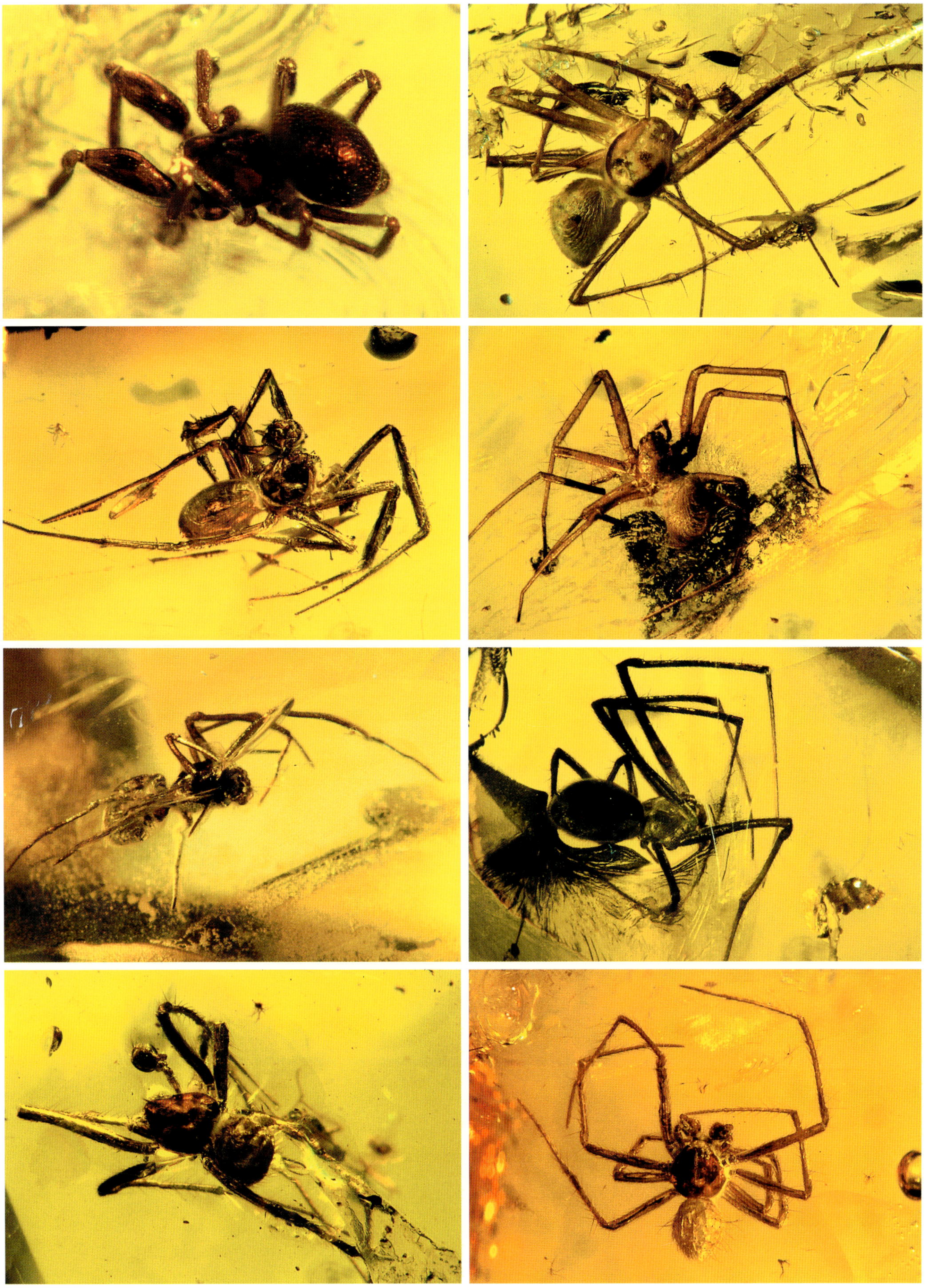
a
b
c
d
e
f
g
h

2.18 Biogeographie der Bernstein-Spinnen – Arachnida: Araneae

Aus vergleichenden Studien über Spinnen des Baltischen Bernsteins mit weltweit verbreiteten, rezenten Spinnen (WUNDERLICH 1986) wissen wir, daß mittlerweile ca. 75 % aller Spinnen-Gattungen des eozänen Bernsteins ausgestorben sind, aber 25 % noch heute vorkommen. Dieser verbleibende Anteil läßt einen weiteren Vergleich zu und unterteilt die Spinnenfauna nach der Paläobiogeographie.

Von den Spinnen, die heute und im eozänen Bernsteinwald in der paläarktischen Region und in Europa vorkommen, zählen einige kosmopolitische Gattungen, z.B. *Orchestina* (Oonopidae), *Segestria* (Segestriidae), *Hyptiotes* (Uloboridae), *Argyrodes* (Theridiidae) und *Amaurobius* (Amaurobidae), aber auch wenige weitere Gattungen, die heute rein paläarktisch (Agelenidae: *Mastigusa*) oder holarktisch (Araneidae: *Zygiella*) verbreitet sind.

In den meisten Fällen aber konzentrieren sich die rezenten Verwandten der Spinnen des Baltischen Bernsteins auf die orientalischen und äthiopischen Regionen, z.B. bei einigen Springspinnen, Salticidae. Bemerkenswert ist darüber hinaus der Nachweis der Archaeidae (Urspinnen) und Cyatholipidae (Becherspinnen), deren nächste Verwandten auf der südlichen Halbkugel in Südafrika, Madagaskar, Australien (Archaeidae) und in Südafrika, Neuseeland und Australien (Cyatholipidae) zu finden sind. Nur eine Art der Cyatholipidae lebt auch auf Jamaika. Beide Familien waren im Eozän offensichtlich auch auf der Nordhalbkugel verbreitet und nicht allein (GRISWOLD, 1987) auf das Gondwanaland beschränkt.

Die drei Cyatholipidae-Arten, die im Baltischen Bernstein und in seiner Bitterfelder Lagerstätte bislang nachgewiesen wurden (*Spinilipus kerneggeri*, *Succinilipus teuberi* und *Succinilipus saxoniensis* WUNDERLICH 1993), repräsentieren die tropische Spinnenfauna, die sich möglicherweise nach klimatischen Veränderungen auf die südliche Halbkugel zurückzog. Einen weiteren Grund für das Aussterben in der nördlichen Halbkugel vermutet WUNDERLICH (1993) in der Konkurrenz mit Zwergspinnen (Linyphiidae: Erigoninae), die im Tertiär nicht bekannt waren, aber heute in den gemäßigten Breiten der nördlichen Halbkugel dominieren. Stattdessen sind sie in den Tropen und Subtropen kaum verbreitet, wohl aber ihre konkurrierenden Becherspinnen.

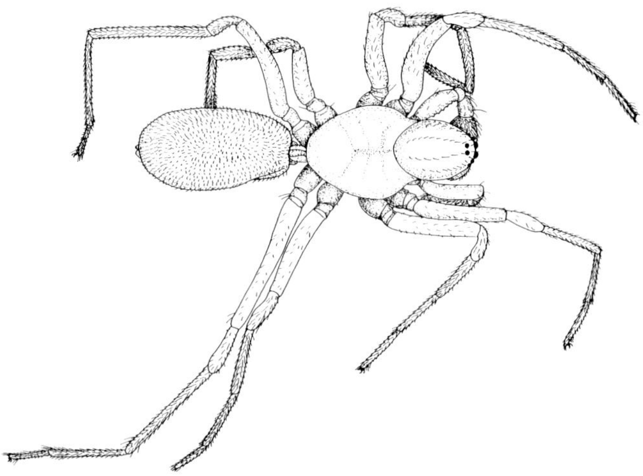

Abb. 35: *Spatiator praeceps* PERTRUNKEVITCH, 1942 (Spatiatoridae).

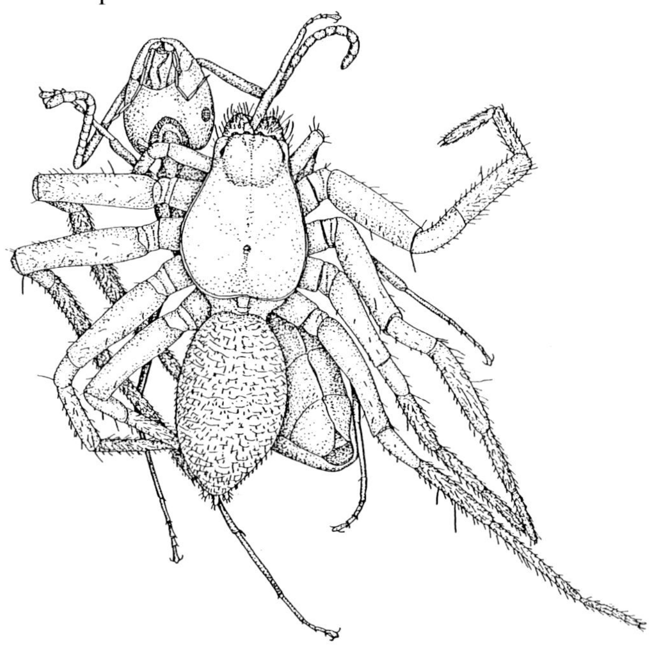

Abb. 36: Sechsaugenspinne (Dysderidae) mit erbeuteter Ameise.

Tafel 18: Spinnen (Arachnida: Araneae) im Baltischen Bernstein IV.

a *Dipoena* sp. (Theridiidae).
b *Eomysmena* sp.(Theridiidae).
c Kugelspinne (Theridiidae).
d *Laseola* sp. (Theridiidae).
e Trichterspinne (Agelenidae).
f *Mastigusa* sp. (Dictynidae).
g Ameisenjäger (Zodariidae).
h Ameisenjäger (subadult) (Zodariidae).

a
b
c
d
e
f
g
h

2.19 Spinnengewebe im Baltischen Bernstein – Arachnida: Araneae

Zu den bekanntesten Merkmalen der Spinnen gehört die Fähigkeit, Seidenfäden herzustellen und sie zu Netzen zu verknüpfen. Nicht nur Radnetzspinnen (Araneidae) sondern auch viele andere Spinnenfamilien stellen ganz unterschiedliche Fangnetze her, mit denen sie entsprechend verschiedene Fangmethoden anwenden. Kugelspinnen (Theridiidae) bauen dagegen primitive Gerüstnetze, die zu unregelmäßigen und lockeren Netzen gesponnen und gewöhnlich von einem Gerüst aus Spannfäden gehalten werden. Senkrecht gespannte Stolperfäden sind mit Klebetröpfchen bestückt und reißen leicht ab, sobald die Beute festklebt. Diese Fangtechnik besteht auch bei den typischen Radnetzen, deren Fangspiralen entweder mit Fangwolle (Cribellatae) oder mit Leimtröpfchen (Ecribellatae) ausgetattet sind. Die heftig sich wehrenden Tiere kommen beim Versuch sich zu befreien mit weiteren Klebefäden in Berührung bis sie völlig umwickelt und gefesselt sind, bevor ein tötender Biß der Spinne dem Treiben ein Ende setzt (KULLMANN & STERN 1975, FOELIX 1979). Im Bernstein überliefern Ameisen (Abb. 37) und andere Beutetiere, die von Spinnfäden umwickelt wurden, diese Fangmethode netzebauender Spinnen aus dem Eozän.

MENGE (1856) und BACHOFEN-ECHT (1934) haben das Vorkommen von Spinnengeweben im Bernstein erstmals gründlich belegt. Sie verweisen auf Einschlüsse von Fangnetzen und Spinnfäden der Kugelspinnen (Theridiidae) und Radnetzspinnen (Araneidae). Zwischenzeitlich wurden weitere Netze und Spinnenfäden nachgewiesen. Wenn aber Spinnengewebe mit ihren zarten Spinnfäden, mit Spinnwolle (Taf. 20) und mit Leimtröpfchen (BACHOFEN-ECHT 1949) im Bernstein kaum zerrissen oder verklebt sind, sondern zum guten Teil erhalten blieben, so deuten diese Einschlüsse auf ein sehr flüssiges Harz, das bei warmen Temperaturen nur langsam die Spinnennetze durchtränkte. Das subtropische Klima allein wird die niedrige Viskosität nicht verursacht haben. Es müssen dünnflüssige Harze vorgeherrscht haben, die mit heutigen Harzen nicht vergleichbar sind.

Die Spinndrüsen befinden sich im Hinterleib der Tiere und münden nach außen in Spinnspulen auf paarigen Spinnwarzen. Bei manchen Bernsteinspinnen hängen den Spinnwarzen Fäden an, die kaum auf eine unterbrochene Produktion von Spinnennetzen hinweisen, sondern wahrscheinlich als unmittelbare Abwehrreaktionen auf das umfließende Harz zu deuten sind.

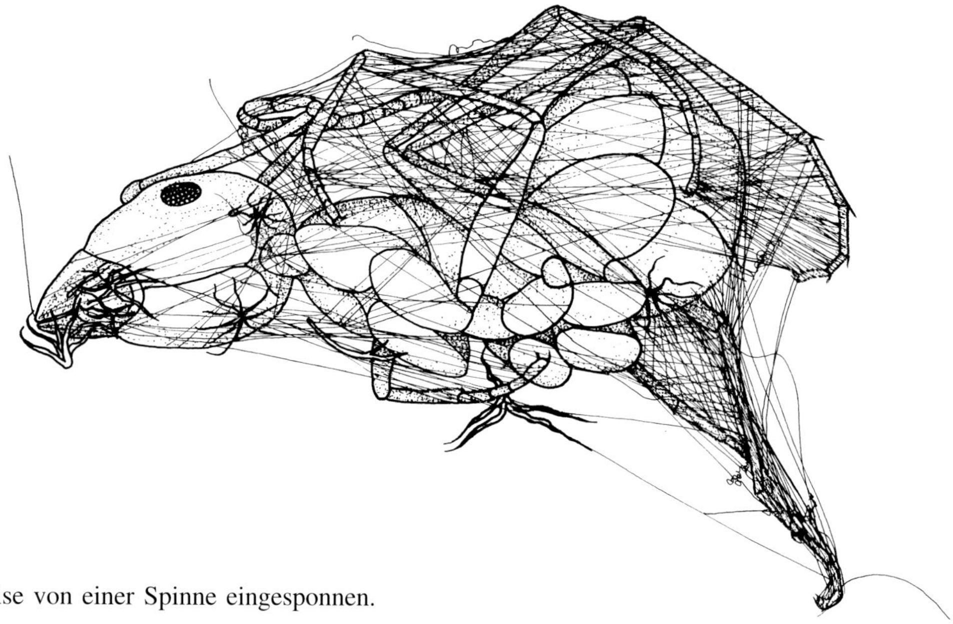

Abb. 37: Ameise von einer Spinne eingesponnen.

Tafel 19: Spinnen (Arachnida: Araneae) im Baltischen Bernstein V.

a Jagdspinne (juv.) (Sparassidae).
b Sackspinne (Clubionidae).
c Plattbauchspinne (Gnaphosidae).
d Laufspinne (juv.) (Philodromidae).
e Krabbenspinne (Thomisidae).
f Feldspinne (juv.) (Liocranidae).
g Springspinne (Salticidae).
h Springspinne (Salticidae).

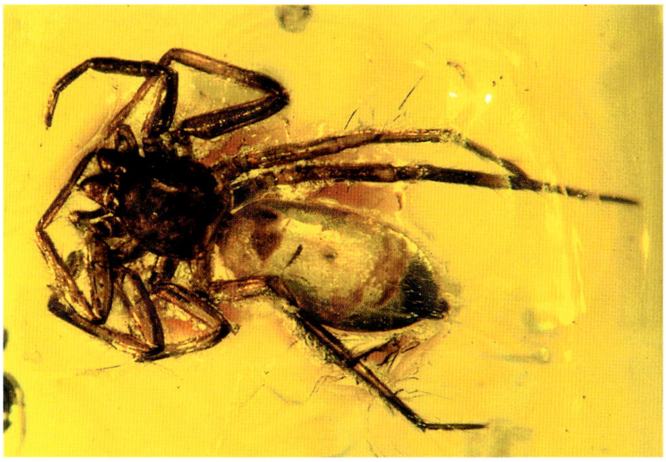
a

b

c

d

e

f

g

h

2.20 Brutpflege bei Bernstein-Spinnen – Arachnida: Araneae

Spinnen haben einen auffallenden Geschlechtsdimorphismus, bei dem die Weibchen stets größer als die Männchen sind. Abgesehen von ihrer geringeren Größe fallen geschlechtsreife Männchen gegenüber den Weibchen durch verdickte Palpen (Kiefertaster) auf. Die Palpen der Weibchen entsprechen verkürzten Extremitäten. Die männlichen Palpen sind mit ihren Endgliedern als Überträgerorgane für das Sperma differenziert. Dazu besitzen sie auf dem Endglied einen Bulbus, der meist spitz ausgezogen ist. An der Spitze mündet ein Samenschlauch, der im Bulbus spiralig verläuft und blind geschlossen ist. Aus der Geschlechtsöffnung am Hinterleib setzt das Männchen einen Spermatropfen ab, der mit den Palpen in den Samenschlauch des Bulbus aufgenommen wird. Wenn der Samenschlauch mit Sperma gefüllt ist, sucht das Männchen das Weibchen auf. Zur Balz nähert sich das Männchen dem Weibchen recht vorsichtig, damit es nicht als Beute behandelt wird. Zur besseren Kommunikation setzen viele Männchen »Vibrations-Instrumente« ein, die bei fossilen Spinnen des Baltischen Bernsteins ähnlich denen der rezenten Spinnen beschrieben wurden (WUNDERLICH 1986): Stridulationsorgane z.B. bei Baldachinspinnen (Linyphiidae), Kugelspinnen (Theridiidae) und Spatiatoridae. Die Paarungstellung von fossilen Spinnen wurde im Bernstein bislang nur selten beobachtet. Als Grund nennt WUNDERLICH (1986) das schnelle Trennen der Partner, sobald Störungen auftreten. Das Paarungsverhalten von fossilen Spinnen aus dem Baltischen Bernstein ist erstmals bei einer Zwerg-Sechsaugenspinne *Orchestina* sp. (Oonopidae) beschrieben worden (WUNDERLICH 1981). Zuvor erwähnt MENGE (1854) ein Kugelspinnen-Paar (Theridiidae).

Viele Männchen wiederholen die Paarung mit einem neuen Weibchen, sobald die Pedipalpen mit Sperma gefüllt sind, und sterben sehr bald nach der Kopulation. Die kräftigeren Weibchen sind langlebiger, legen Eier ab, bauen einen Kokon und betreiben bei manchen Arten Brutpflege. WUNDERLICH (1986) beschreibt einen Eikokon einer Spinne aus dem Baltischen Bernstein, der einen äußeren Durchmesser von 5 mm und einen Durchmesser des Eipaketes, bestehend aus 20 Eiern, von 2,1 mm aufweist. Von ähnlicher Größe und Gestalt ist ein Eikokon einer Spinnenfresserspinne (Mimetidae) (Taf. 20e). Der Kokon im nächsten Tafelbild (Taf. 20f), den eine Zitterspinne (Pholicidae) mit sich trägt, läßt in den Eiern bereits schlüpfreife Jungspinnen erkennen. Die beiden weiteren Bilder (Taf. 20g,h) zeigen die weiteren Schritte der Jungspinnen, die den Eikokon verlassen. Brutpflege besteht bei vielen Spinnen nicht nur im Herstellen und Bewachen des Kokons sondern auch in einer Nahrungsfürsorge der geschlüpften Junglarven. Eine derartige Brutfürsorge ist sicher auch im eozänen Bernstein zu erwarten, auch wenn bis jetzt noch keinerlei Hinweise vorliegen.

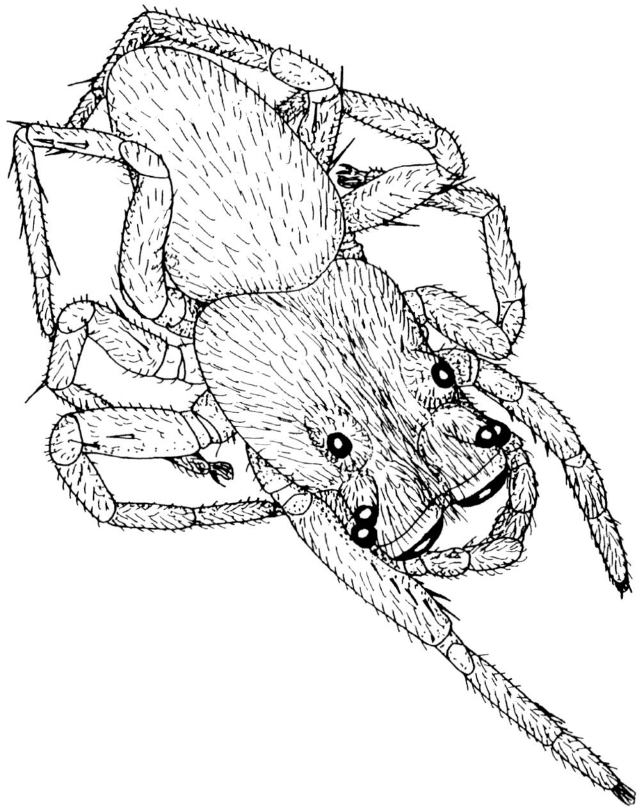

Abb. 38: Springspinne (Salticidae) im Bernstein.

Tafel 20: Spinnen (Arachnida: Araneae) im Baltischen Bernstein VI.

a Kreiselspinne (Hersiliidae) mit Spinnfäden.
b vergrößerter Ausschnitt
c Plattbauchspinne (Gnaphosidae) mit Spinnfäden.
d Spinnennetz einer ? Trichterspinne (Agelenidae).
e Spinnenfresserspinne (Mimetidae), Kokon mit Eiern.
f Zitterspinne (Pholcidae), Kokon mit Jungspinnen.
g Gespinst mit Jungspinnen.
h frei laufende Jungspinnen.

a b c d e f g h

2.21 Asseln und Flohkrebse – Crustacea: Isopoda und Amphipoda

Die Krebse (Crustacea) im Baltischen Bernstein gehören zu den Asseln (Isopoda) und Flohkrebsen (Amphipoda). Die ursprünglich das Meer bewohnenden Krebse haben sich schrittweise an Süßwasser und an das Leben an Land angepaßt.

Noch heute bewohnen Flohkrebse (Amphipoda) das Meer in allen Zonen und Tiefen; doch die meisten Arten leben im Süßwasser. *Gammarus pulex* und *G. roeseli* der Familie Gammaridae sind häufige Vertreter in unseren Binnengewässern. Amphipoden gehen nicht über eine Wassertiefe von 2 m hinaus, sondern bevorzugen flache, fließende und stehende Gewässer. Sie sind auch in Sümpfen, Moorgewässern und im nassen Moos zu finden. Wahrscheinlich sind die seltenen fossilen Formen in diesem Übergangsbereich zwischen Wasser und Land angesiedelt und hier mit den konservierenden Koniferenharzen in Berührung gekommen. Die sorgfältige Arbeit von ZADDACH (1864) stellt die Bernstein-Amphipoden in eine eigene Gattung *Palaeogammarus*:

Crangonycidae

Palaeogammarus balticus LUCKS, 1927
Palaeogammarus danicus JUST, 1974
Palaeogammarus sambiensis ZADDACH, 1864

Auch Asseln (Isopoda) leben im Meer, im Süßwasser und an Land. Vergleicht man die Biologie der Landasseln (Oniscoidea) hinsichtlich der Anpassung an feuchte und trockene Habitate, so zeichnet sich eine Sukzession der Familien ab (EISENBEIS & WICHARD 1985). Die Ligiidae sind amphibisch lebende Asseln, die in feuchten Uferzonen von Fließgewässern und an Waldtümpeln leben. Trichoniscidae bevorzugen feuchte Habitate in intakten Waldböden. Die Oniscidae und Porcellionidae bevorzugen mäßig feuchte und trockene Biotope unter Rinden, Steinen und in der Laubstreu. Die Armadillidiidae haben sich noch weiter von aquatischen Lebensräumen entfernt. Sie suchen trockene und sonnige Habitate. Dieses Spektrum von sehr feuchten bis zu sonnigen und trockenen Lebensräumen spiegelt sich adäquat in der fossilen Fauna der Landasseln des eozänen Baltischen Bernsteins wieder (SPAHR 1993):

Armadillidiidae

Armadillidium pulchellum (ZENKER, 1798)

Ligiidae

Ligia sp. MENGE, 1856

Oniscidae

Oniscus cinvexus KOCH & BERENDT, 1854

Porcellionidae

Porcellio cyclocephalus MENGE, 1854
Porcellio granulatus MENGE, 1854
Porcellio notatus KOCH & BERENDT, 1854

Trachelipidae

Protracheoniscus politus (KOCH, 1841)

Trichoniscidae

Hyloniscus riparius (KOCH, 1838)
Trichoniscus asper MENGE, 1854

Drei Asseln sind aus der Bitterfelder Lagerstätte bekannt und als rezente Arten identifiziert worden (SCHUMACHER & WENDT 1989): *Armadillidium pulchellum* (ZENKER, 1798), *Protracheoniscus politus* (KOCH, 1841) und *Hyloniscus riparius* (KOCH, 1838). Die Übereinstimmung mit rezenten Arten bedarf einer Überprüfung, zumal bisher keine gesicherten Befunde vorliegen, die artidentische Zuordnungen fossiler Tiere des eozänen Baltischen Bernsteins mit rezenten Tieren signifikant belegen.

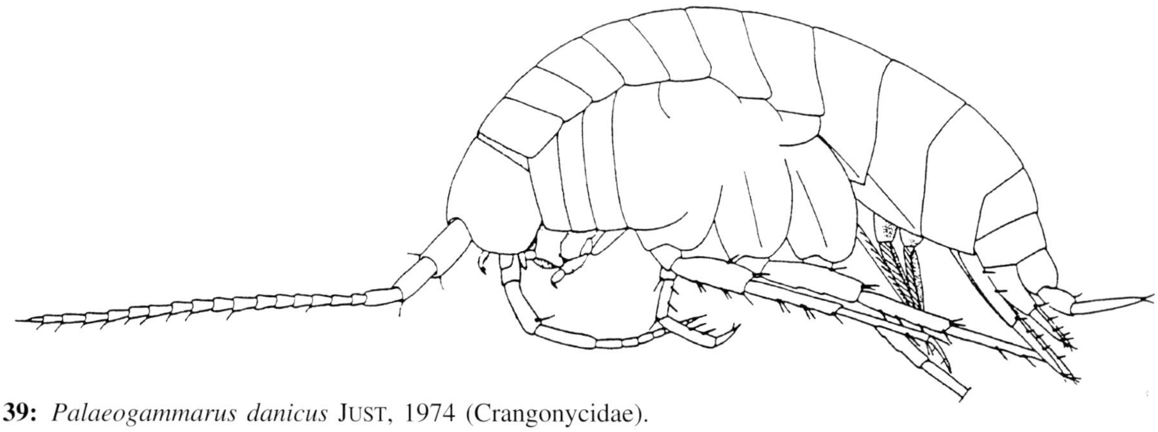

Abb. 39: *Palaeogammarus danicus* JUST, 1974 (Crangonycidae).

Tafel 21: Landasseln (Crustacea: Isopoda, Oniscoidea) im Baltischen Bernstein.

a
b
c
d
e
f

2.22 Hundertfüßer und Zwergfüßer – Myriapoda: Chilopoda und Symphyla

Myriapoda sind Gliedertiere, die mit den Insecta zu den Tracheata gehören. Die Klasse umfaßt die Chilopoda (Hundertfüßer), die Symphyla (Zwergfüßer) sowie die Pauropoda (Wenigfüßer) und Diplopoda (Doppelfüßer). Die Monophylie der Myriapoda ist umstritten (AX 1984, KRAUS 1995).

Im Baltischen Bernstein wurden die Chilopoda, Symphyla und Diplopoda nachgewiesen, während Pauropoda bislang fehlen. Wenigfüßer (Pauropoda) sind augen- und pigmentlose Bodentiere von höchstens 2 mm Länge. Sie leben tief im Boden, meiden die Oberfläche und sind schon deswegen kaum im Bernstein zu erwarten. Auch die Zwergfüßer (Symphyla) sind im Bernstein selten, weil sie wie die Wenigfüßer euedaphische Tiere sind (EISENBEIS & WICHARD 1985), die in Anpassung an das Leben im Boden ohne Augen auskommen und einen farblosen Körper haben. Mit maximal 8 mm Länge und einem Durchmesser von ca. 0,5 mm passen sich die Zwergfüßer dem Lücken- und Porensystem im Boden an. Die notwendige »Gelenkigkeit« im Lückensystem wird durch stärkere Untergliederung der Rückenschilde erreicht, die mit bis zu 24 Tergiten höher ist als die Zahl der ihrer Körpersegmente.

Im Baltischen Bernstein sind bisher zwei Gattungen mit nur wenigen Einzelexemplaren nachgewiesen: *Scolopendrella* sp. (BACHOFEN-ECHT 1942, 1949) und *Scutigerella* sp (KOSMOWSKA-CERANOWICZ & MIERZEJEWSKI 1978). Ein weiterer Vertreter ist auf Taf. 22 c abgebildet.

Hundertfüßer (Chilopoda) kommen im Baltischen Bernstein häufiger vor. Sie sind typische epedaphische Bewohner des Bodens und leben räuberisch auf der Bodenoberfläche. Ihre Beweglichkeit verdanken sie 15 seitlich sitzenden Laufbeinpaaren, mit der die Hundertfüßer eine flache Körperhaltung einnehmen und die Beute leichter zwischen Fallaub, in Spalten und unter Steinen verfolgen können. Zur Wahrnehmung dienen ihnen außer wohl entwickelten Augen die langen Antennen, mit denen sie ihre Beute betasten.

Hundertfüßer sind im Baltischen Bernstein mit den Familien Cryptopsidae *(Crytops)*, Geophilidae *(Geophilus)*, Lithobiidae *(Lithobius)*, Scolopendridae *(Scolopendra)* und Scutigeridae *(Scutigera)* vertreten Die Familie Cryptopsidae weist BACHOFEN-ECHT (1942) durch Beschreibung der Gattung *Crytops* sp. nach. Von einigen nomina nuda abgesehen (KEILBACH 1982) sind die nachfolgenden Familien mit ihren Arten sicher ausgewiesen:

Geophilidae

Geophilus brevicaudatus MENGE, 1854

Lithobiidae

Lithobius longicornis KOCH & BERENDT, 1854
Lithobius maxillosus KOCH & BERENDT, 1854
Lithobius planatus KOCH & BERENDT, 1854

Scolopendridae

Scolopendra proavita MENGE, 1854

Scutigeridae

Scutigera illigeri (KOCH & BERENDT, 1854)
Scutigera leachi (KOCH & BERENDT, 1854)

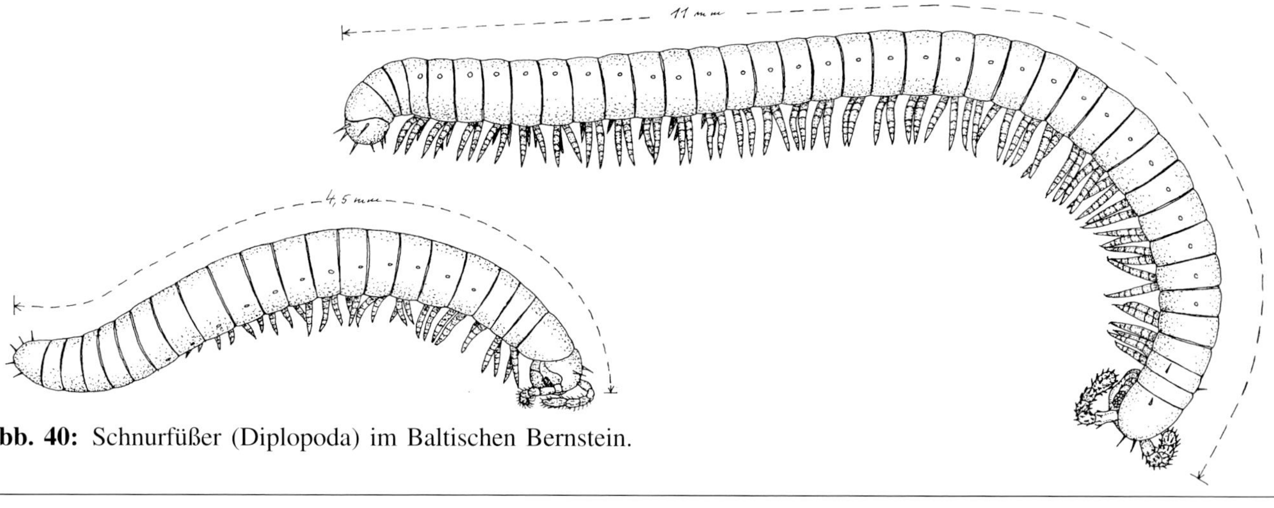

Abb. 40: Schnurfüßer (Diplopoda) im Baltischen Bernstein.

Tafel 22: Hunderfüßer und Zwergfüßer (Myriapoda: Chilopoda und Symphyla) im Baltischen Bernstein.

a Steinläufer (Chilopoda, Lithobiidae).
b Steinläufer (Chilopoda, Lithobiidae).
c Skolopender (Symphyla).
d Erdläufer (Chilopoda, Geophilidae).
e Spinnenassel (Chilopoda, Scutigeridae).
f Spinnenassel (Chilopoda, Scutigeridae).

a
b
c
d
e
f

2.23 Doppelfüßer – Myriapoda: Diplopoda

Doppelfüßer oder Diplopoden werden Lebensformen zugeteilt, mit denen sie epedaphisch oder hemiedaphisch den Boden erschließen. DUNGER (1974) und MANTON (1977) unterscheiden

1. den Bulldozer-Typus (z.B. Julidae)
2. den Kugel-Typus (z.B. Glomeridae)
3. den Keil-Typus (z.B. Polydesmidae)
4. die Rindenbewohner (z.B. Polyxenidae)

Allen gemeinsam ist die Beteiligung am Abbau des pflanzlichen Bestandsabfalls im Boden, indem die Diplopoden frische und in Zersetzung befindliche, pflanzliche Nahrung zu sich nehmen, vor allem aus der Laub- und Streuschicht der Wälder.

Die hemiedaphische Familie Iulidae lebt auf der Bodenoberfläche und dringt zur Nahrungsaufnahme zeitweilig auch tiefer in den Boden. Dabei entwickeln die Arten mit der großen Zahl seriell angeordneter Beine eine Triebkraft, die Kopf- und Halsschild als Ramme wie bei einem Bulldozer in die Erde drückt. Wenn das Erdreich zu fest ist, werden Julidae wie Regenwürmer zu Substratfressern und nagen sich durch den Boden. Anders als der Bulldozer-Typus verbleiben die Vertreter des Kugel-Typus (Glomeridae) epedaphisch auf der Bodenoberfläche, um allein hier pflanzliche Nahrung aufzunehmen. Die erhöhte Gefahr, von Räubern erbeutet zu werden, überwinden sie durch Einrollen des Körpers und durch Absondern von Sekreten aus Wehrdrüsen. Der Keil-Typus wird von der Familie Polydesmidae repräsentiert. Der Körper dieser Arten ist vorne an Kopf und Hals verjüngt, während die nachfolgenden Segmente von oben (Tergite) abgeflacht und seitlich durch flügelähnliche Erweiterungen (Paratergite) vergrößert sind. Die keilförmige Körperform erleichtert es den Tieren, sich zwischen Blättern der oberen Streuschicht oder unter Steinen zu schieben. Die durch die Paratergite erweiterte Rückenfläche verhindert zugleich das Vordringen der Tiere in die tieferen Schichten, so daß Polydesmidae-Arten vom Keil-Typus zu den epedaphischen Diplopoden gehören. Die Pinselfüßer (Polyxenidae) sind keine typischen Bodenbewohner, obwohl auch sie im lockeren Humus und unter Fallaub vorkommen. Manche Polyxeniden sind in verwitterten Baumstümpfen und abgestorbenen Bäumen zu finden. Als Rindenbewohner bevorzugen sie die Baumrinde über die gesamte Höhe eines Baumes und ernähren sich hier vom Algenbewuchs.

Die Bandbreite der Lebensformen im Boden, die bei den rezenten Diplopoden zu beobachten ist, scheint auch im eozän Waldboden vorzukommen. Alle charakteristischen Familien sind im Baltischen Bernsteins nachgewiesen. Diplopoden liefern ein schönes Beispiel, mit dem über Lebensformen mosaikartig auf die Biologie und Ökologie im »Bernsteinwald« verwiesen werden kann. Sie sind im Baltischen Bernstein mit 8 Familien einschließlich der 4 besprochenen Beispiel-Familien der Lebensformen vertreten und (abzüglich einiger nomina nuda, KEILBACH 1982) in Gattungen und Arten beschrieben (SPAHR 1993):

Craspedosomatidae
Atractosoma sp.
Craspedosoma affine KOCH & BERENDT, 1854
Craspedosoma angulatum KOCH & BERENDT, 1854

Glomeridae
Glomeris denticulata MENGE, 1854

Julidae
Julus laevigatus KOCH & BERENDT, 1854

Nemasomatidae
Blaniulus sp.

Polydesmidae
Polydesmus sp.

Polyxenidae
Polyxenus conformis KOCH & BERENDT, 1854
Polyxenus ovalis KOCH & BERENDT, 1854

Polyzonidae
Polyzonium sp.

Synxenidae
Phryssonotus hystrix (MENGE 1854)

Tafel 23: Doppelfüßer (Myriapoda: Diplopoda) im Baltischen Bernstein.

a Schnurfüßer (Julidae).
b *Polyzonium* sp. (Polyzonidae).
c Bandfüßer (Polydesmidae).
d Bandfüßer (Polydesmidae) (Ausschnitt ventral).
e Schnurfüßer (Julidae).
f *Craspedosoma* (?) sp. (Craspedosomatidae).
g *Polyxenus* sp. (Polyxenidae).
h *Phryssonotus* sp. (Synxenidae).

a

b

c

d

e

f

g

h

2.24 Doppelschwanz und Springschwanz – Insecta: Diplura und Collembola

Die traditionelle Gliederung der Insekten in primär flügellose »Apterygota« und geflügelte Pterygota ist nicht zutreffend. Die Insekten gliedern sich nach phylogenetischer Systematik in zwei monophyletische Gruppen: die Enthognatha (Diplura und Elliplura mit Protura und Collembola) und die Ectognatha (Archaeognatha und Dicondylia mit Zygentoma und Pterygota). Von den Enthognatha sind im Baltischen Bernstein die Diplura (Doppelschwänze) und die Collembola (Springschwänze) nachgewiesen, während Protura (Beintastler) fehlen. Da die enthognathen Insekten nur wenige Millimeter groß sind und meist eu- oder epedaphisch im Boden leben, kommen sie im Bernstein entsprechend selten vor.

Proturen sind reine euedaphische, augenlose und pigmentfreie, maximal 3 mm große Tiere, die kaum die Möglichkeit haben, an die Bodenoberfläche zu gelangen, und deshalb kaum im Bernstein zu erwarten sind.

Von den Collembolen, die sich der Form nach in abgerundete symphypleone und in gestreckte arthropleone Collembolen unterscheiden, gibt es im Boden einen hohen Arten- und Individuenreichtum, der sich vor allem aus symphypleonen Onichiuridae frequentiert. Sie sind unter Collembolen die typischen Vertreter des Euedaphons, klein, pigmentlos, reduzierte Beine, ohne Augen, Feuchtlufttiere. Von dieser Familie wurden bislang keine fossilen Arten aus dem Baltischen Bernstein beschrieben. Epedaphische Collembolen, Springschwänze der Kraut- und Strauchschicht, sowie rindenbewohnende Tiere kommen regelmäßig im Bernstein vor. Da die taxonomischen Merkmale der Collembolen im Bernstein nur schwer zu verifizieren sind und die von OLFERS (1907) bearbeiteten Bernstein-Collembolen radikal revidiert wurden (HANDSCHIN 1926a,b), verbleiben vergleichsweise wenige Arten (19), die zuvor von KOCH & BERENDT (1854), HANDSCHIN (1926) und STACH (1922) beschrieben wurden (vgl. STACH 1972, LAWRENCE 1985, SPAHR 1990):

Entomobryidae
- *Entomobrya pilosa* (KOCH & BERENDT, 1854)
- *Lepidocyrtus ambricus* HANDSCHIN, 1926
- *(Paidium) crassicorne* KOCH & BERENDT, 1854
- *(Paidium) pyriforme* KOCH & BERENDT, 1854
- *Orchesella eocaena* HANDSCHIN, 1926

Hypogastruridae
- *Hypogastrura intermedia* HANDSCHIN, 1926
- *Hypogastrura protoviatica* HANDSCHIN, 1926

Isotomidae
- *Isotoma crassicornis* HANDSCHIN, 1926
- *Isotoma protocinerea* HANDSCHIN, 1926

Poduridae
- *Podura fuscata* KOCH & BERENDT, 1854
- *Podura pulchra* KOCH & BERENDT, 1854

Sminthuridae
- *Allacma pulmosa* HANDSCHIN, 1926
- *Allacma pulmosetosa* HANDSCHIN, 1926
- *Allacma setosa* HANDSCHIN, 1926
- *Sminthurus brevicornis* KOCH & BERENDT, 1854
- *Sminthurus longicornis* KOCH & BERENDT, 1854
- *Sminthurus ovatulus* KOCH & BERENDT, 1854
- *Sminthurussuccineus* STACH, 1922

Tomoceridae
- *Tomocerus taeniatus* (KOCH & BERENDT, 1854)

Die Doppelschwänze (Diplura) sind epedaphische Tiere, die in Moos, unter Rinde und Steinen, im Fallaub, aber gelegentlich auch tiefer im Lückensystem des Bodens leben und räuberisch nach Nahrung suchen. SILVESTRI (1912) beschrieb eine fossile Art *Campodea darwinii*. Eine weitere von OLFERS (1907) beschriebene Art (*Ocellia articulicornis*) ist nach SILVESTRI (1912) keine Diplura sondern möglicherweise eine Dermaptera-Larve. Diese Diskussionen unterstreichen letztendlich die Schwierigkeiten bei der taxonomischen Bearbeitung enthognather Collembola und Diplura im Baltischen Bernstein.

Tafel 24: Doppelschwanz und Springschwanz (Insecta: Diplura und Collembola) im Baltischen Bernstein.

a-b Doppelschwänze (Diplura).
c-e arthropleone Springschwänze (Collembola: Arthropleones).
f-h symphypleone Springschwänze (Collembola: Symphypleones).

a
b
c
d
e
f
g
h

2.25 Borstenschwanz und Silberfisch – Insecta: Archaeognatha und Zygentoma

Zu den primitiven, primär flügellosen Ectognatha gehören die Borstenschwänze (Archaeognatha) und die Silberfischchen (Zygentoma). Die Borstenschwänze fallen im Vergleich mit Silberfischen durch große Komplexaugen auf, die sich bei vielen Arten oben am Kopf berühren (Taf. 25e). Die Palpen (Taster) des Unterkiefers sind extremitätenähnlich nach vorne gerichtet (Abb. 40). An Mittel- und Hinterbrust und an allen Hinterleibssegmente fallen ventral zu beiden Seiten Hüftgriffel oder Styli auf (Taf. 25f). In deren Nachbarschaft befinden sich zur Mitte hin ein bis zwei ausstülpbare Coxalbläschen, die dem Wasserhaushalt der Tiere dienen. Die Silberfischchen haben kleine abstehende Augen und unscheinbare Styli an den letzten Hinterleibssegmenten. Sie sind geschickte Läufer, die mögliche Gefahren schnell umgehen und schon deshalb seltener im Bernstein zu finden sind.

Koch & Berendt haben 1854 auf einer Tafel Borstenschwänze und Silberfische sehr schön dargestellt (Abb. 40). Auf ihre Bearbeitung geht ein Großteil der beschriebenen Arten zurück. Daneben haben Menge (1854), Olfers (1907) und Silvestri (1912) zum heutigen Kenntnisstand beigetragen. Eine neue Bearbeitung fehlt. Mögliche Synonyme und nomina nuda haben Keilbach (1982) und Spahr (1990) berücksichtigt:

Archaeognatha

Machilidae

Machilis acuminata (Koch & Berendt, 1854)
Machilis albomaculata (Menge, 1854)
Machilis anguea (Koch & Berendt, 1854)
Machilis boops Olfers, 1907 (part.), Silvestri, 1912
Machilis (?) *caestifera* Silvestri, 1912
Machilis capito Olfers, 1907 (part.), Silvestri, 1912
Machilis confinis (Koch & Berendt, 1854)
Machilis corusca (Koch & Berendt, 1854)
Machilis diastatica (Olfers, 1907)
Machilis electra (Koch & Berendt, 1854)
Machilis imbricata (Koch & Berendt, 1854)
Machilis longipalpa (Koch & Berendt, 1854)
Machilis macrura (Menge, 1854)
Machilis palaemon Olfers, 1907 (part.), Silvestri, 1912
Machilis saliens (Menge, 1854)
Machilis seticornis (Koch & Berendt, 1854)
Praemachilis cineracea Olfers, 1907 (part.), Silvestri, 1912

Zygentoma

Lepidotrichidae

Lepidothrix pilifera Menge, 1854

Lepismatidae

Lampropholis dubia (Koch & Berendt, 1854)

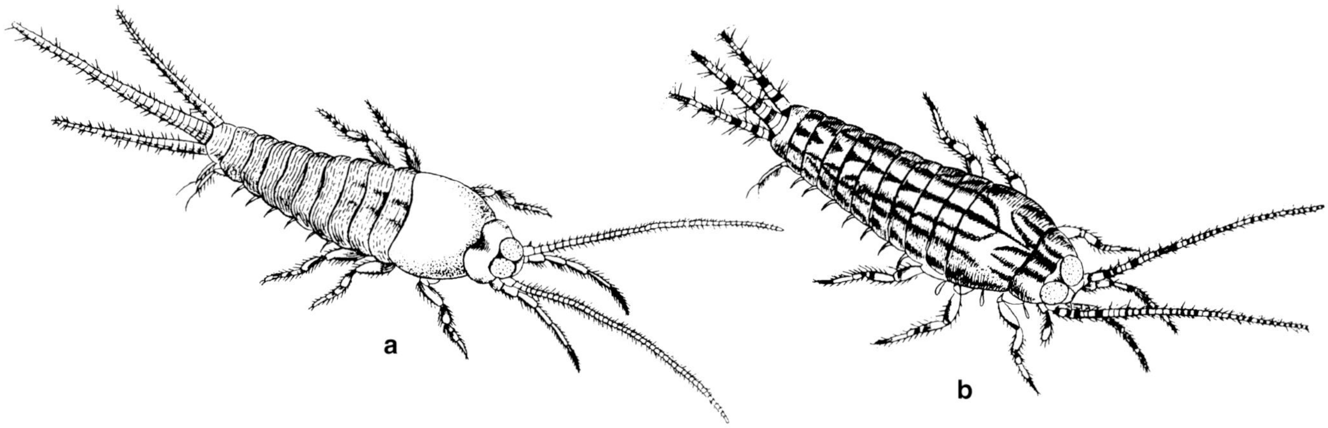

Abb. 41: **a** *Machilis imbricata* (Koch & Berendt, 1854), **b** *Machilis electra* (Koch & Berendt, 1854) (historische Darstellung aus Koch & Berendt 1854).

Tafel 25: Borstenschwanz und Silberfisch (Insecta: Archaeognatha und Zygentoma) im Baltischen Bernstein.

a Silberfisch (Zygentoma) (?).
b Silberfisch (Zygentoma).
c *Machilis* sp. (Archaeognatha).
d Silberfisch (Zygentoma).
e *Machilis* sp. (Archaeognatha), Kopf mit Augen.
f *Machilis* sp. (Archaeognatha), Hinterleib mit Styli.
g *Machilis* sp. (Archaeognatha), Kopf mit Augen.
h *Machilis* sp. (Archaeognatha), Hinterleib mit Styli.

a b c d e f g h

2.26 Eintagsfliegen – Insecta: Ephemeroptera

Eintagsfliegen sind merolimnische Insekten, die sich im Laufe ihres Lebens zunächst im Wasser, dann aber in einer kurzen Phase an Land entwickeln. Nach der Paarung, die bei vielen Arten im Fluge erfolgt, werfen die meisten Weibchen die Eipakete über Wasser ab oder tauchen mit dem Abdomen kurz ins Gewässer, um ihre Eigelege abzustreifen. Aus den Eiern schlüpfen Larven, die ausschließlich im Wasser leben, von Häutung zu Häutung heranwachsen, bis sie über Monate allmählich ausgereift sind. Die letzte Larvenhülle (Exuvie) fällt bei der Subimago. Mit diesem geflügelten Entwicklungsstadium verläßt die Eintagsfliege den aquatischen Raum und besiedelt den Luftraum. Nach abermaliger Häutung kommt die geschlechtsreife und fortpflanzungsfähige Eintagsfliege hervor, die mit verkümmerten Mundwerkzeugen keine Nahrung aufnimmt und sich statt dessen in ihrem nur wenige Stunden dauernden Leben auf Paarung und Eiablage konzentriert.

Wenn Eintagsfliegen im Bernstein erhalten sind, handelt es sich meist um geschlechtsreife Imagines und selten um geflügelte Subimagines. Auf Taf. 27 e ist eine schlüpfende Imago abgebildet, die die Exuvie der geflügelten Subimago hinter sich läßt. Ihre Beine spreizen auseinander, die Flügel sind noch gefaltet.

Die Eintagsfliegen verlassen das Wasser normalerweise nicht als Larven sondern erst als flugfähige Subimagines. Um so erstaunlicher ist der Nachweis von Larven im Baltischen Bernstein. *Succinogenia larssoni* ist eine fossile Art, die DEMOULIN (1965) nach einer Larve aus der Sammlung des Zoologischen Museum in Kopenhagen beschrieb. Ihr dorsoventral abgeflachter Körper, der schildförmige Kopf mit den nach oben gerichteten Augen und der laterale Saum blattförmiger Kiemen sind erste auffallende Merkmale einer Larve, die zur Familie der Heptageniidae zählt (Abb. 42). Inzwischen wurden zwei weitere Larven bekannt, die ebenfalls zu den Heptageniiden gehören (Taf. 27 f). Diese Larven repräsentieren mit ihren abgeplatteten, breiten Körpern einen Lebensformtyp, der fließenden Gewässern angepaßt ist. Die strömungsangepaßten Tiere liegen festen Bodensubstraten flach auf und befinden sich auf diese Weise in einer Grenzschicht, in der sie weitgehend der Strömung entzogen sind, mit der sie sonst im freien Wasser verdriftet würden (WICHARD et. al. 1995).

Wie diese aquatischen Larven in den Bernstein gelangten, ist nur schwer erklärbar. Es gibt bislang keinen Hinweis, daß Wassertiere im Wasser von Harz eingebettet und als Bernstein-Inklusen konserviert wurden. Wenn aquatische Insekten im Bernstein eingeschlossen sind, haben diese Tiere als Larven oder Imagines zuvor das Wasser verlassen, um ihrem amphibischen Lebenszyklus und ihrem Ausbreitungsbestreben nachzukommen. Larven der Heptageniidae verlassen wie alle Eintagsfliegen-Larven das Wasser nicht. Aber Fließgewässer können austrocknen, wenn die Wasserzufuhr ausbleibt. Mit dem Trockenfallen könnte das Vorkommen von Heptageniidae-Larven im Bernstein erklärt werden.

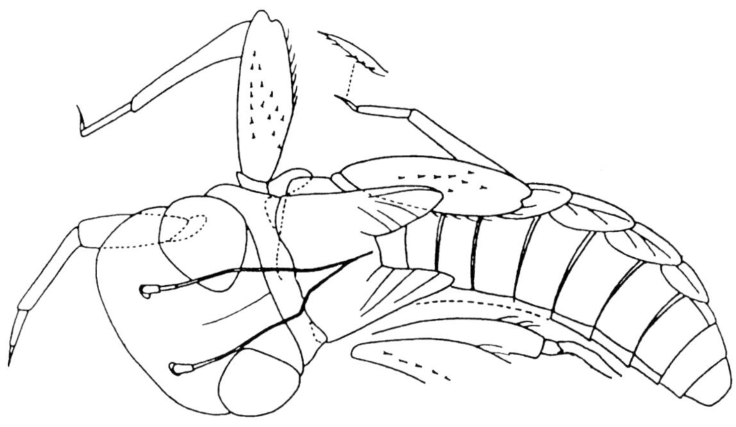

Abb. 42: Fossile Larve von *Succinogenia larssoni* DEMOULIN, 1965 (Heptageniidae).

Tafel 26: Eintagsfliegen (Insecta: Ephemeroptera) im Baltischen Bernstein I.

a Augenpaar einer Eintagsfliege (Heptageniidae).
b Habitus der Eintagsfliege (Heptageniidae).

a

b

2.27 Eintagsfliegen-Arten im Baltischen Bernstein – Insecta: Ephemeroptera

Die Eintagsfliegen des Baltischen Bernsteins hat DEMOULIN in mehreren Studien (1954, 1955, 1956, 1965, 1968, 1970) monographisch bearbeitet und dabei auf die Pionierarbeiten von HAGEN (1856) und PICTET (1856) zurückgegriffen. Insgesamt wurden 25 fossile Arten beschrieben. Eine weitere Species, die rezente Art *Heptagenia (Kageronia) fuscogrisea*, wurde nach DEMOULIN im Baltischen Bernstein ebenfalls nachgewiesen.

Die Liste der Eintagsfliegen folgt der Klassifikation der Ephemeroptera nach HUBBARD (1990):

Ameletopsidae
Balticophlebia henningi DEMOULIN, 1968

Ametropodidae
Brevitibia intricans DEMOULIN, 1968

Baetidae
Baetis gigantea HAGEN, 1856
Baetis grossa HAGEN, 1856

Siphlonuridae
Metretopus henningseni DEMOULIN, 1965
Metretopus trinervis DEMOULIN, 1968
Siphloplecton jaegeri DEMOULIN, 1968
Siphloplecton macrops (PICTET, 1856)
Baltameletus oligocaenicus DEMOULIN, 1968
Siphlonurus dubiosus DEMOULIN, 1968

Oligoneuriidae
Cronicus anomalus (PICTET, 1856)
Cronicus major DEMOULIN, 1968

Arthropleidae
Electrogenia dewalschei DEMOULIN, 1956

Heptageniidae
Cinygma? baltica DEMOULIN, 1968
Heptagenia atypica DEMOULIN, 1968
Heptagenia bachofeni DEMOULIN, 1968
Heptagenia (Kageronia) fuscogrisea
Heptagenia gleissi DEMOULIN, 1968
Heptagenia ligata DEMOULIN, 1968
Heptagenia senex DEMOULIN, 1968
Rhithrogena sepulta DEMOULIN, 1968
Succinogenia larssoni DEMOULIN, 1965

Leptophlebiidae
Blasturophlebia hirsuta DEMOULIN, 1968
Xenophlebia aenigmatica DEMOULIN, 1968
Paraleptophlebia pisca (PICTET, 1856)

Ephemerellidae
Timpanoga viscata (DEMOULIN, 1968)

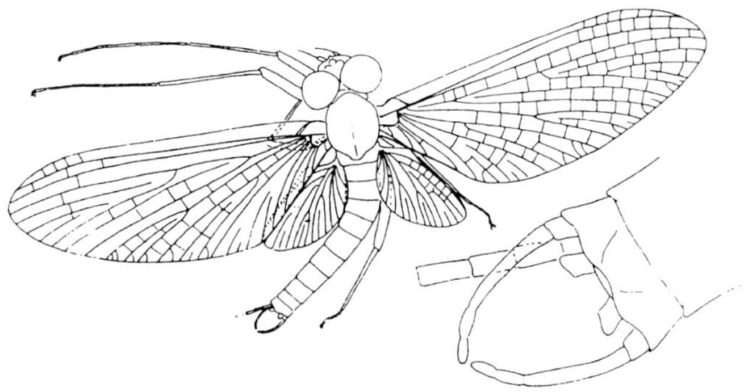

Abb. 43: *Electrogenia dewalschei* DEMOULIN, 1956, mit männl. Genital.

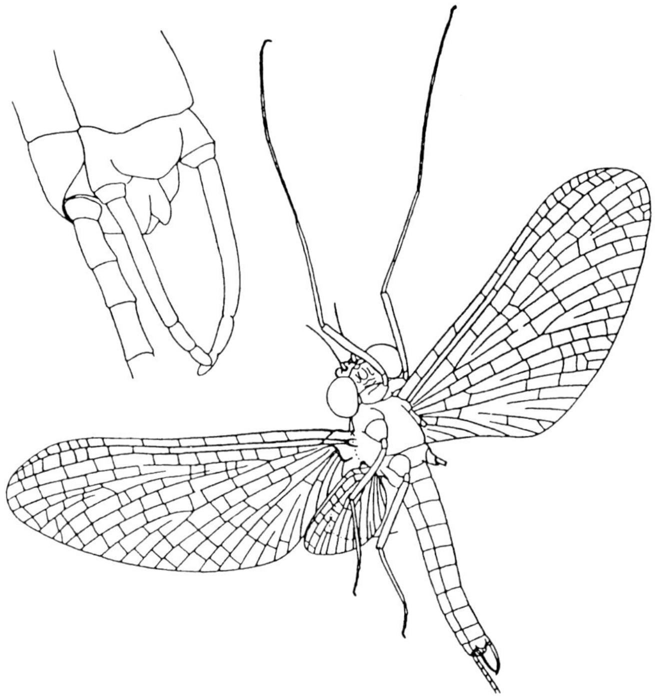

Abb. 44: *Rhithrogena sepulta* DEMOULIN, 1968, mit männl. Genital.

Tafel 27: Eintagsfliegen (Insecta: Ephemeroptera) im Baltischen Bernstein II.

a Siphlonuridae.
b *Cronicus anomalus* (PICTET, 1856), Oligoneuriidae.
c Leptophlebiidae.
d Leptophlebiidae.
e schlüpfende Imago aus Subimago-Exuvie.
f Larve einer Heptageniidae.

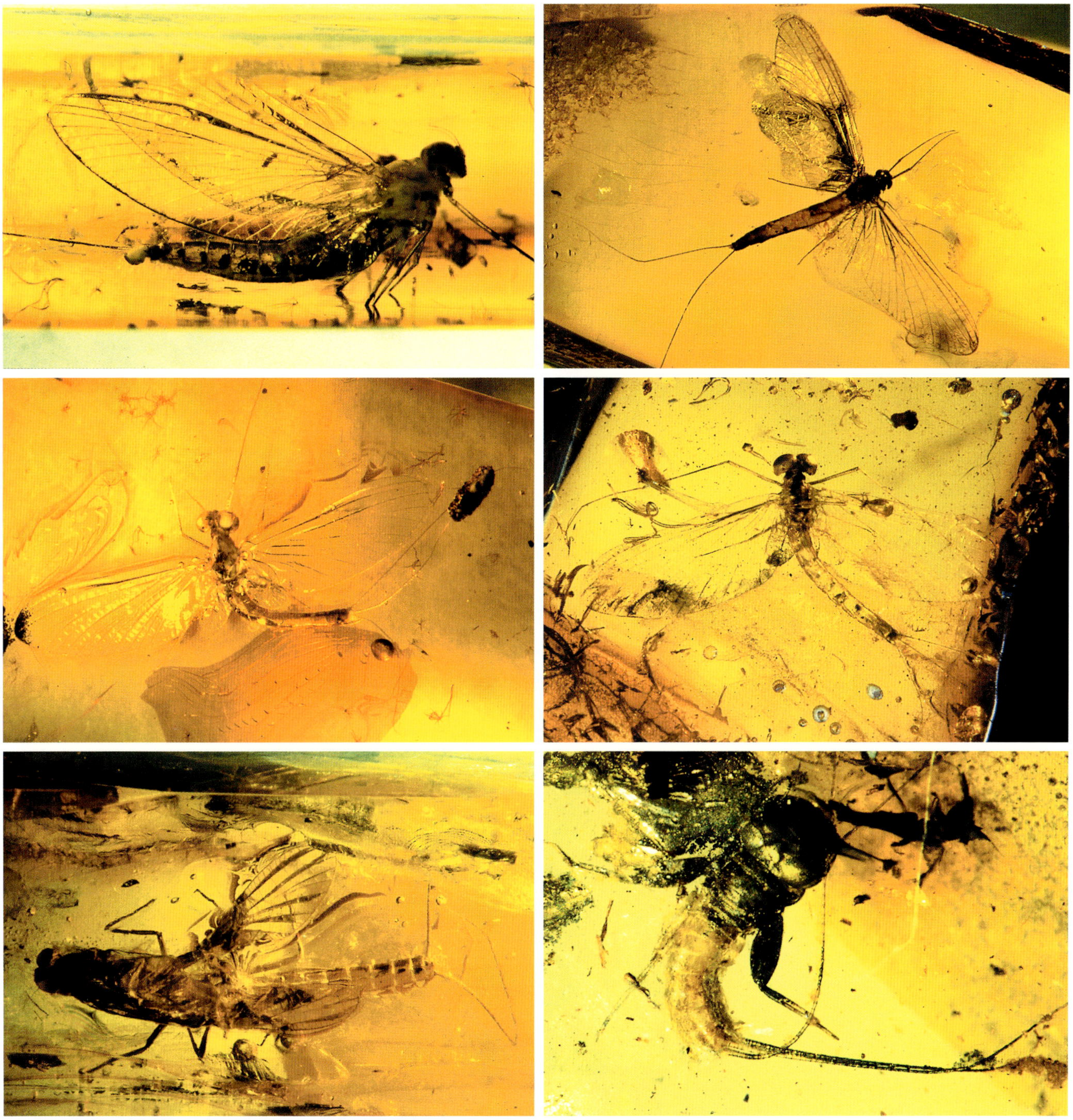

a b c d e f

2.28 Libellen – Insecta: Odonata

Libellen gehören zweifellos zu den seltenen Insekten im Bernstein und wurden bisher nur aus dem Baltischen und Dominikanischen Bernstein bekannt (LARSSON 1978, SCHLEE & GLÖCKNER 1978, SCHLEE 1990, SPAHR 1992). Ihre Größe und überragende Flugfähigkeit mindern die Gefahr in zähflüssigen Harz von Bäumen kleben zu bleiben, den sie gelegentlich dennoch anfliegen. Immerhin sind einige Flügelreste bekannt (Tafel 3), die von der Präsenz der Libellen zeugen. Sie machen deutlich, daß Libellen, wie wahrscheinlich andere größere Insekten auch, kräftig genug sind, um sich – wenn auch nicht unbeschadet – wieder aus dem Harz befreien zu können. Vollständig erhaltene Exemplare von Libellen gehören daher zu den Raritäten im Baltischen Bernstein. Hierzu zählt eine von BACHOFEN-ECHT (1949) abgebildete Zygoptere der Familie der Agrionidae. Zwei weitere relativ gut erhaltene Libellen sind die einzigen, bisher untersuchten Bernstein-Libellen. PFAU (1975) stellt die beiden Zygopteren in die Nähe der Platycnemididae. 120 Jahre zuvor wurde *Platycnemis antiqua* (PICTET & HAGEN, 1856) beschrieben.

Als merolimnisch Insekten bewohnen die Libellen-Larven Gewässer. Sie verlassen den aquatischen Lebensraum erst als ausgewachsene Larven, um sich an Land zu adulten Imagines zu häuten. Vor der Häutung klettern sie an Uferpflanzen und Baumstämmen hoch und setzen sich fest. Zurückbleiben die Exuvien, die oft lange Zeit bis zum allmählichen Zerfall am Haftplatz hängen bleiben. Im Bernsteinwald konnten Exuvien deshalb weit mehr als die Larven von herabfließenden Harzen erfaßt werden. Möglicherweise sind Exuvien auch vom Wind losgerissen und gegen Harz geweht worden. Die ersten im Baltischen Bernstein nachgewiesenen Exuvien hat HAGEN (1848, 1856) beschrieben. WEIDNER (1958) untersuchte eine Larven-Exuvie, von der die beiden Vorderbeine, die Dorsalseite des Kopfes, ferner der Thorax der rechten Körperseite und die Flügelscheiden erhalten blieben und eine Zuordnung der Exuvie zur Familie der Platycnemididae erlaubten. Erst kürzlich ist eine ebenfalls nicht vollständig erhaltene Libellen-Larve (Zygoptera, Calopterygidae ?) gefunden worden.

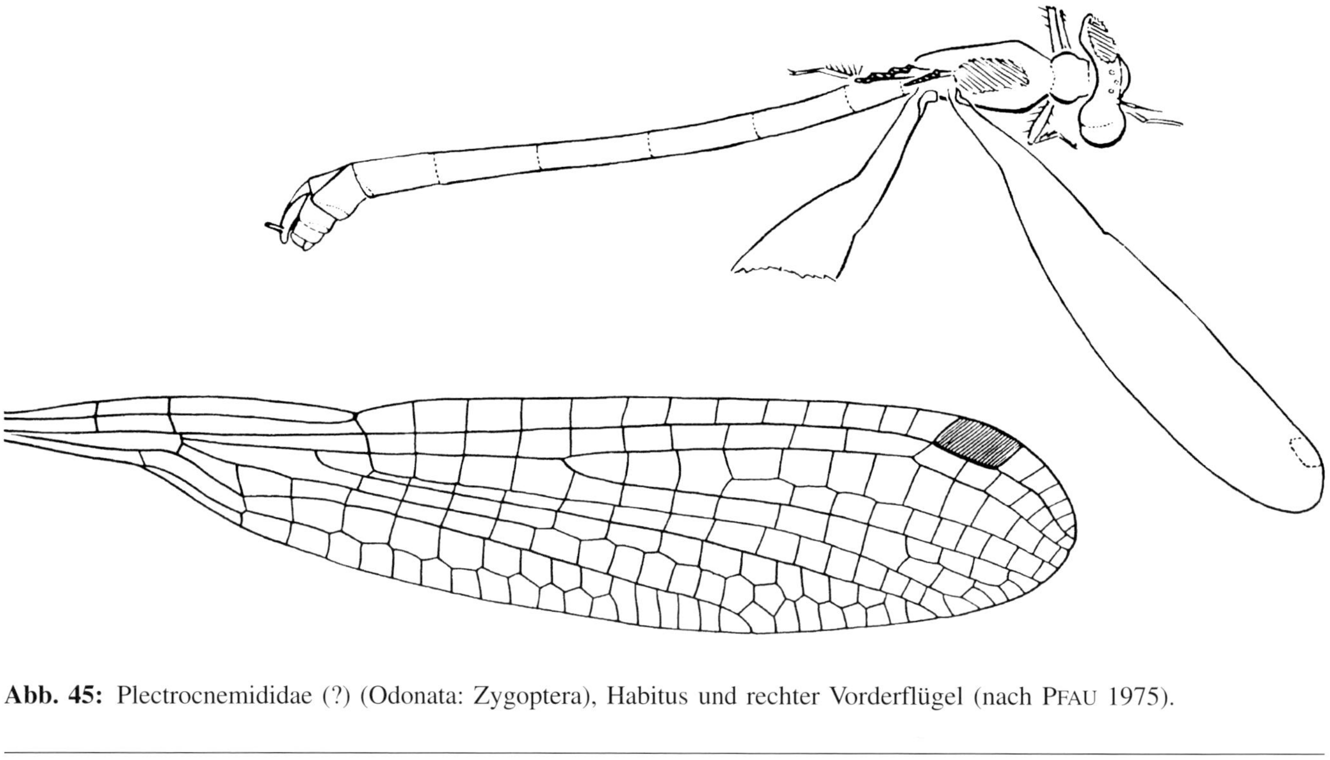

Abb. 45: Plectrocnemididae (?) (Odonata: Zygoptera), Habitus und rechter Vorderflügel (nach PFAU 1975).

Tafel 28: Libellen (Insecta: Odonata) im Baltischen Bernstein.

a Kopf-Brust-Abschnitt einer Kleinlibelle (Zygoptera: Lestidae?).
b Flügel der Kleinlibelle (Zygoptera: Lestidae?).
c rechter Vorder- und Hinterflügel einer Kleinlibelle (Zygoptera: Lestidae?).

a

b

c

2.29 Steinfliegen – Insecta: Plecoptera

Steinfliegen oder Plecopteren sind im Baltischen Bernstein nicht häufig, treten jedoch regelmäßig auf. Die bislang beschriebenen 14 Arten gehören mit einer Ausnahme Gattungen und Familien an, die auch heute noch in Europa weit verbreitet sind. Nur *Megaleuctra neavei* RICKER, 1936 vertritt eine Gattung, die rezent in Nordamerika vorkommt und im Tertiär nachweislich holarktisch verbreitet war (ILLIES 1967). Außerhalb des Baltischen Bernsteins wurden Steinfliegen bislang im oligozänen Dominikanischen und im Sibirischen Bernstein der oberen Kreide nachgewiesen (WICHARD & WEITSCHAT 1996).

Im Bernstein werden ausgewachsene Larven, häufiger jedoch Exuvien und meist die geflügelten Imagines gefunden. Die erwachsenen Larven verlassen das Wasser und klettern oft an ufernahen Baumstämmen empor, um aus ihrer letzten Exuvie zu flugfähigen Imagines zu schlüpfen. Da Steinfliegen nur geringe Neigung zum Fliegen entwickeln und bei Gefahr, beim Nahrungserwerb und bei der Partnersuche eher laufen als fliegen, ist ihr Ausbreitungsbestreben gering und in vielen Fällen auf die unmittelbare Nähe ihrer Gewässer beschränkt. Wenn Steinfliegen in Baumharzen eingebettet und als Bernstein-Inklusen erhalten sind, geben sie nicht nur Hinweise auf die Steinfliegenfauna ihrer lebendigen eozänen Vergangenheit, sondern zeugen zugleich auch von ihrem unmittelbaren Lebensraum.

Demnach war der »Bernsteinwald« durchzogen von Fließgewässern, von seichten Bächen bis hin zu strömungsstarken Flüssen. Die flugträgen Steinfliegen weisen mit ihren Exuvien darauf hin, daß harzende Bäume unmittelbar an die Ufer der Flüsse und Bäche grenzten. Das Wasser, das die empfindlichen Larven heute wie vermutlich damals bevorzugten, war klar, quellkalt und sicher sauerstoffgesättigt. Für das notwendige Gefälle sorgten landschaftsprägende Hügel und Berge.

Da im eozänen Baltischen Bernsteinwald großräumig ein subtropisches Klima vorherrschte, andererseits aber Steinfliegen vorkamen, deren nächste Verwandte auch heute noch paläarktisch oder holarktische verbreitet sind und ein gemäßigtes Klima bevorzugen, liegt die Vermutung nahe, daß im damaligen Terrain eine Klimaverschiebung mit den Höhenlagen einherging. Steinfliegen-Larven bevorzugen nämlich kühle Fließgewässer mit mittlerer und starker Strömung, die sich auf Gebirge konzentrieren. Plecopteren sind empfindliche merolimnische Insekten und deshalb zuverlässige Zeugen für höhenbedingte, gemäßigte Klimastufen.

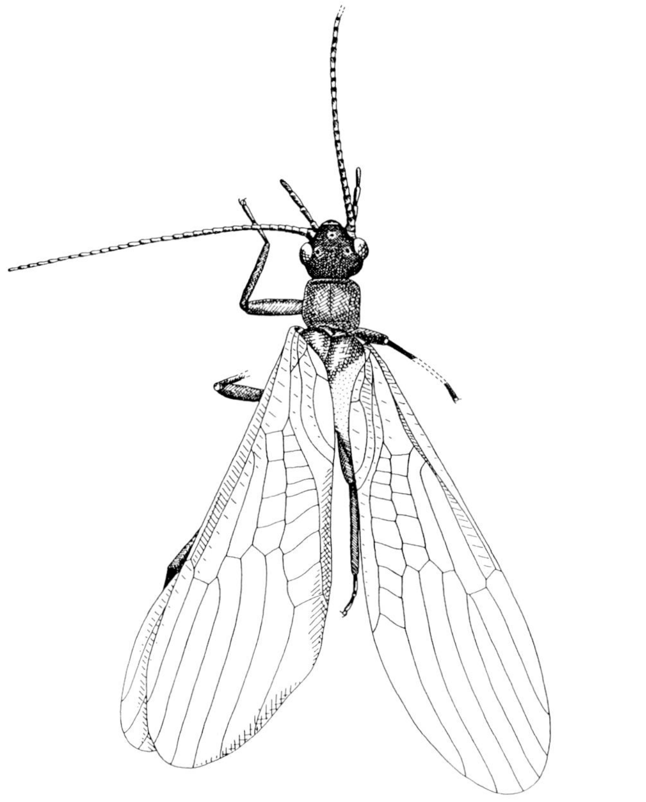

Abb. 46: Imago einer Leuctridae (Plecoptera) aus dem Baltischen Bernstein (aus der Skizzen-Sammlung von Prof. J. ILLIES).

Tafel 29: Steinfliegen (Insecta: Plecoptera) aus dem Baltischen Bernstein I.

a *Perla* sp. (Perlidae).
b *Perla* sp. ? (Perlidae), Larve.
c *Perla* sp. ? (Perlidae), Larve (Kopf/Thorax).
d *Perla* sp. ? (Perlidae), Larve, Kiemenbüschel.
e *Perla* sp. ? (Perlidae).
f *Perla* sp. ? (Perlidae), Kopf/Thorax.
g *Isoperla* sp. (Perlodidae).
h *Isoperla* sp. (Perlodidae), Exuvie.

a

b

c

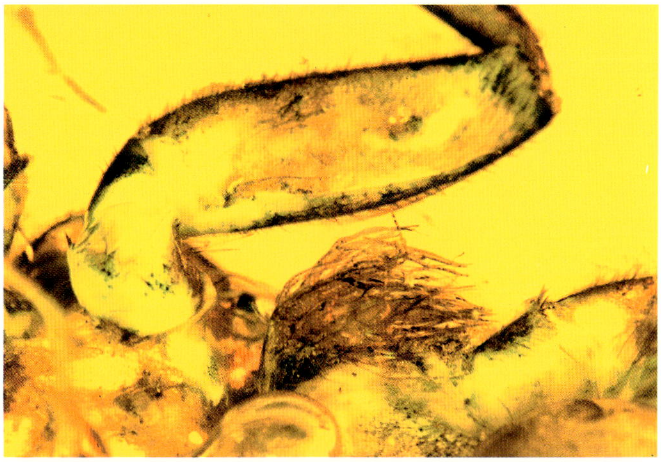

d

e

f

g

h

2.30 Steinfliegen-Arten im Baltischen Bernstein – Insecta: Plecoptera

Unsere heutige Artenkenntnis über Steinfliegen des Baltischen Bernsteins beruht auf Arbeiten aus dem Jahre 1856. Die einzige neuere Arbeit stammt von RICKER (1936).

Die Liste der Bernstein-Steinfliegen mit den 14 beschriebenen Arten folgt der Systematik der Plecoptera nach ILLIES (1965):

Leuctridae

Leuctra fusca PICTET, 1856
Leuctra gracilis PICTET, 1856
Leuctra linearis HAGEN, 1856
Leuctra minuscula HAGEN, 1856
Megaleuctra neavei RICKER, 1936

Nemouridae

Nemoura affinis BERENDT, 1856
Nemoura lata HAGEN, 1856
Nemoura ocularis PICTET, 1856
Nemoura puncticollis HAGEN, 1856

Perlidae

Perla pisca PICTET, 1856

Perlodidae

Isoperla succinica (HAGEN, 1856)
Perlodes resinata (HAGEN, 1856)

Taeniopterygidae

Taeniopteryx ciliata PICTET, 1856
Taeniopteryx elongata HAGEN, 1856

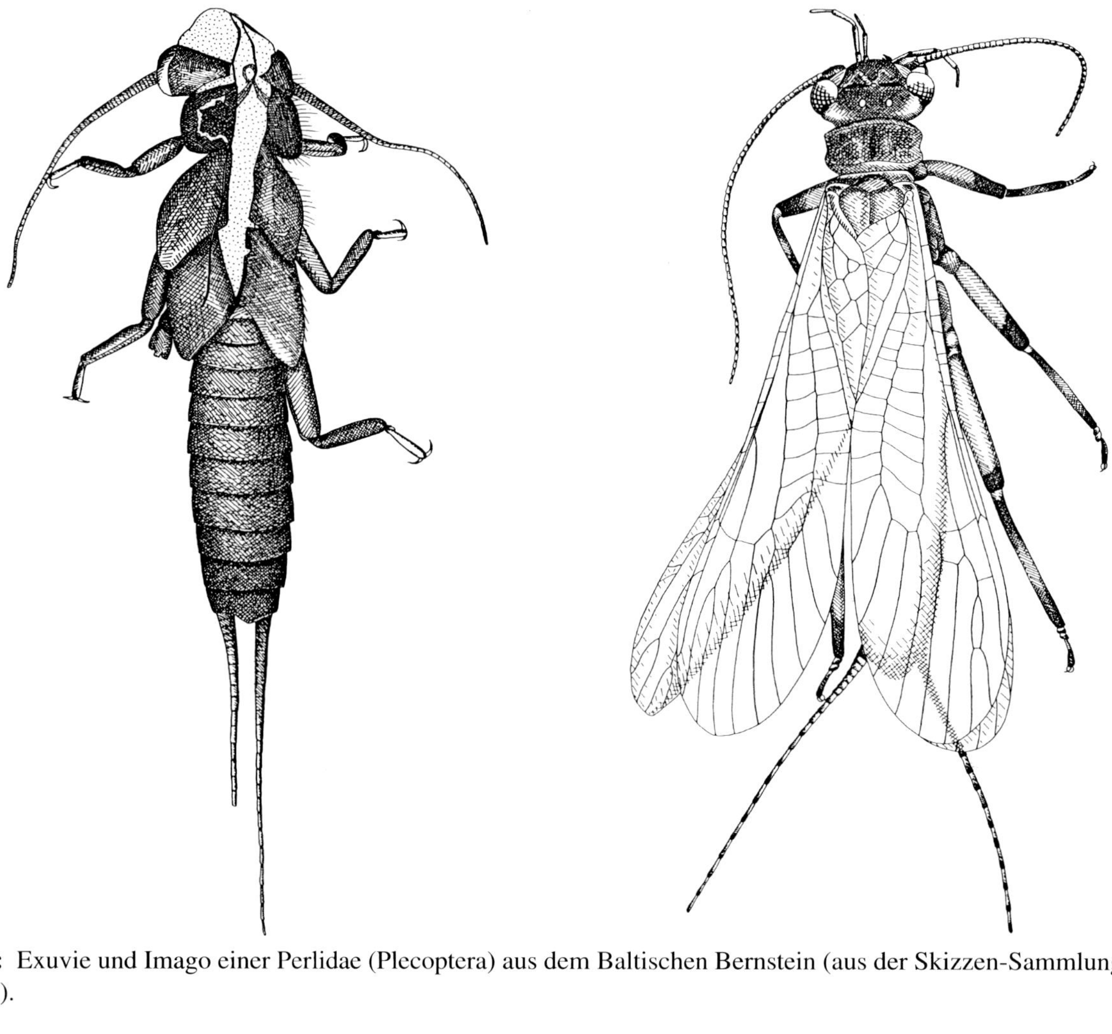

Abb. 47: Exuvie und Imago einer Perlidae (Plecoptera) aus dem Baltischen Bernstein (aus der Skizzen-Sammlung von Prof. J. ILLIES).

Tafel 30: Steinfliegen (Insecta: Plecoptera) aus dem Baltischen Bernstein II.

a *Leuctra* sp. (Leuctridae), Weibchen mit Eiern.
b *Leuctra* sp. (Leuctridae), Larve.
c *Leuctra* sp. (Leuctridae).
d *Leuctra* sp. (Leuctridae).
e *Taeniopteryx* sp. (Taeniopterygidae).
f *Leuctra* sp. (Leuctridae).
g *Nemoura* sp. (Nemouridae).
h *Nemoura* sp. (Nemouridae).

a

b

c

d

e

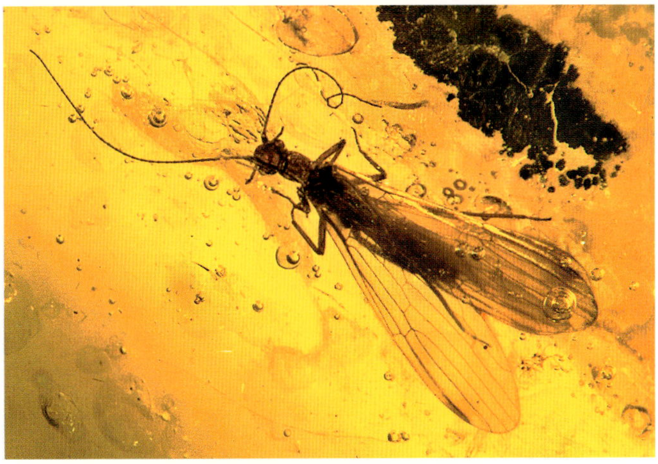

f

g

h

2.31 Fersenspinner – Insecta: Embioptera

Embien (Fersenspinner oder Tarsenspinner) sind nicht im Baltikum sondern in Südeuropa, in den Subtropen und Tropen verbreitet. Die maximal 20 mm langen Fersenspinner haben einen auffälligen Sexualdimorphismus. Die Männchen der meisten Arten sind geflügelt, Weibchen jedoch nie. Die Männchen sind nachtaktiv, fliegen aber bereits in der Dämmerung. Tagsüber legen sie die Flügel in Ruhestellung flach über dem Hinterleib.

Ihr deutscher Name verweist auf die Fähigkeit, Spinnfäden aus Spinndrüsen des 1. und 2. Tarsengliedes der Vorderbeine zu produzieren. Gewöhnlich fertigen sie unter Steinen flache oder tunnelartige Wohngespinste. Dazu bewegen sie die Vorderbeine schnell hin und her und ziehen Spinnfäden mit, die sie beim Auftupfen auf der Unterlage befestigen. Die fertigen Gespinste schützen die Tiere, die sie meist nur bei Nacht verlassen.

Den 200 beschriebenen rezenten Arten, die sich auf 8 Familien verteilen, steht bisher nur eine fossile Art aus dem Baltischen Bernstein gegenüber: *Electroembia antiqua* (PICTET, 1854) der Familie Embiidae. Der Beschreibung dieser Art liegt ein flügeloses Männchen zugrunde, dem (ROSS 1956) nach einer Revision den Gattungsnamen *Electroembia* gab. Auch BACHOFEN-ECHT (1949) bildet ein flügelloses Männchen ab, möglicherweise identisch mit *Electroembia antiqua*.

Auf Taf. 31 e, f sind zwei geflügelte Männchen abgebildet. Sie zählen zu den Raritäten im Baltischen Bernstein und repräsentieren offensichtlich weitere fossile Embioptera-Arten. Mit ihren Flügeln und der Möglichkeit zu Fliegen unterscheiden sich diese Männchen in Gestalt und Bewegung von denen der einzigen bisher beschriebenen Art, *Electroembia antiqua* (PICTET, 1854), deren Männchen flügellos sind.

Abb. 48: Tarsenspinner *Electroembia antiqua* (PICTET, 1854) (Embioptera: Embiidae).

Tafel 31: Fersen- oder Tarsenspinner (Insecta: Embioptera) im Baltischen Bernstein.

a-b *Electroembia* sp. (Embioptera: Embiidae), mit Kopf und verdickten Vorderbeinen.
c-d *Electroembia antiqua* (PICTET, 1854) (Embioptera: Embiidae).
e-f geflügelte Männchen weiterer Embioptera-Arten.

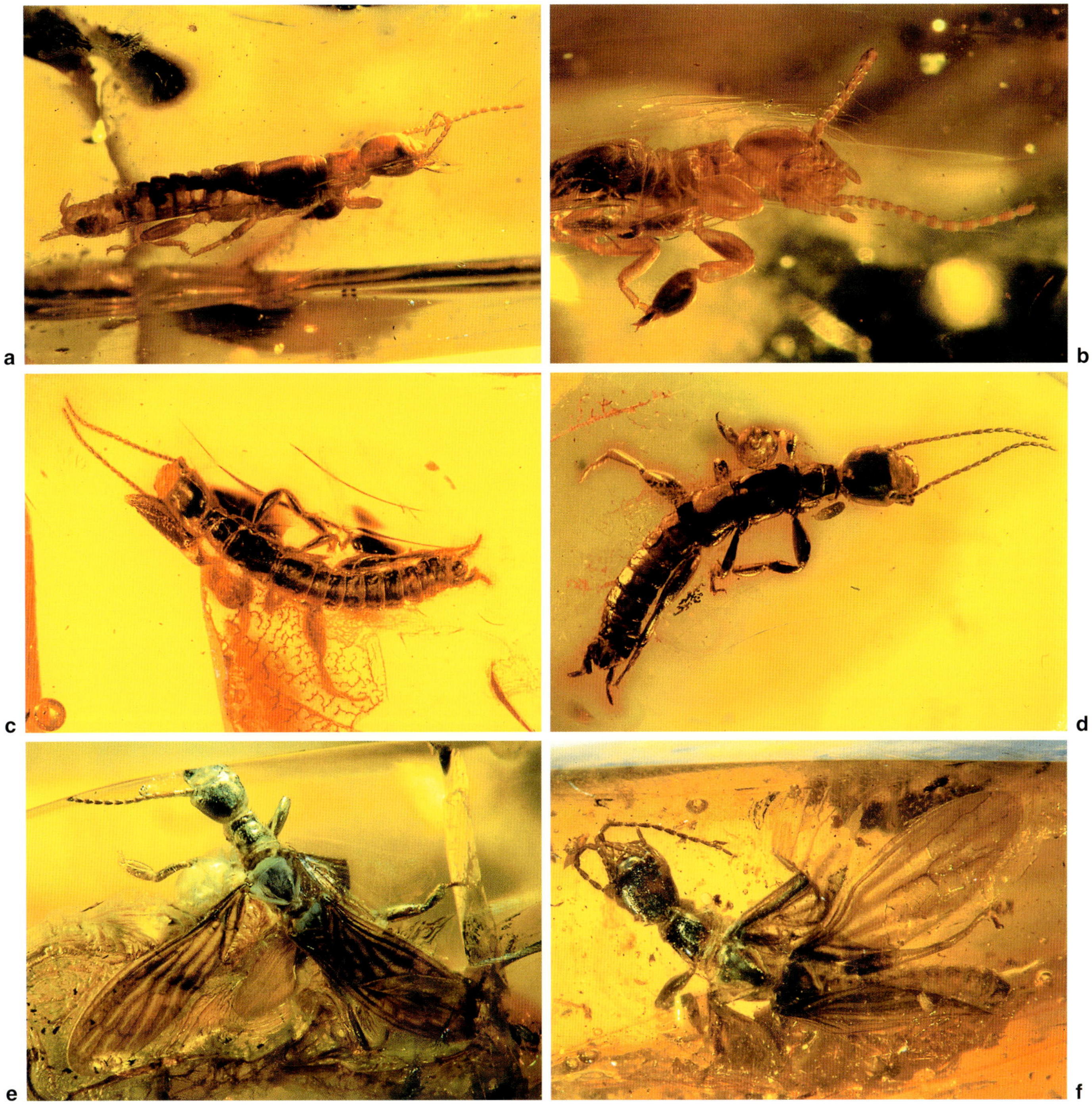

2.32 Ohrwürmer – Insecta: Dermaptera

Ohrwürmer (Dermaptera) gehören zu den nachtaktiven Insekten und zu den epedaphischen Bodentieren, die vor allem in der Streuschicht leben. Larven und Imagines gelten als Allesfresser, die sich von frischen Pflanzenteilen, von Detritus, Moosen und Flechten und von Pilzhyphen ernähren, aber auch kleine Insekten, Raupen und Maden sowie Asseln, Tausendfüßer und Spinnen erjagen. Die Präferenz der Nahrung scheint bei Ohrwürmern familienspezifisch zu sein. Während die Forficulidae vorwiegend pflanzliche Nahrung fressen, bevorzugen primitive Formen, insbesondere die Labiduridae, tierische Kost. Sie biegen den Hinterleib hoch und ergreifen mit den anhängenden Cerci die Beute (Taf. 32b), die sie unmittelbar darauf den kauenden Mundwerkzeugen zuführen.

Unter den kurzen, aber stark sklerotisierten Flügeldecken der Imagines befinden sich die zusammengefalteten Hinterflügel. Zum Fliegen werden die Elytren seitlich hochgeklappt. Dabei entfalten sich die komprimierten Hinterflügel zu stabilen Tragflächen (Taf. 32a). Der Mechanismus des Entfaltens und die Stabilität der Tragfläche erfordern statische Elemente, zu denen elastische Gelenke, verschiede Verstärkungsleisten und radial verlaufende Faltungslinien gehören (KLEINOW 1966). Diese Strukturen hinterlassen ein beeindruckendes Flügelmuster, das bei den rezenten Tieren ebenso wie bei fossilen Ohrwürmern im Baltischen (Taf. 33b) und Dominikanischen Bernstein (SCHLEE 1980) zu beobachten ist.

Da Ohrwürmer selten fliegen und sich stattdessen epedaphisch am Boden bewegen, sind die Hinterflügel in aller Regel zusammengefaltet und unter den Flügeldecken verborgen. Die kurzen Elytren sind nicht viel länger als die nachfolgenden Segmente am Hinterleib. Diese Einpassung in die Körpersegmentierung macht die schlanken Tieren gelenkig, damit sie im Lückenssytem des Bodens zurecht kommen. Diese Bodenanpassung wäre nicht gegeben, wenn die Elytren wie bei vielen Käfern starr über der gesamten Länge des Hinterleibs lägen.

Fossile Ohrwürmer wurden bislang im Burma Bernstein, im Dominikanischen und Mexikanischen Bernstein sowie im Baltischen Bernstein einschließlich seiner Bitterfelder Lagerstätte nachgewiesen. Taxonomisch sind die baltischen, fossilen Ohrwürmer zuletzt von BURR (1911) bearbeitet. Imagines sind mit vier Arten der Gattung *Forficula* beschrieben. Die Larven werden den Gattungen *Forficula*, *Labidura* und *Pygidicrana* zugeordnet.

Forficulidae

Forficula baltica BURR, 1911
Forficula klebsi BURR, 1911
Forficula praecursor BURR, 1911
Forficula ? pristina BURR, 1911

Labiduridae

Labidura ? sp.

Pygidicranidae

Pygidicrana ? sp.

Tafel 32: Ohrwürmer (Insecta: Dermaptera) im Baltischen Bernstein.

a Ohrwurm-Imago mit linker, hochgeklappter Elytre und entfaltetem Hinterflügel.
b Ohrwurm-Larve – wie in räuberischer Fanghaltung – mit hochgehobenem Hinterleib und Cerci.

a

b

2.33 Fangschrecken oder Gottesanbeterinnen – Insecta: Mantodea

Gottesanbeterinnen sind nicht so harmlos wie es der Name vermuten könnte. Es sind tagaktive, räuberische Tiere, die in der Lauerstellung ihre Vorderbeine »wie zum Gebet« hochgerichtet nach vorne halten. Die Hüften (Trochanter) der Vorderbeine sind verlängert, die Schenkel (Femur) tragen in zwei parallelen Längsreihen stattliche Dornen und die ebenfalls bedornten Schienen (Tibia) schlagen klappmesserartig gegen die Schenkel, sobald ein Beutetier ergriffen ist. Auf dem gut beweglichen Kopf befindet sich das dominierende Augenpaar, mit dem die Beute durch ihre Bewegungen wahrgenommen werden. Bei hinreichender Nähe löst die Gottesanbeterin blitzschnell den Fangmechanismus aus (BEIER 1968, HEVERS & LISKE 1991).

Der Nachweis von Gottesanbeterinnen im Baltischen Bernstein ist ein sicheres Indiz für ein stellenweise trockenes und warmes, zumindest subtropisches Klima im eozänen »Bernsteinwald«. Bisher wurden mehr als 20 Funde (vorwiegend Larven) aus dem Baltischen Bernstein bekannt, die sich auf vier Familien verteilen: Liturgisidae, Chaeteessidae, Mantoididae und Mantidae (EHRMANN briefl.). Die Mehrheit der Fangschrecken gehört zu den Mantidae, die auch heute die größte Familie ist, zu der *Mantis religiosa* gehört, die in Mittel- und vor allem Südeuropa verbreitete ist (BRECHTEL et al. 1996).

Aus der Bitterfelder Lagerstätte stammen bisher 2 Gottesanbeterinnen der Familien Mantidae und Chaeteessidae. Bei vergleichbarem Bernsteinabbau wäre auch in dieser Lagerstätte eine höhere Fundzahl zu erwarten und auch mit den beiden seltener vorkommenden Familien aus dem Baltischen Bernstein zu rechnen. Der Nachweis der beiden Gottesanbeterinnen unterstreicht bereits die Identität des Bitterfelder Bernsteins mit dem Baltischen Bernstein (WEITSCHAT 1997). Die ursprünglich angenommene zeitliche Zuordnung des Bitterfelder Bernsteins zum Untermiozän (BARTHEL & HETZER 1982, FUHRMANN & BORSDORF 1986, KRUMBIEGEL & KOSMOWSKA-CERANOWICZ 1989) widerspricht der globalen Klima-Entwicklung, die ab Oligozän deutlich niedrigere Temperaturen aufweist (Abb. 18). Sie schließt ein Überleben von Mantodea und anderen subtropischen Faunenelementen aus. Der Bernstein der untermiozänen Sedimenten ist sicherlich mehrfach umgeschichtet und liegt zumindest auf dritter Lagerstätte (vgl. Kap. 1.4.4). Anders als zunächst vermutet ist die Bitterfelder Lagerstätte nicht zugleich auch der Entstehungsort des Bitterfelder Bernsteins.

Fangschrecken oder Gottesanbeterinnen sind gute Belege für die Bedeutung von Faunen- und Florenelementen bei der Interperetation von Bernstein-Lagerstätten.

Abb. 49: Gottesanbeterin der Familie Chaeteessidae (Mantodea) mit Kopf und Fangbeinen.

Tafel 33: Fangschrecken oder Gottesanbeterinnen (Mantodea) im Baltischen Bernstein.

a Gottesanbeterin aus der Familie Chaeteessidae.
b Gottesanbeterin aus der Familie Mantoididae.
c Gottesanbeterin aus der Familie Mantidae.

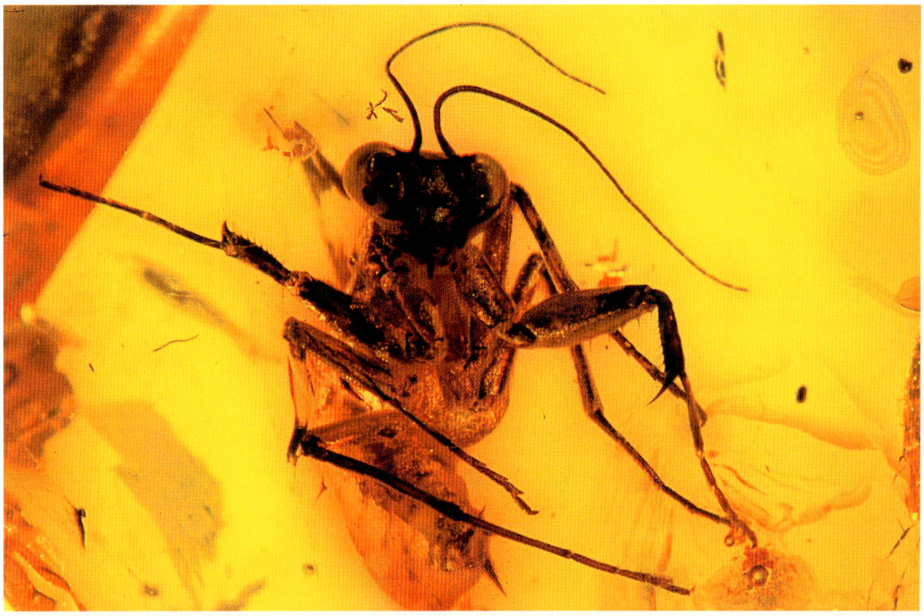
a

b

c

2.34 Schaben – Insecta: Blattodea

Schaben gehören zu den größeren Tieren, die regelmäßig, wenn auch nicht häufig im Baltischen Bernstein vorkommen. Die Männchen überwiegen gegenüber den Weibchen. Flügellose Larven sind ebenso häufig wie die Imagines. GERMAR 1813, BERENDT 1836, GERMAR & BERENDT 1856, GIEBEL 1856, SHELFORD (1910, 1911) sowie PITON (1940) haben Blattoidea bearbeitet. SHELFORD hat vor allem die Sammlung KLEBS und die Sammlung des Britischen Museum London untersucht und viele fossile Arten beschrieben, die er ausschließlich rezenten Gattungen zuordnete. Unter diesen fossilen Schaben befindet sich eine rezente Art *Eutyrrhapha pacifica*, die heute in der südlichen Hemisphäre in Südamerika, Afrika, Madagaska und Polynesien verbreitet ist. Die Schaben-Familie Blattellidae (Phyllodromiidae) stellt im Baltischen Bernstein die meisten fossilen Vertreter. Auch diese Familie ist überwiegend auf tropische und subtropische Regionen (Australien und Südamerika) konzentriert.

Blattellidae

Blatella baltica (SHELFORD, 1910)
Blatella furcifera (SHELFORD, 1910)
Blatella klebsi (SHELFORD, 1910)
Blatella latissima (SHELFORD, 1910)
Blatella praecursor (SHELFORD, 1910)
Blatella pristina (SHELFORD, 1910)
Blatella tenacula (SHELFORD, 1910)
Blatella woodwardi (SHELFORD, 1910)
Blatella yolanda (SHELFORD, 1910)
Ceratinoptera cruenta SHELFORD, 1910
Ceratinoptera (Blatta) didyma (GERMAR & BERENDT, 1856)
Ceratinoptera klebsi SHELFORD, 1910
Ceratinoptera miocenica SHELFORD, 1911
Ceratinoptera soror SHELFORD, 1910
Ischnoptera (Blatta) gedanensis (GERMAR & BERENDT, 1856)
Ischnoptera klebsi SHELFORD, 1910
Ischnoptera perplexa SHELFORD, 1910
Margattea (Blatella) germari (SHELFORD, 1910)
Margattea (Blatella) lorenmeyeri (SHELFORD, 1910)
Pseudophyllodromia succinica SHELFORD, 1911
Symploce (Blatella) antiqua (SHELFORD, 1910)
Temnopteryx klebsi SHELFORD, 1910

Blattidae

Blatta baltica GERMAR & BERENDT, 1856
Blatta berendti GIEBEL, 1856
Blattina succinea GERMAR, 1813
Periplaneta succinica SHELFORD, 1910
Polyzosteria parvula GERMAR & BERENDT, 1856
Polyzosteria tricuspidata (BERENDT, 1836)

Ectobiidae

Ectobius balticus (GERMAR & BERENDT, 1856)
Ectobius inclusus SHELFORD, 1910
Hololampra succini PITON, 1940

Euthyrrhaphidae

Euthyrrhapha pacifica (COQUEBERT)
Holocompsa fossilis SHELFORD, 1910

Nyctiboridae

? *Nyctibora succinica* SHELFORD, 1910

Perisphaeriidae

Larve

Polyphagidae

Polyphaga fossilis SHELFORD, 1910

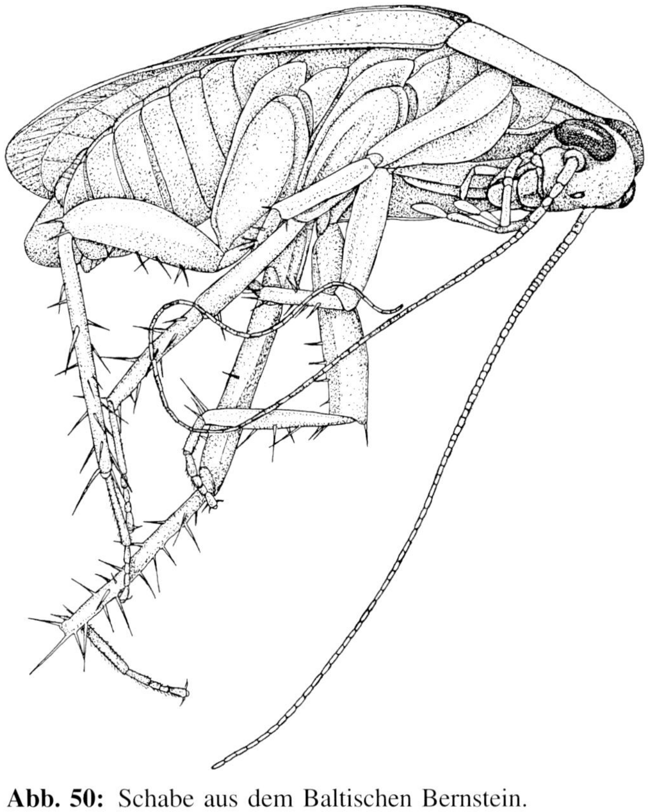

Abb. 50: Schabe aus dem Baltischen Bernstein.

Tafel 34: Schaben und Schabenlarven (Insecta: Blattodea) im Baltischen Bernstein.

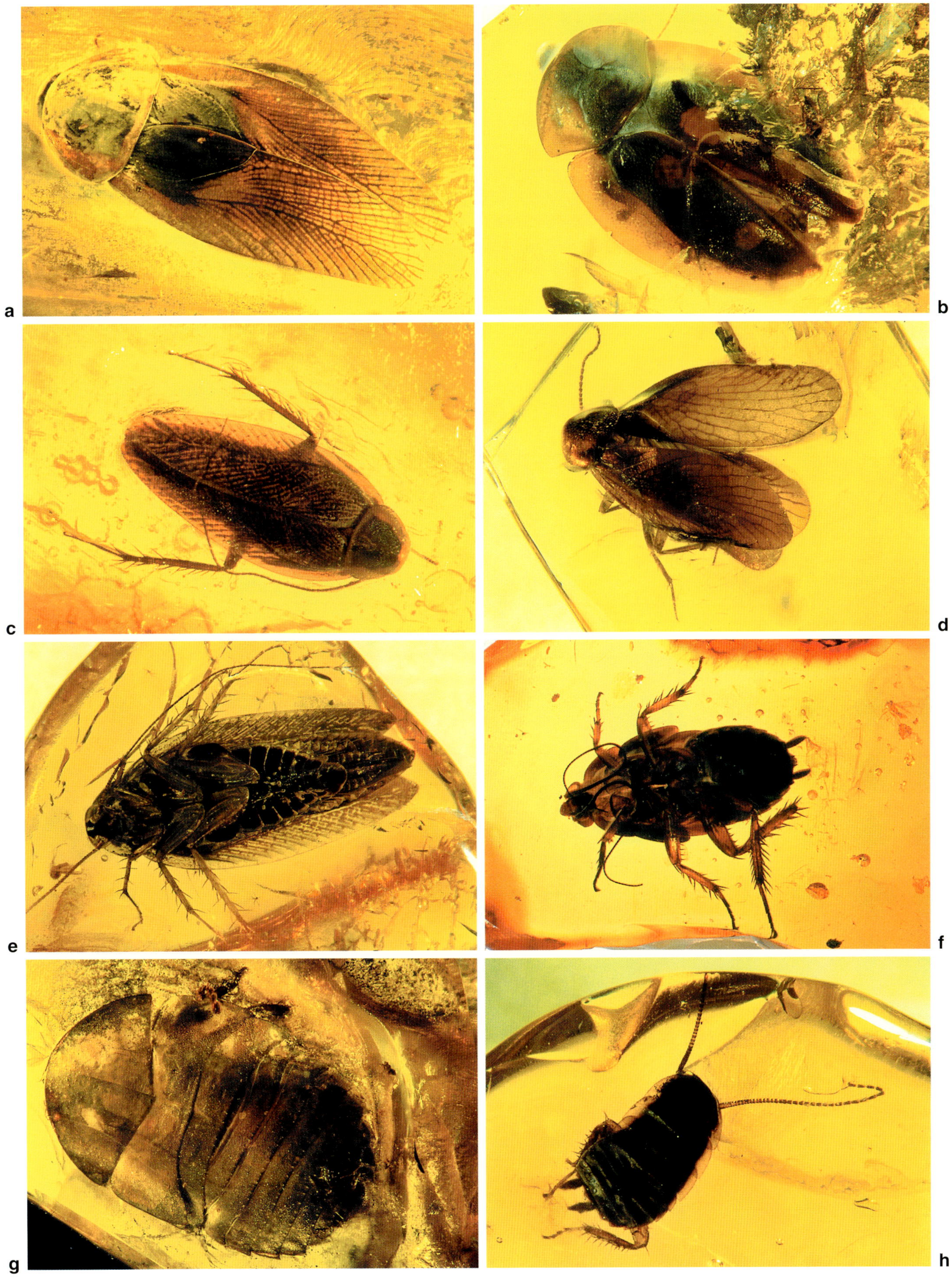
a
b
c
d
e
f
g
h

2.35 Termiten – Insecta: Isoptera

Termiten gehören als subtropische Tiere zum festen Bestand der Einschlüsse im Baltischen Bernstein. Dennoch sind sie nicht wesentlich häufiger als Dermaptera (Ohrwürmer), Mantodea (Fangschrecken), Blattodea (Schaben), Phasmatodea (Stabheuschrecken) oder als Saltatoria (Laubheuschrecken und Grillen). Die letzte gründliche Revision stammt von WEIDNER (1955). Danach verteilen sich auf drei Familien acht gut zu unterscheidende Arten. Ein Bestimmungsschlüssel der fossilen Arten befindet sich bei WEIDNER (1955):

Termopsidae

Archotermopsis tornquisti ROSEN, 1913

Termopsis bremii (HEER, 1849)

Kalotermitidae

Electrotermes affinis (HAGEN, 1856)

Electrotermes girardi (GIEBEL, 1856)

Proelectrotermes berendti (PICTET, 1856)

Rhinotermitidae

Parastylotermes robustus (ROSEN, 1913)

Reticulitermes antiquus (GERMAR, 1813)

Reticulitermes minimus (SNYDER, 1928)

Die erste Abbildung einer Termite aus dem Baltischen Bernstein stammt von NATHAN SENDEL (1686-1757), der nach GERMAR (1813) eine *Reticulitermes antiquus* in dem Buch »Historia Succinorum« von 1742 darstellt. Anschließend haben sich verschiedene Autoren (GERMAR 1813, HEER 1849, GIEBEL 1856, HAGEN 1856, 1858, PICTET 1856, ROSEN 1913 und SNYDER 1928) mit den fossilen Termiten befaßt.

Die häufigste Termitenart im Baltischen Bernstein ist *Reticulitermes antiquus* (Rhinotermitidae). Die rezenten Arten dieser Gattung leben nach (WEIDNER 1955) vorwiegend in totem Kiefernholz. Da sie auch individuenreiche Schwärme bilden, ist es durchaus erklärlich, daß Termiten beim Schwarmflug gegen harzende Stämme getrieben wurden oder nach dem Flug auf der Suche nach geeigneten Plätzen am Harz kleben geblieben sind und anschließend erneut von frischem Harz überflossen wurden. Von Termiten sind daher meist nur die geflügelten Tiere erhalten, auch dann wenn kurz nach dem Flug ihre Flügel an einer Sollbruchstelle abgebrochen sind und im Bernstein daneben liegen. Arbeiter, Soldaten und Larven sind höchst selten, denn sie leben vorrangig im Stamm der Bäume. HAGEN (1858) macht erstmals auf eine Larve aus dem Baltischen Bernstein aufmerksam. Weitere zwei Larven und ein Soldat sind auf Taf. 36 g, h abgebildet.

Die Zusammensetzung der Termitenfauna im Baltischen Bernstein ist sicher ökologisch bedingt (WEIDNER 1955). Termiten der Familien Termitidae und Mastotermitidae, die heutzutage vor allem in den Tropen aber auch in den Subtropen verbreitet sind, fehlen im Bernstein. Stattdessen kommen Termopsidae und Rhinotermitidae vor, die heute in den Subtropen, im warmem Klima aber auch in gemäßigten Höhenlagen leben. So steigt die Termite *Archotermopsis wroughtoni* im nordwestlichen Himalaja bis zu 2700 m hoch. Die Termopsidae sind ebenfalls reine Nadelholz-Termiten. Nur bei der Familie Kalotermitidae fehlt jeder Vergleich, weil zumindest die Unterfamilie Electrotermitinae ausgestorben ist. Möglicherweise steht das Aussterben ihrer drei Bernstein-Termiten mit der Klimaveränderung und infolgedessen mit dem Aussterben ihrer bevorzugten Baumarten im Zusammenhang.

Tafel 35: Termiten (Insecta: Isopoda) im Baltischen Bernstein.

a *Termopsis bremii* (Termopsidae).
b *Termopsis bremii* (Termopsidae).
c *Reticulitermes antiquus* (Rhinotermitidae).
d *Reticulitermes antiquus* (Rhinotermitidae).
e *Reticulitermes minimus* (Rhinotermitidae).
f *Electrotermes affinis* (Kalotermitidae).
g Termitenlarven.
h Termitensoldat.

a b c d e f g h

2.36 Stabheuschrecken – Insecta: Phasmatodea

Zu den pflanzenfressenden Phasmatodea (Gespenst- oder Stabheuschrecken) gehören Tiere von ausgeprägten Körpergestalten, die meistens stabförmig (Phasmatidae) oder seltener blattförmig (Phylliidae) sind. Als »Wandelnde Blätter« haben Arten der Gattung *Phyllium*, die in Ostindien beheimatet sind, ihren Körper und Teile der Beine derart abgeflacht und verbreitert, daß die Tiere in Gestalt und Färbung Blättern ähnlich sehen. Diese Tarnung (Mimese) wird im Blätterwald der Wirtspflanze durch behutsame Verhaltensweisen verstärkt.

Ähnliche Anpassungen sind auch bei Stabheuschrekken zu beobachten, die mit einem langgestreckten Mesothorax und einem schlanken Abdomen einen stabförmigen Körper aufweisen, der sich in grünen bis braunen Farben dem Geäst ihrer Futterpflanze tarnend anzugleichen vermag. Die Flügel sind reduziert oder fehlen völlig. Die Beine sind zu langen Schreitbeinen differenziert und sind wie die fädigen Antennen in Form und Länge dem schlanken Körper angepaßt. Die Larven sind den Imagines entsprechend gebaut, lassen aber die ausgeprägte Körperform noch vermissen.

Stabheuschrecken sind hauptsächlich in den Tropen verbreitet und erreichen mit nur wenigen Arten nördliche subtropische Regionen.

Im Baltischen Bernstein werden überwiegend Larven nachgewiesen. Bisher liegt nur eine beschriebene Art (mit Synonym) vor (vgl. HAGEN 1856, SPAHR 1992):

Phasmatidae

Pseudoperla gracilipes PICTET, 1854
Syn.: *Pseudoperla lineata* PICTET, 1856

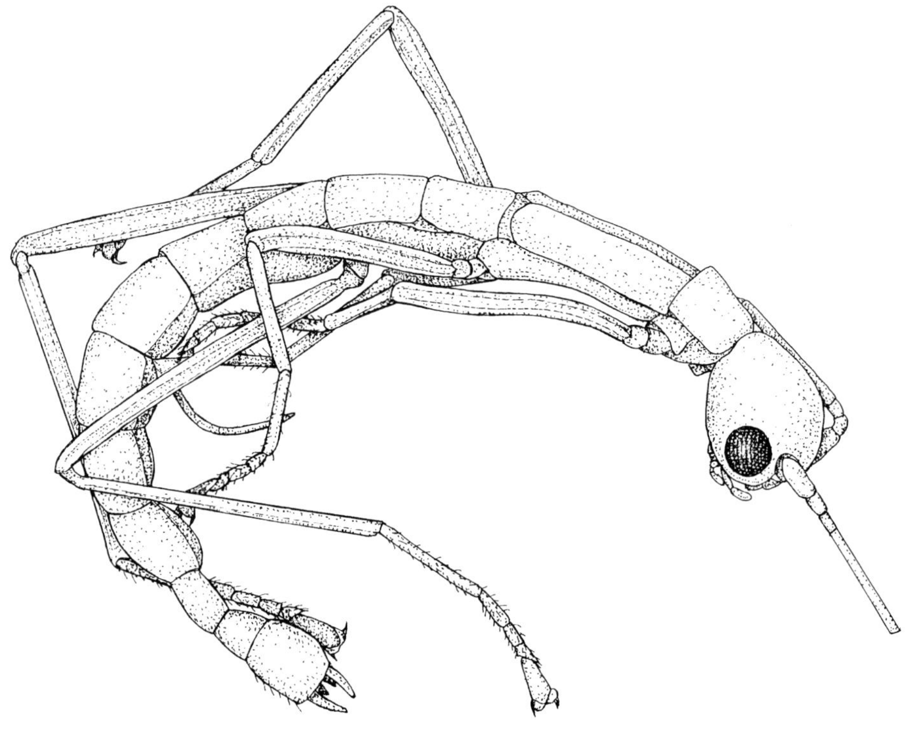

Abb. 51: Larve einer Stabheuschrecke (Phasmatodea: Phasmatidae) aus dem Baltischen Bernstein.

Tafel 36: Stabheuschrecken (Insecta: Phasmatodea) aus dem Baltischen Bernstein.

a-h verschiedene Larven und Larvenstadien von Stabheuschrecken (Phasmatidae).

a

b

c

d

e

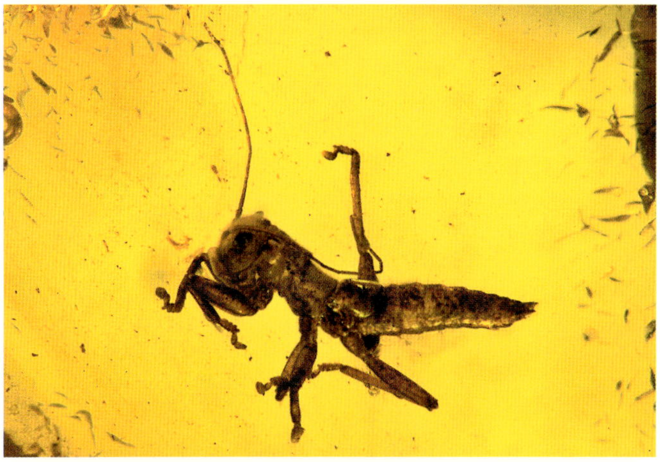
f

g

h

2.37 Springschrecken – Insecta: Orthoptera

Springschrecken (Orthoptera = Saltatoria) umfassen heuschreckenartige und grillenartigen Geradflügler. Das auffallende gemeinsame Merkmal aller Orthopteren besteht in der Differenzierung des Hinterbeins zu mehr oder weniger stark verlängerten Sprungbeinen. Der Sprungmuskel befindet sich in den verdeckten Schenkeln (Femur). Die Flügel liegen in Ruhe flach oder satteldachförmig über dem Hinterleib. Bei den Larven werden die Flügelanlagen der Vorderflügel oft von den fächerartig erweiterten Anlagen der Hinterflügel überdeckt. Die meisten Orthopteren können Laute erzeugen, indem sie Schrillorgane an der Basis der beiden Vorderflügel (Ensifera) oder an den Hinterschenkeln und Vorderflügeln (Caelifera) aneinanderreiben.

Springschrecken werden in zwei taxonomische Gruppen unterteilt, in die Langfühlerschrecken (Ensifera), zu denen Laubheuschrecken (Tettigonioidea), Grillenartigen (Gryllacridoidea) und Grillen (Grylloidea) gehören, und in die Kurzfühlerschrecken (Caelifera) mit den Feldheuschrecken (Acridoidea). Die Mehrheit der im Baltischen Bernstein gefundenen Springschrecken gehört zu den Langfühlerschrecken (Ensifera). Von den Feldheuschrecken (Caelifera: Acridoidea) sind aus Baltischem Bernstein bislang zwei Arten der Familie Tetrigidae bekannt geworden.

WEIDNER (1956) hat sich mit den Orthopteren des Baltischen Bernsteins befaßt. Sein Vergleich mit heute lebenden Verwandten der Bernstein-Orthopteren führt zu Reliktgruppen im feuchtwarmen, indomalaiischen Urwald. Es handelt sich um Waldbewohner, die auf Bäume steigen und als Räuber von anderen Insekten leben oder um vollkommen flügellose Heuschrecken *(Rhaphidophora),* die in den Tropen Asiens aber auch in Höhlen des Mittelmeergebietes vorkommen. WEIDNER resumiert, daß ANDER (1942) der Wirklichkeit am nächsten komme, der für den Bernsteinwald ein warmes gemäßigtes Klima annimmt, das sich durch hohe Luftfeuchtigkeit und geringe Temperaturschwankungen ausgezeichnet hat.

ENSIFERA

Tettigonioidea: Tettigonidae
- *Eomortoniellus handlirschi* ZEUNER, 1936
- *Lipotactes (?) bispinatus* WEIDNER, 1956
- *Lipotactes martynovi* ZEUNER, 1936

Gryllacridoidea: Rhaphidophoridae
- *Rhaphidophora antiqua* CHOPARD, 1936
- *Rhaphidophora tachycinoides* CHOPARD, 1936
- *Rhaphidophora zeuneri* CHOPARD, 1936
- *Protroglophillus sukatshevae* GOROCHOV, 1989

Grylloidea: Gryllidae
- *Acheta (?)* sp. (CHOPARD, 1936)
- *Heterotypus septentrionalis* CHOPARD, 1936
- *Madasumma europensis* CHOPARD, 1936
- *Stenogryllodes brevipalpis* CHOPARD, 1936
- *Trichogryllus macrocercus* (GERMAR & BERENDT, 1856)

CAELIFERA

Acridoidea: Tetrigidae
- *Acrydium (s.l.) bachofeni* ZEUNER, 1937
- *Succinotettix chopardi* PITON, 1918

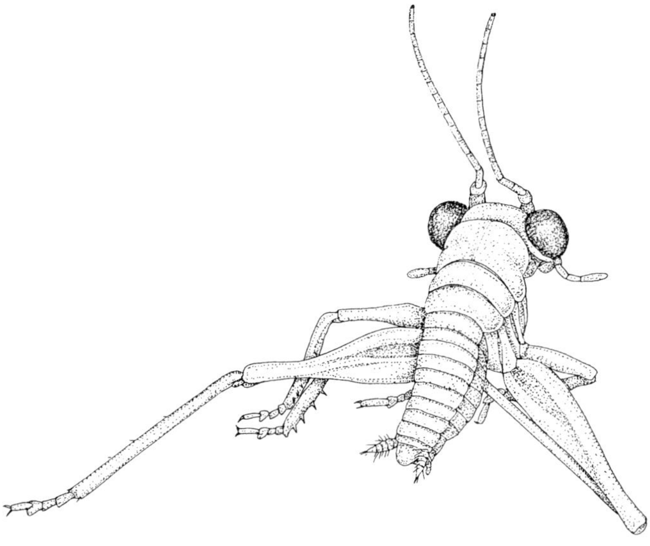

Abb. 52: Grillen-Larve im Baltischen Bernstein.

Tafel 37: Springschrecken (Insecta: Orthoptera) aus dem Baltischen Bernstein.

a-h Larven von Langfühlerschrecken (Orthoptera: Ensifera).

a

b

c

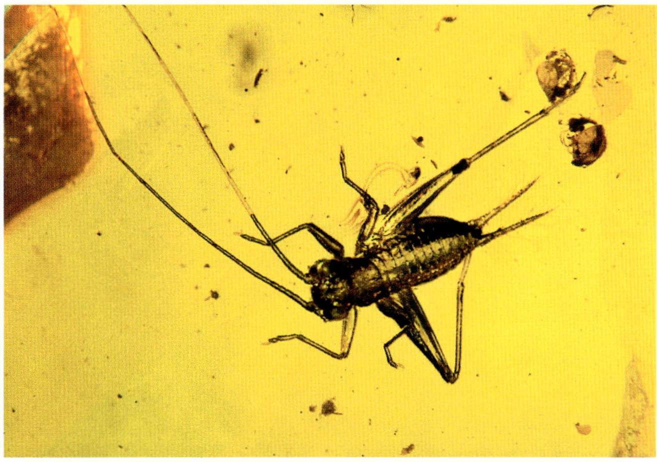

d

e

f

g

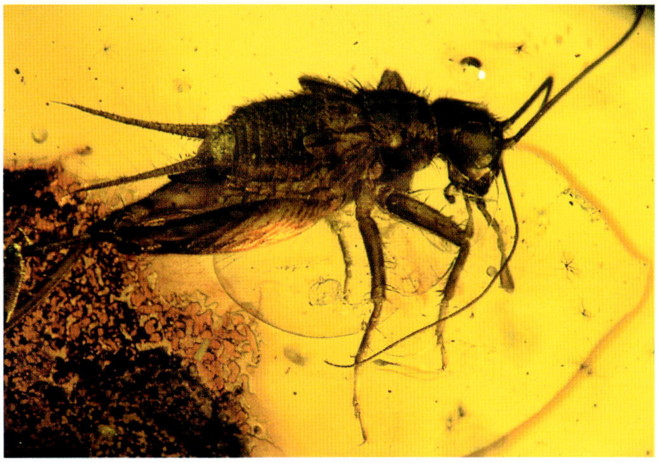

h

2.38 Rindenläuse – Insecta: Psocoptera

Die Kenntnis über Rinden- oder Staubläuse aus dem Baltischen Bernstein basiert auf einer umfassenden Monographie der »fossilen Copeognathen und ihre Phylogenie« von ENDERLEIN (1911). Die grundlegende Arbeit wurde später von ROESLER (1943) ergänzt. Aus der Bitterfelder Lagerstätte stammt eine weitere Neubeschreibung: *Embidopsocus saxonicus* GÜNTHER, 1989. Der Stammbaum der Copeognatha oder Psocoptera wurde zwischenzeitlich in Teilen revidiert; dabei wurden einige Familien neu eingerichtet (vgl. WEIDNER 1972). Insgesamt werden über 30 Arten aus dem Baltischen Bernstein beschrieben, die sich in knapp 20 Gattungen auf die folgenden 11 Familien verteilen:

1. Unterordnung: **ATROPIDA**
   - **Amphientomidae**
   - **Elipsocidae**
   - **Liposcelidae**
   - **Philotarsidae**
   - **Sphaeropsocidae**
   - **Trogiidae**
2. Unterordnung: **PSOCIDA**
   - **Archipsocidae**
   - **Caeciliidae**
   - **Epipsocidae**
   - **Psocidae**
   - **Trichopsocidae**

ENDERLEIN (1911) resümierte, daß einige Arten im Bernstein sehr häufig vertreten sind, andere wiederum nur vereinzelt gefunden werden. Verglichen mit den rezenten Arten, die ebenfalls mit unterschiedlichen Häufigkeiten vorkommen, entspricht das Zahlenverhältnis der Bernstein-Psocopteren nicht den Erwartungen aus heutiger Sicht sondern bestärkt die Vermutung, daß seltene Arten häufiger und häufige Arten selten vorhanden sind. Überrepräsentiert sind die Arten, die sich an den harzproduzierenden Bäumen entwickeln und dem fließenden Harz leichter zum Opfer fallen. Auffallend ist, daß von häufigen Arten immer auch Larven und Nymphen im Bernstein erhalten sind: z.B. *Psocidus multiplex* ROESLER, 1943 (= *Copostigma affinis* (PICTET & HAGEN, 1856)). Arten, die nicht unmittelbar an die harzproduzierende Bäume gebunden waren, sind nach dieser Deutung nur zufällig angeflogen und darum selten im Bernstein.

Insgesamt sind die phylogenetisch jüngeren Psocida (Isotectomera) arten- und individuenreicher als die phylogenetisch älteren Atropida (Heterotectomera). Dieses Verteilungsmuster deckt sich auch mit der rezenten tropischen Fauna. ENDERLEIN (1911) vermutet deshalb, daß die Evolution der Psocoptera in ihrer heutigen Konstellation bereits im Mesozoikum angelegt war und sich über das Tertiär (Eozän) hinaus erhalten hat.

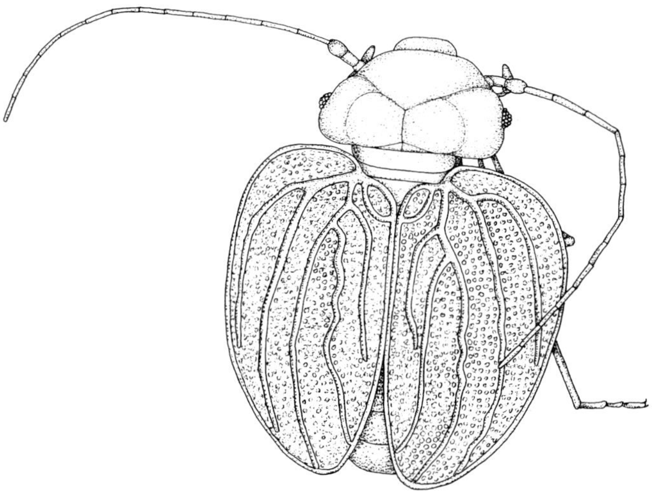

Abb. 53: *Sphaeropsocus* cf. *kuenowi* HAGEN, 1882, Rindenlaus (Psocoptera: Sphaeropsocidae).

Tafel 38: Rindenläuse (Insecta: Psocoptera) aus dem Baltischen Bernstein.

a *Archipsocus puber* HAGEN, 1882.
b *Archipsocus puber* HAGEN, 1882.
c *Sphaeropsocus kuenowi* HAGEN, 1882.
d *Sphaeropsocus kuenowi* HAGEN, 1882.
e *Copostigma affinis* (PICTET & HAGEN, 1856).
f *Psocidus* sp.
g *Epipsocus ciliatus* (PICTET & HAGEN, 1856).
h *Epipsocus ciliatus* (PICTET & HAGEN, 1856).

a

b

c

d

e

f

g

h

2.39 Fransenflügler – Insecta: Thysanoptera

Thysanoptera werden als Blasenfüße, Fransenflügler oder Thripse bezeichnet. Es handelt sich um meist 1-2 mm kleine, schlanke und etwas abgeflachte Insekten. Sie haben stechend-saugende Mundwerkzeuge, mit denen sie Nektar und Pflanzensäfte aus Pollen, Blättern und Stengeln sowie an Rinden und Pilzfäden saugen. Larven, Nymphen und Imagines leben in der Streuschicht des Bodens, in der Kraut- und Strauchschicht und auf Bäumen. Einige Thripse leben räuberisch und saugen an Blatt- und Schildläusen und an Milben.

Die Beine tragen am letzten Fußglied das Ariolum, das bei Bedarf zu einem großen Haftorgan ausgebreitet wird (»Blasenfüße«). Die Flügel sind charakteristisch schmal mit wenigen Adern oder oft auch ohne Geäder. Randständig sind sie von langen borstenförmigen Haaren umsäumt, die die Flügelfläche stark verbreitern (»Fransenflügler«). Die Larven sind flügellos; doch bei den Nymphen sind bereits Flügelanlagen vorhanden. Abgesehen von Imagines mit reduzierten Flügeln kommen die übrigen Arten im Luftraum als Plankton gut zurecht und bilden manchmal große Schwärme. Bei sonnigem Hochdruckwetter können Thripse massenhaft als »Gewitterfliegen« auftreten.

Die ungefügelten Larven und Nymphen gelangten vielleicht aktiv in das Harz oder wurden passiv von überfließendem Harz eingeschlossen. Die geflügelten Imagines zählen zum Luftplankton und werden passiv vom Wind hin und her getrieben. Auf diese Weise wurden sie wahrscheinlich auch gegen Bäume gedrückt und in herausfließendes Harz. Flugunfähige Arten scheinen im Baltischen Bernstein zu fehlen (vgl. Larsson 1978).

Die Thysanoptera des Baltischen Bernstein wurden von Bagnall (1914, 1924, 1929), Priesner (1924, 1929) und Stannard (1956) umfassend bearbeitet. Die fossilen Arten sind bei Jacot-Guillarmod (1970) und Spahr (1992) aufgelistet. Neben nicht näher determinierten Larven verteilen sich fast 60 Arten auf folgende 6 Familien in über 30 Gattungen:

1. Unterordnung: **Terebrantia**
   - **Aeolothripidae**
   - **Heterothripidae**
   - **Merothripidae**
   - **Opadothripidae**
   - **Thripidae**
2. Unterordnung: **Tubulifera**
   - **Phlaeothripidae**

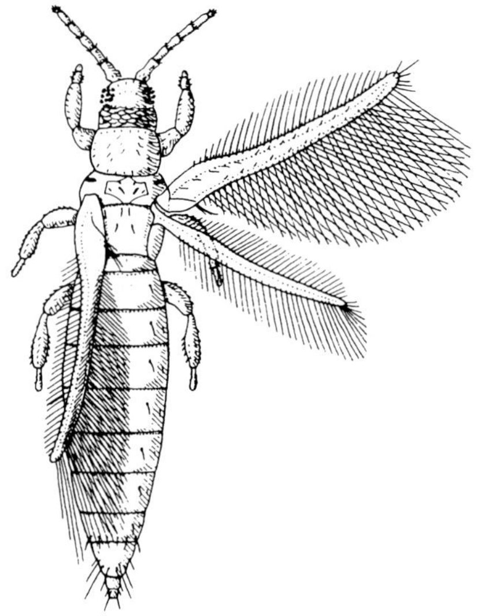

Abb. 54: Ein rezentes Beispiel zum Vergleich: *Anaphotrips obscurus* (aus Jacobs & Renner 1988).

Tafel 39: Fransenflügler (Insecta: Thysanoptera) aus dem Baltischen Bernstein.

a b c d e f

2.40 Wasserwanzen und Wasserläufer – Insecta: Heteroptera

Wanzen oder Heteroptera gehören zusammen mit den Zikaden, Blattläusen, Schildläusen, Blattflöhen und Mottenläuse in die taxonomische Gruppe der Hemiptera oder Schnabelkerfe. Ihre Monophylie ist unter anderem begründet durch den gemeinsamen Bauplan der stechend-saugenden Mundwerkzeuge. Wanzen leben vorrangig auf dem Lande als Pflanzensauger oder als Räuber. Daneben gibt es Wanzen, die im und auf dem Wasser leben. Die semiaquatischen Wanzen, die Gerromorpha, halten sich in Wassernähe auf und bevölkern regelmäßig die Wasseroberfläche zum Nahrungserwerb, während aquatische Wanzen, die Nepomorpha, beständig unter Wasser leben, und nur zur Verbreitung und Fortpflanzung ihre Gewässer verlassen. Über Wasserwanzen und Wasserläufer aus dem Bernstein referieren WICHARD & WEITSCHAT (1996).

Von Wasserwanzen (Nepomorpha) liegen, erwartungsgemäß, nur wenige Funde vor. Neben einer in älterer Literatur (ANDER 1941, BACHOFEN-ECHT 1949) genannten Nepidae und einer von JORDAN (1953) erwähnten Notonectidae, berichtet BACHOFEN-ECHT (1949) über drei noch ungeflügelte Larven einer Corixidae.

Weitere Corixiden-Larven wurden neuerdings nachgewiesen. Es muß erstaunen, daß selbst Larven der aquatischen Nepomorpha im Bernstein vorkommen, da sie natürlicherweise das Wasser erst als adulte Imagines verlassen. Corixiden leben rezent in flachen, stehenden und langsam fließenden Gewässern. Möglicherweise sind die Gewässer damals ausgetrocknet und haben die Larven gezwungen, das Wasser zuverlassen, um nahegelegene Gewässer aufzusuchen. Die Körperhaltung der im Bernstein eingeschlossenen Corixiden-Larve (Taf. 40f) vermittelt den Eindruck, als bewege sie sich mit ihren ausgetreckten Schwimmbeinen aktiv im flüssige Harz.

Von Wasserläufern (Gerromorpha) sind weitere Funde bekannt. BACHOFEN-ECHT (1949) erwähnt 3 Arten, die als Gerridae den Gattungen *Gerris* und *Metrobates* angehören sollen, deren korrekte Determination jedoch bezweifelt wird (ANDERSEN 1982). GERMAR & BERENDT (1856) beschreiben eine Larve unter dem Namen *Halobates*. *Halobates* ist ein alter Name für *Gerris* und nicht mit den meeresbewohnenden *Halobates* zu verwechseln. LARSON (1978) bildet einen Wasserläufer aus dem Baltischen Bernstein ab. Zusammen mit einem zweiten Exemplar aus dem Zoologischen Museum der Universität Kopenhagen gehören nach ANDERSEN (1982) beide zur Familie Veliidae, die den rezenten Arten der beiden Gattungen *Velia* und *Paravelia* nahe stehen. Die Familie Hydrometridae liegt mit drei beschriebenen Art aus dem Baltischen Bernstein einschließlich seiner Bitterfelder Lagerstätte vor.

Hydrometridae

Limnacis succini GERMAR & BERENDT, 1856
Limnacis hoffeinsi POPOV, 1996
Metrocephala anderseni POPOV, 1996

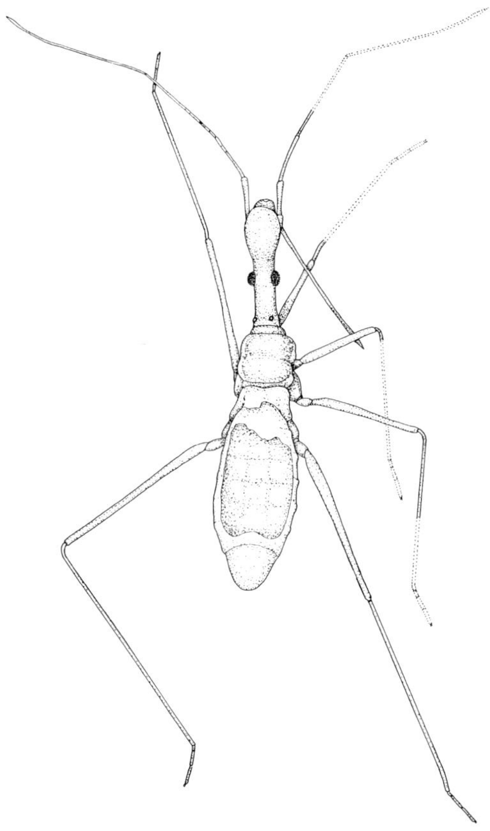

Abb. 55: Wasserläufer *Metrocephala anderseni* POPOV, 1996 (Gerromorpha: Hydrometridae).

Tafel 40: Wanzen (Insecta: Heteroptera) aus dem Baltischen Bernstein I. (Nepomorpha, Gerromorpha).

- **a** *Limnacis hoffeinsi* POPOV, 1996, Holotyp.
- **b** *Limnacis* sp. (Hydrometridae).
- **c** *Metrocephala* sp. (Hydrometridae).
- **d** *Metrocephala anderseni* POPOV, 1996, Holotyp.
- **e** Wasserläufer (Gerridae).
- **f** Ruderwanze (Corixidae), Larve.
- **g** Ruderwanze (Corixidae), dorsal.
- **h** Ruderwanze (Corixidae), lateral.

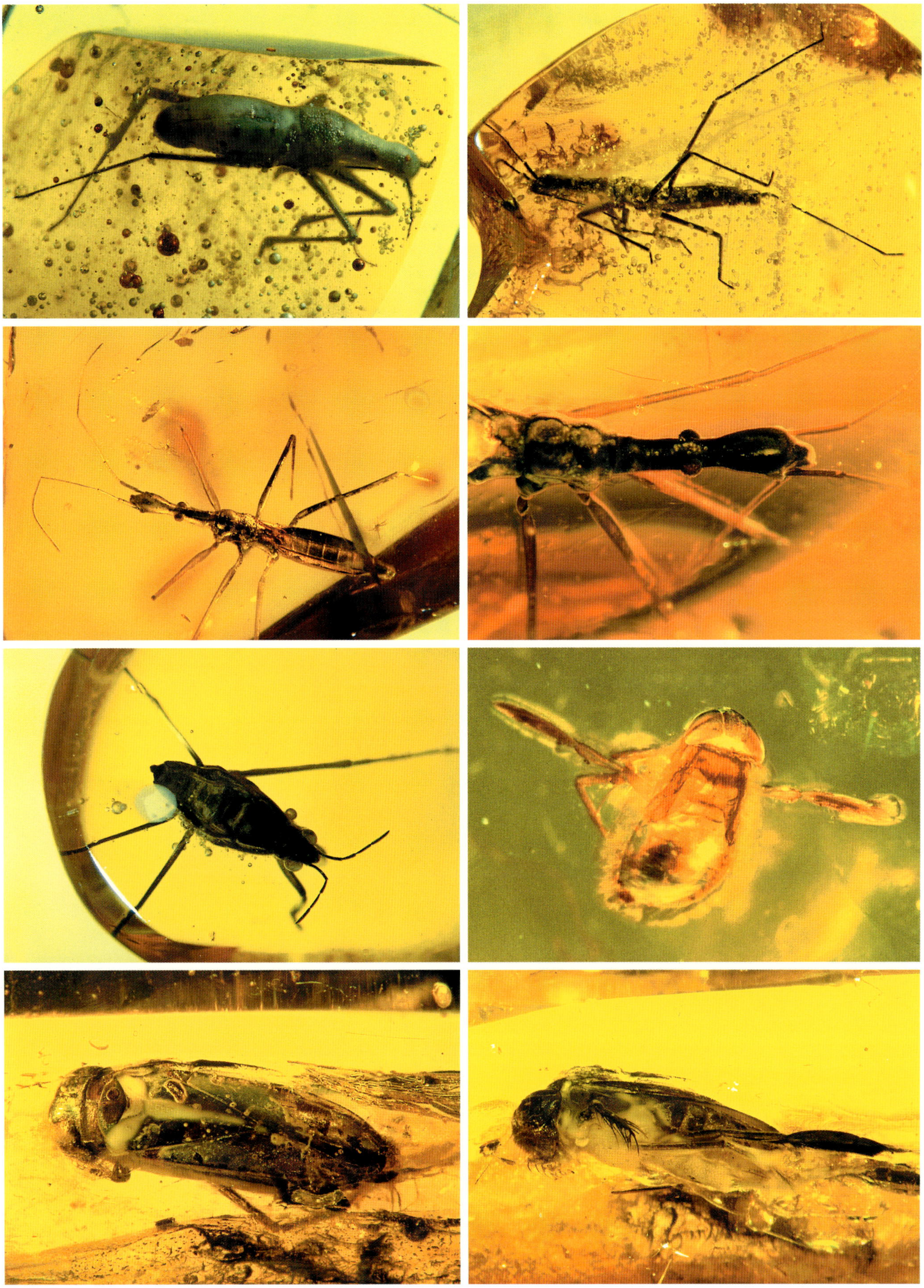

a b c d e f g h

2.41 Weichwanzen – Insecta: Heteroptera (Miridae)

Die Weichwanzen oder Miridae bilden eine recht artenreiche Familie unter den Heteroptera. Sie sind Pflanzensauger und ernähren sich polyphag von einer breiten Pflanzenpalette. Dennoch kommen manche Arten beispielsweise nur auf Nadelbäumen vor und einige haben sich noch enger an ihre Nährpflanzen spezialisiert. Da sie im Bernstein verglichen mit anderen Wanzen häufig sind, ist zu vermuten, daß nicht nur Kiefern- und Nadelbaumspezialisten sondern auch viele polyphage Arten im Bernstein erhalten sind. GERMAR & BERENDT haben 1856 die ersten 13 Miridae-Arten beschrieben und in die Gattung *Phytocoris* gestellt.

Nach POPOV & HERCZEK (1993) gehören diese Weichwanzen zur Unterfamilie Cylapinae, die überwiegend in den Subtropen beheimatet ist. Daneben kommen auch Vertreter der Unterfamilien Deraeocorinae (*Deraeocoris balticus* HERCZEK & GORCYCA 1991) sowie Mirinae und wahrscheinlich Orthotylinae, Phylinae oder Bryocorinae vor. Zur Klärung der phylogenetischen Verwandtschaft der Psallopinae (*Isometopsallops schuhi* POPOV & HERCZEK, 1993) mit der tropischen Isometopinae haben eozäne isometopine Arten der Gattungen *Archemyiomma, Clavimyiomma, Electromyiomma, Electroisops* und *Metoisops* aus dem Baltischen Bernstein beigetragen. Die Bearbeitung der Miridae des Baltischen Bernsteins ist nicht abgeschlossen, sondern steht wie bei vielen anderen Familien noch am Anfang (JORDAN 1944, CARVALHO 1966, CARVALHO & POPOV 1984, HERCZEK 1991 a, b, HERCZEK & POPOV 1992, POPOV & HERCZEK 1992, 1993 a, b, HERCZEK et al. 1997).

Weitere zu bearbeitende Landwanzen haben SPAHR (1988) aufgelistet und POPOV & HERCZEK (1993) ergänzt. Sie verteilen sich auf folgende Familien:

Anthocoridae
Aradidae (Kap. 2.42)
Ceratocombidae
Enicocephalidae (Taf. 43 e, f)
Lygaeidae
Miridae (Kap. 2.41)
Nabidae
Pentatomidae
Reduviidae (Kap. 2.43)
Saldidae
Schizopteridae
Tingidae (Kap. 2.44)

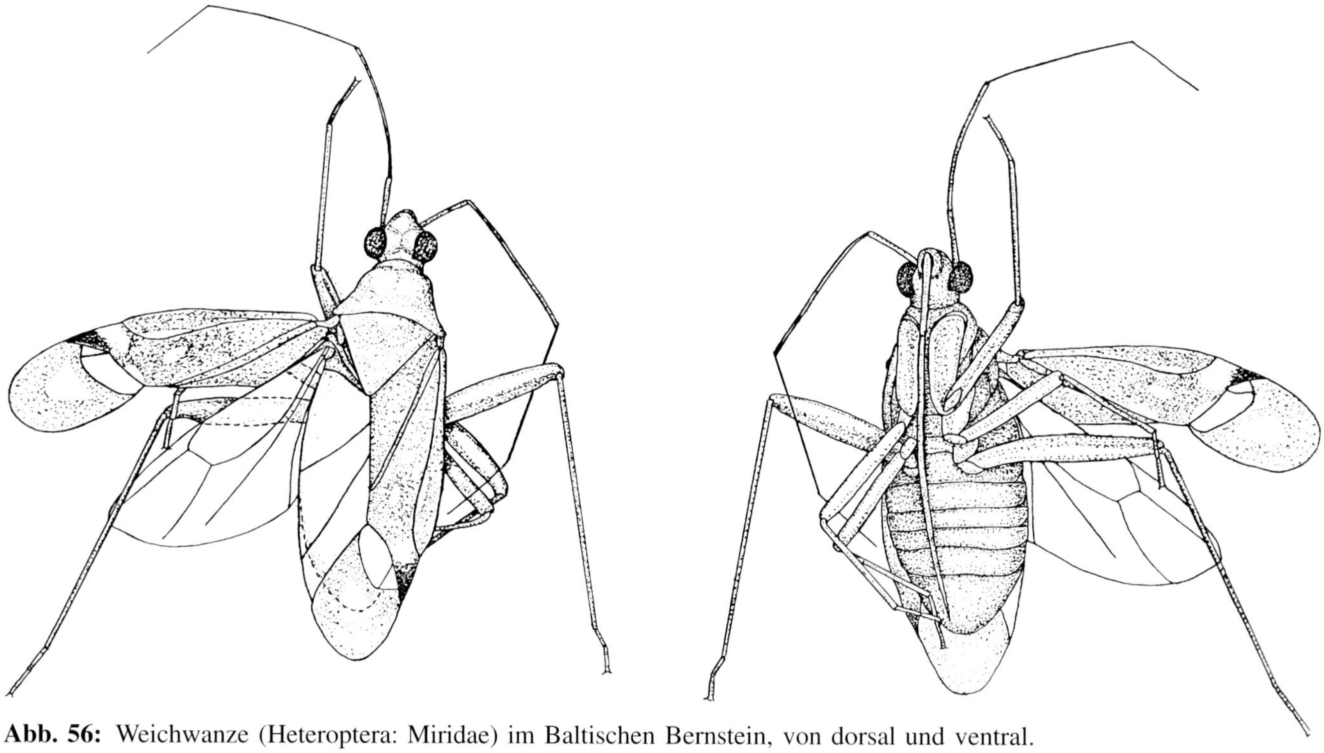

Abb. 56: Weichwanze (Heteroptera: Miridae) im Baltischen Bernstein, von dorsal und ventral.

Tafel 41: Wanzen (Insecta: Heteroptera) aus dem Baltischen Bernstein II. (Miridae).

a-h Weichwanzen (Miridae) mit (**b**) *Electromyiomma weitschati* POPOV & HERCZEK, 1992, Holotyp.

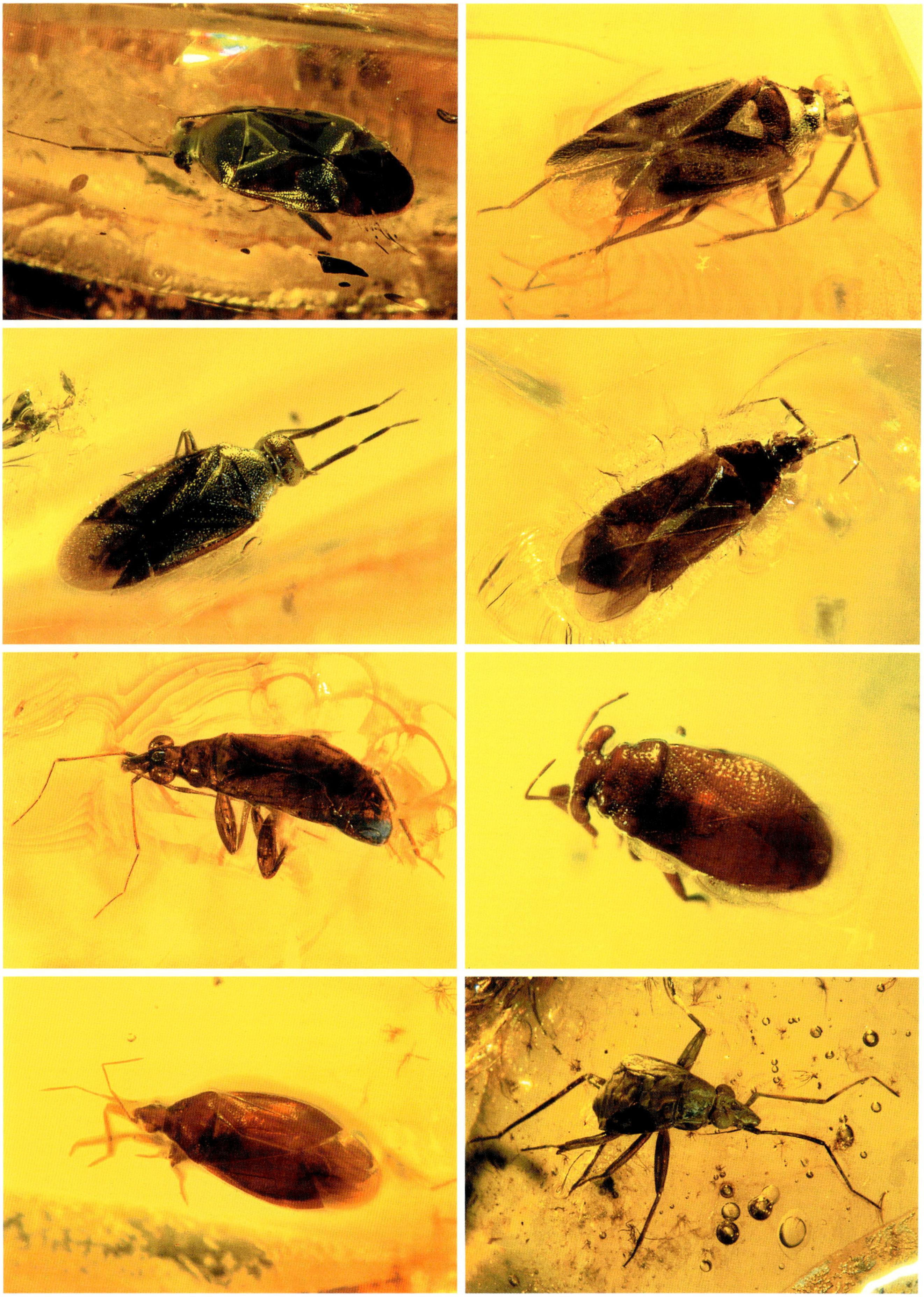

a b c d e f g h

2.42 Rindenwanzen – Insecta: Heteroptera (Aradidae)

Von den Rindenwanzen, Aradidae, sind bislang 9 beschriebene Arten und eine Larve publiziert. Wenn man bedenkt, daß Aradiden vorrangig mit verpilzten Laub- und Nadelbäumen vergesellschaftet sind und der »Baltische Bernsteinwald« der geeignete Lebensraum gewesen sein müßte, dann ist nach HEISS (1998 im Druck) die Anzahl der bisher nachgewiesenen Arten überraschend gering. Sie verteilen sich auf die folgenden 4 Unterfamilien:

Aneurinae

Aneurus ancestralis HEISS, 1997

Aradinae

Aradus assimilis GERMAR & BERENDT, 1856
Aradus consimilis GERMAR & BERENDT, 1856
Aradus frater POPOV, 1978
Aradus frateroides HEISS,1998
Aradus popovi HEISS, 1998
Aradus superstes GERMAR & BERENDT, 1856

Calisiinae

Calisius balticus USINGER, 1941

Mezirinae

Mezira succinica USINGER, 1941

Die meisten rezenten Aradiden leben vielfach gesellig auf und unter der Rinde von Laub- und Nadelhölzern, sie finden sich in Rindenspalten und an der Oberfläche von Baumpilzen *(Polyporus, Trametes)*, wo sie mit ihren langen stechend-saugenden Mundwerkzeugen an Pilzfäden (Myzel) saugen. Diese Stechborsten erreichen das Mehrfache der Körperlänge und sind in Ruhelage in der Kopfkapsel aufgerollt. Nur von wenigen Arten ist bekannt, daß sie direkt an Pflanzensäften saugen, z.B. der heimische, an Kiefern lebende *Aradus cinnamomeus*.

Durch ihren flachen Körperbau, die meist bräunliche Färbung und die rauhe Oberflächenstruktur sind Aradiden gut an ihren Lebensraum angepaßt und schwer zu erkennen. Diese Tarnung schützt sicherlich gegen das Gefressenwerden z.B. durch Vögel.

In den Regenwäldern der Tropen und Subtropen leben 90 % der bisher beschriebenen ca. 2000 Arten, von denen viele völlig flügellos sind und zum Teil bizarre Umrisse und eine stark skulpturierte Oberfläche ausgebildet haben.

Die Ähnlichkeit einiger vom Baltischen Bernstein beschriebener Arten mit rezenten, an Nadelbäumen lebenden Taxa läßt vermuten, daß erstere an den harzproduzierenden Kiefern und anderen Nadelbäumen des »Bernsteinwaldes« lebten. Für Aradiden, wie für viele andere Insekten auch, ist es bemerkenswert, daß sich trotz des hohen Alters von 40-50 Mio Jahren der Bautypus unverändert erhalten hat und somit eine Zuordnung der Bernsteinbelege zu rezenten Gattungen möglich ist.

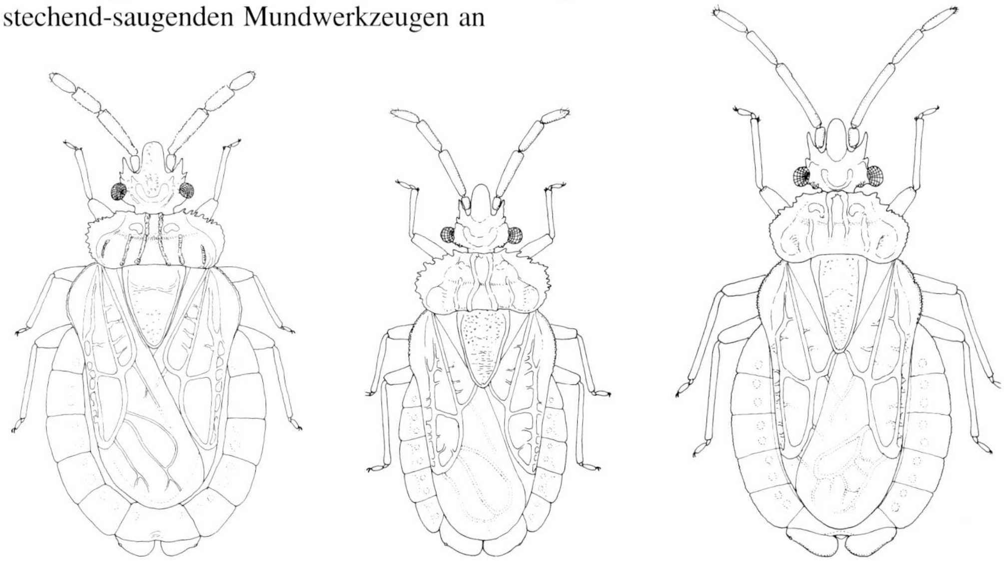

Abb. 57: Rindenwanzen: *Aradus superstes*, *Aradus consimilis*, *Aradus frateroides* (nach HEISS 1998).

Tafel 42: Wanzen (Insecta: Heteroptera) aus dem Baltischen Bernstein III. (Aradidae).

a *Aradus* sp. dorsal, männl.
b *Aradus* sp. Vorderkörper, ventral.
c *Aradus* sp. dorsal, weibl.
d *Aradus* sp. Vorderkörper, dorsal.
e *Aneurus ancestralis* HEISS, 1997 (Holotyp).
f *Calisius* sp. dorsal.

2.43 Raubwanzen – Insecta: Heteroptera (Reduviidae)

Raubwanzen haben meist einen kräftigen Körperbau und sind oft dunkel gefärbt. Es können aber auch sehr zarte und schlanke Tiere von mückenähnlicher Gestalt, mit langen Antennen sein. Die Fühler sind stets länger als Kopf und Halsschild und zur Spitze hin fadenförmig dünn. Das 1. Antennenglied ist auffallend gekniet. Der 3-gliedrige Rüssel ist sichelförmig gebogen und in Ruhestellung unter dem vorgestreckten Kopf eingeklappt. Die Vorderbeine sind zu hoch differenzierten Fangbeinen umgebildet. Als Beute bevorzugen sie andere Insekten, die sie anstechen, dabei lähmen und anschließend aussaugen. Raubwanzen sind im Baltischen Bernstein selten. Nur wenige Arten wurden bisher beschrieben:

Collarhamphus mixtus PUTSHKOV & POPOV, 1995
Platymeris insignis GERMAR & BERENDT, 1856
Proptilocerus dolosus WASMANN, 1933
Redubitus centrocnemarius PUTSHKOV & POPOV 1993.

Von einer besonders interessanten Raubwanze mit dem Namen *Proptilocerus dolosus* berichtet WASMANN (1933). Er beschreibt eine »Ameisen mordende Gastwanze«, deren nächste Verwandte, *Ptilocerus ochraceus*, heute auf Java lebt. Diese Raubwanze ernährt sich von einer Ameisenart, *Dolichoderus bituberculatus*, die in Südostasien sehr häufig vorkommt. Sie gibt aus Drüsen auf der Unterseite ihres Hinterleibes ein Sekret ab, das auf Ameisen anziehend wirkt, aber giftig ist. Sobald sich eine Arbeiterin der Wanze nähert, bietet sie den drüsenreichen Unterleib an, indem sie sich auf Mittel- und Hinterbeine stellt. Beginnt die Ameise die Sekrete abzulecken, so legt die Wanze vorsichtig ihre Vorderbeine um das Beutetier und bringt den Rüssel am Nacken der Ameise in Position. Erst wenn das Gift nach wenigen Minuten wirkt und die Ameise Lähmungserscheinungen zeigt, sticht die Raubwanze zu und saugt die Blutflüssigkeit, Hämolymphe, aus. Still und unbemerkt wird auf diese Weise eine vorbeiziehende Ameise nach der anderen ausgesaugt. (HÖLLDOBLER & WILSON 1994). Die leeren Ameisen-Hüllen, die im Bernstein unmittelbar neben der fossilen Raubwanze liegen, hat WASMANN als *Hypoclinea (Dolichoderus) tertiaria* MAYR, 1868 bestimmt.

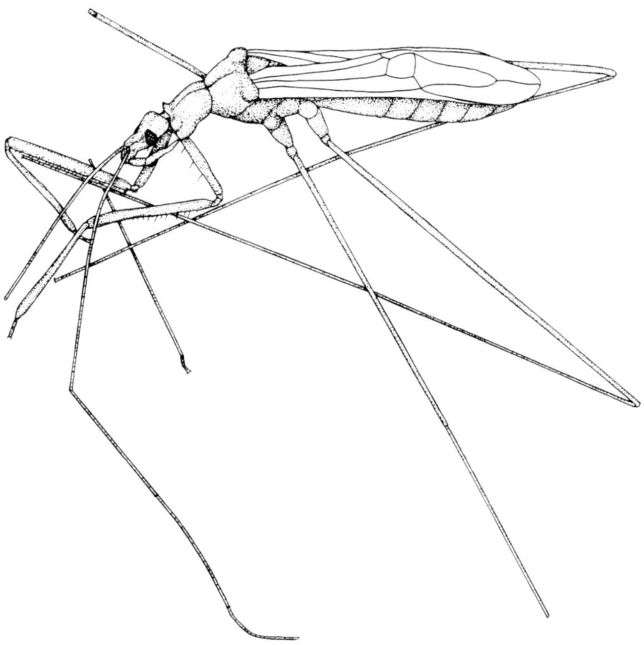

Abb. 58: Raubwanze: *Colarhamphus mixtus* PUTSHKOV & POPOV, 1995 (Reduviidae, Emesinae).

Tafel 43: Wanzen (Insecta: Heteroptera) aus dem Baltischen Bernstein IV. (Reduviidae, Enicocephalidae).

a *Proptilocerus dolosus* (Holotyp) mit Ameisenhülsen.
b *Proptilocerus dolosus,* Kopf mit Antenne.
c *Colarhamphus mixtus* (Holotyp) (Emesinae).
d Raubwanze (Saicinae).
e Wanze aus der Fam. Enicocephalidae.
f Wanze aus der Fam. Enicocephalidae.

a b c d e f

2.44 Gitterwanzen – Insecta: Heteroptera (Tingidae)

Gitterwanzen gehören zu den ästhetischen Besonderheiten im Baltischen Bernstein. Es sind flach gebaute Wanzen mit gitterartigen Mustern auf Halsschild (Pronotum), Schildchen (Scutellum) und Vorderflügeln. Die schöne Vielfalt der Arten spiegelt sich in der Architektur aus Längs- und zahlreichen Queradern, die ein dichtes Netzwerk schaffen. Die Räume dazwischen sind von wechselnder Größe, mehr oder weniger rund oder eckig und bilden insgesamt geordnete Reihen. Sie werden Maschen genannt. Das Pronotum ist in der Mitte längs gekielt und beiderseitig verläuft in der Regel ein weiterer kürzerer Seitenkiel. Das Pronotum schließt seitlich mit einem Randsaum, der am Hinterleib vom Randsaum der Flügel fortgeführt wird. Am Kopf zwischen Antennen und Augen befinden sich oft Dornen, die als Tylusdornen, Scheitel- und Stirndornen bezeichnet werden und oft artspezifisch sind. Die Larven sind bizarr mit Dornen und Stacheln besetzt, mit denen sie sich allerdings von ihren Imagines unterscheiden.

Tingidae leben rein phytophag und sind oft ihren Nährpflanzen assoziiert. Diese Bindung erklärt die relative Seltenheit von Gitterwanzen im Bernstein. Ähnlich wie bei Rindenwanzen kommen im Baltischen Bernstein bevorzugt die Arten vor, die normalerweise in Kontakt mit den harzproduzierenden Bäumen stehen. Außerdem können rein zufällig andere Wanzen vorkommen, die sich dann aber durch größte Seltenheit im Bernstein auszeichnen. Nach einer Revision von GOLUB & POPOV (1998) sind bisher folgende 7 Tingidae nachgewiesen:

Cantacaderinae

Paleocader avitus (DRAKE, 1950)
Paleocader quinquecarinatus (GERMAR & BERENDT, 1856)
Paleocader strictus GOLUB & POPOV, 1998
Intercader weitschati GOLUB & POPOV, 1998
Sinalda baltica (DRAKE, 1950)
Sinalda froeschneri GOLUB & POPOV, 1998
Tingicader cervus GOLUB & POPOV, 1998

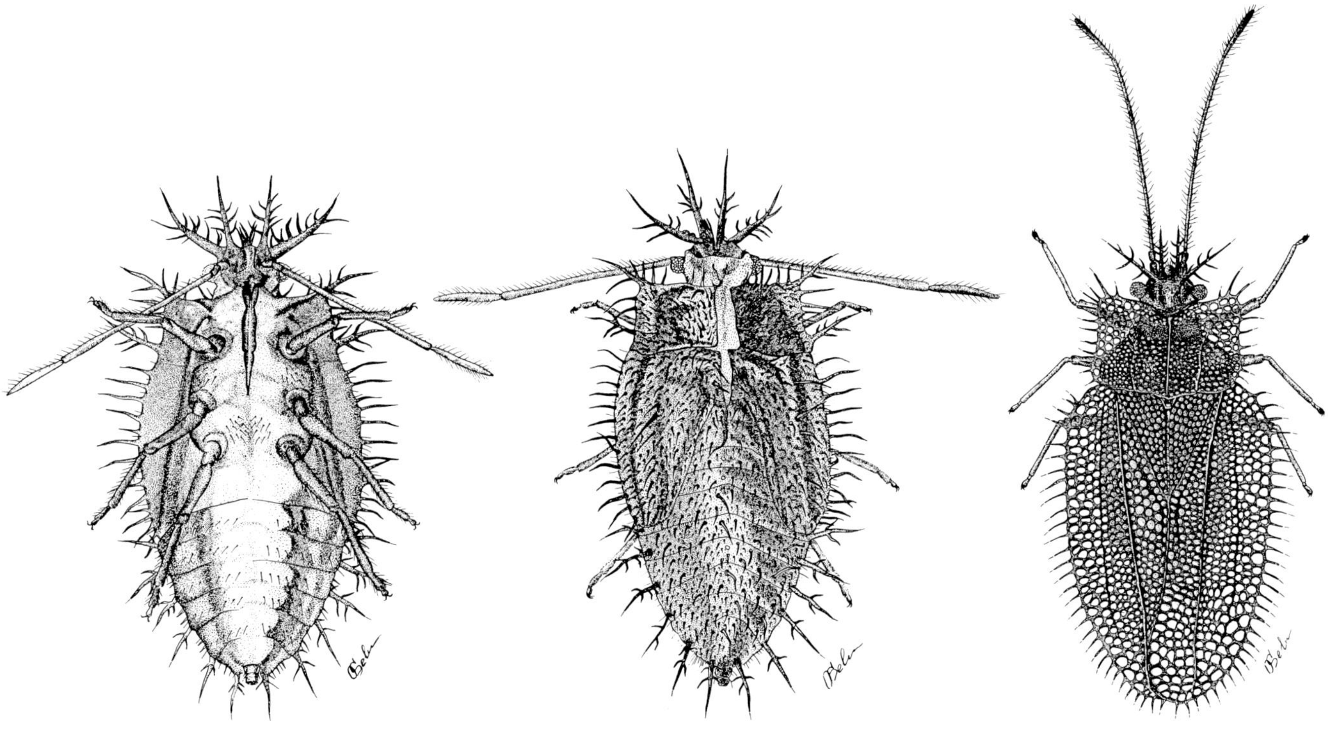

Abb. 59: Gitterwanze *Tingicader cervus* GOLUB & POPOV, 1998: Exuvie dorsal, Exuvie ventral, Imago, Holotyp.

Tafel 44: Wanzen (Insecta: Heteroptera) aus dem Baltischen Bernstein V. (Tingidae).

a *Sinalda baltica* (DRAKE, 1950).
b *Sinalda baltica* (DRAKE, 1950).
c *Paleocader strictus* GOLUB & POPOV, 1998.
d *Paleocader strictus* GOLUB & POPOV, 1998.
e *Tingicader cervus* GOLUB & POPOV, 1998.
f *Intercader weitschati* GOLUB & POPOV, 1998.
g *Tingicader cervus* GOLUB & POPOV, 1998, Exuvie.
h *Tingicader cervus* GOLUB & POPOV, 1998, Exuvie.

a
b
c
d
e
f
g
h

2.46 Zikadenlarven – Insecta: Auchenorrhyncha

Zikaden werden in zwei Formen (Morphen) unterteilt, in die Fulgoromorpha und die Cicadomorpha. Beide Zikadenformen sind im Baltischen Bernstein mit einigen ihrer Familien vertreten. Die Beschreibung der fossilen Bernstein-Zikaden ist lange noch nicht abgeschlossen und basiert auf den frühen Arbeiten von GERMAR & BERENDT (1856) und auf späteren, kleineren Arbeiten BERVOETS 1910, COCKERELL 1910, JACOBI 1938 USINGER 1939. Neuere Untersuchungen fehlen. Die Klassifikation und Familienzuordnung der Auchenorrhyncha erfolgt nach METCALF & WADE (1966), SPAHR (1988) und CARVER et al. (1991):

FULGOROMORPHA

Cixiidae

Cixius fraternus GERMAR & BERENDT, 1856
Cixius gracilis GERMAR & BERENDT, 1856
Cixius insignis GERMAR & BERENDT, 1856
Cixius loculatus GERMAR & BERENDT, 1856
Cixius longirostris GERMAR & BERENDT, 1856
Cixius sieboldti GERMAR & BERENDT, 1856
Cixius succineus GERMAR & BERENDT, 1856
Cixius vitreus GERMAR & BERENDT, 1856
Cixius cf. *cunicularius* L.
Cixius cf. *nervosus* L.
Oliarus oligocenus COCKERELL, 1910

Dictyopharidae

Dictyophara reticulata (GERMAR & BERENDT, 1856)

Flatidae

Flata cf. *cunicularia* BURMEISTER
Flata cf. *nervosa* GRAVENHORST

Fulgoridae

Poiocera nassata GERMAR & BERENDT, 1856
Poiocera pristina GERMAR & BERENDT, 1856

Issidae

Issus reticulatus (BERVOETS, 1910)

Ricaniidae

Tritophania patruelis JACOBI, 1938

CICADOMORPHA

Aphrophoridae

Aphrophora electrina GERMAR & BERENDT, 1856
Aphrophora vetusta GERMAR & BERENDT, 1856
Ptyelus carbonarius (GERMAR & BERENDT, 1856)

Cercopidae

Cercopis melaena GERMAR & BERENDT, 1856

Cicadellidae

Cicadella minuta (BERVOETS, 1910)
Typhlocyba encaustica GERMAR & BERENDT, 1856
Typhlocyba resinosa GERMAR & BERENDT, 1856

Cicadidae

Coelidiidae

Coelidia immersa (GERMAR & BERENDT, 1856)
Coelidia spinicornis (GERMAR & BERENDT, 1856)

Iassidae

Iassus homousius (GERMAR & BERENDT, 1856)
Iassus punctatus (BERVOETS, 1910)

Macropsidae

Macropsis homousia (GERMAR & BERENDT, 1856)
Macropsis minuta (BERVOETS, 1910)

Tettigellidae

Tettigella proavia (GERMAR & BERENDT, 1856)
Tettigella terebrans (GERMAR & BERENDT, 1856)

Außerdem werden die Familie Tettigometridae von LARSSON (1978) und die Gattungen *Cicadula*, *Deltocephalus* und *Thamnotettix* der Familie Euscelidae von BACHOFEN-ECHT (1949) erwähnt.

Tafel 46: Zikaden (Insecta: Auchenorrhyncha) aus dem Baltischen Bernstein II.

a-d Zikadenlarven der Fulgoromorpha.
e-h Zikadenlarven der Cicadomorpha.

a
b
c
d
e
f
g
h

2.47 Blattläuse – Insecta: Sternorrhyncha (Aphidoidea)

Blattläuse saugen Pflanzensäfte an Blättern und jungen Trieben und sind dabei gefürchtete Überträger von pflanzlichen Viruskrankheiten. Diese Gefahr wird gesteigert mit der enormen Vermehrungsrate vieler Arten. Blattläuse vermehren sich parthenogenetisch und sexuell, wechseln je nach Art die Wirtspflanzen oder verbleiben an einer Pflanze. Die Weibchen sind geflügelt oder flügellos, lebendgebärend (vivipar) oder eierlegend. Die Männchen sind meist geflügelt (Aphididae), sonst flügellos und vergleichsweise sehr klein.

Das Nahrungsangebot steuert die Vermehrung der Blattläuse. Günstige Ernährungsverhältnisse werden durch parthenogenetische Fortpflanzung zum schnellen Aufbau großer Populationen ausgenutzt. Dabei hilft die Viviparie, die Zeitspanne der Embryonalentwicklung zu verkürzen, die bereits beginnt, wenn sich die Mutter selbst noch im Embryonalzustand und damit im Körper der Großmutter befindet. Die weiblichen Blattläuse sind in dieser Entwicklungsphase flügellos (Taf. 47 b). Die komprimierte parthenogenetische Entwicklung verbleibt in mehreren, endogen festgelegten Generationen und wechselt danach mit sexueller Vermehrung, bei der nun geflügelte Weibchen mit Männchen zusammenkommen. Aus den besamten Eiern entwickeln sich wieder parthenogenetische, flügellose Weibchen. Der Fortpflanzungszyklus der Blattläuse mit dem Ziel einer hohen Vermehrungsrate bei kürzester Entwicklungszeit ist im Detail und bei verschiedenen Arten weitaus komplizierter als hier dargestellt.

Im Baltischen Bernstein sind Blattläuse als geflügelte und flügellose Imagines und als ungeflügelte Larven erwartungsgemäß nicht selten. Von diesen Blattläusen bewohnen und nutzen zumindest die Arten der im Bernstein eingebetteten, flügellosen Tiere (Larven, Weibchen) den harzproduzierenden Baum als Wirtspflanze, während geflügelte Tiere theoretisch auch von anderen Pflanzen stammen können. HEIE (1967 a, b, 1968, 1969 a, b, 1970, 1971, 1972, 1976, 1981 und 1985) hat die Blattläuse im Baltischen Bernstein bearbeitet und mit über 60 Arten eine hohe Anzahl festgestellt, die von WEGIEREK (1990, 1996 a) um weitere 6 Arten ergänzt wurde. Die Gattung *Germaraphis* mit mindestens 15 Arten (Pemphigidae) ist im Bernstein dominant mit Larven und flügellosen Imagines vertreten. Von diesen fossilen Arten zeichnen sich einige durch überkörperlange Saugrüssel aus (Taf. 47 e, f), die als Anpassung an die Rinde des harzproduzierenden Bernsteinbaumes interpretiert werden (HEIE 1967 a, LARSSON 1978). Die Bernstein-Arten verteilen sich auf folgende Familien (HEIE 1985, WEGIEREK 1996b):

Anoeciidae	**Aphididae**
Drepanosiphidae	**Electraphididae**
Hormaphididae	**Mindaridae**
Pemphigidae	**Thelaxidae**

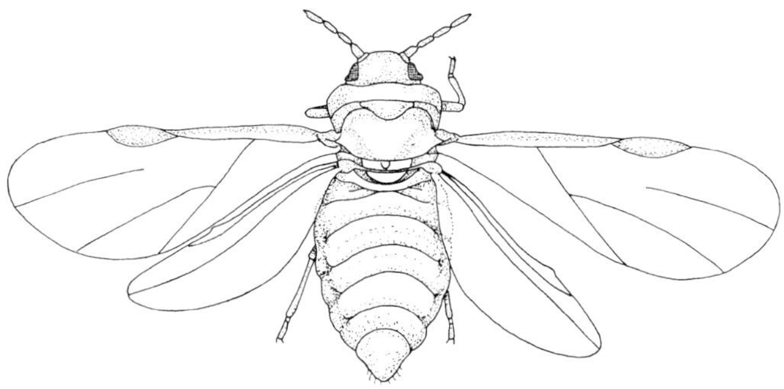

Abb. 62: *Mindarus magnus* (Mindaridae).

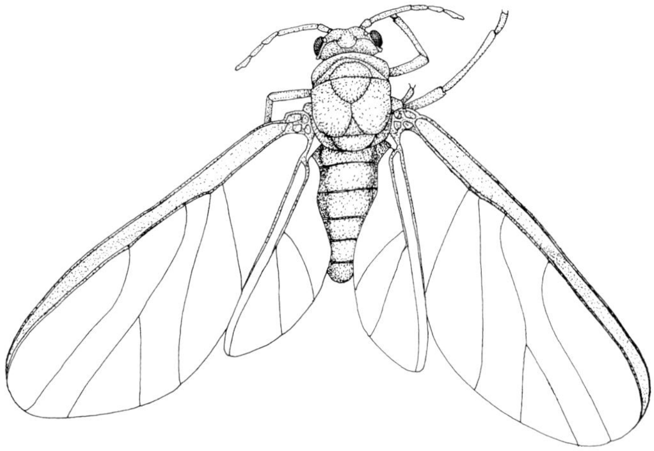

Abb. 61: *Schizoneurites* sp. (Electraphididae).

Tafel 47: Blattsauger (Insecta: Sternorrhyncha) aus dem Baltischen Bernstein I (Aphidoidea).

a *Schizoneurites* sp. (Elektraphididae).
b *Palaeosiphon hirsutus* (Drepanosiphidae), weibl.
c *Mindarus magnus* (Mindaridae).
d *Electromyzus acutirostris* (Drepanosiphidae).
e *Germaraphis* cf. *oblonga* (Pemphigidae), Larve.
f *Germaraphis* cf. *dryoides* (Pemphigidae), Larve.
g *Megapodaphis monstrabilis* (Drepanosiphidae).
h *Megapodaphis* sp. (Drepanosiphidae), Larve.

a

b

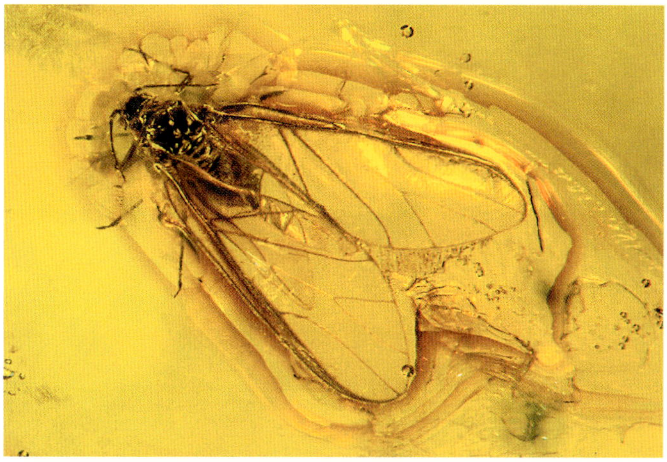
c

d

e

f

g

h

2.48 Schildläuse – Insecta: Sternorrhyncha (Coccoidea)

Schildläuse sind mit 6000 rezenten Arten weltweit verbreitet, leben aber vorzugsweise in den Subtropen und Tropen. Männchen und Weibchen der Schildläuse haben recht unterschiedliche Erscheinungsformen, denn die Coccoidea weisen einen ausgeprägten Sexualdimorphismus auf.

Die Männchen sind nach dem Bauplan der adulten Insekten in Kopf, Brust und Hinterleib gegliedert, haben ein Paar Vorderflügel und Hinterflügel, die zu kurzen Stummeln reduziert sind oder ganz fehlen können. Auch die Mundwerzeuge sind weit zurückgebildet, so daß keine Nahrung aufgenommen wird. Zur optischen Wahrnehmung haben Männchen meist Komplexaugen, bei manchen Arten sind aber auch diese reduziert.

Die Weibchen sind stets larvenförmig gebaut. Die Körpergliederung ist häufig kaum erkennbar. Weibchen sind flügellos, Antennen und Beine sind reduziert oder fehlen. Infolgedessen sind die Weibchen vieler Arten stets sessil.

Fossile Schildläuse sind selten. Die ältesten Funde stammen aus der unteren Kreide. Einschlüsse im Bernstein wurden vom Libanon Bernstein, New Jersey Bernstein und Dominikanischen Bernstein bekannt, doch fast 90 % aller Inklusen stammt aus Baltischem Bernstein, einschließlich seiner Bitterfelder Lagerstätte. Die erste im Bernstein nachgewiesene Schildlaus *(Acreagris crenata)* ist ein flügelloses Weibchen oder eine Larve, die KOCH & BERENDT (1845) beschrieben, aber irrtümlich zu den Apterygota stellten. FERRIS (1941) hat die Schildläuse des Baltischen Bernstein einer gründlichen Studie unterzogen. Seit 1980 befaßt sich KOTEJA intensiv mit den fossilen Schildläusen besonders aus dem Baltischen Bernstein. Obwohl die Männchen nur 1-3 Tage leben, kommen sie im Baltischen Bernstein häufiger vor als ihre Weibchen oder als Larven. Auf die Gattung Matsucoccus und ihren 5 Arten entfallen ca. 50 % aller vorkommenden Schildläuse.

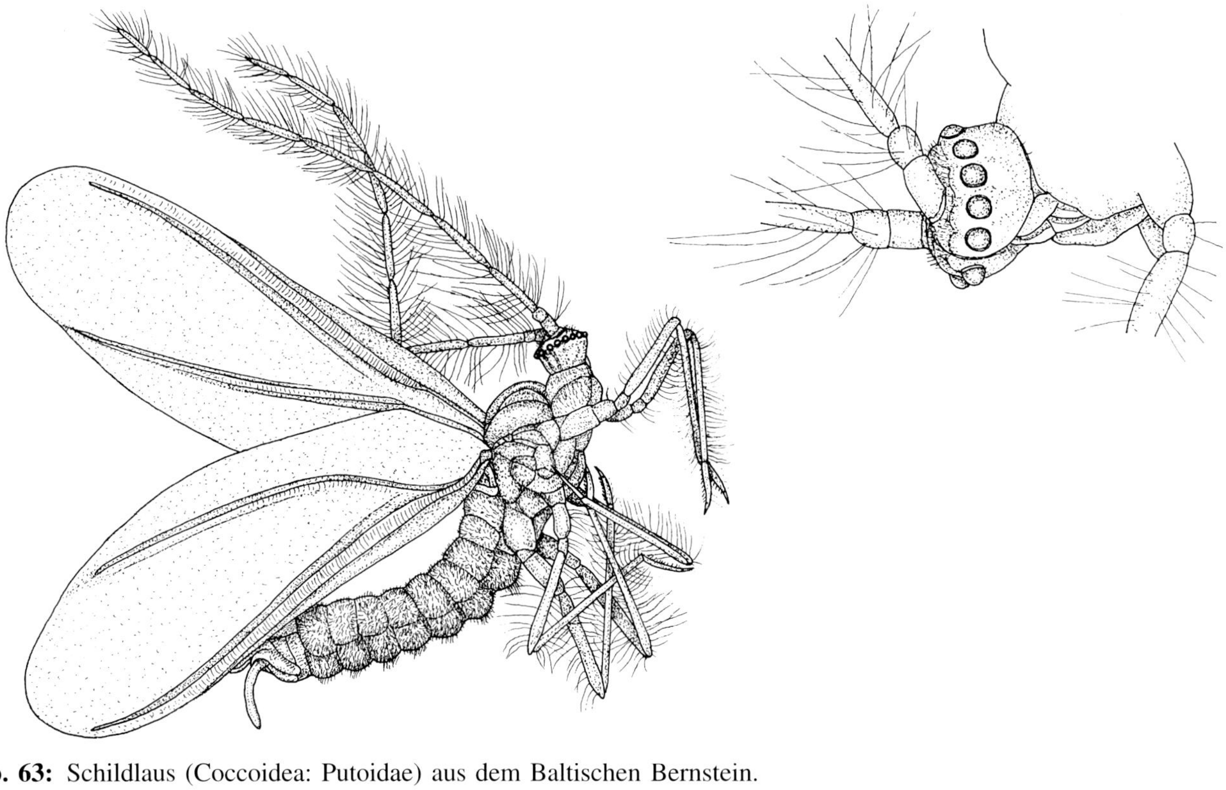

Abb. 63: Schildlaus (Coccoidea: Putoidae) aus dem Baltischen Bernstein.

Tafel 48: Blattsauger (Insecta: Sternorrhyncha) aus dem Baltischen Bernstein II (Coccoidea).

a Schildlaus (Ortheziidae), männl.
b *Matsucoccus pinnatus* (Matsucoccidae), männl.
c Schildlaus (Eriococcidae), männl.
d Schildlaus, männl. ungeflügelt.
e Schildlaus (Margarodidae), männl.
f *Matsucoccus pinnatus* (Matsucoccidae), männl.
g *Arctorthezia antiqua* (Ortheziidae), weibl.
h Schildlaus (? Margarodidae), weibl.

a

b

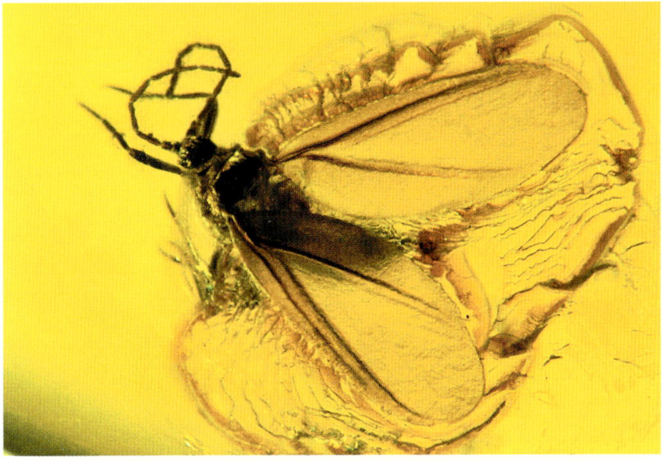
c

d

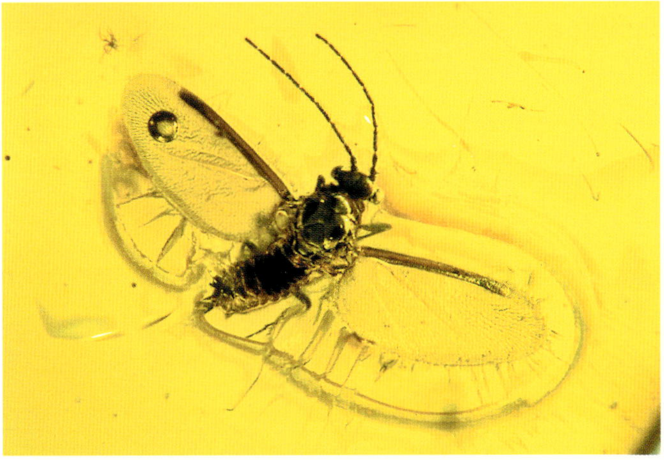
e

f

g

h

2.49 Mottenläuse, Blattflöhe – Insecta: Sternorrhyncha (Aleyrodoidea, Psylloidea)

Mottenläuse werden als weiße Fliegen bezeichnet, weil Körper und Flügel oft mit Wachsstaub überpudert sind, der aus Wachsdrüsen abgesondert wird, die sich unterseits am Hinterleib befinden. Mit ihren Beinen verteilen die Tiere das Wachs auf dem Körper und lassen ihn hell und weiß erscheinen. Reste des Wachsbelages sind manchmal auch auf den im Bernstein erhaltenen Tieren zu erkennen, deren Flügel dann etwas fleckig aussehen. Männchen und Weibchen sind geflügelt und halten in Ruhe die Flügel dachförmig über dem Hinterleib. Während die heutigen Mottenläuse oft massenhaft an Pflanzen auftreten und gelegentlich auch Überträger von Viruskrankheiten sind, erlauben die wenigen Bernstein-Inklusen keine Rückschlüsse auf die Biologie und Ökologie ihrer eozänen Vorfahren. Da Mottenläuse auch im Burma- und Libanon-Bernstein gefunden wurden, sind sie bevorzugte Objekte der Verwandtschaftsforschung mit ihren fossilen und rezenten Arten (SCHLEE 1970). Die erste und bisher einzige Mottenlaus aus dem Baltischen Bernstein wurde vor fast 150 Jahren beschrieben:

Aleyrodidae

Aleyrodes aculeatus MENGE, 1856

Lange Zeit war auch von Blattflöhen nur eine Art aus dem Baltischen Bernstein bekannt: *Strophingia oligocaenica* ENDERLEIN, 1915. Inzwischen wurde diese Art einer neuen Gattung zugeordnet und weitere Arten neu beschrieben, die den Familien Aphalaridae und Paleoaphalaridae angehören (KLIMASZEWSKI 1993, 1997 a, b):

Aphalaridae

Paleopsylloides oligocaenica (ENDERLEIN, 1915)
Eogyropsylla eocenica KLIMASZEWSKI, 1993
Eogyropsylla jantaria KLIMASZEWSKI, 1993
Eogyropsylla magna KLIMASZEWSKI, 1997
Eogyropsylla parva KLIMASZEWSKI, 1997
Parascenia weitschati KLIMASZEWSKI, 1997

Paleoaphalaridae

Protoscena baltica KLIMASZEWSKI, 1997

Blattflöhe sind rezent mit über 1200 Arten weit verbreitet, kommen im gemäßigten Klima vor, sind aber artenreicher in subtropischen und tropischen Gebieten. *Parascenia weitschati* ist ein typisches Beispiel für Bernstein-Blattflöhe. Diese Art ist nächstverwandt mit der Gattung *Colopscenia*, deren rezente Arten überwiegend von Zentral- bis West-Asien verbreitet sind und auch im Mediterranen Raum vorkommen.

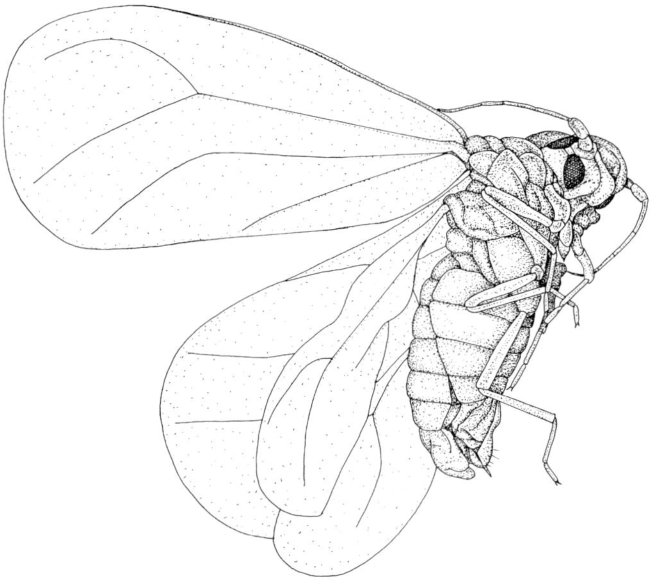

Abb. 64: Mottenlaus (Aleyrodoidea: Aleyrodidae) aus Baltischem Bernstein.

Tafel 49: Blattsauger (Insecta: Sternorrhyncha) aus dem Baltischen Bernstein III (Aleyrodoidea, Psylloidea).

a Mottenlaus (Aleyrodidae).
b Mottenlaus (Aleyrodidae).
c *Eogyropsylla* sp. (Aphalaridae).
d *Eogyropsylla* sp. (Aphalaridae).
e *Eogyropsylla jantaria* (Aphalaridae).
f *Eogyropsylla* sp. (Aphalaridae).
g *Parascenia weitschati* (Aphalaridae), Holotyp.
h *Eogyropsylla* sp. (Aphalaridae), Larve.

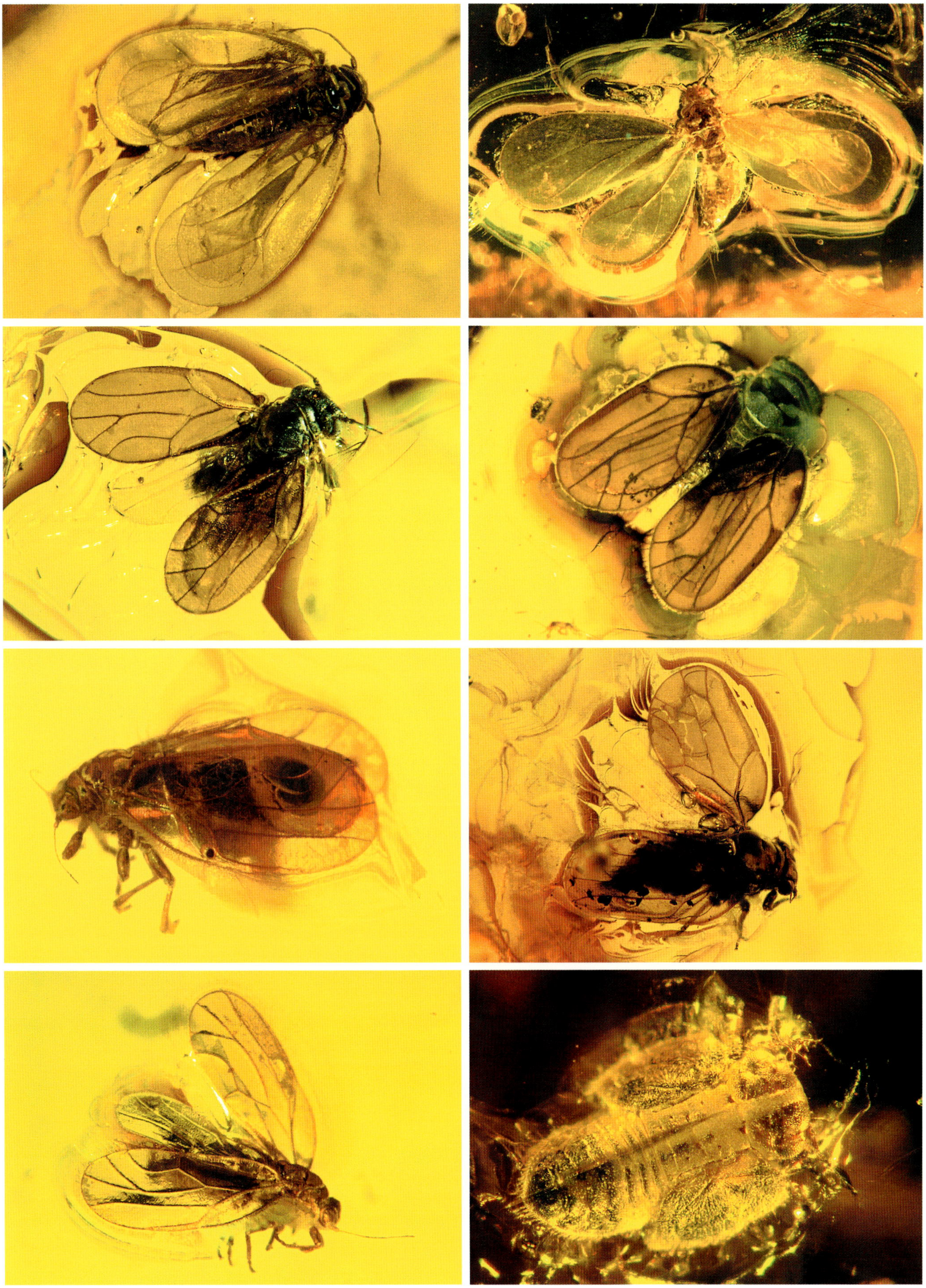

a b c d e f g h

2.50 Schlammfliegen – Insecta: Megaloptera (Corydalidae)

Die Ordnung Megaloptera gehört zu den holometabolen Insekten (Holometabola, Endopterygota) mit einer vollständigen Verwandlung (Metamorphose). Zwischen letztem Larvenstadium und der Imago befindet sich ein Puppenstadium, das in einer kurzen »Ruhephase« die Larve auf eine geflügelte und geschlechtsreife Imago vorbereitet. Zu den Holometabola zählen alle folgenden Insektenordnungen: Megaloptera, Rhaphidioptera, Planipennia, Coleoptera, Strepsiptera, Hymenoptera, Mecoptera, Trichoptera, Lepidoptera, Diptera und Siphanoptera.

Im Bernstein sind Puppen dieser Ordnungen nur selten zu finden, da Puppen keine Bewegungsorgane besitzen, sich deshalb nicht fortbewegen und stattdessen in aller Regel für eine kurze Entwicklungsphase verborgen leben. Wenn im Bernstein Puppen gefunden werden, gehören sie zu den äußerst seltenen Inklusen. Die abgebildete Planipennia-Puppe (Taf. 56 g), die Puppen von Ameisen (Hymenoptera: Formicidae; Taf. 71 d, f) und die Diptera-Puppen der Tipulidae (Taf. 80 g, h) sowie der Anisopodidae (Taf. 82) wurden wahrscheinlich von Harz eingeschlossen, weil sie trotz ihrer verborgenen Plätze vor überfließendem Harz nicht hinreichend geschützt waren.

Von den Megaloptera sind weltweit nur ca. 300 rezente Arten bekannt, vor allem aus den Subtropen und Tropen (ASPÖCK et al. 1980, NEW & THEISCHINGER 1993). Sie verteilen sich auf zwei Familien, Corydalidae und Sialidae. Ihre Larven leben im Wasser und verlassen den aquatischen Lebensraum nur im letzten Stadium, um sich in ufernahen Böden zu verpuppen. Die geflügelten Imagines verbleiben in Gewässernähe und legen nach der Kopulation die Eier meist an überhängenden Pflanzen ab, damit die geschlüpften Erstlarven sicher ins Wasser fallen.

Megaloptera sind primitive Holometabola, die bereits im frühen Paläozoikum durch Fossilien nachgewiesen wurden. Die ältesten Vertreter stammen aus dem oberen Perm (RIEK 1976, PONOMARENKO 1977): *Permosialis* (Permosialidae), *Parasialis, Sojanasialis* (Parasialidae) und *Tychtodelopterum* (Tychtodelopteridae). Neben Imagines wurden auch Larven beschrieben. Sie weisen mit neun paarigen Anhängen beidseitig am Abdomen bereits auf ein aquatisches Leben hin. Die rezenten Larven besitzen 7 (Sialidae) bzw. 8 (Corydalidae) abdominale Kiemenpaare.

Aus dem Mesozoikum wurden weitere Larven und Imagines bekannt. *Cretochaulus lacustris* PONOMARENKO, 1976 wurde als Larve und Imago aus der unteren Kreide beschrieben und ist erster fossiler Nachweis der Familie Corydalidae. Die Beschreibung von *Chauliosialis sukatshevae* PONOMARENKO, 1976 basiert auf einer juvenilen Larve aus dem Taimyr Bernstein der oberen Kreide. Die Familienzuordnung ist unklar.

Im Känozoikum wird im eozänen Baltischen Bernstein neben der Familie Corydalidae (*Chauliodes prisca* PICTET, 1854) erstmals auch die Familie Sialidae durch Larven (WEIDNER 1958) und Imagines (WICHARD 1997) nachgewiesen. Die Funde stützen die phylogenetische These (PONOMARENKO 1977), daß die Familie Sialidae als junger Zweig im Stammbaum der Megaloptera erst zu Beginn des Känozoikum entstanden sei, während die Corydalidae bereits im Mesozoikum präsent waren.

Tafel 50: Schlammfliegen (Insecta: Megaloptera) aus dem Baltischen Bernstein I (Corydalidae).

Augenpartie mit vorderem Abschnitt der pectinaten Antennen von *Chauliodes* sp. (Corydalidae).

2.51 Schlammfliegen – Insecta: Megaloptera (Sialidae)

Schlammfliegen leben als Larven im Sandboden langsamer Fließgewässer oder verborgen im ufernahen Bodenschlamm stehender Gewässer. Sie ernähren sich von Würmern und kleinen Wasserinsekten. Die erwachsenen, etwa 2 cm langen Larven verlassen die Gewässer, um sich ufernah im feuchten Boden zu verpuppen. Die geschlüpften Imagines verbleiben in Gewässernähe und leben in der Ufervegatation. Sie sitzen meist flugträge auf Schilf und anderen Wasserpflanzen und legen in dieser Ruhehaltung ihre ausgeprägten, von dunkler Äderung gezeichneten Flügel satteldachartig über das Abdomen. Nach Paarung und Befruchtung setzen die Weibchen an Ort und Stelle einzelne Gelege mit mehreren hundert Eiern ab. Schon nach wenigen Tagen schlüpfen die Junglarven, die ins Wasser gelangen müssen, um zu überleben und den Entwicklungskreislauf fortzusetzen.

Der eng an das Wasser gebundene Lebenszyklus macht Schlammfliegen zu seltenen Insekten im Bernstein. Da die Imagines kaum Nahrung zu sich nehmen und kaum herumfliegen, sind nur die paarungsbereiten Männchen im Fluge anzutreffen, wenn sie durch Lockstoffe, die die Weibchen ausströmen, angelockt oder vom Duft des Harzes möglicherweise irritiert werden.

Bisher wurden im Baltischen Bernstein nur einzelne Männchen nachgewiesen. Zunächst beschrieb PICTET (1854) eine exotische Schlammfliege der Familie Corydalidae, deren einseitig pectinate Antennensymmetrie beeindruckt (Taf. 50). Viel später wurden zwei weitere Männchen gefunden, die der Gattung *Sialis* angehören (Taf. 51 a, b, Abb. 65):

Corydalidae

Chauliodes prisca PICTET, 1854

Sialidae

Sialis groehni WICHARD, 1997

Sialis (Protosialis) baltica WICHARD, 1997

Auch die Larven der Schlammfliegen gelten als Seltenheiten im Bernstein. Wenn sie das Gewässer verlassen, um sich zu verpuppen, entfernen sich Larven heutzutage nicht weiter als höchstens 5 m vom Ufer, um im lockeren Erdreich eine Puppenhöhle zu graben. Aus Baltischem Bernstein sind zwei Larven bekannt, die auf kleinräumige Landschaftsbilder hinweisen. Bereits diese Funde machen deutlich, daß harztropfende Bäume unmittelbar am Ufer der Gewässer standen und die Bernsteinwälder reich an Stillgewässern waren und von Fließgewässern dicht durchzogen wurden.

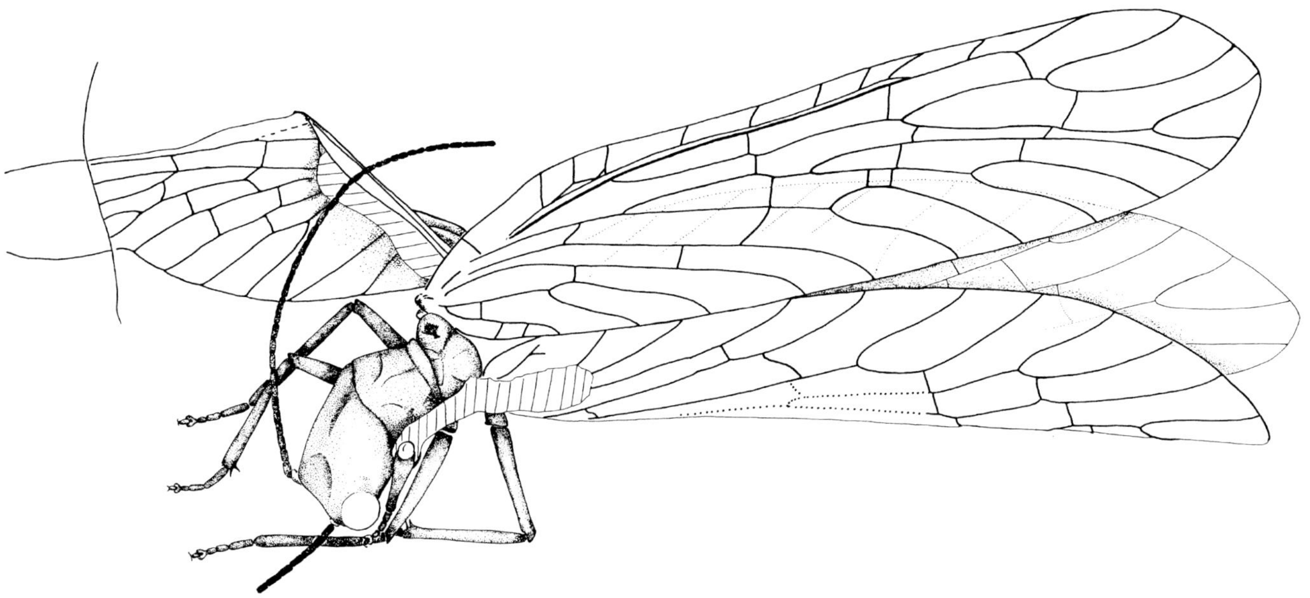

Abb. 65: *Sialis baltica* WICHARD, 1997 (Megaloptera: Sialidae), Holotyp, dorsolaterale Ansicht.

Tafel 51: Schlammfliegen (Insecta: Megaloptera) aus dem Baltischen Bernstein II (Sialidae).

a *Sialis groehni* WICHARD, 1997, Holotyp, Männchen von dorsal mit linkem Hinterflügel.
b *Sialis baltica* WICHARD, 1997, Holotyp, Männchen in dorsolateraler Ansicht.
c *Sialis* sp. Larve mit lateralen Tracheenkiemen und abdominalem Fortsatz.

a

b

c

2.52 Kamelhalsfliegen – Insecta: Rhaphidioptera

Kamelhalsfliegen gehören zu den seltenen, jedoch höchst interessanten Inklusen des Baltischen Bernsteins. Nur wenige Exemplare sind von ihren Larven bekannt. Zwei Larven, von denen aber nur eine vollständig erhalten war, beschrieb HAGEN (1956) unter der Gattung *Raphidia*. WEIDNER (1958) hatte ein weiteres Exemplar aus der Sammlung SCHEELE zur Verfügung. Die gerade ausgestreckte Larve hat eine Länge von knapp 10 mm. Sie stimmt in den Grundzügen mit der Beschreibung der *Raphidia*-Larve von HAGEN überein. Ein zutreffendes Larvenmerkmal, mit dem sich die Larven der Familien Raphidiidae und Inocelliidae unterscheiden, besteht in der Anzahl der Ocellen (EMDEN 1931, ASPÖCK et al. 1980), Kopf mit 4 Ocellen: Inocelliidae, Kopf mit 6-7 Ocellen: Raphidiidae. Danach gehört die von WEIDNER untersuchte Larve zur Familie Inocelliidae, während die Beschreibung von HAGEN dieses Merkmal nicht berücksichtigt.

Die heutigen Larven der Kamelhalsfliegen leben räuberisch und terrestrisch, meist unter der Rinde von Bäumen oder in den oberen, epedaphischen Bodenschichten der Baum- und Strauchvegetation. Die meisten Arten bevorzugen als Larven und Imagines warme Habitate. Kamelhalsfliegen sind weltweit mit weniger als 200 Arten vor allem in Zentralasien, im Mittelmeerraum und im Südwesten von Nordamerika verbreitet.

Die Imagines der Kamelhalsfliegen sind im Körperbau durch Kopf und Brust sowie durch ihre Flügel geprägt. Der Kopf ist dorsoventral abgeflacht, trägt kurze, meist fadenförmige Antennen, kauende, kräftige Mundwerkzeuge, große Komplexaugen und Ocellen (Inocelliidae), die auch fehlen können (Raphidiidae). Das stark verlängerte, zylindrische Pronotum am ersten Brustabschnitt verleiht den Tieren den deutschen Namen: Kamelhalsfliege. Die Flügel sind in Ruhe satteldachartig über dem Hinterleib zusammengelegt. Das Flügelgeäder ist geprägt von übersichtlichen Geäderzellen, die durch Queradern und durch Gabelung der Längsadern entstehen. Am Flügelrand nimmt die Gabelung weiter zu.

Nach den Imagines wurden folgende Arten beschrieben:

Inocelliidae

Electrinocella peculiaris (CARPENTER, 1956)
Fibla carpenteri ENGEL, 1996
Fibla erigena (HAGEN, 1856)

Raphidiidae

Raphidia baltica CARPENTER, 1956

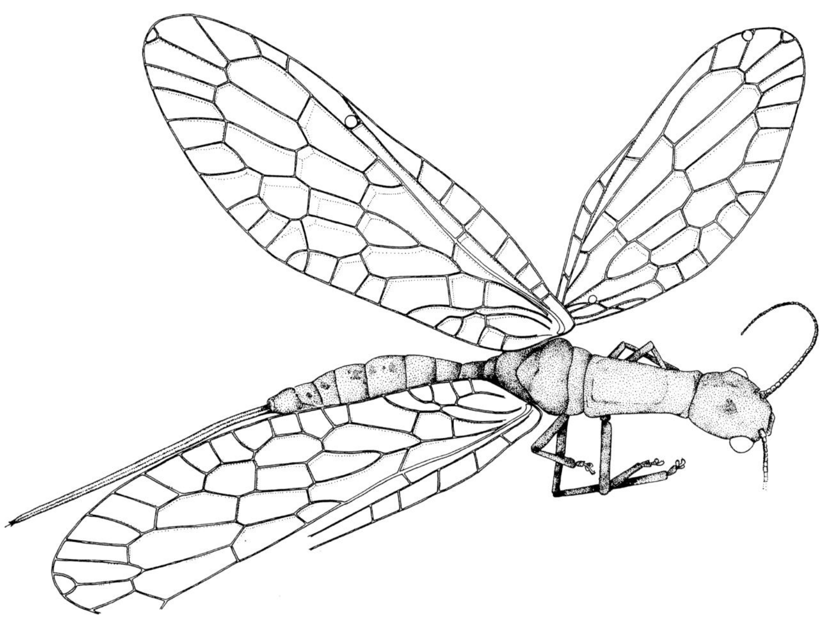

Abb. 66: Kamelhalsfliege (Rhaphidioptera: Inocelliidae) im Baltischen Bernstein.

Tafel 52: Kamelhalsfliegen (Insecta: Rhaphidioptera) aus dem Baltischen Bernstein.

a ? *Fibla* sp. (Rhaphioptera: Inocelliidae), weibl., mit einem Legerohr (Ovipositor).
b ? *Fibla* sp. (Rhaphioptera: Inocelliidae), männl.
c Larve einer Kamelhalsfliege.

a

b

c

2.53 Staubhafte – Insecta: Planipennia (Coniopterygidae)

In seiner Check-Liste der Coniopterygidae der Welt führt MEINANDER (1990) 423 Arten auf. Diesen kosmopolitisch verbreiteten, rezenten Arten stehen derzeit nach OHM (briefl. Mitt.) 11 fossile (9) bzw. subfossile (2) Arten gegenüber. Die ältesten Funde der Staubhafte stammen aus dem oberen Lias von Mecklenburg (*Archiconiopteryx liasina* ENDERLEIN, 1909) und aus der oberen Kreide von Kazachstan (*Juraconiopteryx zherichini* MEINANDER, 1975). Beide Arten gehören möglicherweise in die Unterfamilie Aleuropteryginae (MEINANDER 1979). Aus der Kreide stammen weitere, im Bernstein erhaltene Arten der Gattung *Glaesoconis*, die eindeutig zur den Aleuropteryginae zählt: aus dem Libanon-Bernstein *Glaesoconis fadiacra* WHALLEY, 1980 und aus dem Taimyr-Bernstein *Glaesoconis cretica* MEINANDER, 1975.

Im Baltischen Bernstein einschließlich seiner Bitterfelder Lagerstätte blieben einige eozäne Staubhafte erhalten, die sich derzeit auf folgende 5 Taxa verteilen:

Archiconiocompsa prisca ENDERLEIN, 1910
Archiconis electrica ENDERLEIN, 1930
Coniopteryx (*Coniortes*) *timidus* (HAGEN, 1856)
Heminiphetia fritschi ENDERLEIN, 1930
Hemisemidalis sharovi MEINANDER, 1975

Archiconis electrica ist mit den beiden *Glaesoconis*-Arten aus dem Libanon- und Taimyr-Bernstein nahe verwandt und gehört zum Tribus Fontenelleini (Aleuropteryginae) (vgl. Taf. 53 a Abb. 67). *Archiconiocompsa* (Aleuropteryginae) gehört mit der rezenten Gattung *Coniocompsa* zum Tribus Coniocompsini, deren Arten in den Tropen und Subtropen verbreitet sind. Die nach heutigen taxonomischen Kriterien unzureichend beschriebene *Coniortes timidus* kann man der Gattung *Coniopteryx* und damit der Unterfamilie Coniopteryginae zuordnen (ENDERLEIN 1930, MEINANDER 1972). Weitere Coniopteryginae des Baltischen Bernsteins sind *Heminiphetia fritschi*, die der rezenten Gattung *Neosemidalis* aus der australischen Region nahesteht (MEINANDER 1972), und *Hemisemidalis sharovi*, deren Gattung mit 4 rezenten Arten im Mittelmeerraum, Vorderasien, der Mongolei und in Südafrika verbreitet ist (ASPÖCK et al. 1980).

Der Vollständigkeit halber sei hier noch auf zwei weitere, aus dem Kopal beschriebene Arten hingewiesen: *Coniopteryx enderleini* MEUNIER, 1910 im Togo-Kopal und *Semidalis copalina* MEUNIER, 1910 im Madagaskar-Kopal. *Semidalis* ist eine artenreiche Gattung, weltweit verbreitet, jedoch nicht in Australien.

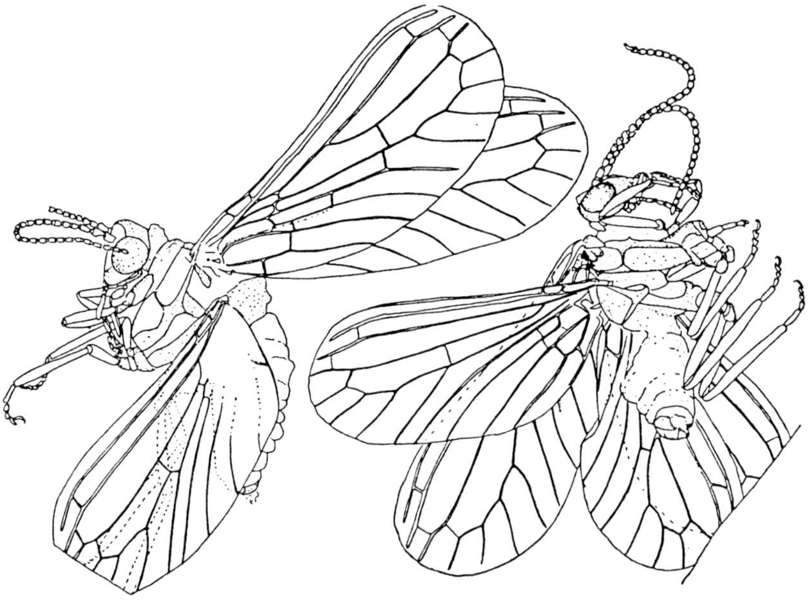

Abb. 67: Staubhafte *Glaesoconis cretica* MEINANDER, 1975 (Coniopterygidae) aus dem Taimyr-Bernstein.

Tafel 53: Hafte (Insecta: Planipennia) aus Baltischem Bernstein I (Coniopterygidae).

a *Archiconis electrica* ENDERLEIN,1930.
b *Heminiphetia fritschi* ENDERLEIN, 1930.
c *Archiconiocompsa prisca* ENDERLEIN, 1910.
d Larve einer Coniopterygidae.
e *Archiconiocompsa prisca* ENDERLEIN, 1910.
f *Heminiphetia fritschi* ENDERLEIN, 1930.

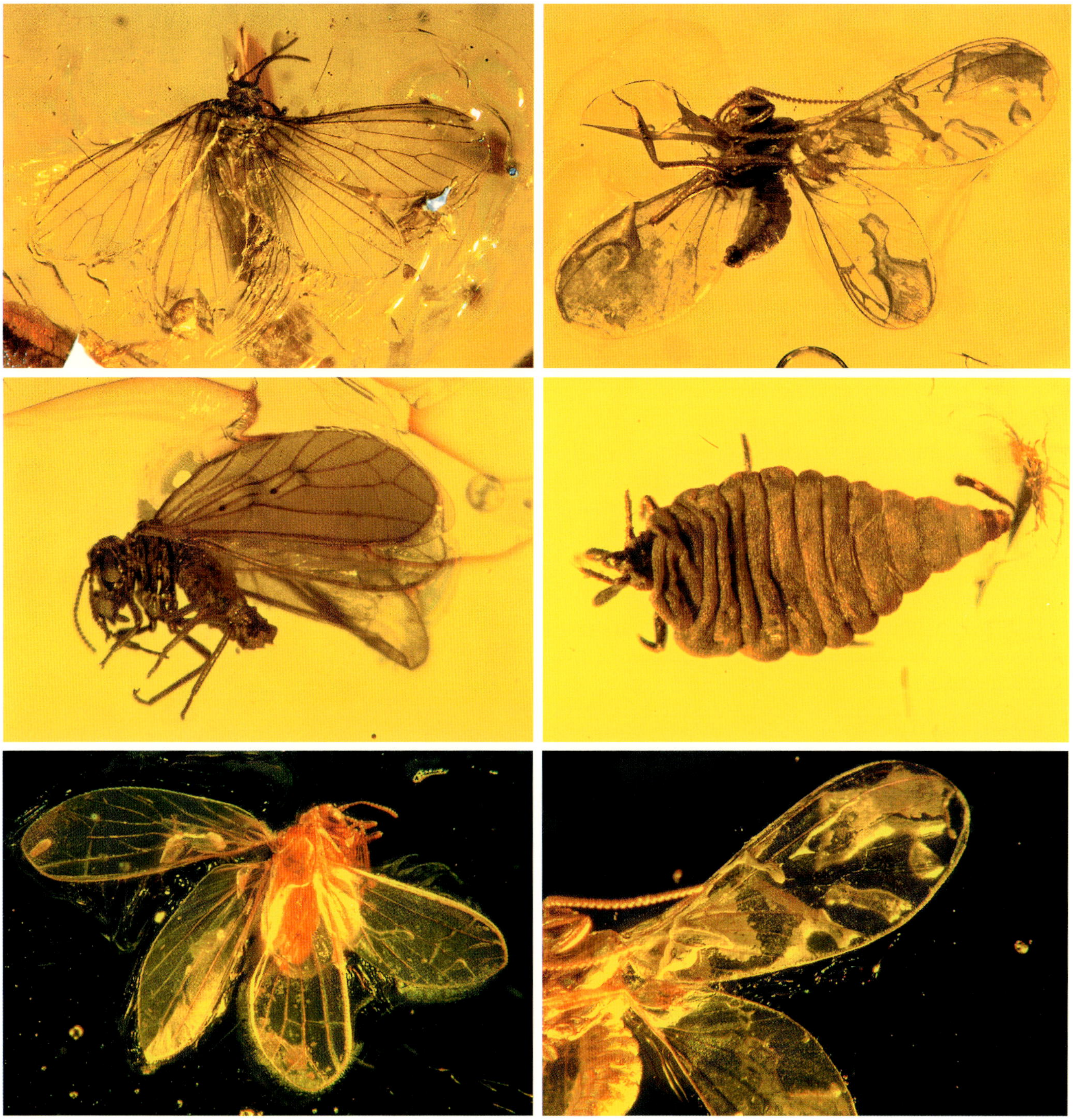
a b c d e f

2.54 Aquatische Hafte – Insecta: Planipennia (Sisyridae, Neurorthidae)

Zu den Netzflüglern oder Hafte, deren Larven temporär oder permanent in Gewässern leben, gehören Arten der Familien Osmylidae (Kap. 2.55), Sisyridae und Neurorthidae. Die Larven der Osmylidae leben außerhalb des Wassers, unmittelbar am Ufer ruhiger Bäche. Sie dringen nur zeitweilig in das Gewässer ein, um weichhäutige Insekten und andere kleine Wassertiere zu jagen. Bei den Sisyridae und Neurorthidae entwikkeln sich die Larven vollständig im Wasser. Unter den rezenten Neurorthidae verbleiben auch die Puppen einiger Arten in ihren Gewässern. Sie schirmen sich dem Wasser gegenüber durch ein Plastron ab, das rundherum von einem locker gewebten Kokon gehalten wird. Die Imagines führen an Uferpflanzen und in der ufernahen Vegetation ein verborgenes Dasein. Von der Familie Sisyridae beschrieb HAGEN (1856) zwei Arten aus dem Baltischen Bernstein:

Rophalis amissa (HAGEN, 1856)

Rophalis relicta (HAGEN, 1856)

Im Baltischen Bernstein sind außerdem zwei Larven gefunden worden, die die typischen Merkmale der Neurorthidae zeigen. Die langgestreckten Larven haben eine klare Körpergliederung in Kopf, Brust und Hinterleib. Die weiße Grundfarbe des schlanken und nach hinten verjüngten Abdomens hebt sich deutlich von der braunen Kopfkapsel ab. Die Brust ist auf heller Grundfläche mit braunen und hellbraunen Skleriten belegt. Der stark sklerotisierte Prothorax gliedert sich in zwei Abschnitte, von denen der vordere Teil schmaler als der hintere Abschnitt ist. Dieses »Halsstück« ist über ein Rollengelenk mit dem Kopf verbunden (ZWICK 1967, WICHARD et al. 1995). Während der »Hals« von zwei Skleriten fast umschlossen erscheint, ist das Notum im hinteren Teil des Prothorax ganzflächig sklerotisiert. Auf dem Meso- und Metathorax befinden sich paarweise weitere markante Skleritfelder, oval geformt und hellbraun gefärbt, charakteristisch für die Gattung *Neurorthus*. Neben den fadenförmigen Antennen und den nicht ganz so langen Labialpalpen fallen die stechend-saugenden Mundwerkzeuge der Larven auf. Am Kopf bilden rechts und links die halbseitig ausgehöhlten Mandibeln und Maxillen eine funktionelle Einheit in Form langgezogener Saugrohre. Sie sind mit ihren spitzen Enden zangenartig nach innen gebogen.

Das Vorkommen von *Neurorthus*-Larven im Bernstein macht neugierig, wenn wir zugrunde legen, daß sich die Puppen im Wasser entwickeln und die Larven nicht gezwungen sind, das Wasser zu verlassen; es sei denn, das Gewässer trocknet aus. MALICKY (1984) und WICHARD et al. (1995) weisen darauf hin, daß *Neurorthus fallax* zur Puppenruhe im Gewässer verbleiben kann. ASPÖCK et al. (1980) vermuten jedoch, daß die aquatischen Larven von *Neurorthus*-Arten das Wasser verlassen, um sich an Land zu verpuppen. Mit dieser Vorstellung ist der Nachweis von *Neurorthus*-Larven im Bernstein problemlos zu erklären.

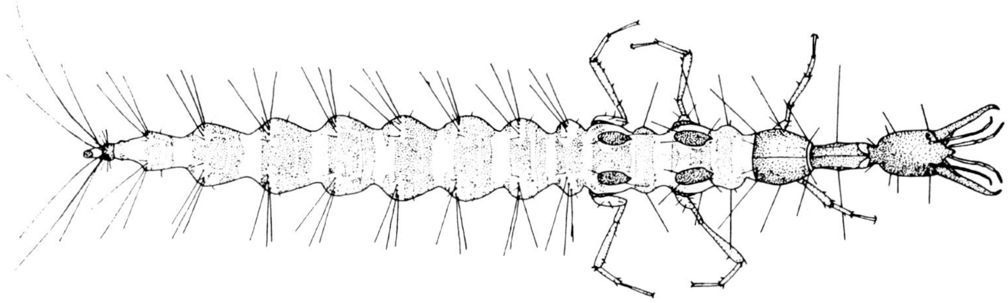

Abb. 68: Rezente Larve von *Neurorthus fallax* (Planipennia: Neurorthidae) (aus ZWICK 1967).

Tafel 54: Hafte (Insecta: Planipennia) aus Baltischem Bernstein II (Sisyridae, Neurorthidae).

a ? *Rophalis* sp. (Planipennia: Sisyridae), Weibchen mit linkem Vorderflügel, dahinter das Genital.

b Neurorthidae ?

c Neurorthidae ?

d Larve einer Neurorthidae.

e Larve einer Neurorthidae, vorderer Körper.

a b c d e

2.55 Hafte – Insecta: Planipennia (Berothidae, Osmylidae, Psychopsidae)

Netzflügler oder Hafte, Planipennia, sind im Baltischen Bernstein keine häufigen Insekten, aber dennoch in einem breiten Spektrum vertreten. Zu den nachgewiesenen Familien und beschriebenen Arten gehören:

Ascalaphidae
Neadelphus protae MACLEOD, 1970
Berothidae
Proberotha prisca KRÜGER, 1923
Chrysopidae
(Taf. 56 c, d)
Coniopterygidae
Archiconiocompsa prisca ENDERLEIN, 1910
Archiconis electrica ENDERLEIN, 1930
Coniopteryx timidus (HAGEN, 1856)
Heminiphetia fritschi ENDERLEIN, 1930
Hemisemidalis sharovi MEINANDER, 1975
Dilaridae
(Taf. 56 a, b)
Hemerobiidae
Prophlebonema resinata (KRÜGER, 1922)
Prospadobius moestus (HAGEN, 1856)
Mantispidae
Fera venatrix WHALLEY, 1980
(engl. Bernstein)
Neurorthidae
(Taf 54 b, c, d, e)
Nymphidae
Pronymphes mengeanus (HAGEN, 1856)
Osmylidae
Protosmylus pictus (HAGEN, 1856)
Psychopsidae
Propsychposis hageni MACLEOD, 1970
Propsychposis helmi KRÜGER, 1923
Propsychposis lapicidae MACLEOD, 1970
Sisyridae
Rophalis amissa (HAGEN, 1856)
Rophalis relicta (HAGEN, 1856)

Berothidae sind Netzflügler, die rezent mit ca. 60 Arten in warm-gemäßigten, besonders aber in subtropischen und tropischen Gebieten aller Kontinente verbreitet sind (ASPÖCK et al. 1980). Die feine Zeichnung der Flügel – bei rezenten wie bei den Bernstein-Arten – beeindruckt durch die parallele Führung der Längsadern, die sich zum Flügelrand hin nahezu regelmäßig gabeln. Die in Stufenreihen angeordneten Queradern und alle Gabeln sind an der Basis hellbraun nachgezeichnet. Die typische Behaarung auf den Flügeln folgt den Längsadern (Taf. 55 a, b).

Osmylidae sind Tiere, die als Larven räuberisch leben, gelegentlich in Kleingewässer eindringen, um dort Larven und Würmer auszusaugen. Mit ihnen beginnt eine typische Reihe von Planipennia – Familien, deren Larven vom Lande kommend sich sukzessiv immer mehr dem Wasser anpassen: Osmylidae, Sisyridae, Neurorthidae (vgl. Kap. 2.54). Die Osmylidae gehören verschiedenen Unterfamilien an, von denen die Protosmylinae mit etwa 6 Arten in Japan und in der orientalischen Region verbreitet sind. Die einzige bisher im Baltischen Bernstein nachgewiesene Osmylidae, *Protosmylus pictus* (HAGEN, 1856), gehört zu dieser Unterfamilie und unterstreicht mit vielen anderen im Bernstein eingeschlossenen Tieren, daß die vergleichbare Fauna des eozänen Bernsteins heute im fernen Südostasien verbreitet ist.

Auch die im Baltischen Bernstein gefundenen Psychopsidae (Taf. 55 c, e, g) leben mit ihren 21 rezenten Arten in den orientalischen und äthiopischen Regionen sowie in Australien (NEW 1989). Psychopsiden fallen gegenüber allen anderen Planipennia durch ihre großenflächigen Flügel auf. Die stark abgerundeten Vorder- und Hinterflügel sind extrem breit und vollflächig durchzogen von dicht und parallel verlaufenden Adern.

Tafel 55: Hafte (Insecta: Planipennia) aus Baltischem Bernstein III (Berothidae, Osmylidae, Psychopsidae).

a Berothidae.
b Berothidae, Adergabelungen am Flügelrand.
c Psychopsidae (*Propsychopsis* sp.)
d Osmylidae (*Protosmylus* sp.), Kopfbereich.
e Psychopsidae – Larve.
f Osmylidae (*Protosmylus* sp.), Flügelbereich.
g Psychopsidae – Larve.
h Osmylidae (*Protosmylus* sp.), Genitalbereich.

a

b

c

d

e
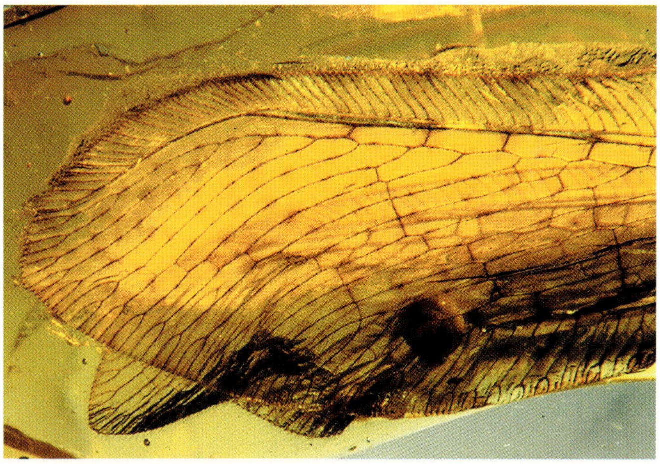
f
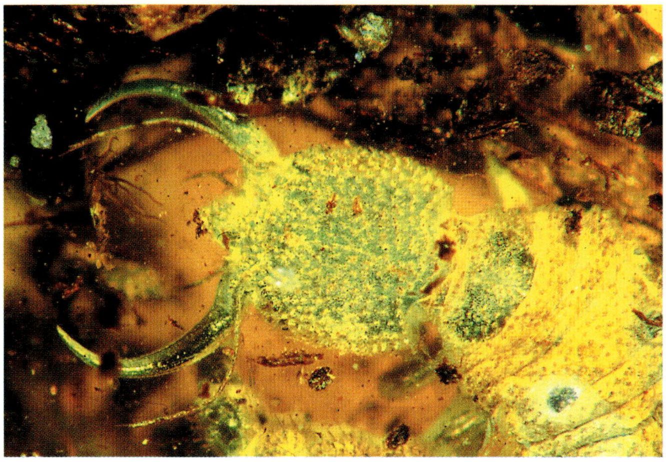
g

h

2.56 Hafte – Insecta: Planipennia (Dilaridae, Chrysopidae, Ascalaphidae)

Die Planipennia-Familien, die LARSSON (1978) und SPAHR (1992) aus dem Baltischen Bernstein verzeichnen, werden um zwei weitere, bislang noch nicht nachgewiesene Familien ergänzt: Dilaridae und Chrysopidae.

Über 40 rezente Arten der Familie Dilaridae verteilen sich auf die Unterfamilie Dilarinae, die palaearktisch verbreitet ist, und Nallachiinae, die in der Nearktis und Neotropis vorkommt (ASPÖCK et al. 1980, NEW 1989). Im eozänen Baltischen Bernstein taucht erstmals ein weibliches Tier aus der Unterfamilie Dilarinae auf (Taf. 56 a, b). Das Weibchen hat im Unterschied zu den pektinaten Antennen der Männchen einfach gebaute, filiforme Fühler. Auffallend ist beim Weibchen auch der lange Ovipositor, der bei dem Bernstein-Tier etwa die Länge des Körpers hat. Ein langer Ovipositor dient wahrscheinlich zur Ablage von Eiern in tiefen Ritzen oder Spalten in der Baumrinde und hier möglicherweise in der des harzenden Bernsteinbaumes.

Die weltweit verbreiteten Chrysopidae sind mit nahezu 2000 Arten die größte rezente Familie der Planipennia. Trotzdem fehlte bislang ein Nachweis aus dem Baltischen Bernstein (Taf. 56 b, c). Die Bindung an bestimmte tierische Nahrung (Blattläuse, Schildläuse, Insektenlarven) kann zur Präferenz für bestimmte Pflanzen führen und damit zugleich die Seltenheit der ohnehin schlechten Flieger im Baltischen Bernstein erklären.

Schmetterlingshafte, Ascalaphidae, wurden bislang nur als Larven nachgewiesen. Zunächst glaubten BERENDT (1830, 1845) und BURMEISTER (1832) sowie HOPE (1843), daß ein schon früh verschollenes Exemplar die Larve eines Ameisenlöwen sei. Diese Meinung wurde von HANDLIRSCH (1907, 1925) und später von BACHOFEN-ECHT (1949) übernommen. KLEBS weist (1910) auf eine inzwischen ebenfalls verschollene Larve hin, die nach ANDER (1942) und ANDRÉE (1951) entweder eine Myrmeleontidae oder eine Ascalaphidae sei. WEIDNER (1958) konnte mit einer Larve aus der Sammlung SCHEELE (Hamburg) das Vorkommen der Ascalaphidae im Baltischen Bernstein eindeutig belegen. MACLEOD (1970) beschrieb nach einer weiteren Larve die Ascalaphidae-Art: *Neadelphus protae* MACLEOD, 1970. Inzwischen wurden neue Larven gefunden.

Ascalaphiden-Larven leben nach ASPÖCK et al. (1980) in der Laubstreu des Bodens, unter Steinen und auf Baumstrünken. Sie bauen nicht wie die Ameisenlöwen (Myrmeleontidae) zum Beutefang Trichter im lokkeren Sandboden, sondern bewegen sich frei herum. Schon aus diesem Grund ist die Wahrscheinlichkeit für Larven von Schmetterlingshafte in Harz zu gelangen unvergleichlich größer, als für Larven der Ameisenlöwen, die sich unter ihrem Trichter im Sandboden verbergen.

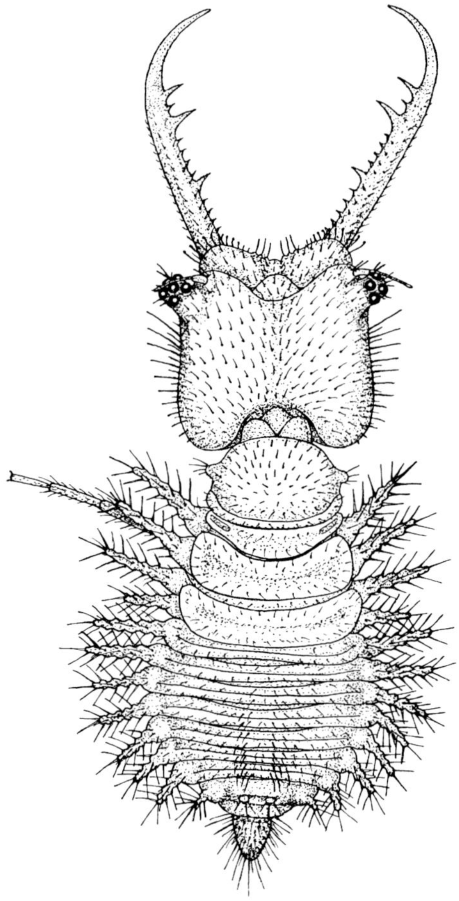

Abb. 69: Ascalaphidae-Larve (Schmetterlingshafte) aus Baltischem Bernstein.

Tafel 56: Hafte (Insecta: Planipennia) aus Baltischem Bernstein IV (Dilaridae, Hemerobiidae, Chrysopidae).

a Dilaridae, weibl.
b Dilaridae, lange Legeröhre (Ovipositor).
c Chrysopidae.
d Chrysopidae.
e Hemerobiidae.
f Hemerobiidae.
g Planipennia – Puppe.
h Ascalaphidae – Larve.

a b c d e f g h

2.57 Käfer – Insecta: Coleoptera (Cupedidae)

Mit Ausnahme der Antarktis leben Käfer weltweit in allen Kontinenten. Ihre höchste Vielfalt entwickeln sie in den Tropen. Die Größe der Imagines schwankt von winzigen 0,3 mm großen Käfern (Ptiliidae) bis hin zu 15 cm mächtigen Tieren (Scarabaeidae). Fossile Käfer wurden bereits aus dem unteren Perm (vor ca. 265 Mill. Jahren) bekannt (PONOMARENKO 1995). Seit dem frühen Paläozoikum divergiert die Ordnung Coleoptera in zahlreiche Familien und weist schon zu Beginn des Känozoikums ein weit gefächertes Spektrum auf, das sich im Baltischen Bernstein mit derzeit 76 nachgewiesenen Familien widerspiegelt.

Der Stammbaum der Coleoptera besteht aus vier Unterfamilien, deren verwandtschaftliche Beziehungen noch nicht völlig geklärt sind: Adephaga, Myxophaga, Polyphaga und Archostemata. Die offene Frage zielt auf die phylogenetische Basisgruppe der Coleoptera. Entweder sind die Archostemata oder die Polyphaga die Schwestergruppen zu allen übrigen Coleoptera (KLAUSNITZER 1975, KUKALOVÁ-PECK & LAWRENCE 1993).

Unter den Archostemata, die als Larven und Käfer meist an Holz leben, befinden sich ursprüngliche Formen, die eine Nähe zu den frühen paläozoischen Käfern aufweisen. Einige fossile Käfer werden zu den Cupedidae (Archostemata) gestellt, weil sie eine ursprüngliche Flügeldeckenstruktur erkennen lassen. Aus der Trias glaubt man fossile Hölzer mit Fraßspuren von Cupedidae gefunden zu haben. Spätestens aus dem Jura ist die Familie sicher nachgewiesen. Cupedidae sind mit den Gattungen *Cupes* und *Priacma* auch im eozänen Baltischen Bernstein vorhanden (Taf. 57). Sie gehören zu den Taxa, die heute sehr begrenzt und diskontinuierlich verbreitet sind. Mit etwa 20 Arten kommen Cupedidae nach ANDER (1942) in Ostasien, Australien, Südafrika, Tanganjika-Gebiet, Madagaskar sowie in Nordamerika, Brasilien und Chile vor. Sie stellen heute Reliktgruppen dar, die im frühen Tertiär in größeren und zusammenhängenden Arealen lebten, als das Klima des tropischen und subtropischen Gürtels noch weit nach Norden und Süden reichte.

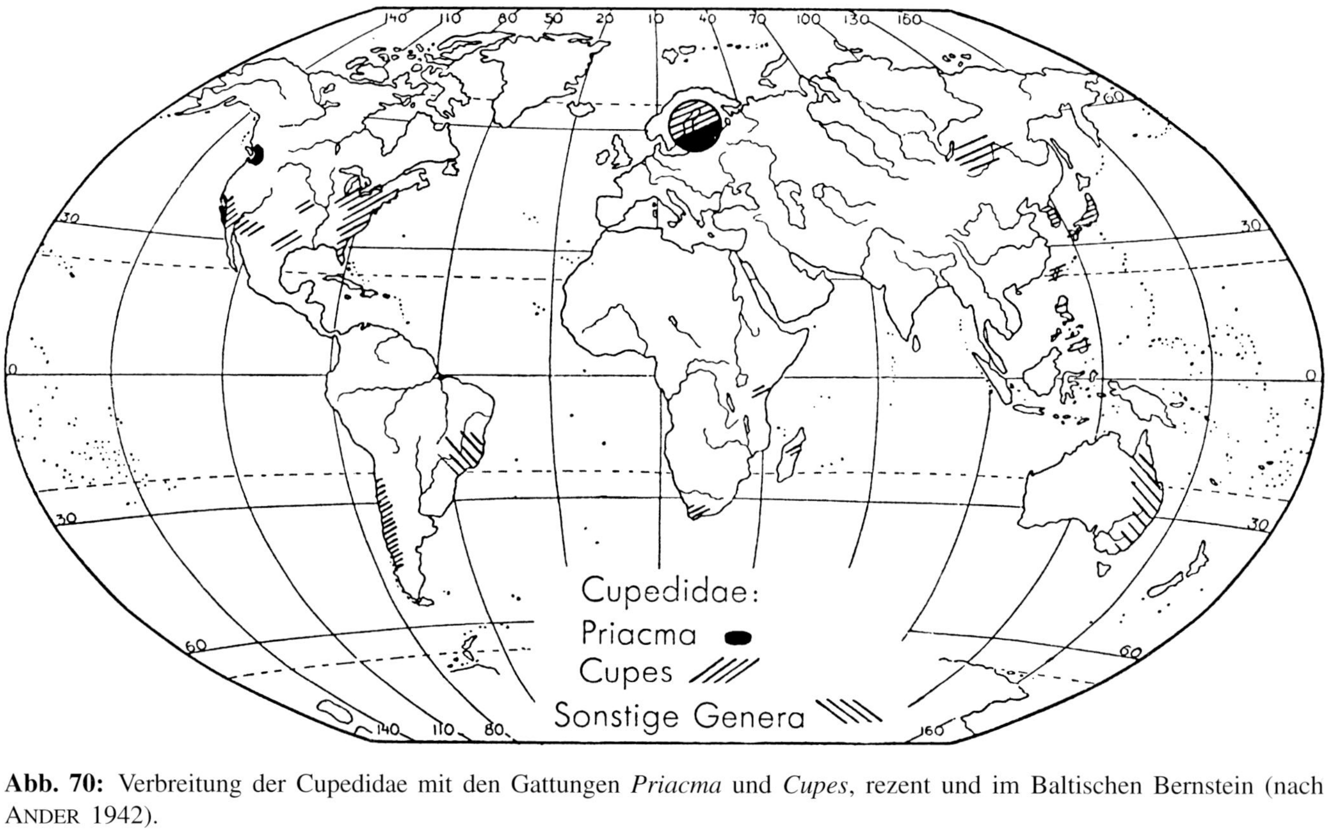

Abb. 70: Verbreitung der Cupedidae mit den Gattungen *Priacma* und *Cupes*, rezent und im Baltischen Bernstein (nach ANDER 1942).

Tafel 57: Käfer (Insecta: Coleoptera) aus Baltischem Bernstein I (Cupedidae).

2.58 Käfer – Insecta: Coleoptera (Carabidae)

Zu den Adephaga gehören neben Wasserkäfern u.a. die Laufkäfer der Familie Carabidae, der als Unterfamilien die Sandlaufkäfer (Cicindelidae) und die Fühlerkäfer (Paussinae) zugeordnet sind. Oft werden alle drei Taxa auch als eigenständige Familien geführt. Die Carabidae sind weltweit verbreitet, leben als Räuber in den verschiedensten Biotopen, aber bleiben häufig dem Lebensraum am Boden verbunden.

Unter den Carabinae dominieren im Bernstein die Käfer des Waldes. Nach einer Bestandsaufnahme der »Bernstein-Käfer des Museums für Naturkunde, Berlin« (HIEKE & PIETRZENIUK 1984) verteilen sich die Carabinae mit abfallender Präferenz auf Lebiini (18), Agonini (15), Harpalini (3), Pterostichini (2), Clivinini (2), Stenolophinini (1), Trechini (1) und Zuphiini (1). Innerhalb der Lebiini jagen *Dromius*-Verwandte gerne unter der Rinde und auf abgestorbenen Hölzern. Die Agonini besiedeln heutzutage die Bodenschichten von Misch- und Laubwäldern. Laufkäfer arider Biotope fehlen weitgehend im Baltischen Bernstein.

Bei den Sandlaufkäfern (Cicindelinae) wird gerne eine berühmte Art hervorgehoben (LARSSON 1978), die bereits im Bernstein vorkommen soll und nach HORN (1906) mit einer rezenten Art identisch sei: *Tetracha carolina* L. Dieser 17 mm große Sandlaufkäfer lebt heute im Süden der USA, Westindien und Zentralamerika. Er bevorzugt offene Landschaft und ernährt sich, wie seine im Sandboden lauernde Larve, räuberisch von anderen Boden-Insekten. Überraschend ist deshalb sein Nachweis als Inkluse im Baltischen Bernstein. KLAUSNITZER (1982) bemerkt richtig, daß einzelne Inklusen nicht unbedingt rezenten Arten zugeordnet werden können, nur weil zur Kennzeichnung einer Art die übereinstimmende, äußere Gestalt herangezogen werden kann. Diese Feststellung betont ein allgemeines Problem bei der Bearbeitung von Bernstein-Inklusen.

Die Fühlerkäfer (Paussinae) sind nächtliche Räuber der Tropen und Subtropen. Kennzeichnend für die meisten Paussinae ist das kompliziert gebaute, auffallend verdickte Fühlerpaar. Die Käfer leben in Ameisennestern. Sie sondern aus Drüsen an den Fühlern und am Körper Sekrete ab, die von den Ameisen geleckt werden. Als Räuber saugen die Fühlerkäfer Larven und Puppen ihrer Wirtstiere aus (NAGEL 1980, 1987). Die Fühlerkäfer des Baltischen Bernsteins hat zunächst WASMANN (1926a, b, 1927, 1928, 1929) untersucht. Nach der Revision der Taxa (NAGEL 1987) verteilen sich die sicheren 20 Arten auf folgende Genera:

1. Gen. *Succinarthropterus*
   Succinarthropterus helmi (SCHAUFUSS, 1896)
   Succinarthropterus kühnlii (STEIN, 1877)
   Succinarthropterus kolbei (WASMANN, 1926)

2.1. Gen. *Pleurarthropterus (Pleurarthropterus)*
   Pleurarthropterus hermenaui (WASMANN, 1926)

2.2. Gen. *Pleurarthropterus (Balticarthropterus)*
   Pleurarthropterus andreei (WASMANN, 1928)
   Pleurarthropterus skwarrae (WASMANN, 1929)
   Pleurarthropterus balticus (WASMANN, 1926)
   Pleurarthropterus subtilis (WASMANN, 1926)
   Pleurarthropterus hagedorni (WASMANN, 1926)
   Pleurarthropterus antiquus (WASMANN, 1925)
   Pleurarthropterus aterrimus (WASMANN, 1929)
   Pleurarthropterus simoni (WASMANN, 1926)
   Pleurarthropterus schaufussi (WASMANN, 1926)
   Pleurarthropterus fritschi (WASMANN, 1929)

2.3. Gen. *Pleurarthropterus (Acmarthropterus)*
   Pleurarthropterus kuntzeni (WASMANN, 1927)

3. Gen. *Cerapterites*
   Cerapterites primaevus WASMANN, 1925

4. Gen. *Protocerapterus*
   Protocerapterus primigenius WASMANN, 1926
   Protocerapterus incola WASMANN, 1927

5. Gen. *Arthropterites*
   Arthropterites klebsi WASMANN, 1925

6. Gen. *Eopaussus*
   Eopaussus balticus WASMANN, 1926

Tafel 57: Käfer (Insecta: Coleoptera) aus Baltischem Bernstein II (Carabidae).

a Cicindelinae.
b Cicindelinae.
c Carabinae.
d Carabinae.
e Carabinae.
f Carabinae.
g Paussinae.
h Paussinae.

a b c d e f g h

2.59 Käfer – Insecta: Coleoptera (Dytiscidae, Gyrinidae)

Von den adephagen Wasserkäfern sind aus dem Baltischen Bernstein die Schwimmkäfer (Dytiscidae) und die Taumelkäfer (Gyrinidae) mit ihren Larven nachgewiesen. Während die Scirtidae sehr häufig sind (Kap. 2.62), kommen echte Wasserkäfer der Familien Gyrinidae und Dytiscidae überaus selten vor.

Bisher ist ein Taumelkäfer aus der Sammlung KÜNOW im Museum für Naturkunde, Berlin sicher nachgewiesen. Der Käfer befindet sich in einem sehr guten Zustand, auch wenn das Alter des Bernsteins dem Ganzen eine rötliche Patina verleiht (Taf. 59 g). Der Käfer wird wahrscheinlich zur Gattung *Gyrinus* gehören. Nur eine Gyrinidae-Art wurde bisher beschrieben: *Gyrinoides limbatus* MOTSCHULSKY, 1856. KLEBS (1910) zählt kommentarlos in der Liste der Käfer seiner Bernstein-Sammlung eine weitere Gyrinidae-Gattung *Orectochilus* auf. Falls zutreffend, gibt sie einen Hinweis auf fließende Gewässer im Baltischen Bernsteinwald. Die einmalige Larve eines Taumelkäfers (Taf. 59 h), auf die kürzlich hingewiesen wurde (WICHARD & WEITSCHAT 1996), wurde möglicherweise von herabtropfendem Harz überrascht, als sie das Gewässer verließ, um sich an Land zu verpuppen.

Als weitere Besonderheit unter den Wasserkäfern vermerken HIEKE & PIETRZENIUK (1984), daß der Schwimmkäfer im Museum für Naturkunde, Berlin (Taf. 59 a) der bisher einzige imaginale Nachweis der Familie Dytiscidae sei. Inzwischen (WICHARD & WEITSCHAT 1996) wurde ein weiterer Schwimmkäfer gefunden (Taf. 59 b). Von besonderem Interesse aber sind die im Bernstein erhaltenen Dytiscidae-Larven, die mittlerweile drei Unterfamilien repräsentieren: Hydroporinae (Taf. 59 f), Colymbetinae (Taf. 59 b, c) und Laccophilinae (Taf. 59 e). Die Wahrscheinlichkeit ist zumindest groß, daß eine Laccophilinae vorliegt. Dafür sprechen Schläfendornen, Bau der Antennen und Maxillarpalpen. Um größere Gewißheit zu bekommen, muß die Larve mit tropischen und nicht allein mit europäischen Laccophilinae-Larven verglichen werden. Den Nachweis für Colymbetinae-Larven hat WEIDNER (1958) mit der Beschreibung einer Larve *Rhantus* (?) sp. erbracht, die zum Tribus Colymbetini gehört. Die Unterfamilie Hydroporinae liegt in Gestalt einer Larve schon seit BERENDT (1845) vor, obwohl sie zunächst als eine Thysanura mißverstanden und dann von HANDLIRSCH (1907) zu den Dytiscidae-Larven und in die Nähe von *Hyphydrus* gestellt wurde. *Hyphydrus* ist eine ganz überwiegend tropische Gattung, die in Europa nur mit zwei Arten vertreten ist. Der Kopf der Larven ist vorne löffelartig verlängert und weist zumindest bei den im Baltischen Bernstein erhaltenen Larven bizarre Strukturen auf, die an ein Geweih erinnern (Abb. 71).

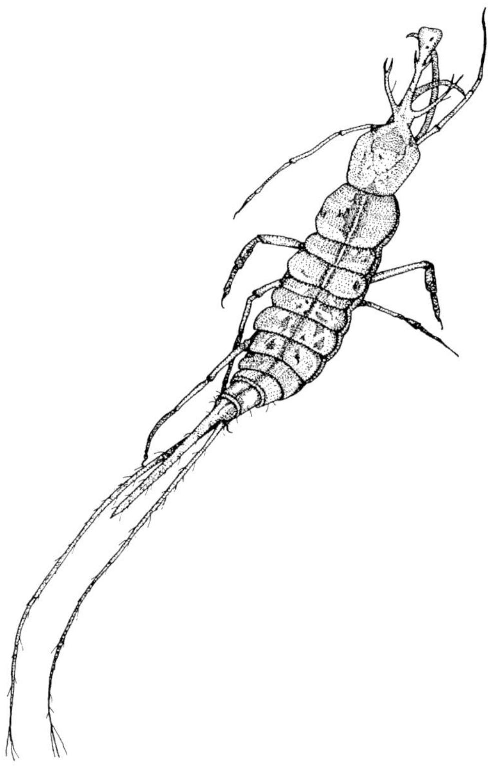

Abb. 71: Larve von *Hyphydrus* sp. (Dytiscidae) im Baltischen Bernstein.

Tafel 57: Käfer (Insecta: Coleoptera) aus Baltischem Bernstein III (Dytiscidae, Gyrinidae).

- **a** Dytiscidae, Imago.
- **b** Dytiscidae, Imago.
- **c** Dytiscidae, Colymbetinae-Larve (?*Rhantus* sp.).
- **d** Dytiscidae, Colymbetinae-Larve.
- **e** Dytiscidae, Laccophilinae-Larve.
- **f** Dytiscidae, Hydroporinae-Larve (*Hyphydrus* sp.).
- **g** Gyrinidae, (? *Gyrinus* sp.).
- **h** Gyrinidae, Larve.

a b c d e f g h

2.60 Käfer – Insecta: Coleoptera (Staphylinidae, Pselaphidae, Scydmaenidae)

Die Familie der Staphylinidae (Kurzflügler) ist weltweit verbreitet und vereint mit annähernd 50000 rezenten Arten ebenso erfolgreiche Käfer wie die der Curculionidae (Kap. 2.65). Dementsprechend sind die Lebensräume und Habitate sehr verschieden, auch wenn die meisten Arten Bodenbewohner sind und sich räuberisch ernähren. Im Boden und in Bodennähe sind sie im pflanzlichen Bestandsabfall, im Mulm, unter Rinde und an Pilzen anzutreffen. Als Bodentiere bevorzugt die Mehrheit feuchte Biotope.

Eine hilfreiche Übersicht über die schwierige Familie der Kurzflügler des Baltischen Bernsteins geben HIEKE & PIETRZENIUK 1984. Danach dominieren in der Sammlung der »Bernstein-Käfer des Museums für Naturkunde, Berlin« die Unterfamilien Tachyporinae (30), Paederinae (>20), Aleocharinae (30) und Staphylininae (>20), während die artenreiche Unterfamilie Oxytelinae (1-2) vergleichsweise unterrepräsentiert ist. Nur mit wenigen Exemplaren sind auch die Omalinae (5-6) und die Proteininae (1-2) vertreten. Rein euedaphische Leptotyphlinae fehlen.

In der Sammlung KLEBS befindet sich eine Anzahl von Staphyliniden, die mehrheitlich durch die Gattungen *Tachyporus*, *Anthobium*, *Lathrobium*, *Atheta*, *Bryocharis*, *Medon*, *Philonthus* und *Scopaeus* gekennzeichnet sind (KLEBS 1910) und der Berliner Sammlung in den Grundzügen nahezu entsprechen.

Die Arten der Scydmaenidae und Pselaphidae sind in der Mehrzahl Bodenkäfer. Die Scydmaenidae leben unter Laub und Rinde, in Baummulm und Moos, sind Räuber und jagen Milben.

Die meist 1-2,5 mm kleinen Pselaphidae sind mit zahlreichen Arten vor allem in den Tropen verbreitet. Unter ihnen leben die Palpenkäfer in der Unterfamilie Pselaphinae in Moos, Laub und verrotteten Pflanzen der Bodenstreu und ernähren sich räuberisch ebenfalls von Milben. Die Keulenkäfer der Unterfamilie Clavigerinae leben ausschließlich in Ameisennestern. Die Imagines betrillern mit ihren Fühlern die Ameisen, um gefüttert zu werden. Sie wiederum sondern unter Haarbüscheln Sekrete ab, die gierig von Ameisen aufgeleckt werden.

Im Baltischen Bernstein sind beide Familien artenreich vertreten. Die ersten Beschreibungen fossiler Arten gehen vor allem auf SCHAUFUSS (1890 a, b), später auch auf FRANZ (1976) zurück.

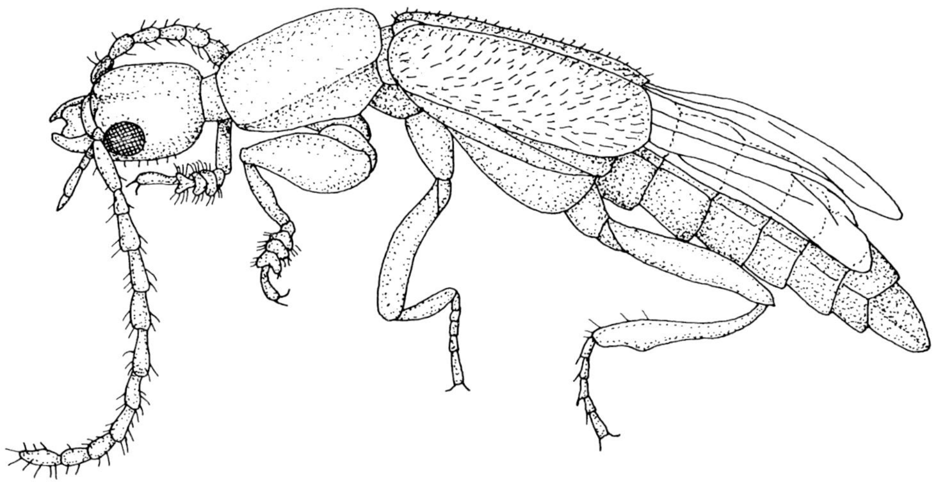

Abb. 72: Kurzflügler (Coleoptera: Staphylinidae) aus Baltischem Bernstein.

Tafel 60: Käfer (Insecta: Coleoptera) aus Baltischem Bernstein IV.

a Staphylinidae.
b Staphylinidae.
c Staphylinidae.
d Staphylinidae.
e Psephalidae.
f Psephalidae.
g Scydmaenidae.
h Scydmaenidae.

a b c d e f g h

2.61 Bernstein-Käfer in der Übersicht – Insecta: Coleoptera

Die systematische und taxonomische Aufarbeitung der Käfer des Baltischen Bernsteins steckt bei den meisten Gruppen noch in den Anfängen, obwohl oder weil Käfer zu den häufigsten Bernstein-Inklusen gehören. Einen sehr instruktiven Überblick über die Familien der Bernstein-Käfer unter Berücksichtigung der Biologie und Paläoökolgie haben HIEKE & PIETRZENIUK (1984) erarbeitet. Die vorliegende und vorläufige Übersicht der Familien berücksichtigt KEILBACH (1982), SPAHR (1981 a, b), HIEKE & PIETRZENIUK (1984) und WUNDERLICH (1986, 1996) und ordnet die Käfer-Familien nach der Klassifikation von LAWRENCE & BRITTON (1991). Manche früher als Familien geführte Taxa werden zu Unterfamilien:

ARCHOSTEMATA
- Cupedidae

ADEPHAGA
- Carabidae – Laufkäfer
- Dytiscidae – Schwimmkäfer
- Gyrinidae – Taumelkäfer

POLYPHAGA

Staphyliniformia
- Hydrophilidae – Wasserkäfer
- Histeridae – Stutzkäfer
- Ptiliidae – Federflügler
- Leiodidae – Nestkäfer
- Scydmaenidae – Ameisenkäfer
- Silphidae – Aaskäfer
- Staphylinidae – Kurzflügler
- Pselaphidae – Zwergkäfer

Eucinetiformia
- Scirtidae – Sumpfkäfer
- Eucinetidae
- Clambidae – Punktkäfer

Scarabaeiformia
- Lucanidae – Hirschkäferartige
- Scarabaeidae – Blatthornkäfer

Elateriformia
- Dascillidae
- Bupestridae – Prachtkäfer
- Byrrhidae – Pillenkäfer
- Dryopidae – Klauenkäfer
- Elmidae – Hakenkäfer
- Limnichidae
- Heteroceridae – Sägekäfer
- Ptilodactylidae
- Artematopsidae
- Cerophytidae
- Eucnemidae – Schienenkäfer
- Throscidae – Hüpfkäfer
- Elateridae – Schnellkäfer
- Lycidae – Rotdeckenkäfer
- Lampyridae – Leuchtkäfer
- Cantharidae – Weichkäfer

Bostrichiformia
- Dermestidae – Pelzkäfer
- Bostrichidae – Holzbohrkäfer
- Anobiidae – Klopfkäfer

Cucujiformia
- Lymexylidae – Werftkäfer
- Trogossitidae – Flachkäfer
- Cleridae – Buntkäfer
- Melyridae – Zipfelkäfer
- Sphindidae
- Nitidulidae – Glanzkäfer
- Rhizophagidae – Wurzelkäfer
- Cucujidae – Plattkäfer
- Phalacridae – Glattkäfer
- Cryptophagidae – Schimmelkäfer
- Erotylidae – Pilzkäfer
- Byturidae – Blütenfresser
- Endomycidae – Pilzfresserkäfer
- Coccinellidae – Marienkäfer
- Corylophidae – Faulholzkäfer
- Lathridiidae – Moderkäfer
- Mycetophagidae – Baumschwammkäfer
- Ciidae – Schwammkäfer
- Melandryidae
- Mordellidae – Stachelkäfer
- Rhipiphoridae – Fächerkäfer
- Colydiidae – Rindenkäfer
- Tenebrionidae – Schwarzkäfer
- Oedemeridae – Scheinbockkäfer
- Meloidae – Ölkäfer
- Phytidae – Scheinrüssler
- Pyrochroidae – Feuerkäfer
- Anthicidae – Blütenmulmkäfer
- Aderidae – Moderholzkäfer
- Scraptiidae – Seidenkäfer
- Cerambycidae – Bockkäfer
- Crysomelidae – Blattkäfer
- Anthribidae – Breitrüßler
- Urodontidae
- Curculionidae – Rüsselkäfer

Tafel 61: Käfer (Insecta:Coleoptera) aus Baltischem Bernstein V (Staphylinidae, Scarabaeidae).

2.62 Käfer – Insecta: Coleoptera (Scirtidae)

Die Scirtidae (Helodidae, Elodidae) oder Sumpfkäfer stellen die häufigste Käfer-Familie im Baltischen Bernstein dar. HIEKE & PIETRZENIUK (1984) haben die Käfer aus drei großen Bernstein-Sammlungen verglichen und konnten zeigen, daß Scirtidae ca. 10-20 % aller Käfer-Inklusen ausmachen.

Ihre Häufigkeit erlaubt Rückschlüsse auf die Beschaffenheit von Lebensräumen im »Baltischen Bernsteinwald«. So weisen die Scirtidae zunächst einmal auf einen Reichtum an stehenden Gewässern hin, weil ihre Larven ausschließlich im Wasser und überwiegend in Stillgewässern leben. Dabei bevorzugen sie Schlenken, Fallaubtümpel und Phytothelmen. Es reichen oft kleine Wasserlöcher zwischen den Baumwurzeln. Viele dieser Kleingewässer haben in sumpfigen und moorigen Geländen Bestand und erinnern bei Anwesenheit von (harzproduzierenden) Bäumen an Bruchwald-ähnliche Biotope. Als Imagines leben die Sumpfkäfer an Kräutern in unmittelbarer Nähe der Kleingewässer. Bereits 15 fossile Arten der Gattungen *Cyphon, Elodes, Microcara* und *Plagiocyphon* wurden beschrieben (KLAUSNITZER 1976, YABLOKOV-KHNZORIAN 1961). Die Gattung *Cyphon* repräsentiert die Sumpfkäfer der anmoorigen Stillgewässer, während die fossilen Arten der Gattung *Elodes* verglichen mit den Habitaten ihrer rezenten Arten auch als rheophile Bachbewohner in Betracht kommen (KLAUSNITZER 1976).

Von den nächstverwandten Wasserkäfern, den Ptilodactylidae und Dryopidae, wurde bislang jeweils nur eine Art bekannt.

Scirtidae

Brachelodes motschulskyi YABLOKOV-KHNZORIAN, 1961
Cyphon pallasi YABLOKOV-KHNZORIAN, 1961
Cyphon krynyckyi YABLOKOV-KHNZ., 1961
Cyphon shevyrevi YABLOKOV-KHNZ., 1961
Cyphonogenius zakhvatkini YABLOKOV-KHNZORIAN, 1961
Helodes modesta KLAUSNITZER, 1976
Helodes transversa KLAUSNITZER, 1976
Helodes egregia KLAUSNITZER, 1976
Helodes setosa KLAUSNITZER, 1976
Helodes minax KLAUSNITZER, 1976
Helodopsis solskyi YABLOKOV-KHNZOR., 1961
Microcara dokhturovi YABLOKOV-KHNZ., 1960
Microcara kuznezovi YABLOKOV-KHNZ., 1960
Microcara znoijkoi YABLOKOV-KHNZ., 1960
Microcara zubkovi YABLOKOV-KHNZ., 1960
Plagiocyphon plavilschikovi YABLOKOV-KHNZORIAN, 1960

Ptilodactylidae

Ptilodactyloides stipulicornis MOTSCHULSKY, 1856

Dryopidae

Palaeoriohelmis samlandica BOLLOW, 1940

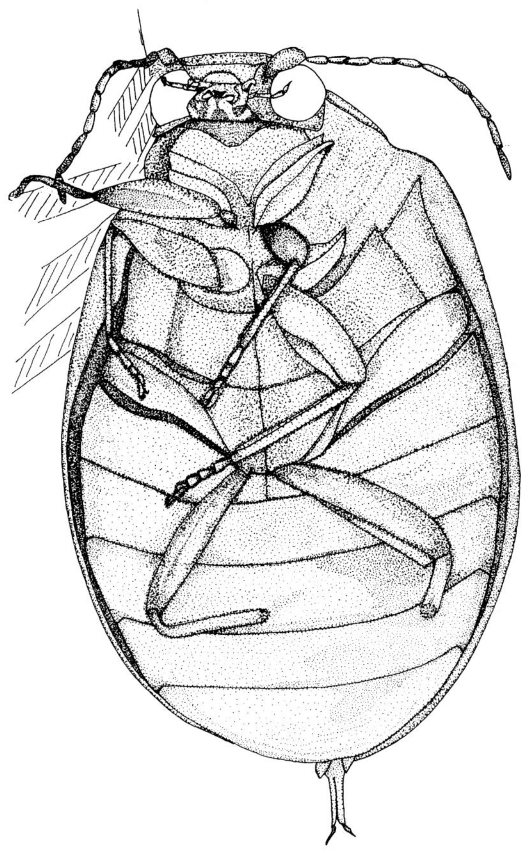

Abb. 73: *Cyphon* sp. (Coleoptera: Scirtidae) aus dem Baltischen Bernstein.

Tafel 62: Käfer (Insecta: Coleoptera) aus Baltischem Bernstein VI.

a Scirtidae, Larve.
b Scirtidae.
c Scirtidae.
d Scirtidae.
e Elateridae.
f Cantharidae.
g Cleridae.
h Cleridae, Larve.

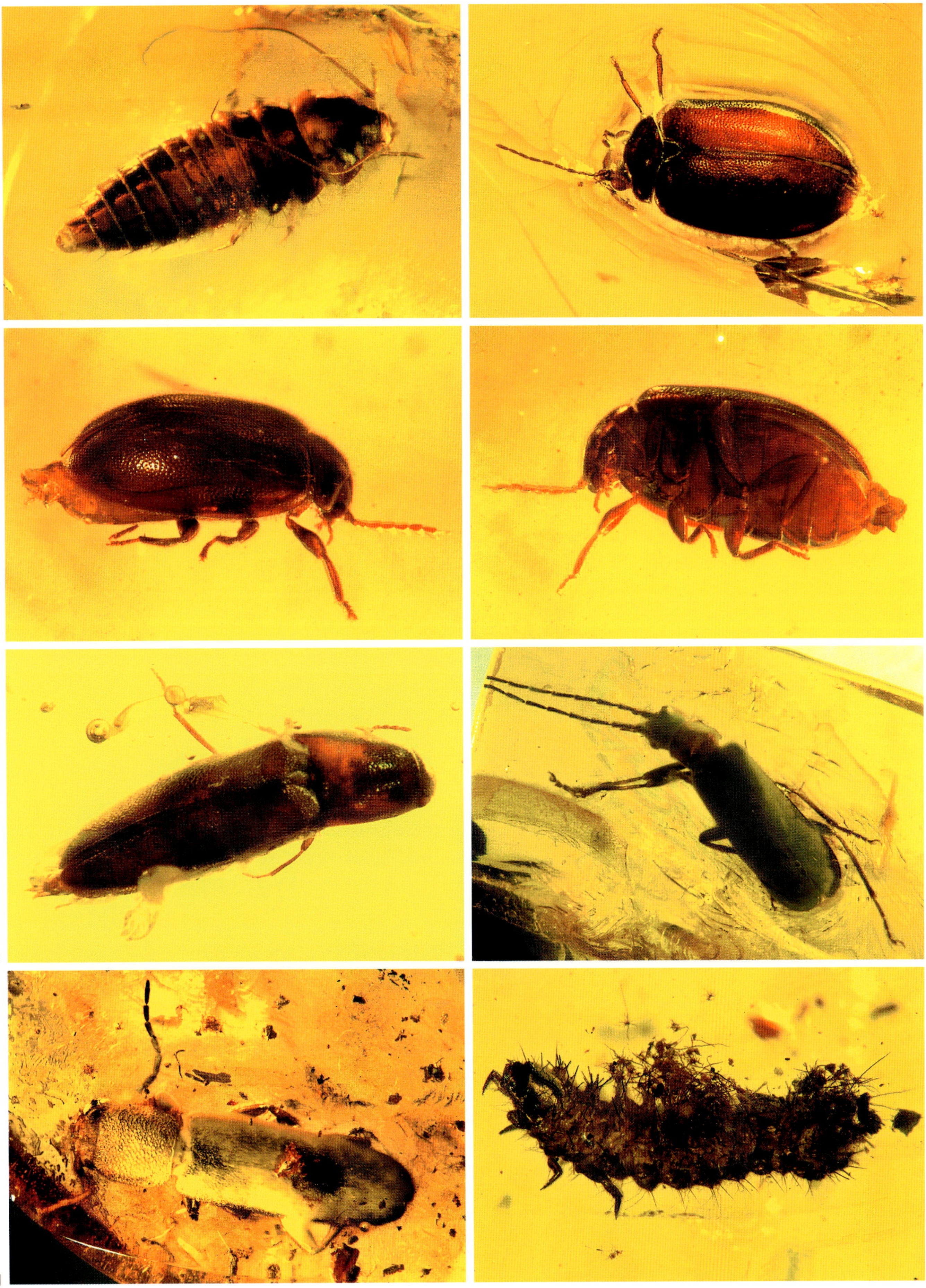

a b c d e f g h

2.63 Präferenz der Käfer im »Bernsteinwald« – Insecta: Coleoptera

Die reiche Käferfauna im Baltischen Bernstein entfaltet eine enorme Variabilität, die durch die große Zahl verschiedenartiger Familien geprägt wird. Darüber hinaus treten die Familien mit unterschiedlicher Häufigkeit sowohl in der Zahl der Arten als auch in der Individuendichte auf. Die Staffelung der Familien nach der Häufigkeit im Bernstein gleicht einer Präferenz der Käfer für den Lebensraum des »Baltischen Bernsteinwaldes«.

Die Scirtidae (Sumpfkäfer) stehen an erster Stelle und machen mit ihrem hohen Aufkommen im Bernstein auf wichtige Komponenten des Bernsteinwaldes aufmerksam (Kap. 2.62).

Ihnen folgen in der abfallenden Präferenzreihe die Elateridae, die mit den ebenfalls zahlreichen Mordellidae und Scraptiidae typische Lebensformen feuchter und beschatteter Wiesen in unmittelbarer Waldnähe sind. Ihre Larven entwickeln sich im Mulm alter Bäume, leben unter lockerer Rinde und fressen in zerfallenem und verpilztem Holz. Diese Interpretation verdanken wir HIEKE & PIETRZENIUK (1984), die in vergleichenden Untersuchungen von drei großen Bernsteinsammlungen (Sammlung des Museums für Naturkunde, Berlin, Sammlungen des Naturhistorischen Museums Kopenhagen und Sammlung Klebs) die Käferfauna nach der Häufigkeit der Familien geordnet haben.

Die Anobiidae stehen hinter den Scirtidae und den Elateridae an dritter Stelle in der Häufigkeitsskala. Sie weisen auf eine dritte Komponente im »Baltischen Bernsteinwald« hin. Zusammen mit den häufigen Aderidae, Eucnemidae, Scolytidae, Serropalpidae, Anthribidae, Anthicidae, Cerambycidae und Mycetophagidae zeigen die Anobiidae kleinräumige Habitate an, die geprägt sind von absterbenden Bäumen, modernden Stämmen, verpilztem Holz und reich sind an Fruchtständen von Polyporaceen. Die Käfer rufen Scenarien aus einem Urwald wach.

An vierter Stelle folgen nach den Untersuchungen von HIEKE & PIETRZENIUK (1984) die Staphylinidae, die in der Feuchtigkeit der Bodenstreu und im pflanzlichen Bestandsabfall ihre Lebensräume finden. Zu ihnen gesellen sich die im Bernstein ebenfalls zahlreichen Scydmaenidae, Pselaphidae, Lathridiidae und Cryptophagidae.

Nach HIEKE & PIETRZENIUK (1984) deuten die folgenden 20 am häufigsten vertretenen Familien auf einen Bernsteinwald hin, mit lockerem Baumbestand, mit viel Unterwuchs, urwaldartig mit anbrüchigem und verpilztem Holz, aber auch mit Inseln krautiger Vegetation und zahlreichen Stillgewässern im sumpfigen Gelände, auf die die häufigen Scirtidae hinweisen (Kap. 2.62):

1.	Scirtidae	999
2.	Elateridae	893
3.	Anobiidae	532
4.	Staphylinidae	350
5.	Mordellidae	253
6.	Aderidae	202
7.	Scydmaenidae	200
8.	Scraptiidae	196
9.	Curculionidae	155
10.	Pselaphidae	150
11.	Curculionidae (nur Scolytinae)	148
12.	Eucnemidae	140
13.	Mycetophagidae	136
14.	Melandryidae (= Serropalpidae)	129
15.	Carabidae	126
16.	Anthicidae	114
17.	Lathridiidae	112
18.	Cantharidae	110
19.	Cerambycidae	100
20.	Cryptophagidae	89

Präferenz der Käferfamilien mit der Anzahl, der in den 3 Sammlungen nachgewiesenen Inklusen.
(nach HIEKE & PIETRZENIUK 1984).

Tafel 63: Käfer (Insecta: Coleoptera) aus Baltischem Bernstein VII.

a Mycetophagidae.
b Mycetophagidae.
c Colydiidae.
d Lathridiidae.
e Scraptiidae, Larve.
f Scraptiidae.
g Rhipiphoridae.
h Aderidae.

a

b

c

d

e

f

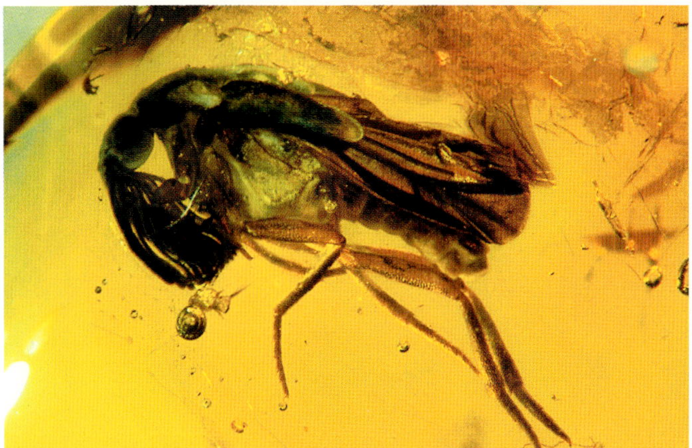
g

h

2.64 Käfer als Waldbewohner – Insecta: Coleoptera

Bei der Beantwortung der Frage nach den Baumarten und den harzproduzierenden Bäumen im »Baltischen Bernsteinwald« können auch Käfer gute Dienste leisten. Die Käfer des Waldes haben sich auf vielfältige Weise der Waldlebensgemeinschaft angepaßt. Sie dringen in alle Lebensräume und bewohnen alle Strata, am Boden, in der Kraut-, Strauch- und Baumschicht. Ihre Lebenszyklen sind eng auf ihre Pflanzen abgestimmt, damit die Entwicklung, beginnend mit der Eiablage, über Fraß und Wachstum der Larven, über die Metamorphose der Puppen bis hin zu den adulten Käfern, in den Mikrohabitaten des Waldes und seiner Pflanzenwelt ungestört ablaufen kann. Die Verknüpfung von Wirtspflanzen und ihren Käfern ist oft so eng korreliert, daß umgekehrt die Kenntnis der Käfer Rückschlüsse auf die Waldlebensgemeinschaft und auf den Baumbestand zuläßt, rückblickend so weitreichend, daß auch eine vorsichtige Betrachtung des eozänen Bernsteinwaldes möglich wird.

Es fällt beispielsweise auf (Hieke & Pietrzeniuk 1984), daß von den 100 bearbeiteten Cerambycidae (Bockkäfern) 38 Inklusen sicher zur mediterranen Gattung *Notorrhina* gehören. Die Asemini mit der Gattung *Notorrhina* und zahlreiche Lepturini sind zuverlässige Indikatoren für Koniferen, da sich die Käfer nur an Nadelholz-Arten aufhalten. Wenn Nadelhölzer im »Bernsteinwald« dominieren, ist die relativ hohe Zahl dieser Bockkäfer nicht verwunderlich. Die häufigen, mit 260 Inklusen nachgewiesenen Anobiidae (Klopfkäfer) leben mit der Unterfamilie Anobiinae meist im toten Holz, vor allem von Nadelbäumen. Ein kleinerer Teil der Anobiidae-Inklusen gehört zur Unterfamilie Dorcatominae, die in Baumschwämmen lebten. Auch die häufigen Borkenkäfer (Curculionidae: Scolytinae) befallen stärker Nadel- als Laubbäume und leben mit ihren Larven in der Rinde.

Die Mehrzahl der Käfer-Familien des Baltischen Bernsteins waren Waldbewohner und lebten im Totholz, in Pilzen, am Boden oder unspezifisch auf Laub- und Nadelbäumen. Daneben kamen nach Hieke & Pietrzeniuk (1984) auch Familien mit nur wenigen Individuen vor, weil sie offensichtlich reine Laub-Arten waren. Dazu gehörten Cerophytidae (2 Exemplare), Lucanidae (1) sowie die überwiegend tropischen Bostrichidae (2). Auch Scarabeidae, die in dem Vergleich nach Hieke & Pietrzeniuk (1984) mit 6 Exemplaren vorliegen, bevorzugen Laubbäume.

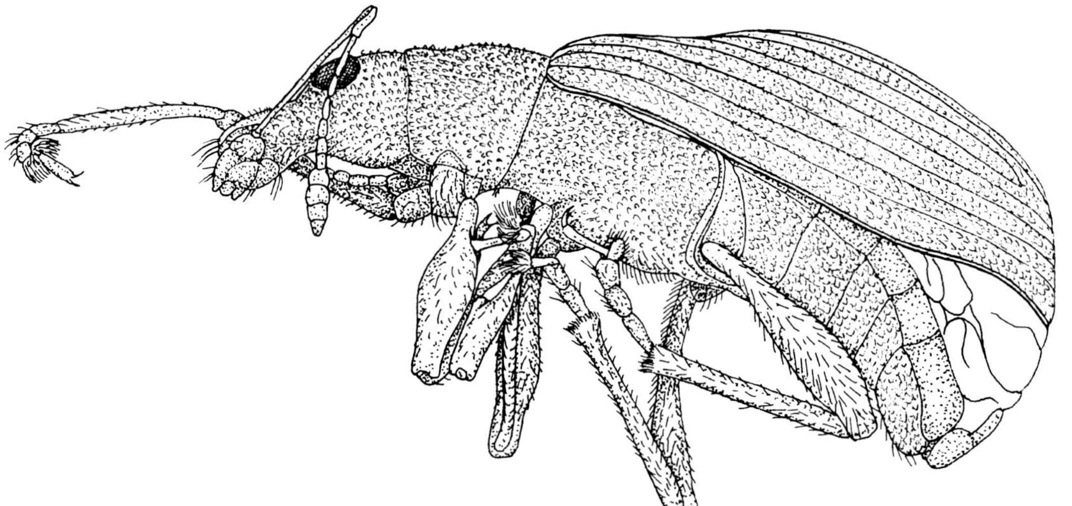

Abb. 74: Breitrüßler (Coleoptera: Anthribidae) aus dem Baltischen Bernstein.

Tafel 64: Käfer (Insecta: Coleoptera) aus Baltischem Bernstein VIII.

a Anobiidae
b Chrysomelidae.
c Anthribidae.
d Anthribidae.
e Anthribidae.
f Anthribidae.
g Curculionidae: Scolytinae.
h Curculionidae: Scolytinae.

2.65 Käfer – Insecta: Coleoptera (Curculionidae)

Die Familie der Rüsselkäfer (Curculionidae) schließt nach der Klassifikation von LAWRENCE & BRITTON (1991) die Kernholzkäfer und Borkenkäfer mit den Unterfamilien Platypodinae und Scolytinae ein. Auch ohne diese beiden Unterfamilien sind die Curculionidae die größte Käferfamilie mit weit über 50000 rezenten Arten. Sie ernähren sich ausschließlich phytophag und nutzen das gesamte Nahrungsspektrum aus dem Angebot der höheren Pflanzen. Dazu gehören Samen, Früchte, Blüten, Knospen, Blätter, Zweige, Rinde, Bast und Wurzeln. Es überrascht daher nicht, daß Rüsselkäfer vergleichsweise häufig im Baltischen Bernstein vorkommen.

Die Kenntnis der Rüsselkäfer aus dem Bernstein geht einerseits auf die älteren Arbeiten von BURMEISTER (1832), KEFERSTEIN (1834), BERENDT (1845) und HELM (1896, 1899) zurück und andererseits auf Arbeiten aus diesem Jahrhundert von KLEBS (1910), WAGNER (1924) und VOSS (1953, 1972). Die dominierenden Unterfamilien der Curculionidae des Baltischen Bernsteins sind die Brachyderinae, Otiorrhynchinae, Trachodinae, Cossoninae und Cryptorhynchinae. Sie weisen auf Rüsselkäfer hin, die mehrheitlich an Laubbäumen leben. Rüsselkäfer der nachgewiesenen Unterfamilien Apioninae, Anthonominae und Nanophyinae sind Blüten- und Knospenstecher.

Von Kernholzkäfern (Platypodinae) sind weltweit ca. 800 Arten bekannt, von denen die Mehrheit in wärmeren Regionen lebt. Sie werden gelegentlich in Käferlisten des Baltischen Bernsteins geführt. Der sichere Nachweis ist bislang aber nicht erbracht. Platypodinae kommen in Kopalen aus verschiedenen wärmeren Regionen und insbesondere im Dominikanischen Bernsteinen vor.

Borkenkäfer oder Scolytinae gehören zum festen Bestand der Inklusen des Baltischen Bernsteins. Nach HIEKE & PIETRZENIUK (1984) zählen sie zu den 20 häufigsten Taxa (vgl. 2.63), wobei die Käfer fast ausnahmslos zu den Hylesinini und nicht zu den Scolytini und Ipini gestellt werden, die heute in Nadelwäldern im gemäßigten Klima vorkommen. Die Autoren vermuten, daß im eozänen Bernsteinwald andere Koniferen vorherrschten, an die andere Borkenkäfer, nämlich die Hylesinini, gebunden waren. Die Borkenkäfer sind vielfach streng monophage Tiere, die selten nahe verwandte Holzarten befallen. Nur wenige rezente Borkenkäfer sind polyphag und fliegen sowohl Nadel- als auch Laubhölzer an (BRAUNS 1964). Da Borkenkäfer im Baltischen Bernstein nicht selten vorkommen, kann eine sorgfältige Diagnose der Taxa im Vergleich mit rezenten Verwandten gute Hinweise auf den Baumbestand des Bernsteinwaldes geben.

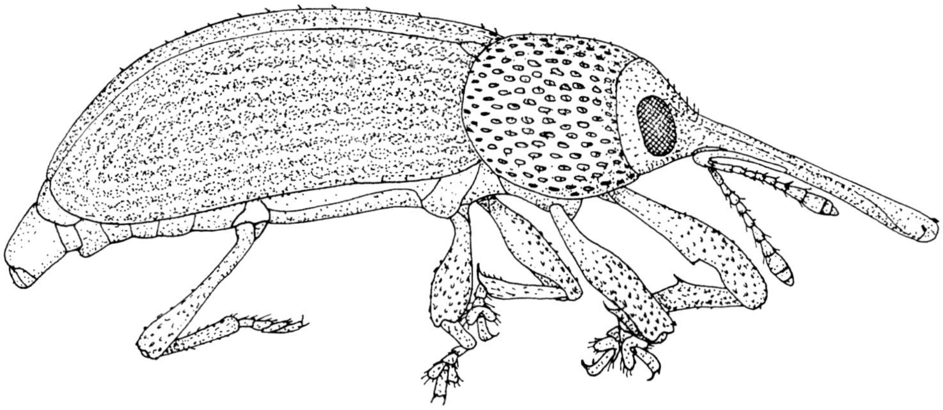

Abb. 75: Rüsselkäfer (Curculionidae) aus Baltischem Bernstein.

Tafel 65: Käfer (Insecta: Coleoptera) aus Baltischem Bernstein IX (Curculionidae).

a b c d e f g h

2.66 Fächerflügler – Insecta: Strepsiptera

Die Fächerflügler (Strepsiptera) umfassen eine holometabole Insektenordnung mit derzeit ca. 550 rezenten Arten, die sich auf 9 Familien verteilen. Ihre systematische Stellung ist nicht endgültig geklärt. Entweder besteht ein Schwestergruppenverhältnis zu den Coleoptera (Kinzelbach 1990, Kukalova-Peck & Lawrence 1993, Afzelius & Dallai 1994) oder zu den Diptera (Chalwatzis 1994, Whiting & Wheeler 1994). Die Biologie der Strepsiptera ist durch die entoparasitische Lebensweise der meisten Entwicklungsstadien geprägt, in deren Zusammenhang der starke Sexualdimorphismus und die Polymetabolie der Larven steht. Wirtstiere sind ausschließlich Insekten, zu denen Zygentoma (Lepismatidae), Blattodea, Mantodea, Orthoptera, Heteroptera, Auchenorrhyncha, Hymenoptera (Apoidea, Vespoidea) und Diptera gehören (Kathirithamby 1989, Kinzelbach 1990, Kinzelbach & Pohl 1994).

Der älteste Fund eines fossilen Fächerflüglers stammt aus dem Eozän der Braunkohle von Halle (Kinzelbach & Lutz 1985). Bei diesem Fossil handelt es sich um eine Primärlarve der Myrmecolacidae, *Strichotrema eocaenicum* (Haupt, 1950). Da die Myrmecolacidae die phylogenetisch jüngste Familie der Strepsiptera ist (Kinzelbach 1971), folgern Pohl & Kinzelbach (1995), daß im Eozän bereits alle 9 Familien der Strepsiptera oder ihre Stammgruppen vertreten waren. Tatsächlich verteilen sich die Fächerflügler, die im Baltischen Bernstein nachgewiesen wurden, auf zwei Familien mit drei Arten:

Mengeidae

Mengea tertiaria (Menge, 1866)

Myrmecolacidae

Strichotrema triangulum Pohl & Kinzelbach, 1995.

Strichotrema weitschati Kinzelbach & Pohl, 1994.

Im Bernstein wurden bisher nur freifliegende Männchen gefunden, während freilebende ungeflügelte Weibchen und zeitlebens entoparasitische Weibchen fehlen. Wahrscheinlich flogen die Männchen zufällig beim Auffinden der Weibchen die feucht klebrigen Harze an und gelangten so in den Bernstein. Die am häufigsten im Baltischen Bernstein vertretene Familie Myrmecolacidae ist heutzutage in den Tropen und in der Australischen Region verbreitet mit einem weiteren Nachweis in der westlichen Paläarktis. Die größte Dichte hat die Familie in der Neotropis.

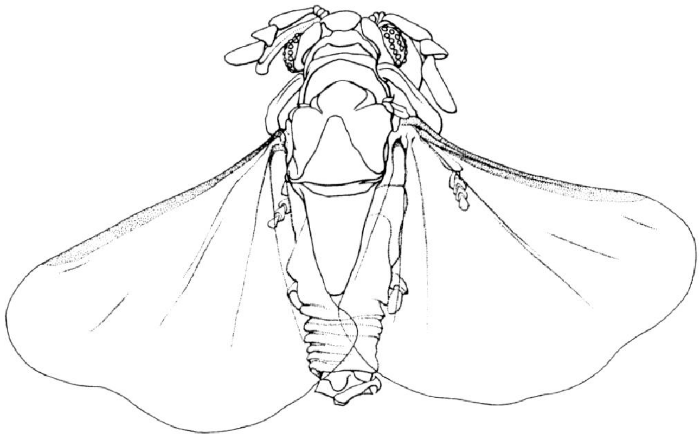

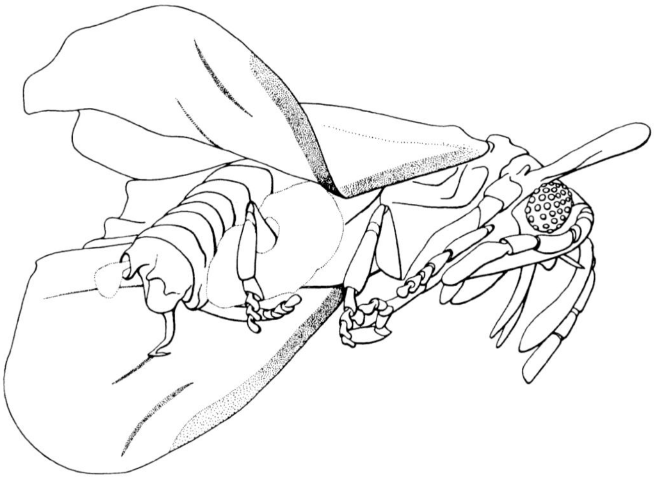

Abb. 76 a: *Stichotrema triangulum* (Myrmecolacidae), **b** *Stichotrema weitschati* (Myrmecolacidae), Holotyp.

Tafel 66: Fächerflügler (Insecta: Strepsiptera) aus Baltischem Bernstein.

a *Stichotrema weitschati* (Myrmecolacidae), Kopf.
b *Mengea tertiara* (Mengeidae), Kopf.
c *Stichotrema weitschati* (Myrmecolacidae), dorsal.
d *Mengea tertiara* (Mengeidae), dorsal.
e *Stichotrema weitschati* (Myrmecolacidae), lateral.
f *Mengea tertiara* (Mengeidae), lateral.

a
b
c
d
e
f

2.67 Hautflügler – Insecta: Hymenoptera

Hautflügler gehören zu den holometabolen Insekten (Endopterygota), deren Entwicklung über Eier, Larven, Puppen und Imagines verläuft. Sie umfassen viele große Formen mit einer Körperlänge bis zu 5 cm, aber auch eine riesige Zahl kleiner und sehr kleiner Tiere, die eine Länge von nur 2 mm erreichen. Dazu gehören die im Baltischen Bernstein vorkommenden Zwergwespen (Mymaridae, Taf. 69b). Viele Arten betreiben Brutfürsorge und Brutpflege und bilden soziale Gemeinschaften mit hoch entwickelten Verhaltensformen aus. Die Ordnung umfaßt mindestens 130000 Arten. Hymenoptera werden in zwei Unterordnungen geteilt, in die Symphyta, die Holz- und Blattwespen mit raupenähnlichen Larven, von denen im Baltischen Bernstein nur Formen der Cephidae, Siricidae und Tenthredinidae sicher nachgewiesen sind, und in die Apocrita, die rezent und im eozänen Bernstein bei weitem die artenreichere Unterordnung ist.

Zur Kenntnis über Hymenopteren des Baltischen Bernsteins hat BRUES (1933) mit seiner umfangreicheren Arbeit »The Parasitic Hymenoptera of the Baltic Amber« einen großen Beitrag geleistet. Seit dieser Zeit wurden zwar weitere Bearbeitungen veröffentlicht, dennoch greift die Taxonomie und Systematik auf Grundlagen zurück, die bereits BRUES (1933) geschaffen hat.

Die Megalyridae (Taf. 67a) kommen mit der Gattung *Prodinapsis* in zwei Arten vor und können leicht mit Vertretern der Braconidae verwechselt werden, wie in BACHOFEN-ECHT (1949) geschehen. Die Megalyridae sind rezent mit nur einigen Dutzend Arten überwiegend im südost-asiatischen Raum und in Australien anzutreffen. Sie parasitieren in Käferlarven, die unter der Rinde von Bäumen leben.

Das ungewöhnlich große Stigma in Verbindung mit der reduzierten Flügeläderung ist Kennzeichen der Megaspilidae, die zur Überfamilie der Ceraphronoidea gehören und mit zwei Gattungen, *Conostigmus* und *Lagynodes* aus dem Baltischen Bernstein bekannt sind. Bei der Gattung *Lagynodes* tritt ein ausgeprägter Dimorphismus der Geschlechter auf, Weibchen sind ungeflügelt, Männchen dagegen geflügelt.

Die Evaniidae sind wegen ihres typischen Erscheinungsbildes leicht zu erkennen, das durch den oben an der Brust ansetzenden Hinterleibsstiel geprägt ist. Evaniidae sind heute in tropischen Gebieten mit über 400 Arten reich vertreten und werden daher auch häufig im Kopal gefunden. BRUES (1933) beschreibt drei Arten. Die größte ist *Evania producta* (Taf. 67c). Die Weibchen aller heutigen Arten legen ihre Eier in den Eipaketen von Schaben ab. Daher können einige Arten zuweilen auch auf Lebensmittelmärkten in Schabenpopulationen angetroffen werden.

Die Braconidae bilden zusammen mit den Ichneumonidae die Überfamilie der Ichneumonoidea, die mit über 100000 Species gegenwärtig die artenreichste Hymenopteren-Überfamilie bildet. Die Braconidae wurden in der Arbeit von BRUES (1933) mit 126 Arten verteilt auf 42 Gattungen eingehend bearbeitet, wozu auch *Microtypus* und *Electrohelcon* gehören (Taf. 67e, f). Die Ichneumonidae dagegen treten wie die Braconidae sehr häufig im Baltischen Bernstein auf, sind aber bislang mit nur einzelnen Arten beschrieben (z.B. *Astiphromma brischkei* BRUES, 1923) und warten auf eine eingehende Bearbeitung.

Diapriidae und Proctotrupidae gehören zur Überfamilie der Proctotrupoidea. Sie kommen mit nur wenigen Gattungen im Baltischen Bernstein vor. MANEVAL (1938) beschreibt zwei Diapriidae der Gattungen *Cinetus* und *Pantolyta*, BRUES (1940) sechs Arten der Gattungen *Cryptoserphus* und eine Art der Gattung *Proctotrupes* BRUES (1923).

Tafel 67: Hautflügler (Insecta: Hymenoptera) aus Baltischem Bernstein I.

a Megalyridae (*Prodinapsis succinalis*).
b Megaspilidae (*Conostigmus* sp.).
c Evaniidae (*Evania producta*).
d Ichneumonidae.
e Braconidae (*Microtypus triangulifer*).
f Braconidae (? *Electrohelcon*).
g Diapriidae.
h Proctotrupidae (*Cryptoserphus* sp.).

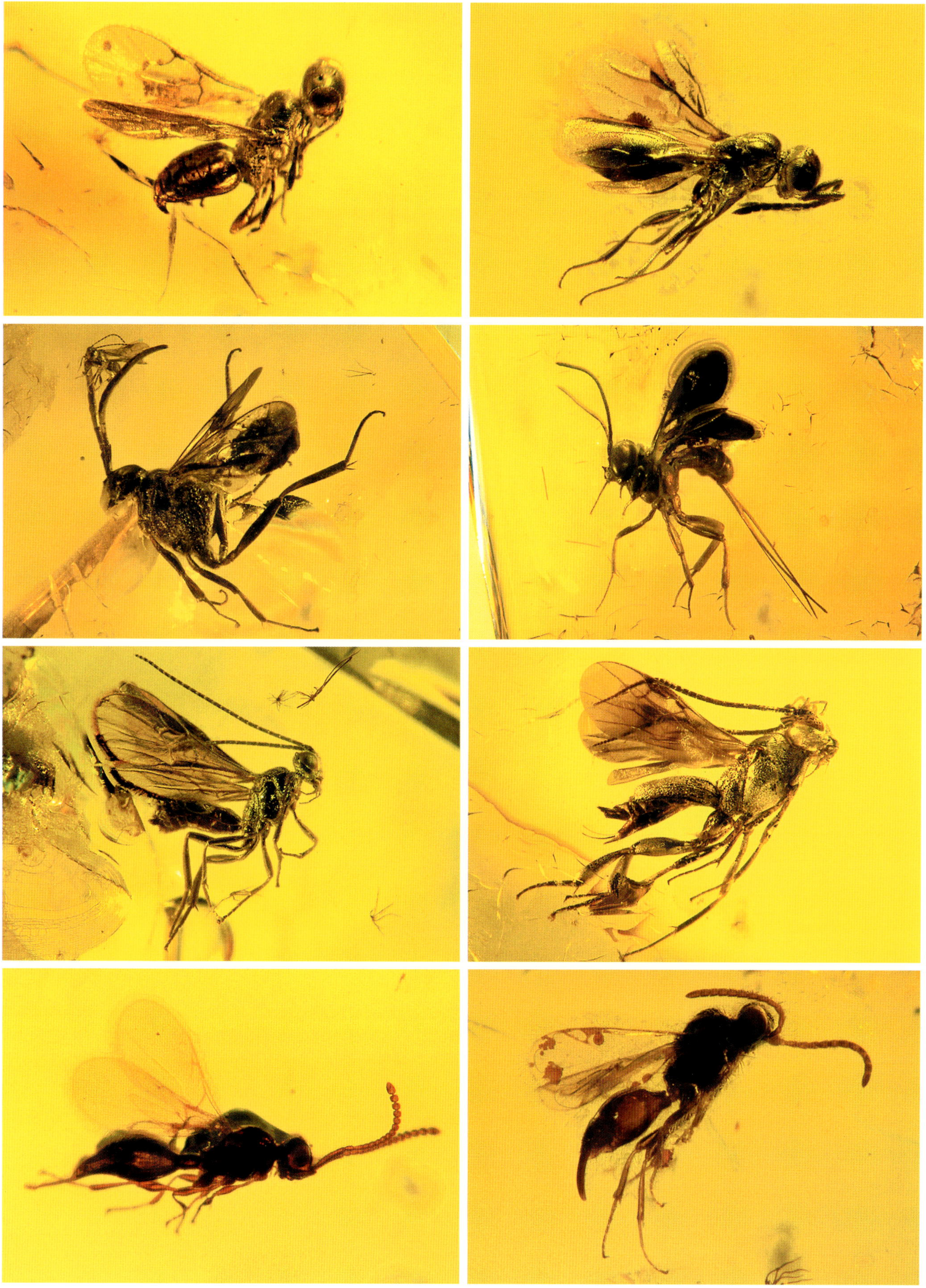

a b c d e f g h

2.68 Hautflügler – Insecta: Hymenoptera (Chalcidoidea)

Die Scelionidae gehören zu den häufigeren Hymenoptera im Baltischen Bernstein, sie sind heute in mehreren tausend Arten, überwiegend als solitäre Endoparasiten in Insekten- und Spinneneiern beschrieben. Brues (1940) gibt aus dem Baltischen Bernstein ungefähr 20 Gattungen an, unter anderem auch *Sembilanocera* und *Ceratoteleia*. Einige Arten sind sehr klein und werden häufig mit Erzwespen (Chalcidoidea) verwechselt.

Die Gallwespen (Cynipoidea) gehören zu den seltenen Bernstein-Hymenopteren. Heutige Vertreter dieser Überfamilie sind als phytophage Gallbildner allgegenwärtig. Jedoch ist kaum bekannt, daß die überwiegende Mehrheit der Arten in anderen Insekten wie Dipteren oder Hymenopteren parasitieren. Schon 1822 beschreibt PRESL eine erste Art aus dem Baltischen Bernstein. Eine zweite Artbeschreibung folgt erst 170 Jahre später durch KOVALEV (1995), der sich zugleich auch mit der Phylogenie der Cynipoidea befaßt (KOVALEV 1994).

Früher taxonomisch als Erzwespen eingestuft, werden jedoch heute die Mymarommatoidea wegen ihrer zweisegmentigen Petiole als eigenständige Überfamilie geführt und umfassen lediglich die eine Gattung *Palaeomymar*, die auch aus dem Baltischen Bernstein beschrieben wurde (STEIN 1877, MEUNIER 1901, RASNITZIN & KULICKA 1990).

Die Chalcidoidea des Baltischen Bernstein haben bisher kaum Beachtung gefunden. Bei über 3000 Gattungen mit 20000 rezenten Arten wird der Grund der Zurückhaltung in der überaus schwierigen Taxonomie liegen. Andererseits aber treten die Chalcidoidea auch im Baltischen Bernstein mit einer verlockend ungeahnten Vielfalt in mehreren Familien und Arten auf.

MEUNIER (1901, 1905) hat wenige Arten der Mymaridae beschrieben, BRUES (1923) folgt mit der Beschreibung einer Torymidae, TRJAPITZIN (1963) mit einer Eupelmidae und TRJAPITZIN & MANUKYAN (1995) mit der Beschreibung einer Tetracampidae. Die abgebildeten Erzwespen der Chalcididae und Pteromalidae stellen einen ersten Nachweis dieser Familien im Baltischen Bernstein sicher.

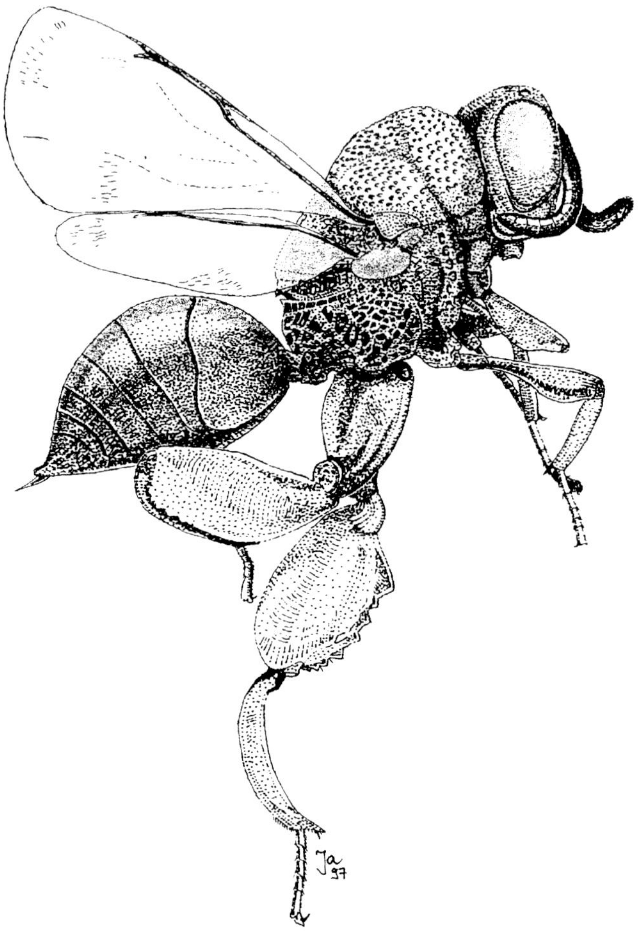

Abb. 77: Erzwespe (Hymenoptera: Chalcididae) aus dem Baltischem Bernstein.

Tafel 68: Hautflügler (Insecta: Hymenoptera) aus Baltischem Bernstein II.

a Scelionidae (*Sembilanocera clavata*).
b Scelionidae (*Ceratoteleia proleptica*).
c Figitidae (? *Palaeofigites*).
d Mymarommatidae (*Palaeomymar*).
e Chalcididae (? *Brachymeria*).
f Torymidae (*Monodontomerus* sp.).
g Pteromalidae.
h Eupelmidae.

a b c d e f g h

2.69 Hautflügler – Insecta: Hymenoptera (Chrysidoidea)

Die Encyrtidae bilden heute mit über 700 Gattungen und über 3800 beschriebenen Arten eine der strukturell diversesten Familien innerhalb der Erzwespen. Da unter den Chalcidoidea viele Gattungen phylogenetisch zu den jüngeren, hoch spezialisierten Familien gehören, ist zu erwarten, daß mit der Beschreibung der Erzwespen aus dem Baltischen Bernstein viele neue Gattungen und möglicherweise auch neue Familien etabliert werden müssen. Ein Vergleich der rezenten Formen mit den ausgestorbenen aus dem Eozän läßt erkennen, daß sich die Chalcidoidea offensichtlich weiterentwikkelt haben.

Mit ausgewählten Gattungen der Chrysodoidea wie Dryinidae und Bethylidae hat sich BRUES (1933) näher beschäftigt. Er beschrieb aus der Familie Dryinidae sechs Arten der Gattungen *Lestodryinus*, *Neodryinus und Thaumatodryinus*. HAUPT (1944) revidierte *Thaumatodryinus* und etablierte mit *Harpactospecion* eine neue Gattung. Die Dryinidae stellen eine der höchst spezialisierten Familien der Aculeata dar. Die unter Hymenopteren einzigartige Ausbildung der Vorderfüße in Form chelater Greifzangen macht diese Differenzierung deutlich (Taf. 69 c, d). Mit Hilfe der Greifzangen, die nur bei den Weibchen ausgebildet sind, werden die Wirtstiere (Zikaden) zur Eiablage festgehalten. Die Larven entwickeln sich an den Zikaden und verbleiben mit ihren Vorderkörpern im Wirtskörper. Eihäute und abgestreifte Larvenhäute bilden Säckchen, die an den Zikaden solange ansitzen, bis die Wirte ausgesaugt sind.

Eine im Baltischen Bernstein durch viele Gattungen und Arten reich vertretene Familie ist die Familie Bethylidae. Sie bildet mit ungefähr 2000 rezenten Arten wohl die artenreichste Familie der Chrysidoidea. Bethylidae sind besonders in den Tropen weit verbreitet. BRUES (1933) beschreibt 16 Genera der Familie Bethylidae aus dem Baltischen Bernstein. Zu ihnen gehören *Isobrachium*, *Palaeobethylus* und *Lythopsenella*. OHL (1995) ergänzt mit *Lythopsenella kerneggeri* eine weitere Bernstein-Bethylidae.

Die Familie der Scolebythidae wurde erstmals durch EVANS (1963) beschrieben. BROTHERS & JANZEN (1998) stellen *Pristapenesia primaeva* BRUES, 1933 aus dem Baltischen Bernstein in die Familie Scolebythidae und revidieren die Art-Beschreibung. Über die Biologie der Scolebythidae ist kaum etwas bekannt. Man nimmt an, daß sie externe Parasiten von Bockkäfern (Cerambycidae) sind. Die drei rezenten Arten verteilen sich auf drei Gattungen in Brasilien und Südafrika sowie Madagaskar und Australien.

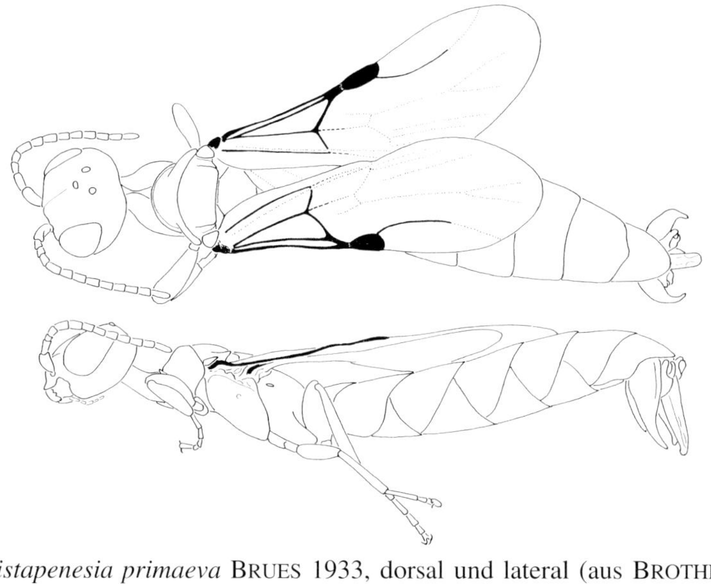

Abb. 78: Scolebythidae *Pristapenesia primaeva* BRUES 1933, dorsal und lateral (aus BROTHERS & JANZEN 1998).

Tafel 69: Hautflügler (Insecta: Hymenoptera) aus Baltischem Bernstein III.

a Encyrtidae.
b Mymaridae.
c Dryinidae (*Harpactospecion filicornis*).
d Dryinidae (Greifzange).
e Scolebythidae (*Pristapenesia primaeva*).
f Bethylidae (*Isobrachium* sp.).
g Bethylidae (*Palaeobethylus* sp.).
h Bethylidae (*Lythopsenella* sp.).

a b c d e f g h

2.70 Ameisen – Insecta: Hymenoptera (Vespoidea)

Ameisen bilden die große Familie der Formicidae, die annähernd 10000 beschriebene Arten aufweist. BROWN (1954) teilt die Familie in neun Unterfamilien; doch bereits BARONI URBANI et al. (1992) halten aus taxonomischer Sicht eine Aufteilung in 17 Unterfamilien für notwendig. Diese Divergenz wird für die Bernstein-Ameisen zum Problem, da die sytematischen und taxonomischen Grundlagen von MAYR (1868) geschaffen, in den folgenden Jahrzehnten ergänzt, aber keiner abschließenden modernen Revision unterzogen wurden. SPAHR (1987) registriert in einer Übersicht folgende Unterfamilien für den Baltischen Bernstein: Dolichoderinae, Dorylinae, Formicinae, Myrmicinae, Ponerinae. Eine Revision wird weitere Unterfamilien aufweisen.

Die Dorylinae sind Wanderameisen. Der Hinweis über das Vorkommen von Dorylinen im Baltischen Bernstein geht auf HANDLIRSCH (1925) zurück.

Die europäischen Myrmicinae oder Knotenameisen lassen sich an dem zweigliedrigen Stielchen gut erkennen, an dem ein Petiolus und ein Postpetiolus zwei Knoten bilden. Dieses Merkmal versagt leider bei den tropischen Formen, weil auch die in den Tropen beheimateten Pseudomyrmecinae und Dorylinae die knotenförmigen Gebilde besitzen. Zu den Knotenameisen gehören die im Baltischen Bernstein vorkommenden Gattungen: *Aphaenogaster, Cremastogaster, Monomorium, Myrmica, Stenamma, Leptothorax*.

Bei den Ponerinae oder Stachelameisen ist das Stielchen eingliedrig, knotenförmig und aufgerichtet. Dem zum Hinterleib gehörenden Stielchen schließt sich der als Gaster bezeichnete restliche Teil des Hinterleibs an. Poneriden weisen eine Einschnürung zwischen 1. und 2. Gaster-Segment auf. Sie besitzen am Hinterleibende einen gut entwickelten Stachel. Zu den Stachelameisen gehören Bernstein-Ameisen der Gattungen *Ponera.*

Die Formicinae (incl. der Camponotinae) oder Schuppenameisen sind an dem annähernd aufrecht stehenden Schüppchen des eingliedrigen Stielchens zu erkennen. Dieses Merkmal trifft zumindest für die europäischen Arten der Unterfamilie zu. Zu den Schuppenameisen aus dem Baltischen Bernstein gehören Arten der Gattungen: *Plagiolepis, Camponotus, Lasius, Formica.*

Dolichoderinae sind Drüsenameisen mit einem eingliedrigen Stielchen, dessen kleine, manchmal undeutliche Schuppe nach vorne neigt. Der Stachel ist rudimentär. Diese Unterfamilie ist weit verbreitet, mit einer großen Diversität in den Tropen. Zu den Drüsenameisen zählen Bernstein-Arten aus folgenden Gattungen: *Dolichoderus, Bothriomyrmex, Liometopum.*

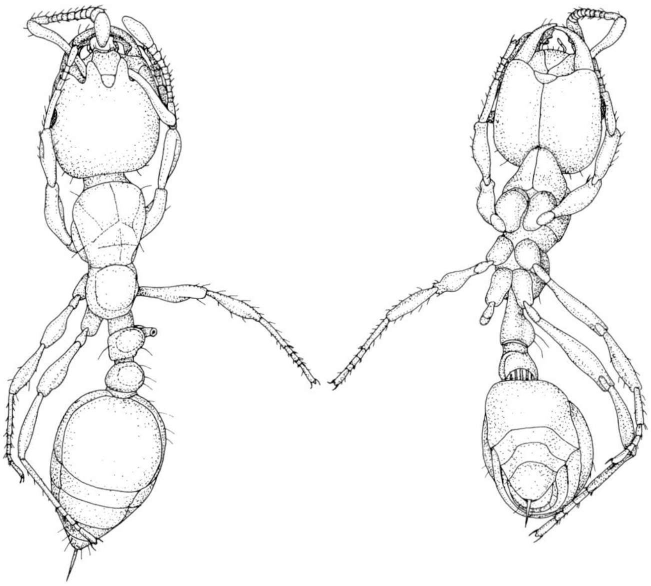

Abb. 79: Knotenameise (Formicidae: Myrmicinae) aus dem Baltischen Bernstein.

Tafel 70: Hautflügler (Insecta: Hymenoptera) aus Baltischem Bernstein IV (Vespoidea I).

a Stachelameise (Ponerinae).
b Stachelameise (Ponerinae).
c Knotenameise (Myrmicinae).
d Knotenameise (Myrmicinae).
e Drüsenameise (Dolichoderinae).
f Drüsenameise (Dolichoderinae).
g Schuppenameise (Formicinae).
h Schuppenameise (Formicinae).

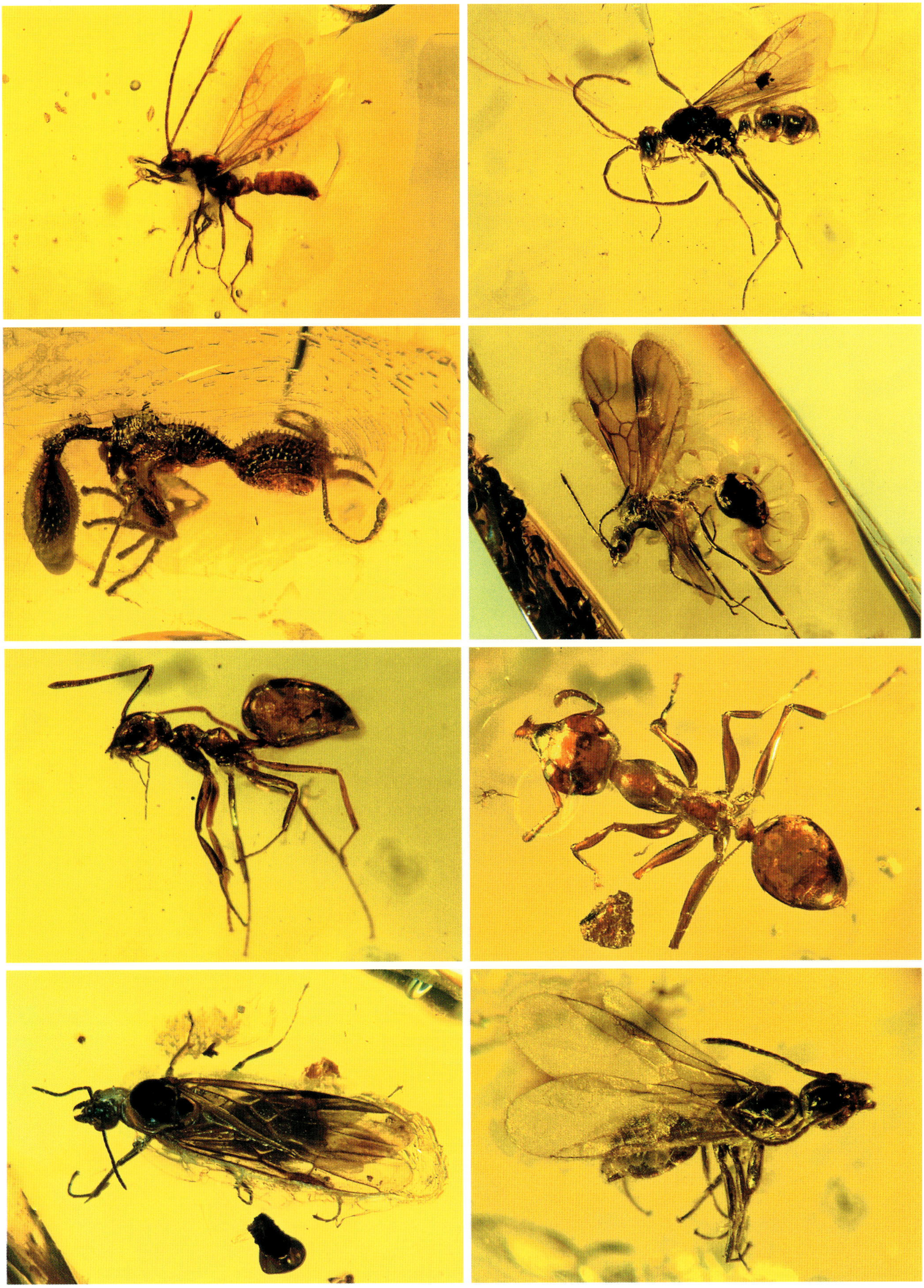

a b c d e f g h

2.71 Ameisen – Insecta: Hymenoptera (Vespoidea)

Über die Biologie der Ameisen ist viel geschrieben worden. Eine erste klassische Monographie stammt von ESCHERICH (1917). Im Zuge neuer Forschung über die faszinierende Welt der Ameisen ist die Literatur angewachsen mit Arbeiten über die soziale Organisation der Ameisen (DUMPERT 1978, GÖSSWALD 1985) und über die Ökologie und das Verhalten beispielsweise im Ökosystem Wald (GÖSSWALD 1989, 1990). In einer glänzenden Darstellung über die Biologie der Ameisen haben schließlich HÖLLDOBLER & WILSON (1990, 1995) ihre langjährigen Erfahrungen und spannenden Entdeckungen mitgeteilt.

Das Leben der verschiedenen Ameisenarten, von denen nahezu 10000 Arten beschrieben sind und weitere 10000 unbeschriebene Arten vermutet werden, vollzieht sich nach genetisch festgelegten Spielregeln in der Organisation von Ameisenstaaten, in denen weder Männchen, noch fortpflanzungsfähiges Weibchen oder eine Arbeiterin allein bestehen können. Der Ameisenstaat wird in seiner Gesamtheit zu einem einzigen biologischen Organismus (GÖSSWALD 1985). Ob Jäger, Züchter Getreide-, oder Honigsammler oder bei anderen Arten als Gäste, Schmarotzer, Räuber oder Sklavenhalter, Ameisen sind in ihrem Tätigkeitsfeld eng eingebunden in den Mechanismus des Sozialstaates, der auch in bewundernswerter Weise Brutpflege und Brutfürsorge betreibt und damit das Leben und Überleben des Staates sicherstellt.

Von der Biologie der Ameisen des Baltischen Bernsteins ist vergleichsweise wenig bekannt. Wir sind auf Momentaufnahmen angewiesen, die – für Ameisen unglücklicherweise – im Bernstein erhalten blieben und mosaikartig ein Gesamtbild ergeben, das Szenen aus dem vergangenen Leben darstellt. Dabei spielt der tödliche Unfall eine beachtenswerte Rolle. Störungen eines Ameisenhaufens provozieren das gleiche Verhalten, das auch im Bernstein gelegentlich zu beobachten ist, nämlich daß Larven und Puppen kreuz und quer liegen und daß Ameisen offensichtlich ihre Brut greifen, um sie in Sicherheit zu bringen. Diese Szenen findet man im Dominikanischen Bernstein (SCHLEE 1980) genau so wie im älteren Baltischen Bernstein (Taf. 71 c-f).

Weitere für Ameisen unglückliche Szenen sieht man im Bernstein beispielsweise von Spinnen, die ihre Beute fesseln (Abb. 37), um sie später zu verzehren, oder von Raubwanzen, die vorbeiziehende Ameisen anlokken, sie aussaugen und anschließend als Hüllen verwerfen (Taf. 43 a).

Erfreulicher ist die Symbiose der Ameisen mit Blattläusen. HEIE (1967) berichtet von einem Bernstein aus Königsberg, der 15 Ameisen zusammen mit einer Kolonie von Blattläusen enthielt. Betrillern Ameisen Blattläuse mit ihren Fühlern, so geben die Blattläuse über ihren After Tröpfchen von zuckerhaltigem »Honigtau« ab, den die Ameisen (z.B. *Lasius*-Arten) gierig aufsaugen. Dafür werden die Blattläuse von den Ameisen gegen Feinde beschützt. In der Tat kann man in der Taphozönose einzelner Bernsteinstücke gemeinsam Blattläuse und Ameisen vorfinden, die auf diese Symbiose hinweisen. Die Symbiose trifft nach HEIE (1967) jedoch nicht zu, wenn im Bernstein neben Ameisen die Blattläuse der Gattung *Germaraphis* vorliegen, die statt Honigtau Wachs absondern und deshalb von Ameisen nicht gemolken werden. Bei der relativen Häufigkeit von Blattläusen und Ameisen ist ein Zusammentreffen im Baltischen Bernstein leicht möglich, ob zufällig oder im Gefolge einer Symbiose, darüber befindet die Determination der Taxa.

Tafel 71: Hautflügler (Insecta: Hymenoptera) aus Baltischem Bernstein V (Vespoidea II).

a Knotenameisen (Myrmicinae).
b Schuppenameisen (Formicinae).
c gestörte Ameisenbrut.
d Ameisen-Puppe und Larve.
e Arbeiterin mit Ameisenlarve.
f Pupenexuvie mit schlüpfbereiter Ameise.

a
b
c
d
e
f

2.72 Bienen und Grabwespen – Insecta: Hymenoptera (Apoidea)

Zur Überfamilie der Apoidea gehören die Bienen und die mit ihnen nahe verwandten Grabwespen. Beide Familien sind im Baltischen Bernstein durch mehrere Gattungen und Arten vertreten. Beiden Familien gemeinsam ist ein nicht seitlich bis zu den Flügelschüppchen heranreichendes, erstes Brustsegment. Der wichtigste Unterschied zwischen Bienen und Grabwespen besteht in der Form der Hintertarsen, die bei den Bienen wesentlich breiter als bei den Grabwespen ausgebildet sind.

Da die Bienen zur Ernährung ihrer Larven Pollen und Nektar sammeln, besitzen die meisten Gattungen besondere Sammeleinrichtungen, die am Hinterleib oder an den Hinterbeinen zu erkennen sind. Die Bienen, wegen ihrer Bekanntheit und großen Beliebtheit als fleißige Honigsammlerinnen, von vielen Bernsteinsammlern als Inkluse gesucht, wurden schon in mehreren, teilweise ausführlicheren Arbeiten gewürdigt. Über 30 verschiedene Arten, die sich auf mehr als zehn Gattungen verteilen, wurden aus dem Baltischen Bernstein beschrieben. Es treten nachweislich Sandbienen (Andrenidae) (SALT 1931), Sägehornbienen (Melittidae) (COCKERELL 1909, SALT 1931) und »Echte Bienen« (Apidae) (BUTTEL & REPPEN 1906, COCKERELL 1906, 1909, KELLNER-PILAUT (1974) auf. Erwähnt wurden auch Pelzbienen (Anthophoridae) und Bauchsammlerbienen (Megachilidae).

Grabwespen unterscheiden sich in der Biologie deutlich von den Bienen. Sie graben, ähnlich wie die Wegwespen (Pompilidae), ihre Nester meist im Erdboden ein und tragen in jede Brutzelle meistens mehrere, betäubte Beuteinsekten ein. Bei den verschiedenen Familien und Gattungen wird ein breites Beutespektrum beobachtet.

Im Baltischen Bernstein wurden überwiegend kleinere, unscheinbare Vertreter der Familien Pemphredonidae oder Crabronidae nachgewiesen. Die Pemphredonidae wurden sehr gründlich von BUDRYS (1993) bearbeitet, der mehrere Gattungen beschrieb, von denen die meisten fossil, also nicht mehr rezent vorkommen. BUDRYS (1993) schätzt, daß die Artenvielfalt der Gattungsgruppe um *Passaloecus* und *Eoxyloecus* in der Fauna des Baltischen Bernsteins ungefähr dreimal so groß gewesen sein könnte, wie in jeder heute bekannten, rezenten Fauna. Dagegen sind Crabronidae aus dem Baltischen Bernstein bisher nur mit zwei Arten bekannt (COCKERELL 1909). Man kann gewiß erwarten, daß die Bernstein-Fauna der Crabronidae noch weitere Species in möglicherweise neuen Gattungen umfaßt.

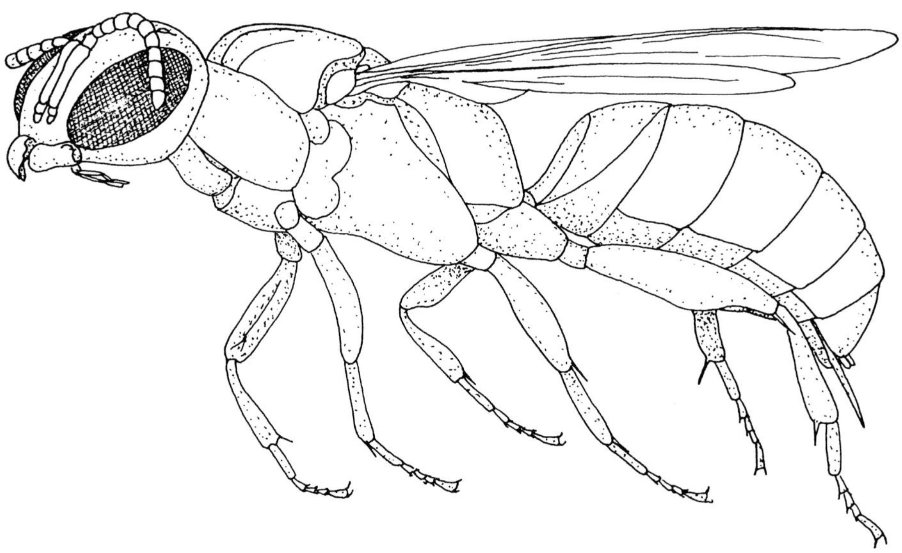

Abb. 80: Grabwespen (Apoidea: Spheciformes) aus Baltischem Bernstein.

Tafel 72: Hautflügler (Insecta: Hymenoptera) aus Baltischem Bernstein VI (Apoidea).

a Melittidae (*Ctenoplectrella* sp.).
b Apidae (? *Electrapis* sp.).
c Apidae (? *Electrapis* sp.).
d Apidae ?
e Crabronidae.
f Pemphredonidae (*Eoxyloecus* sp.).

2.73 Hautflügler aus Baltischem Bernstein in der Übersicht – Insecta: Hymenoptera

Aufgestellt sind alle Hymenoptera-Familien, die mit mindestens einer beschriebenen Art aus dem Baltischen Bernstein nachgewiesen sind. Die Überfamilien und Familien folgen der Klassifikation nach GOULET & HUBER (1993):

Unterordnung: **SYMPHYTA**

CEPHOIDEA
- Cephidae

SIRICOIDEA
- Siricidae

TENTHREDINOIDEA
- Tenthredinidae

Unterordnung: **APOCRITA**

STEPHANOIDEA
- Stephanidae

MEGALYROIDEA
- Megalyridae

CERAPHRONOIDEA
- Megaspilidae

EVANIOIDEA
- Evaniidae
- Aulacidae

ICHNEUMONOIDEA
- Ichneumonidae
- Braconidae

PROCTOTRUPOIDEA
- Diapriidae
- Pelecinidae
- Proctotrupidae

PLATYGASTROIDEA
- Scelionidae

CYNIPOIDEA
- Figitidae
- Cynipidae

MYMAROMMATOIDEA
- Mymarommatidae

CHALCIDOIDEA
- Torymidae
- Eupelmidae
- Tetracampidae
- Mymaridae

CHRYSIDOIDEA
- Scolebythidae
- Embolemidae
- Dryinidae
- Bethylidae
- Chrysididae

VESPOIDEA
- Pompilidae
- Mutillidae
- Vespidae
- Formicidae

APOIDEA (Spheciformes)
- Ampulicidae
- Crabronidae
- Pemphredonidae

APOIDEA (Apiformes)
- Andrenidae
- Apidae
- Mellitidae

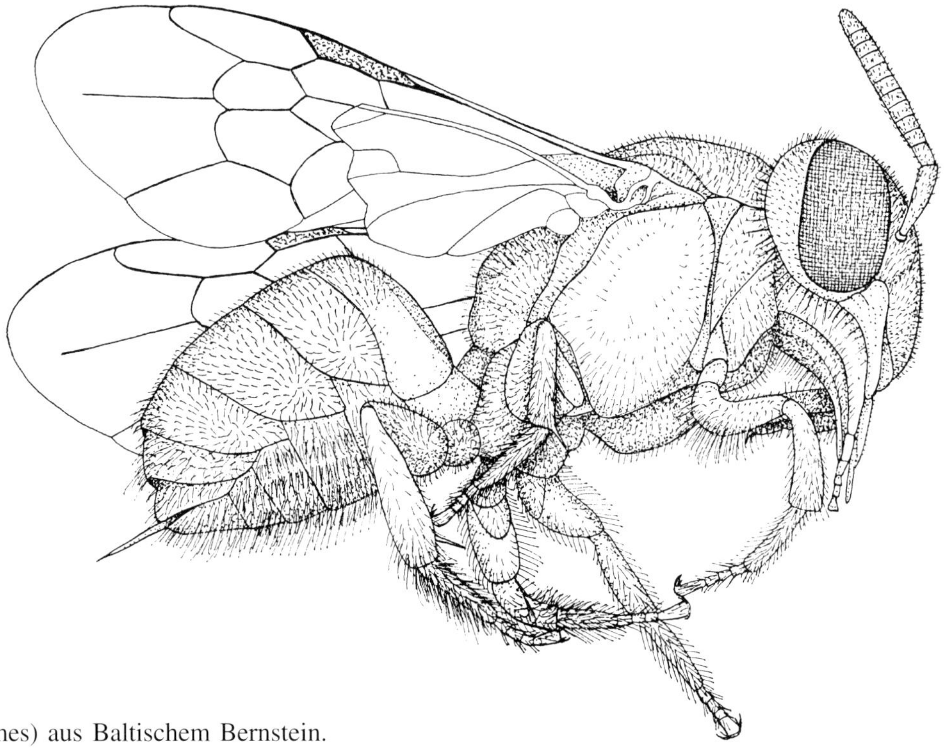

Abb. 81: Biene (Apoidea: Apiformes) aus Baltischem Bernstein.

Tafel 73: Hautflügler (Insecta: Hymenoptera) aus Baltischem Bernstein VII (Apoidea).

2.74 Schnabelfliegen – Insecta: Mecoptera

Schnabelfliegen zeichnen sich durch einen rüsselartig nach vorne verlängerten Kopf aus. Beschrieben wurden über 500 Arten dieses holometabolen Insekts mit raupenähnlichen Larven und mit Puppen, die sich im Boden verwandeln. Zu den in Europa vorkommenden Schnabelfliegen gehören die flügellosen Boreidae (Winterhafte), die Panorpidae (Skorpionsfliegen), deren dorsal gekrümmter Kopulationsapparat an Skorpione erinnert, und die langbeinigen Bittacidae (Mückenhafte), die mit den Vorderbeinen kopfwärts von Ästchen herabhängen, um mit den Hinterbeinen vorbeifliegende Insekten abzufangen.

Die Mecoptera bilden eine monophyletische Gruppe (WILLMANN 1989), die bereits im Perm mit der Familie Nannochorestidae vertreten war. Mit den fossilen Schnabelfliegen des Baltischen Bernsteins haben sich PICTET (1854) und HAGEN (1856) und zuletzt CARPENTER (1931, 1954, 1955, 1975) befaßt. Der Revision folgend sind im Baltischen Bernstein drei charakteristische Familien vertreten:

Bittacidae

Bittacus fossilis CARPENTER, 1954
Bittacus minimus CARPENTER, 1954
Bittacus succinus CARPENTER, 1954
Electrobittacus antiquus (PICTET, 1854)

Panorpidae

Panorpa mortua CARPENTER, 1954
Panorpa obsoleta CARPENTER, 1954

Panorpodidae

Panorpodes brevicauda (HAGEN, 1856)
Panorpodes hageni CARPENTER, 1954

Die Flügeläderung der Panorpidae stimmt mit der der Panorpodidae weitgehend überein. Die Anordnung der Queradern im Vorderflügel einer Panorpidae aus dem Baltischen Bernstein (Taf. 75 d, Abb. 82 b) deutet auf die Verwandtschaft mit der in Japan beheimateten Gattung Panorpodes hin. Unter den Bittacidae ist *Bittacus fossilis* eine häufige Art, die im Vorderflügel am Pterostigma durch das Fehlen einer zweiten Querader (r-rs) gekennzeichnet ist. (vgl. *Hylobittacus*, BYERS 1979).

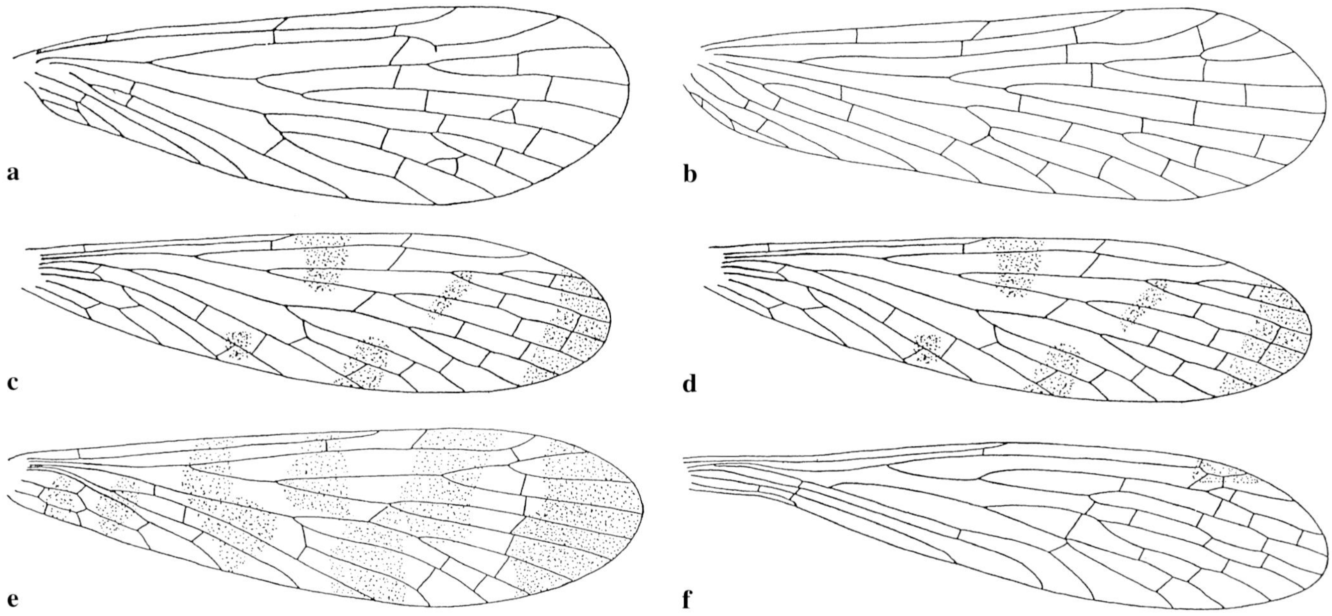

Abb. 82: Vorderflügel der bernsteinfossilen Mecoptera-Gattungen.
a *Panorpodes brevicauda* (HAGEN, 1856).
b *Panorpodes* sp.
c *Panorpa obsoleta* CARPENTER, 1954.
d *Bittacus fossilis* CARPENTER, 1945.
e *Panorpa mortua* CARPENTER, 1954.
f *Bittacus succinus* CARPENTER, 1954.

Tafel 74: Schnabelfliegen (Insecta: Mecoptera) aus Baltischem Bernstein.

a *Panorpa* sp. (Panorpidae).
b *Panorpodes* sp. (Panorpodidae).
c *Panorpa* sp. (Panorpidae), Flügel.
d *Panorpodes* sp. (Panorpodidae) ?, Flügel.
e *Bittacus* cf. *fossilis* (Bittacidae).
f *Bittacus* cf. *fossilis* (Bittacidae), frontal.

a
b
c
d
e
f

2.75 Köcherfliegen – Insecta: Trichoptera

Köcherfliegen (Trichoptera) gehören zu den Insekten, die mit einer nennenswerten Regelmäßigkeit insbesondere im baltischen, aber auch weltweit in anderen fossilen Harzen vertreten sind. Im Baltischen Bernstein kommen sie mit ca. 5-6 % aller Inklusen vor, während sie vergleichsweise im ebenso inklusenreichen Dominikanischen Bernstein mit nur 0,1-0,01 % aller Einschlüsse vertreten sind. Ihre Größen von meist 0,5-2 cm machen sie im Bernstein zu auffälligen Tieren.

In einer umfangreichen Monographie hat ULMER (1912) die Köcherfliegen des Baltischen Bernsteins bearbeitet. Das Material, das der Bearbeitung zugrunde lag, stammte aus verschiedenen Museen und privaten Sammlungen und hatte einen Umfang von insgesamt 5060 Stücken, die leider fast vollständig vernichtet sind. Der größte Teil, mit 3900 Stücken, gehörte zu zwei Königsberger Sammlungen: 1600 Stücke aus der Sammlung KLEBS und 2300 Stücke aus dem Geologisch-Paläontologischen Institut der Universität. ULMER beschrieb 152 fossile Arten, die er 56 meist fossilen Gattungen zuordnete.

Inzwischen wurden noch weitere Köcherfliegen-Species aus dem Baltischen Bernstein und seiner Bitterfelder Lagerstätte neu beschrieben (MEY 1985, 1986, 1988, WICHARD 1986, WICHARD & CASPERS 1991, WICHARD & SUKATSHEVA 1992, WICHARD & WEITSCHAT 1996, JOHANSON & WICHARD 1997).

Köcherfliegen sind in Ruhe durch die nach vorne gebogenen, filiformen Fühler und durch bräunlich graue Flügel gekennzeichnet, die satteldachartig den Hinterleib bedecken. Im Baltischen Bernstein erscheinen die Komplexaugen oft grün oder blau (Taf. 75, 76 a, b). Hierbei handelt es sich um Farbeffekte, die durch Lichtbrechung hervorgerufen werden (WEITSCHAT & WICHARD 1992).

Als wichtige Bestimmungsmerkmale gelten die ersten Fühlersegmente (Taf. 76 g, h), Ocellen, Maxillarpalpen (Taf. 76 e, f), Spornzahlen an den Tibien und das Flügelgeäder. Die Beschreibung der rezenten Arten erfolgt vorrangig nach den äußeren männlichen Geschlechtsorganen, die auch für die Beschreibung neuer Trichopteren im Bernstein unverzichtbar sind (Taf. 76 c, d).

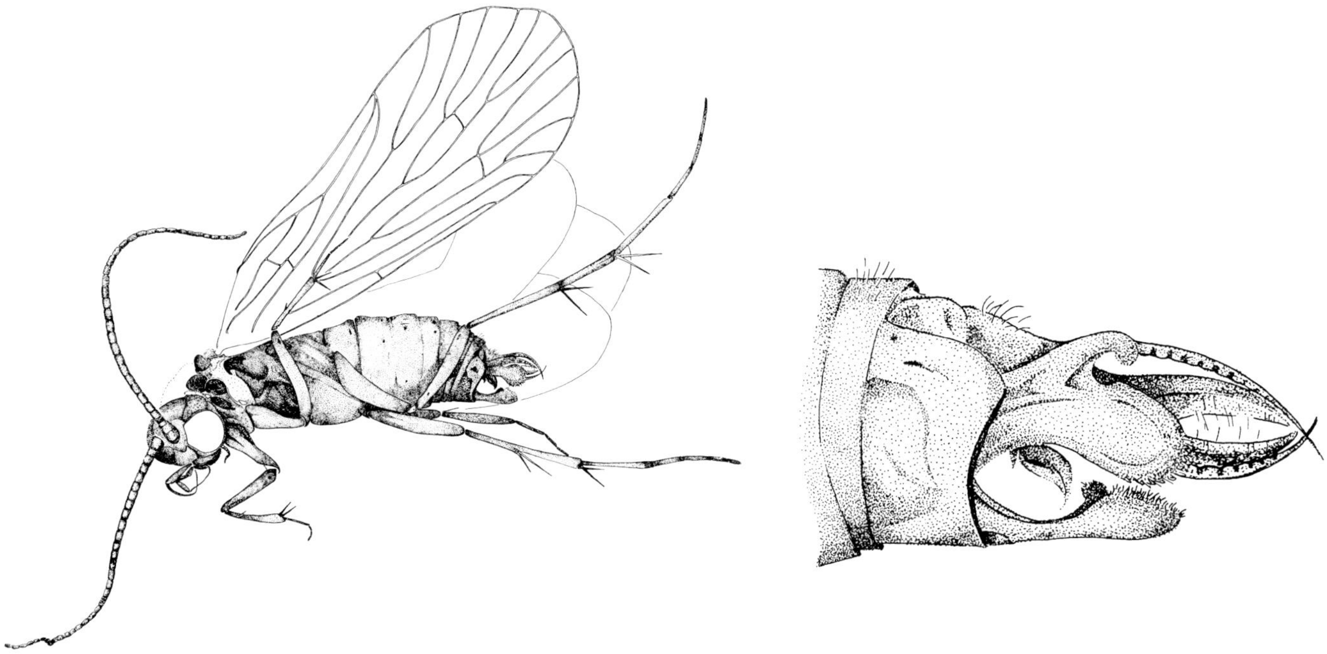

Abb. 83: *Holocentropus affinis* ULMER, 1912 (Trichoptera, Polycentropodidae), Habitus und männl. Genital.

Tafel 75: Köcherfliegen (Insecta: Trichoptera) aus Baltischem Bernstein I.

Polycentropodidae aus Baltischem Bernstein der Bitterfelder Lagerstätte.

2.76 Systematische Übersicht der Köcherfliegen – Insecta: Trichoptera

Aktuelle Liste der Köcherfliegen im Baltischen Bernstein (nach WICHARD & WEITSCHAT 1996):

SPICIPALPIA

Rhyacophilidae
Rhyacophila (6 Species)
Glossosomatidae
Electragapetus (1)
Hydroptilidae
Agraylea (3)
Electrotrichia (1)
Palaeagapetus (1)

ANNULIPALPIA

Philopotamidae
Philopotamus (1)
Ulmerodina (1)
Wormaldia (6)
Electracanthinus (1)
Stenopsychidae
Stenopsyche (1)
Ecnomidae
Archaeotinodes (14)
Hydropsychidae
Diplectrona (2)
Electrodiplectrona (1)
Hydropsyche (1)
Potamyia (1)
Polycentropodidae
Archaeoneuroclipsis (2)
Holocentropus (21)
Neureclipsis (4)
Nyctiophylax (23)
Nyctiophylacodes (1)
Plectrocnemia (24)
Dipseudopsidae
Phylocentropus (4)
Psychomyiidae
Lype (5)

INTEGRIPALPIA

Phryganeidae
Phryganea (7)
Trichostegia (1)
Brachycentridae
Brachycentrus (1)
Goeridae
Goera (1)
Lithax (2)
Silo (1)
Lepidostomatidae
Electraulax (2)
Palaeocrunoecia (3)
Palaeolepidostoma (1)
Archaeocrunoecia (3)
Electrocrunoecia (1)
Maniconeurodes (1)
Calamoceratidae
Ganonema (1)
Georgium (1)
Molannidae
Molanna (1)
Molannodes (2)
Leptoceridae
Setodes (1)
Erotesis (3)
Triplectides (3)
Odontoceridae
Electrocerum (1)
Electropsilotes (1)
Marilia (2)
Beraeidae
Bereodes (1)
Helicopsychidae
Adelomyia (1)
Electrohelicopsyche (1)
Helicopsyche (2)
Ogmomyia (1)
Palaeohelicopsyche (2)
Perissomyia (1)
Sericostomatidae
Aulacomyia (1)
Pseudoberaeodes (1)
Sphaleropalpus (1)
Stenoptilomyia (1)

Tafel 76: Köcherfliegen (Insecta: Trichoptera) aus Baltischem Bernstein II.

a *Holocentropus* sp. (Polycentropodidae), Augen.
b *Plectrocnemia* sp. (Polycentropodidae), Augen.
c *Holocentropus* (Pol.), männl. Genital.
d *Erotesis* sp. (Leptoceridae), weibl. Genital.
e *Palaeohelicopsyche sp.* (Helicopsychidae), Mxp.
f *Lithax herrlingi* (Goeridae), Maxillarpalpen.
g *Electrohelicopsyche taenica* (Helicopsychidae).
h *Palaeolepidostoma proavum* (Lepidostomatidae).

a

b

c

d

e

f

g

h

2.77 Köcherfliegen im Baltischen Bernstein – Insecta: Trichoptera

Die Ordnung Trichoptera ist im Baltischen Bernstein mit 21 Familien vertreten. Die rezenten Köcherfliegen werden weltweit 43 Familien zu geordnet; von denen 21 in Europa vorkommen. Ein Vergleich der Familien des Baltischen Bernsteins mit den rezenten Formen aus Europa, zeigt viele übereinstimmende Faunenelemente. Bei genauer Betrachtung besteht keine phylogenetische, vorangig auch keine geographische, wohl aber eine weitgehende klimatische und ökologische Übereinstimmung (WICHARD 1988).

Die Spicipalpia des Baltischen Bernsteins und der rezenten europäischen Fauna sind in den Familien identisch. Beiden Faunen fehlt die Familie Hydrobiosidae, deren Vertreter in Australien und in der nearktischen Region beheimatet sind. Einige ihrer Arten kommen auch in der orientalischen Region sowie in den südlichen Gebieten der nearktischen und paläarktischen Region Asiens vor.

Auch bei den Annulipalpia besteht große Übereinstimmung. So unterscheiden sich die beiden Faunen nur in einer artenarmen Familie: Die Stenopsychidae sind im Baltischen Bernstein mit 1 Art nachgewiesen, kommen rezent nicht in Europa vor, sind aber mit ca 70 Arten in Südostasien, in Australien und in den orientalischen und äthiopischen Regionen verbreitet.

Erst die Intergripalpia weisen etwas größere Unterschiede auf. Von den 13 in Europa beheimateten Familien fehlen im Baltischen Bernstein zwei: die Thremmatidae und die Limnephilidae. Die Thremmatidae beschränken sich mit nur drei Arten ausschließlich auf den südlichen Teil Europas und dringen nach Norden mit einer Art bis in den Schwarzwald vor. Ganz anders die Limnephiliden. Sie sind heute mit etwa 1000 Arten in der Holarktischen Region verbreitet und dringen mit wenigen Arten nach Süden in den Nordrand der orientalischen Region. In Europa, vor allem in der nördlichen Hälfte, verteilen sich ca. 300 Arten.

Sieht man von den subtropisch-tropischen Stenopsychidae und von den Limnephilidae, die aus kalten Klimazonen stammen ab, so stimmt die Trichopteren-Fauna des Baltischen Bernsteins mit der heutigen Fauna in Europa weitgehend überein und weist auf ein gemäßigtes Klima hin. Diese Beobachtung deckt sich mit anderen Wasserinsekten aus dem Baltischen Bernstein. Je deutlicher diese Wasserinsekten zu den Fließwasserformen gehören, desto eindeutiger weisen sie auf ein gemäßigtes Klima hin. Bestes Beispiel liefern die Steinfliegen (Kap. 2.29). Wasserinsekten sind vorrangig durch die Biologie der Larven geprägt, die in Fließgewässern an kalt-stenotherme Habitate angepaßt sind. ULMER (1912) hat aufgrund der zahlreichen Fließwasserformen unter den Köcherfliegen des Baltischen Bernsteins das Bild einer gebirgigen Landschaft mit vielen Bächen und Flüssen gezeichnet. In dieser Gebirgslandschaft bestanden offensichtlich höhenbedingte Klimastufen, von subtropischem Charakter in den Niederungen bis zu gemäßigtem Klima in den Höhen.

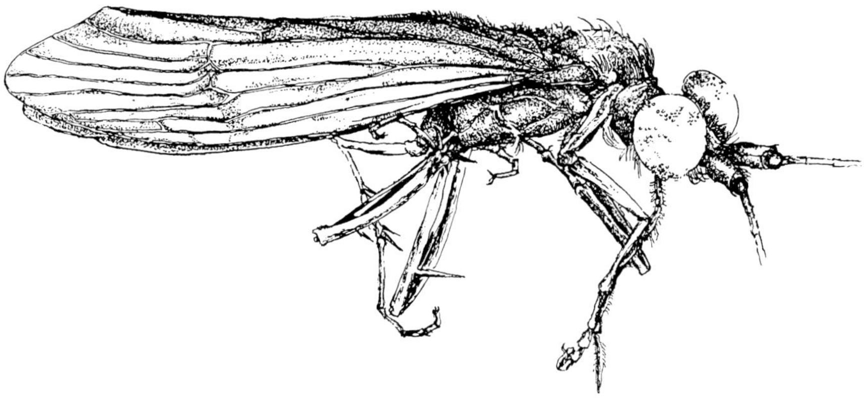

Abb. 84: *Marilia altrocki* WICHARD, 1986 (Trichoptera: Odontoceridae), Holotyp.

Tafel 77: Köcherfliegen (Insecta: Trichoptera) aus Baltischem Bernstein III.

a *Plectronemia* sp. (Polycentropodidae).
b *Holocentropus scissus* (Polycentropodidae).
c *Erotesis* sp. (Leptoceridae).
d *Palaeohelicopsyche* sp. (Helicopsychidae), weibl.
e Bernstein mit *Marilia altrocki* WICHARD, 1986 (Odontoceridae), Holotyp.

a b c d e

2.78 Schmetterlinge im Baltischen Bernstein – Insecta: Lepidoptera

Schmetterlinge (Lepidoptera) gehören mit über 150000 Species zu den artenreichsten Insekten-Ordnungen. In der Artenzahl werden sie nur noch von den Käfern übertroffen. Lepidopteren sind holometabole Insekten (Endopterygota), deren Entwicklung vom Ei, über Raupen (Larven) und Puppen zu den adulten Imagines führt. Der Körper der Schmetterlinge ist deutlich gegliedert in Kopf, Brust (Thorax) und Hinterleib (Abdomen). Meso- und Metathorax tragen je ein Paar Flügel, die als Vorder- und Hinterflügel im Flug miteinander verbunden sind, damit sie gleichmäßig schlagen. Die Ober- und Unterseiten sind dicht mit feinen Schuppen bedeckt. Sie verleihen den Flügeln die Farbenpracht, da sie Farbpigmente enthalten oder mit besonderen Strukturen Lichteffekte erzeugen und schillernde Interferenzfarben hervorbringen können. Die Größe der Schmetterlinge wird meist nach der Spannweite der ausgeklappten Flügel gemessen, die von 3 mm bis zu 25 cm reicht.

Die Einschlüsse von Schmetterlingen im Baltischen Bernstein deuten – wie alle Inklusen – auf ungewöhnliche Ereignisse hin. Schmetterlinge im Bernstein sind meist klein und selten größer als 1 cm. Größere, flugfähige Insekten konnten der Gefahr, im Harz kleben zu bleiben, viel leichter entgehen als kleine Tiere. Sie hinterließen vielleicht Flügelreste, die beim Abflug zurückblieben. Kleine Schmetterlinge sind hingegen oft total eingebettet und ermöglichen deshalb exakte Determinationen bis hin zur Familie und Gattung und erleichtern die sorgfätige Beschreibung neuer Arten. Die Schmetterlinge des Baltischen Bernsteins repräsentieren die Fauna der Waldgesellschaft. Da Raupen eng gebunden sind an ihre Minier- und Futterpflanzen, ohne die sie meist nicht überleben können, sind Schmetterlinge hervorragend geeignet, mosaikartig den Lebensraum darzustellen, den sie im »Bernsteinwald« eingenommen haben. Im Vergleich mit der heutigen Schmetterlingsfauna und ihren Wirtspflanzen wird die Vorstellung von der Pflanzenwelt des »Bernsteinwaldes« mit jeder neuen Schmetterlingsinkluse klarer, auch dann, wenn diese Pflanzen nicht oder viel zu selten mit Blättern, Knospen, Blüten oder Früchten im Bernstein erhalten sind. Da die Pflanzen oft artspezifisch von den Raupen angenommen werden, wird der Vergleich mit heutigen, verwandten Arten trotzdem nur annähernd der Realität aus der eozänen Vergangenheit entsprechen können.

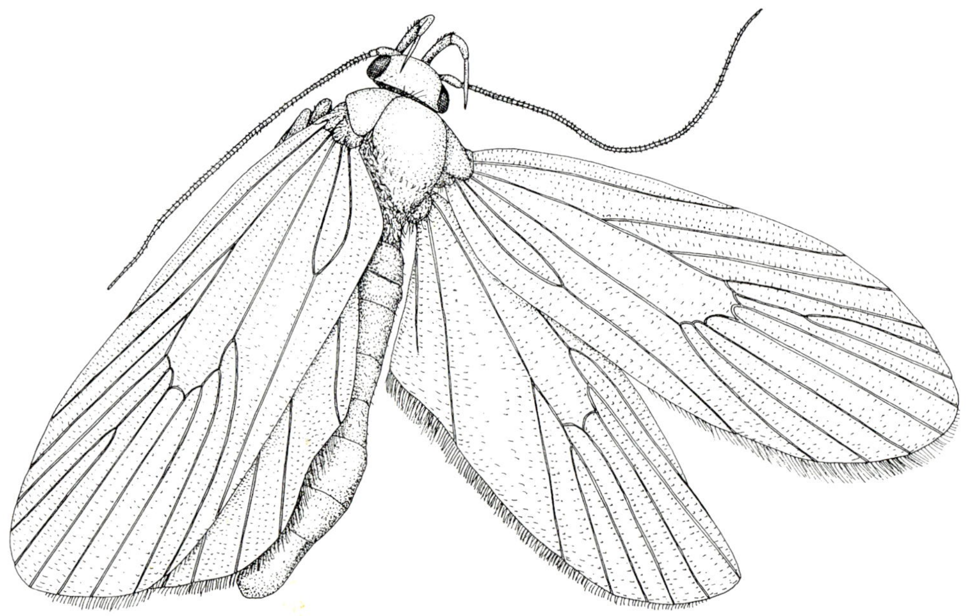

Abb. 85: Palpenmotte *Borkhausenites bachofeni* REBEL, 1934 (Lepidoptera: Oecophoridae).

Tafel 78: Schmetterlinge (Insecta: Lepidoptera) aus Baltischem Bernstein I.

a-d verschiedene Schmetterlingsraupen.
e-h verschiedene »Mikrolepidopteren«.

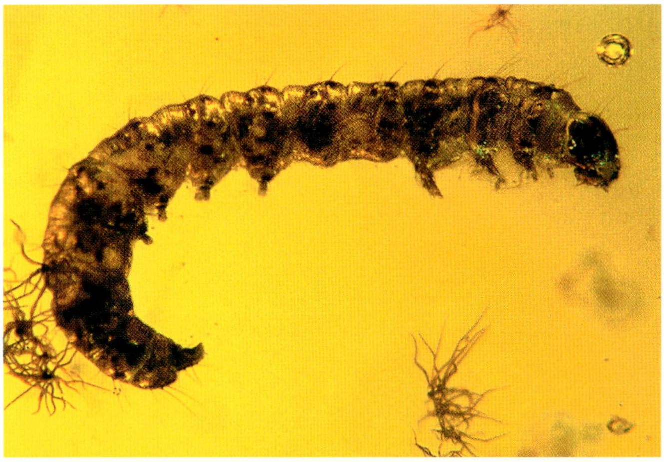
a

b

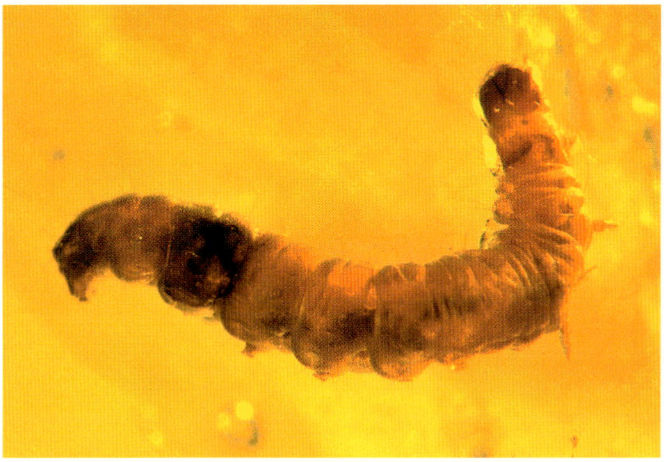
c

d

e

f

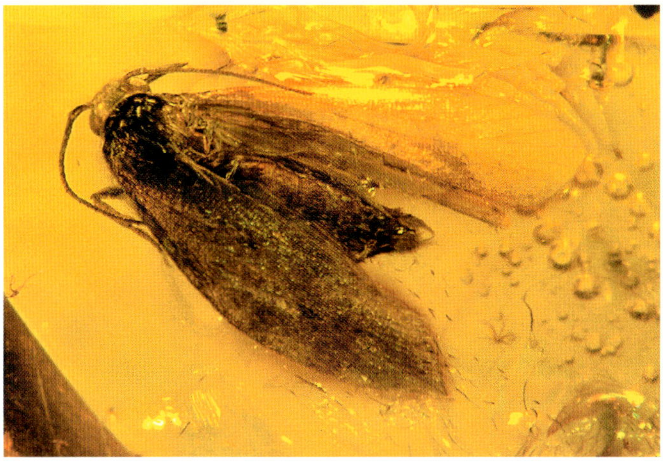
g

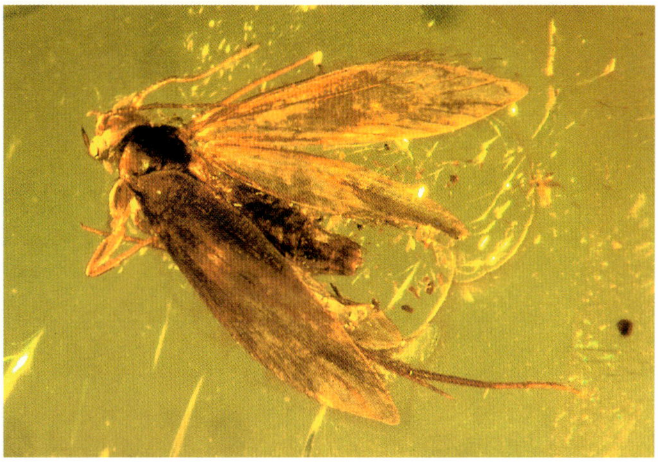
h

2.79 Schmetterlingsraupen – Insecta: Lepidoptera

Es überrascht nicht, daß Raupen im Bernstein ebenso häufig vorkommen wie ihre Imagines. Die Schmetterlinge wurden wahrscheinlich angelockt durch den Duft und durch das Aufleuchten des Harzes im Sonnenlicht. Doch für Raupen ist und war Harz sicher nicht verlockend.

Einige Raupen wurden überrascht von herab tropfendem Harz, das auf den Boden fiel und sie einschloß. Die Mehrheit der Inklusen stammt jedoch von Raupen, die sich von der harzproduzienden Wirtspflanze ernährten und irgendwann von herabfließendem Harz eingebettet wurden. Diese Vermutung bedeutet aber, daß sehr viele Raupen und auch andere rindenbewohnende Insekten konkurrenzfrei nur an einer Wirtspflanze gelebt haben mußten, die unter dem Namen *Pinus succinifera* für den Bernstein verantwortlich gemacht wird. Viele artspezifisch an Wirtspflanzen gebundene Rindenbewohner können nur deshalb in den Bernstein gelangen, weil ihre Wirtspflanze zugleich auch der Harzlieferant für den Baltischen Bernstein ist.

Wir müssen uns von dem Gedanken befreien, daß für den Baltischen Bernstein nur ein einziger harzproduzierender Baum *(Pinus succinifera)* in Frage kommt. Die engen Bindungen vieler Baumbewohner an ihre Wirtspflanzen und die Konkurrenz untereinander machen es viel wahrscheinlicher, daß mehrere Pflanzen, insbesondere Koniferen, zur Harzproduktion und zur Entstehung des Baltischen Bernsteins beitrugen.

Der Baltische Bernsteinwald war ein völlig natürlicher Wald, variabel im Bestand und wechselhaft nach Ort und Zeit, aber dauerhaft über ca. 10 Millionen Jahre. In dieser Zeit wurden von den harzenden Pflanzen, vor allem von Koniferen, ungeheuere Mengen an Harz auf völlig natürliche Weise produziert.

Die Bearbeitung der Schmetterlinge des Baltischen Bernsteins ist vor allem mit den Namen REBEL (1943, 1935, 1936, 1937) und SKALSKI (1973ff) verbunden, die neue Arten beschrieben und einen vorläufigen systematischen Überblick geschaffen haben (Klassifikation nach NIELSEN & COMMON 1991):

ZEUGLOPTERA
Micropterygidae – Urmotten

HETEROBATHMIINA
GLASSATA
Nepticulidae – Zwergmotten
Heliozelidae – Erzglanzmotten
Adelidae – Langhornmotten
Incurvariidae – Miniersackmotten
DITRYSIA
Psychidae – Sackträger
Tineidae – Echte Motten
Gracillariidae – Miniermotten
Yponomeutidae – Gespinstmotten
Argyresthiidae – Baummotten
Plutellidae – Schabenmotten
Heliodinidae – Sonnenmotten
Lyonetidae – Langhornblattminiermotten
Oecophoridae – Faulholzmotten
Elachistidae – Grasminiermotten
Gelechiidae – Palpenmotten
Symmocidae
Scythrididae – Ziermotten
Torticidae – Wickler
Sesiidae – Glasflügler
Pyralidae – Zünsler
Papilionidae – Ritterfalter
Sphingidae – Schwärmer
Arctiidae – Bärenspinner
Noctuidae – Eulenfalter

Tafel 79: Schmetterlinge (Insecta: Lepidoptera) aus Baltischem Bernstein II.

a-h verschiedene Schmetterlingsraupen mit ihren Köchern.

a
b
c
d
e
f
g
h

2.80 Mücken im Baltischen Bernstein – Insecta: Diptera (Nematocera)

Dipteren sind geflügelte holometabole Insekten, deren erstes Flügelpaar voll entwickelt, das zweite aber zu Schwingkölbchen, den Halteren, umgewandelt ist. Die arten- und familienreiche Diptera-Ordnung gliedert sich in zwei Unterordnungen, in die Nematocera (Mücken) und in die Brachycera (Fliegen). Um der Phylogenie näher zu kommen, werden die Unterordnungen in weitere Divisionen unterteilt (COLLESS & MCALPINE 1991).

Im Baltischen Bernstein sind Fliegen und Mücken überaus häufig. Mindestens 70 % aller Inklusen gehören zu den Dipteren, von denen im Bernstein meist kleine Tiere vorkommen und deshalb gerne übersehen werden. Bei der hohen Zahl der zu erwartenden fossilen Arten steht die Forschung über Dipteren des Baltischen Bernsteins noch am Anfang, obwohl die Grundlagen schon sehr früh mit einigen wichtigen Arbeiten geschaffen wurden (LOEW 1862, 1864, MEUNIER 1893-1922, ALEXANDER 1931). Mit HENNIG, der seine Methode der phylogenetischen Systematik (HENNIG 1950, 1966) u.a. mit der Erforschung der Mücken und Fliegen aus dem Baltischen Bernsteins verknüpfte (HENNIG 1964-1972), beginnt die moderne taxonomische Bearbeitung der fossilen Dipteren des Baltischen Bernsteins.

Die Nematoceren des Baltischen Bernsteins verteilen sich nach der systematischen Gliederung von WOOD & BORKENT (1989) auf 18 Familien. Einige früher geführte Familien wurden vereint, z.B. wurden die Limoniidae zu den Tipulidae und die Fungivoridae und Keroplatidae zu den Mycetophilidae gestellt:

Unterordnung **NEMATOCERA**

Tipulidae – Schnaken und Stelzmücken
Nymphomyiidae – Nymphenmücken
Bibionidae ? – Haarmücken
Mycetophilidae – Pilzmücken
Sciaridae – Trauermücken
Cecidomyiidae – Gallmücken
Psychodidae – Schmetterlingsmücken
Trichoceridae – Wintermücken
Anisopodidae – Pfriemenmücken
Scatopsidae – Dungmücken
Tanyderidae
Dixidae – Tastermücken
Corethrellidae
Chaoboridae – Büschelmücken
Culicidae – Stechnmücken
Simuliidae – Kriebelmücken
Ceratopogonidae – Gnitzen
Chironomidae – Zuckmücken

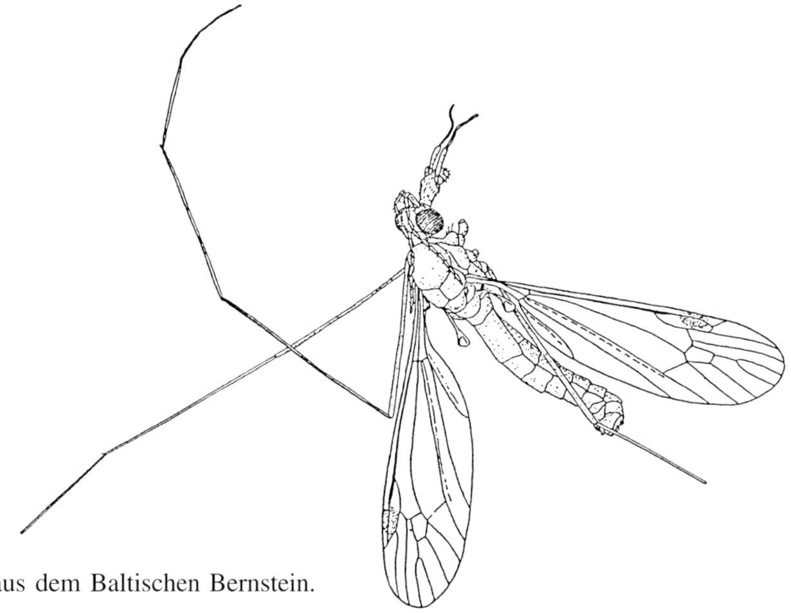

Abb. 86: Tipulidae aus dem Baltischen Bernstein.

Tafel 80: Mücken und Fliegen (Insecta: Diptera) im Baltischen Bernstein I (Tipulidae).

a *Neolimnomyia* sp. (Limoniinae).
b *Neolimnomyia producta* (Limoniinae).
c *Palaeogonomyia* sp. (Limoniinae).
d *Elephanomyia pulchella* (Limoniinae).
e Tipulinae.
f Tipulinae, Kopf/Brust-Bereich.
g Tipulinae, Puppe von dorsal.
h Tipulinae, Puppe von ventral.

a
b
c
d
e
f
g
h

2.81 Mücken im Baltischen Bernstein – Insecta: Diptera (Nematocera)

Eine Gegenüberstellung der Nematocera aus drei Bernstein-Sammlungen (**a** Museum der Erde Warschau, **b** Sammlung Danzig und **c** Zoologisches Museum Kopenhagen) gibt Hinweise über die prozentuale Häufigkeit und Verteilung der Familien untereinander (KULICKA et al. 1985). Auch wenn der Bestand der Sammlungen und die Bearbeitung der Familien mittlerweile verändert und erweitert wurde, so geben die Daten brauchbare Tendenzen der Häufigkeit wieder:

Familien	Sammlungen (%)		
	a	b	c
Tipulidae	2,11	1,17	3,30
Nymphomyiidae	–	–	–
Bibionidae	0,07	0,03	0,20
Mycetophilidae	13,38	8,99	18,60
Sciaridae	22,56	23,34	14,90
Cecidomyiidae	2,62	2,77	7,60
Psychodidae	4,67	6,23	6,30
Trichoceridae	0,01	0,00	0,00
Anisopodidae	0,05	0,06	0,00
Scatopsidae	0,17	0,22	1,00
Tanyderidae	0,00	0,00	0,10
Dixidae	0,05	0,00	0,00
Corethrellidae	–	–	–
Chaoboridae	0,04	0,03	0,10
Culicidae	0,00	0,00	0,00
Simuliidae	0,26	0,03	0,40
Ceratopogonidae	7,87	6,92	11,00
Chironomidae	46,13	49,85	36,50

Von den vielen Neuigkeiten und Besonderheiten, die in jüngster Zeit aus dem Baltischen Bernstein zutage traten, ist unter den Fliegen und Mücken der Erstnachweis einer weiteren Nematocera-Familie hervorzuheben. HOFFEINS & HOFFEINS (1995) berichten von Funden im Baltischen Bernstein der Ostseeküste und der Bitterfelder Lagerstätte, die gleich zweimal die Familie Nymphomyiidae belegen.

Larven und Puppen der rezenten Nymphomyiiden-Arten leben in schnellfließenden Bergbächen mit geringen Temperaturschwankungen zwischen Moosen und Steinen. Die apneustischen Larven atmen über die Körperoberfläche und ernähren sich von pflanzlichem Substrat. Die Imagines sind bis zu 3 mm groß und haben reduzierte Mundwerkzeuge, mit denen sie in der kurzen adulten Phase keine Nahrung aufnehmen können. Nymphenmücken weisen drei morphologische Besonderheiten auf: 1. die Gestalt der länglich, schmalen Flügel (die auch fehlen können) mit reduzierter Äderung und einem Fransensaum am Flügelrand, 2. das Komplexaugenpaar, das sich ventral und nicht dorsal berührt und eine ventrale Augenbrücke bildet, 3. die paarigen fädigen Anhänge am 5. und 6. Hinterleibssegment bei den Männchen, über deren Funktion bislang nur spekuliert wird. Die Familie besteht aus acht beschriebenen Arten, zu denen nun auch fossile Arten aus dem Baltischen Bernstein hinzukommen und derzeit von WAGNER (1999 im Druck) bearbeitet werden.

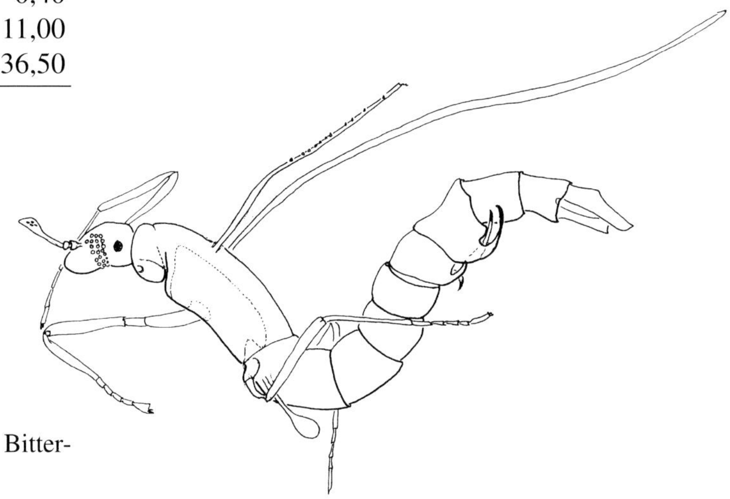

Abb. 87: Habitus einer Nymphomyiidae aus der Bitterfelder Lagerstätte (nach WAGNER 1999, im Druck).

Tafel 81: Mücken und Fliegen (Insecta: Diptera) im Baltischen Bernstein II.

- **a** Nymphomyiidae (Nymphenmücke).
- **b** Mycetophilidae (Macrocerinae) (Pilzmücke).
- **c** Sciaridae (Trauermücke).
- **d** Sciaridae (Trauermücke).
- **e** Psychodidae (Schmetterlingsmücke).
- **f** Psychodidae (Schmetterlingsmücke).
- **g** Scatopsidae (Dungmücke).
- **h** Scatopsidae (Dungmücke).

a

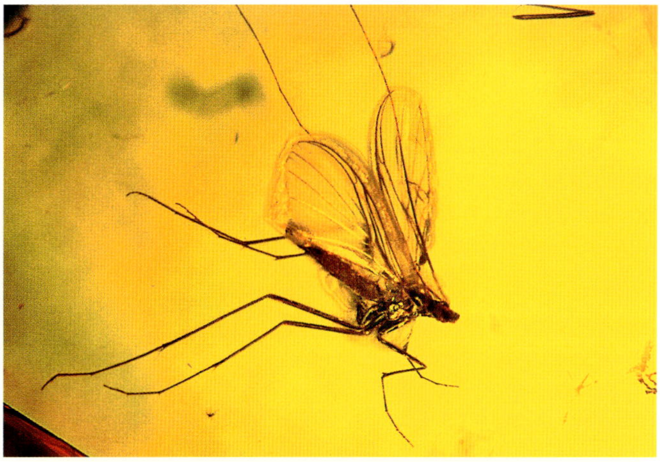
b

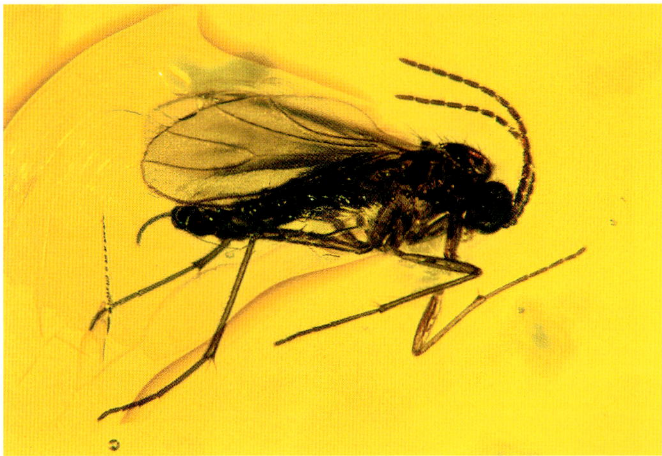
c

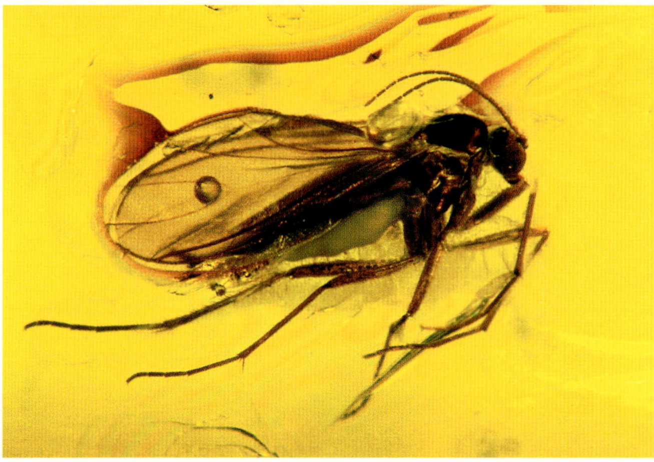
d

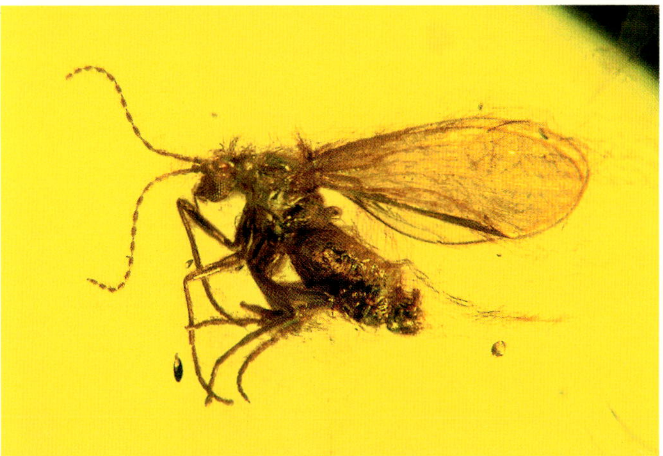
e

f

g

h

2.82 Anisopodidae und Tanyderidae im Baltischen Bernstein – Insecta: Diptera

Die Pfriemenmücken (Anisopodidae) wurden von LOEW (1850) und von MEUNIER (1899, 1904) beschrieben und später von EDWARDS (1921, 1928) nomenklatorisch überarbeitet. Danach verteilen sich 6 Arten auf die beiden Gattungen *Mycetobia* und *Anisopus*:

Mycetobia connexa MEUNIER, 1899
Mycetobia defectiva LOEW, 1850
Mycetobia longipennis MEUNIER, 1899
Mycetobia platyuroides MEUNIER, 1899
Anisopus (Sylvicola) splendida (MEUNIER,1904)
Anisopus (Sylvicola) thirionis (MEUNIER, 1904)

Im Baltischen Bernstein sind Pfriemenmücken selten. Sie sind von besonderem Interesse, weil alle Entwicklungsstadien im Bernstein erhalten sind und nicht nur im Baltischen sondern auch im Dominikanischen Bernstein vorkommen (GRIMALDI 1991). Tafel 82 a-d zeigt nacheinander alle Stadien: ein Weibchen mit herausgepreßtem Eistrang (a), eine Larve (b), die leicht mit Würmern verwechselt wird, eine Puppe (c), die kräftig bedornt ist, und eine Imago (d), die »soeben« die Puppenexuvie verlassen hat. Der Schlüpfvorgang ist nach einer weiteren Inkluse in einer Zeichnung festgehalten (Abb. 88).

Die Familie Tanyderidae zählt zu den primitiven und seltenen Dipteren. Sie ist mit 37 rezenten Arten in Australien, Asien, in der nearktischen Region und mit einer Art in Südafrika verbreitet. Unter den rezenten Arten sind zumindest einige Vertreter typischer Wasserinsekten, deren Larven und Puppen im Wasser leben. Die Larven der australischen *Eutanyderus* sp. sind gut untersucht, haben ein geschlossenes Tracheensystem, atmen über die Körperoberfläche und verfügen zusätzlich über fadenförmige Tracheenkiemen am Hinterleibsende. Die Puppen tragen am Thorax (Prothorax) paarige Spirakulumkiemen (Gaskiemen) mit einem Plastron-Netzwerk in der Cuticula der Kiemenoberfläche. Dieses Netzwerk hält ein Luftkissen (Plastron), das die Kiemen bedeckt und den Gasaustausch an der Grenzfläche zwischen dem Plastron und dem umgebenden Wasser ermöglicht (HINTON 1966, WICHARD et al. 1995).

Von den Imagines, die rezent in Ufernähe entlang großer Flüsse leben, sind seltene Inklusen aus dem Baltischen Bernstein bekannt. Zwei Arten wurden beschrieben:

Macrochile spektrum LOEW, 1850
Macrochile baltica PODENAS, 1997.

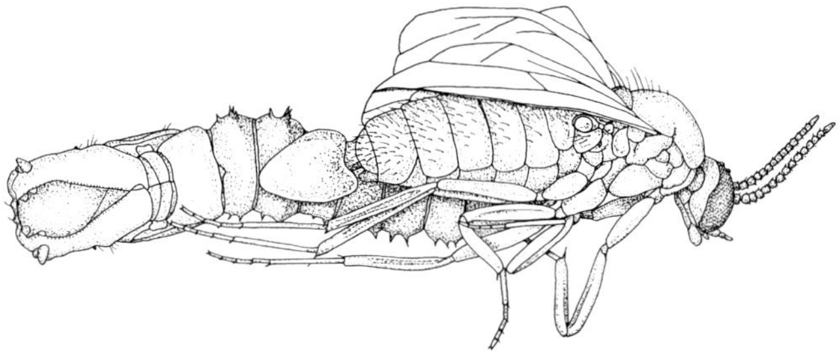

Abb. 88: Pfriemenmücke (Anisopodidae) aus der Puppenexuvie geschlüpft.

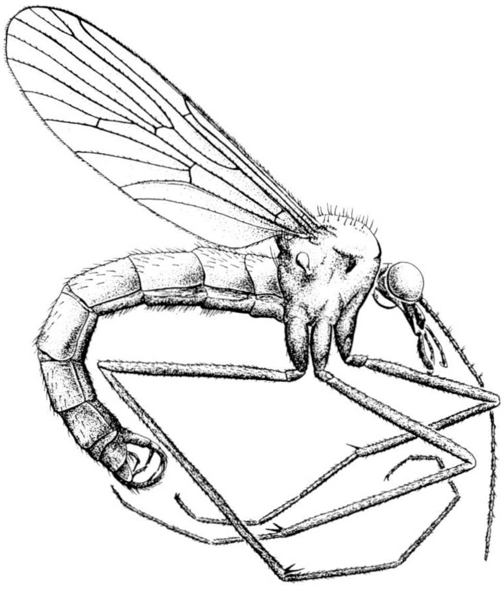

Abb. 89: *Macrochile baltica* PODENAS, 1997 (Tanyderidae), Holotyp.

Tafel 82: Mücken und Fliegen (Insecta: Diptera) im Baltischen Bernstein III (Anisopodidae).

a Anisopodidae, Weibchen mit Erstrang.
b Anisopodidae, wurmförmige Larve.
c Anisopodidae, Puppe.
d Anisopodidae, geschl. Imago mit Puppenexuvie.
e-h weitere Pfriemenmücken (Anisopodidae).

a b c d e f g h

2.83 Die culicomorphen Mücken im Baltischen Bernstein – Insecta: Diptera

Die nematoceren Culicomorpha sind mit beiden Überfamilien (Chironomoidea und Culicoidea) im Baltischen Bernstein vertreten.

Die Chironomoidea kommen überaus arten- und individuenreich mit den Chironomidae (Zuckmücken) und den Ceratopogonidae (Gnitzen) vor, während Simuliidae (Kriebelmücken) vereinzelt auftreten und Thaumaleidae vollständig fehlen (Kap. 2.81). Einen guten Überblick erhält man durch die Arbeiten von SZADZIEWSKI (1993, 1996) über die zahlreichen Gnitzen, die auch in anderen Bernsteinen unterschiedlichen Alters untersucht sind und evolutionsbiologische Rückschlüsse (z.B. zur Ernährung der blutsaugenden Gnitzen-Weibchen) zulassen: Libanon Bernstein (SZADZIEWSKI 1996), Taimyr Bernstein (SZADZIEWSKI 1996), Französischer Bernstein (SZADZIEWSKI & SCHLÜTER 1992), Sachalin Bernstein (SZADZIEWSKI 1990) sowie New Jersey Bernstein (BORKENT 1995) und Canada Bernstein (BORKENT 1995). Die häufigen Chironomidae warten bislang auf eine notwendige Revision und auf die Bearbeitung vieler neuer Arten.

Die Culicoidea fallen mit den Dixidae (Tastermücken), Culicidae (Stechmücken) und Chaoboridae (Büschelmücken) eher durch ihre Seltenheit auf (Kap. 2.81). Auch die Familie Corethrellidae gehört zu den seltenen Dipteren und ist bisher nur mit zwei Arten in der Bitterfelder Lagerstätte gefunden worden (SZADZIEWSKI et al. 1995).

Corethrellidae

Corethrella prisca BORKENT & SZADZIEWSKI, 1992.

Corethrella miocenica SZADZIEWSKI et al., 1994

HENNIG (1966) hat die Dixidae, Chaoboridae und Culicidae revidiert.

Chaoboridae

Mochlonyx sepultus MEUNIER, 1902

Dixidae

Dixa minuta MEUNIER, 1906

Paradixa succinea (MEUNIER, 1906)

Paradixa filiforceps HENNIG, 1966

Paradixa distans HENNIG, 1966.

Aus der Familie Culicidae liegt keine beschriebene Art aus Baltischem Bernstein vor.

Bei diesen Nematoceren handelt es sich überwiegend um Wasserinsekten, deren Larven und Puppen in fließenden Gewässern und in Stillgewässern oder feuchtem Milieu leben. In einem Bernstein befindet sich eine Dixidae *(Paradixa succinea)* zusammen mit der Puppe einer Simuliidae, deren Larven und Puppen im Fließgewässer leben, in der nach HENNIG (1966) folgernd auch die Larven von *Paradixa succinea* gelebt haben.

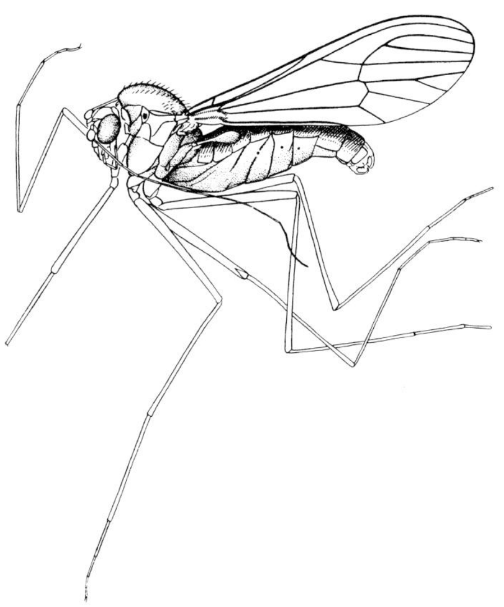

Abb. 90: *Paradixa succinea* (Dixidae).

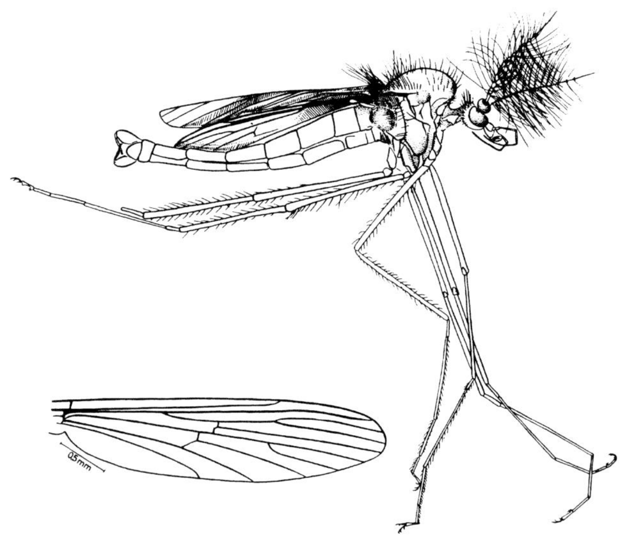

Abb. 91: *Mochlonyx sepultus* (Chaoboridae).

Tafel 83: Mücken und Fliegen (Insecta: Diptera) im Baltischen Bernstein IV (Culicomorpha).

a Dixidae (Tastermücke).
b Chaoboridae (Büschelmücke).
c Culicidae (Stechmücke).
c Simuliidae (Kriebelmücke).
e Ceratopogonidae (Gnitze).
f Ceratopogonidae (Gnitze).
g Chironomidae (Zuckmücke).
h Chironomidae (Zuckmücke).

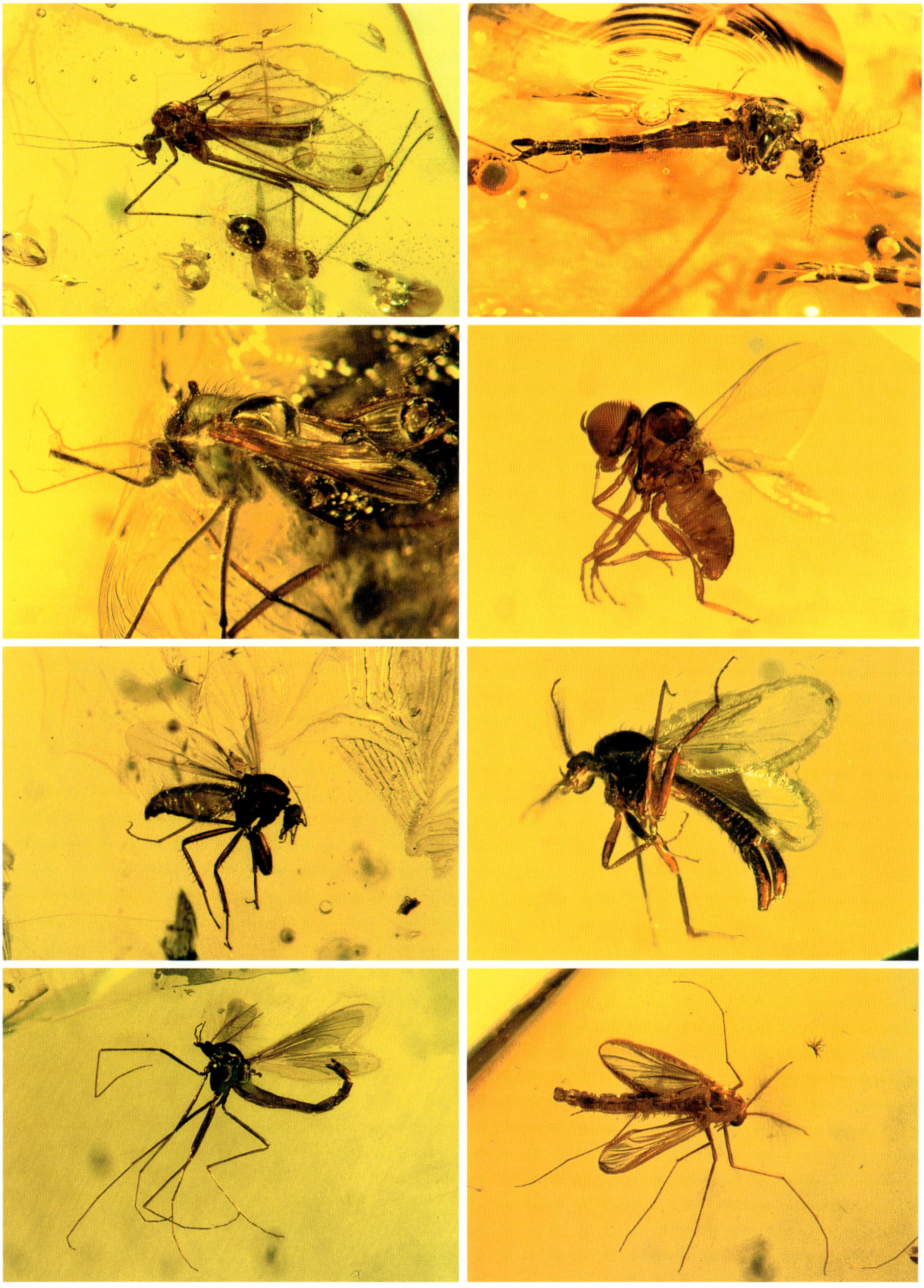

a b c d e f g h

2.84 Mücken und Fliegen im Baltischen Bernstein – Insecta: Diptera

Die Unterordnung der Brachycera ist mit einem breiten Spektrum an Familien im Baltischen Bernstein vertreten. Die Liste folgt der Klassifikation nach WOODLEY (1989) und MCALPINE (1989) unter der Berücksichtigung der Familienlisten von WUNDERLICH (1996) und SPAHR (1985).

ORTHORRHAPHA
- **Xylophagidae** – Holzfliegen
- **Xylomyidae**
- **Stratiomyidae**
- **Vermileonidae**
- **Rhagionidae** – Schnepfenfliegen
- **Tabanidae** – Bremsen
- **Acroceridae** – Spinnenfliegen
- **Asilidae** – Raubfliegen
- **Therevidae** – Stilettfliegen
- **Bombyliidae** – Wollschweber
- **Dolichopodidae** – Langbeinfliegen
- **Empididae** – Tanzfliegen

CYCLORRHAPHA (ASCHIZA)
- **Sciadoceridae**
- **Phoridae** – Buckelfliegen
- **Syrphidae** – Schwebfliegen
- **Pipunculidae** – Augenfliegen

CYCLORRHAPHA (SCHIZOPHORA)

NERIOIDEA
- **Micropezidae** (+ **Calobatidae**) – Stelzfliegen
- **Cypselosomatidae** (+ **Pseudopomyzidae**)

DIOPSOIDEA
- **Psilidae** – Nacktfliegen
- **Megamerinidae** – Schenkelfliegen
- **Diopsidae** – Stielaugenfliegen

CONOPOIDEA
- **Conopidae** – Dickkopffliegen

TEPHRITOIDEA
- **Lonchaeidae** – Lanzenfliegen
- **Pallopteridae**

LAUXANIOIDEA
- **Lauxaniidae** – Polierfliegen
- **Chamaemyiidae** – Blattlausfliegen

SCIOMYZOIDEA
- **Dryomycidae** – Baumfliegen
- **Sciomyzidae** – Netzfliegen
- **Sepsidae** – Schwingfliegen

OPOMYZOIDEA
- **Clusiidae**
- **Acarthophthalmidae**
- **Odiniidae**
- **Anthomycidae**
- **Aulacigastridae**
- **Asteiidae** – Feinfliegen

CARNOIDEA
- **Carnidae**
- **Milichiidae**
- **Cryptochetidae**
- **Chloropidae** – Gelbkopffliegen

SPAEROCEROIDEA
- **Heleomyzidae** – Strandfliegen
- **Chyromyidae**

EPHYDROIDEA
- **Camillidae**
- **Drosophilidae** – Fruchtfliege
- **Diastatidae**

Tafel 84: Mücken und Fliegen (Insecta: Diptera) im Baltischen Bernstein V.

a Ceratopogonidae (Gnitze), Kopfbereich mit Antennen.
b Zuckmücke (Chironomidae), Kopfbereich mit Antennen.

a

b

2.85 Fliegen im Baltischen Bernstein – Insecta: Diptera (Brachycera)

Wenn man die Pflanzen und Tiere des Baltischen Bernsteins mit den rezenten Arten vergleicht und nach dem Vorkommen der nächsten Verwandten fragt, wird eine Tendenz erkennbar, nach der die Nachfahren häufig in Südostasien verbreitet sind. Eine genaue geographische Betrachtung gepaart mit einer guten phylogenetischen Kenntnis der Taxa differenziert jedoch oft das Bild der globalen Verbreitung. Trotz des reliktartigen Charakters des südostasiatischen Raumes zeigt HENNIG an Beispielen gut untersuchter Bernstein-Dipteren wie vielfältig und kompliziert das Ausbreitungsgeschehen vieler Arten ist.

Im Baltischen Bernstein werden für die Holzfliegen (Xylophagidae) in der Unterfamilie Rachicerinae drei Taxa angegeben (HENNIG 1967):

Chrysothermis speciosa LOEW, 1850
Electra formosa LOEW, 1850
Lophyrophorus flabellatus MEUNIER, 1902

Ihnen stehen 34 rezente Rachicerinae-Arten gegenüber, die im indo-asiatischen Raum mit 18 Arten und in drei weiteren Regionen verbreitet sind: Spanien (1 Art), Neotropis (10), Nearktis (5).

Ähnlich ist die geographische Verbreitung der rezenten Spinnenfliegen (Acroceridae), die nicht nur in Südostasien sondern auch in anderen subtropischen Regionen vorkommen. Die im Baltischen Bernstein gefundene Gattung *Eulonchiella* gehört in die Unterfamilie Philopotinae und weist eine größere verwandtschaftliche Nähe zu rezenten Philopotinae-Gattungen aus Südafrika auf (HENNIG 1966). Zur Unterfamilie Acrocerinae zählt die im Baltischen Bernstein nachgewiesene Gattung *Villalites*, die nach sorgfältiger morphologischer und phylogenetischer Analyse mit der rezenten chilenischen Gattung *Villalus* am nächsten verwandt ist (HENNIG 1966).

Um Klarheit über die direkten verwandtschaftlichen Beziehungen mit den eozänen Arten zu bekommen, müssen zunächst die geographisch getrennten Teilgruppen hinsichtlich der Frage untersucht werden, ob für alle Gruppen Monophylie angenommen werden darf. Im Idealfall der Monophylie müssen dann die Verwandtschaftsbeziehungen der Teilgruppen und zu den fossilen Formen geklärt werden.

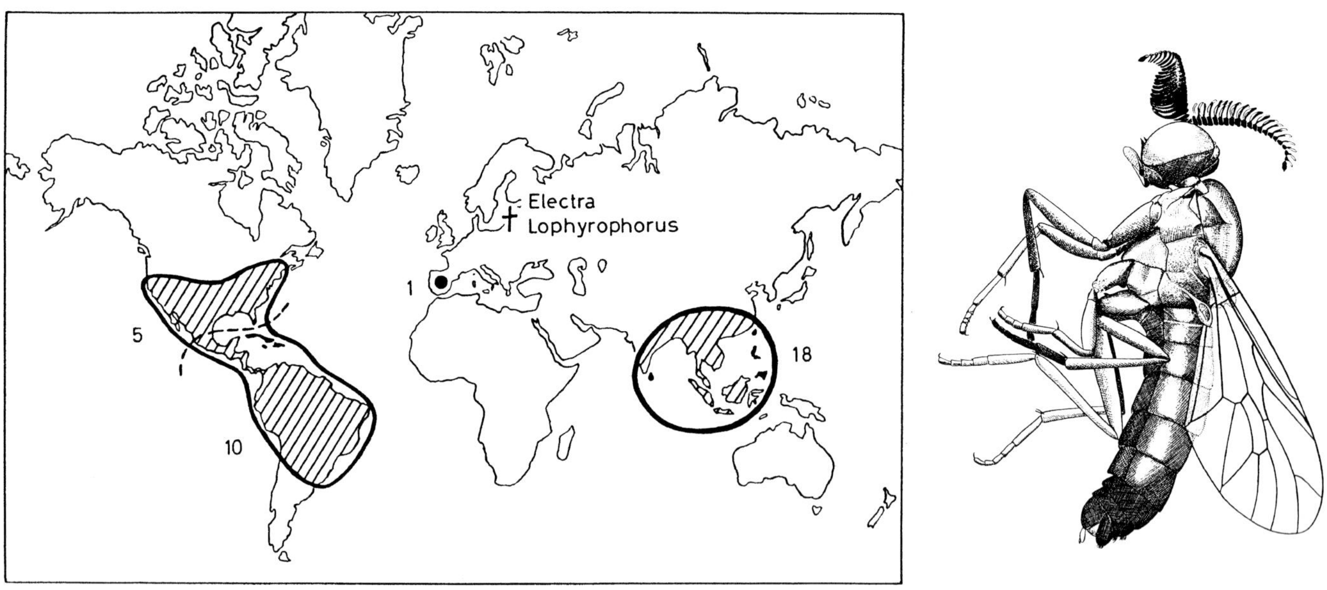

Abb. 92: **a** Geographische Verbreitung der Rachicerinae, **b** *Lophyrophorus flabellatus* (nach HENNIG 1966).

Tafel 85: Mücken und Fliegen (Insecta: Diptera) im Baltischen Bernstein VI.

a Xylophagidae (Rachicerinae) (Holzfliegen).
b Xylophagidae (Rachycerinae), Kopf, Antenne.
c Rhagionidae (Schnepfenfliegen).
d Rhagionidae, Kopf, Mundwerkzeug.
e Tabanidae (Bremsen).
f Tabanidae (Bremsen), Kopf, Augen.
g Acroceridae (Spinnenfliegen).
h Acroceridae (Spinnenfliegen).

a b c d e f g h

2.86 Fliegen im Baltischen Bernstein – Insecta: Diptera (Brachycera)

Die Überfamilie Empidoidea (Empidiforma) umfaßt die beiden Familien Empididae (Tanzfliegen) und Dolichopodidae (Langbeinfliegen), die im Baltischen Bernstein mit großer Regelmäßigkeit vorkommen. Die Verwandtschaftsbeziehungen, damit auch die Frage nach der Monophylie ist noch nicht endgültig geklärt. Insbesondere ist nicht ausgeschlossen, daß einige Unterfamilien der Empididae näher verwandt sind mit den Dolichopodiden als andere. Alle Unterfamilien der Empididae sind im Bernstein vertreten: Microphorinae, Atelestinae, Ocydromiinae, Hybotinae (Neozinae), Tachydromiinae (Corynetinae), Hemerodromiinae (+ Clinoceratinae, Ceratomerinae, Homalocerinae) und Empidinae (HENNIG 1973). Die Atelestinae sind mit *Tricinites cretaceus* bereits im Libanon-Bernstein aus der Unterkreide vertreten (HENNIG 1970). Bei den Dolichopodidae sind ebenfalls die meisten Unterfamilien im Baltischen Bernstein nachgewiesen. Die Revision der Bernstein-Fliegen dieser Familiengruppe bleibt ein vorrangiges Ziel, zumal eine detaillierte Kenntnis über die Empididen und Dolichopodiden des Baltischen Bernsteins dazu beitragen wird, die Verwandtschaftsbeziehungen innerhalb der Überfamilie zu klären.

Von den Bombyliidae oder Wollschweber kommen Vertreter der Bombyliinae *(Paracorsomyza)*, Cyrtosiinae *(Proplatypygus, Proglabellula)* und Cylleniinae *(Palaeoamictus, Amictites, Glaesamictus)* im Baltischen Bernstein vor (HENNIG 1966, 1967, 1969). Sie sind zugleich die bisher ältesten fossilen Bombyliidae.

Die Bombyliiden sind kosmopolitisch, weltweit verbreitet und kommen außer in den kalten Regionen der südlichen und nördlichen Halbkugel überall vor. Ihre größte Diversität besitzen sie in den temperierten Regionen der Welt. Hierzu zählt auch die Verwandtschaftsgruppe der im Baltischen Bernstein nachgewiesenen Gattung *Proglabellula*. Im Gegensatz dazu steht die Bernstein-Gattung *Paracorsomyza*, mit *Paracorsomyza crassirostris* (LOEW, 1850). Ihre nächsten Verwandten sind mit ca. 40 Arten in der *Corsomyza*-Gruppe auf Südafrika beschränkt (Abb. 93).

Da derzeit immer noch kein gut begründetes phylogenetisches System der Bombyliidae vorliegt und die Gliederung in Unterfamilien provisorisch ist (MÜHLENBERG 1971, HENNIG 1973), ist die Zuordnung weiterer fossiler Formen zu rezenten Verwandtschaftsgruppen und die davon abhängige biogeographische Bewertung schwierig.

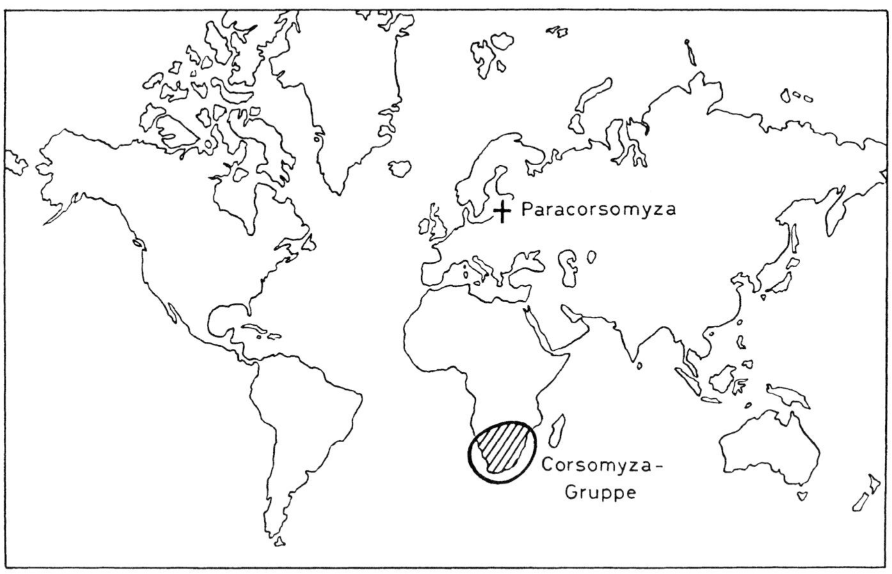

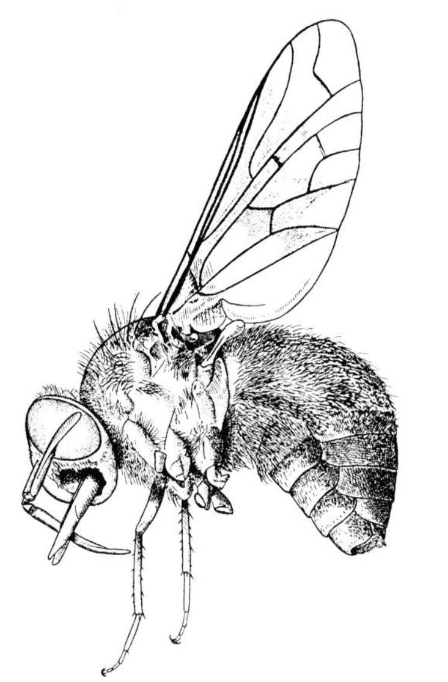

Abb. 93: a Geographische Verbreitung der *Corsomyza*-Gruppe, **b** *Paracorsomyza crassirostris* (n. HENNIG 1966).

Tafel 86: Mücken und Fliegen (Insecta: Diptera) im Baltischen Bernstein VII.

a Empididae (Tanzfliege).
b Empididae, Kopfbereich: Auge, Mundwerkzeug.
c Empididae (Tanzfliege).
d Empididae, Kopfbereich: Augen, Antennen.
e Dolichopodidae, Paar in Kopula.
f Empididae (Hybotinae).
g Dolichopodidae (Langbeinfliege).
h Dolichopodidae, Kopfbereich: Augen, Antennen.

a b c d e f g h

2.87 Fliegen im Baltischen Bernstein – Insecta: Diptera (Phoridae, Sciadoceridae)

Buckelfliegen oder Phoridae (Taf. 87 d-h) haben ihren deutschen Namen nach dem hochgewölbten Thorax, der von der Seite »buckelig« aussieht. Die bei einigen Arten stark verkürzten Flügel sind vor allem bei den Ameisen- und Termitengästen vollkommen reduziert, einschließlich der Schwingkölbchen (Halteren) (Taf. 87 g, h). Im Baltischen Bernstein ist die Familie mit zahlreichen Arten vertreten (MEUNIER 1910, BRUES 1923, 1939).

Der Nachweis der Phoridae im Baltischen Bernstein schließt nach der phylogenetischen Analyse durch HENNIG (1954, 1964) ein, daß auch die beiden nächstverwandten Familien Sciadoceridae und Platypezidae (Clythiidae) als selbständige Gruppen im eozänen »Bernsteinwald« gelebt haben müssen. Der Nachweis der Platypezidae im Bernstein gilt bislang als unsicher, zumal die fragwürdige Beschreibung einer Art

Oppenheimiella baltica MEUNIER, 1893

durch den Verlust des Typus nicht mehr zu klären ist. Um so erfreulicher war der Nachweis einer Sciadoceridae, die von MEUNIER beschrieben und von HENNIG (1964) zur Gattung *Archiphora* gestellt wurde:

Archiphora robusta (MEUNIER, 1905)

Von den Sciadoceridae sind nur zwei rezente Arten bekannt. *Amphiphora patagonica* SCHMITZ, 1927 ist in Süd-Argentinien (Patagonien) und *Sciadocera rufomaculata* WHITE, 1917 in Tasmanien und Neuseeland beheimatet. Über die ökologischen Ansprüche der beiden rezenten Arten ist wenig bekannt. Die Larven der Sciadoceriden sind möglicherweise Pilzbewohner und fressen an Pilzen und faulendem Pflanzensubstrat. Diese Lebensweise ist auch bei den Larven der fossilen Art vorstellbar, zumal das feuchtwarme Klima im Bernsteinwald die Pilzvegetation begünstigt haben wird.

»Der Nachweis einer fossilen Art auf den Nordkontinenten ist das eigentlich Unerwartete und Wichtige an dem Bernsteinfund« (HENNIG 1964). Eine transarktische Ausbreitung der Sciadoceridae über den Südkontinent ist nach HENNIG (1960) nahezu ausgeschlossen. Die Möglichkeit, daß die Sciadoceridae vom Nordkontinent her nach Südamerika und Tasmanien/Neuseeland unabhängig voneinander gekommen sind, ist auch nicht sehr wahrscheinlich. Vielleicht aber sind die beiden Gruppen lediglich Relikte einer globalen Ausbreitung zur Zeit des günstigen eozänen Klimas.

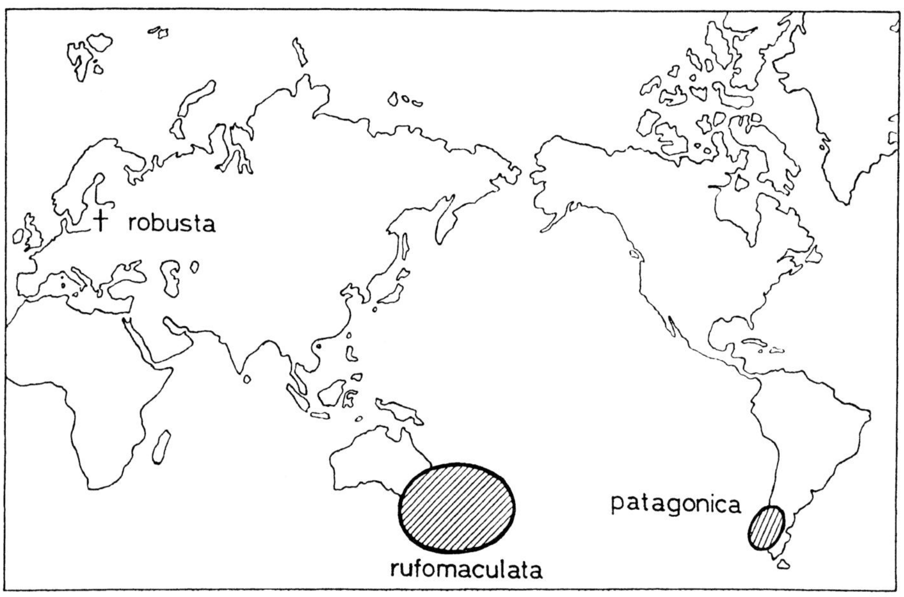

Abb. 94: **a** Geographische Verbreitung der Sciadoceridae, **b** *Archiphora robusta* (nach HENNIG 1964).

Tafel 87: Mücken und Fliegen (Insecta: Diptera) im Baltischen Bernstein VIII.

a Acalyptratae.
b Acalyptratae.
c Acalyptratae.
d Phoridae (Buckelfliegen).
e Phoridae (Buckelfliegen).
f Phoridae (Buckelfliegen).
g Phoridae, Paar mit ungeflügeltem Männchen.
h Phoridae, ungeflügeltes Männchen.

a

b

c

d

e

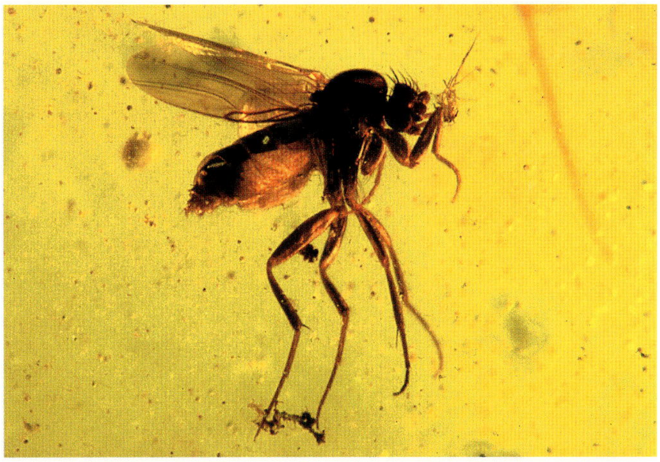
f

g

h

2.88 Fliegen im Baltischen Bernstein – Insecta: Diptera (Brachycera)

Schwebfliegen (Syrphidae) gehören zu den verborgenen Schönheiten unter den Insekten, die ihrer geringen Größe wegen nicht die Aufmerksamkeit auf sich lenken, wie beispielsweise Käfer und Schmetterlinge. Sie ernähren sich von Nektar und Pollen und gehören damit zu den wichtigen Blütenbestäubern. Ihr eleganter Flug an blütenreichen Waldrändern und Waldschneisen ist nicht zu übersehen. Die Mimikry einiger Schwebfliegen mit wehrhaften Hummeln, Bienen und Wespen verleiht ihnen Schutz und Respekt, auch gegenüber uns Menschen. Die Größe der Schwebfliegen wird im Bernstein zur Nebensache, stattdessen treten die Farben und Muster hervor, die bei den fossilen Bernstein-Formen andeutungsweise und manchmal recht gut erhalten blieben. Mit den fossilen Syrphiden des Baltischen Bernsteins hat sich neben MEUNIER und LOEW später vor allem HULL (1945, 1949, 1956) befaßt.

Stielaugenfliegen (Diopsidae) fallen durch den gepreizten Augenabstand auf, der zu Augenstielen führt, die bei den Diopsinae ganz verschiedene Längen haben können. Die primitive, in Afrika verbreitete Gattung *Centrioncus* (Centrioncinae) besitzt keine gestielten Augen. Die Familie Diopsidae ist mit einer Art im Baltischen Bernstein nachgewiesen. Sie wird als Vertreter der Stammgruppe der Diopsinae interpretiert (HENNIG 1965):

Prosphyracephala succini (LOEW, 1873)

Das Verbreitungsgebiet der Stielaugenfliegen erstreckt sich von Afrika über Madagaskar und Indien bis Neu-Guinea. Die eozäne Bernstein-Art steht nach ihren möglichen ökologischen Ansprüchen und in morphologischer Hinsicht den rezenten Arten am nächsten, die in der paläarktischen Region auf Gebiete beschränkt sind, die als Refugien der vergangenen Waldfauna und -flora gelten (Abb. 95).

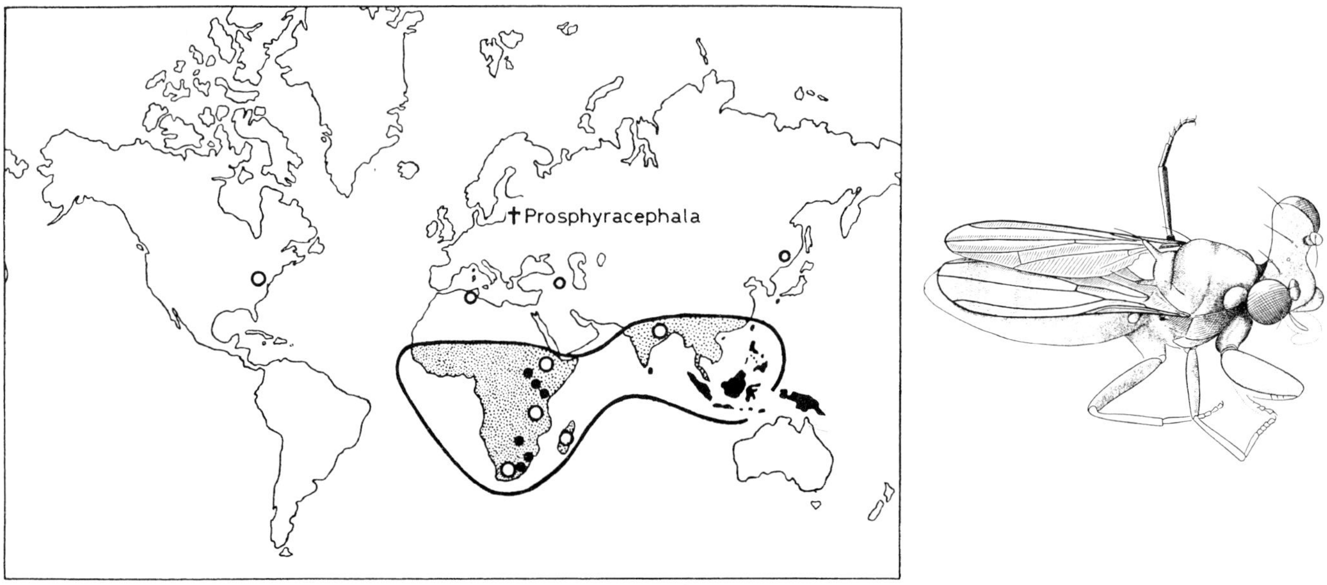

Abb. 95: a Geographische Verbreitung der Diopsidae, **b** *Prosphyracephala succini* (nach HENNIG 1965).

Tafel 88: Mücken und Fliegen (Insecta: Diptera) im Baltischen Bernstein IX.

a-f Syrphidae (Schwebfliegen), **g** Diopsidae (Stielaugenfliegen), **h** Pipunculidae (Augenfliegen).

a
b
c
d
e
f
g
h

2.89 Flöhe im Baltischen Bernstein – Insecta: Siphonaptera

Flöhe oder Siphanoptera bilden eine eigene Ordnung innerhalb der holometabolen Endopterygota. Die systematische Stellung ist nicht schlüssig geklärt. Die phylogenetische Systematik betrachtet die Siphanoptera entweder als Schwestergruppe zu den Diptera oder zu den Mecoptera. Über 2000 Arten verteilen sich auf 16 Familien.

Die Imagines sind überwiegend 2-3 mm groß, der Körper ist stark seitlich abgeflacht. Der charakteristische Kopf der Flöhe ist gekielt. Die fehlenden Augen sind durch einfache Linsenorgane ersetzt. Mit dem Stechrüssel saugen Männchen und Weibchen Blut von Warmblütlern. Die Haare sind vom Kopf bis zu Hinterleibsende gleichlaufend nach hinten gerichtet, damit sie das Durchschlüpfen des Haar- und Federkleides ihrer Wirtstiere nicht behindern. Die typischen Stachelhaare (Ctenidien) dienen zur Haftung an den Körpern der Wirtstiere. Die Verteilung der Stachelhaare an Kopf und Körper sind brauchbare Bestimmungsmerkmale. Die Krallen sind kräftig und differenziert. Die beiden letzten Beinpaare sind zu langen Sprungbeinen umgebildet. Die Biologie der Flöhe ist den Wirtstieren weitgehend angepaßt. Einige verlassen den Wirt sobald sie gesättigt sind, andere werden zu Dauerbewohnern im Fell der Wirtstiere. Sie saugen überwiegend an Säugern, einige wenige auch an Vögeln. Die größte Artendichte haben Flöhe in den Tropen und Subtropen.

Es war für die breite Öffentlichkeit eine kleine Sensation, als um 1910 ein Floh im Baltischen Bernstein gefunden wurde. Die Aufmerksamkeit für Flöhe war damals weit größer als heute und fand dementsprechend auch Eingang in die aktuelle Tagespresse. Nachdem 50 Jahre später ein weiterer Floh im Bernstein nachgewiesen wurde, ist in diesen Tagen ein drittes Exemplar aufgetaucht, das weniger beachtet wird als noch das Erste vor 80 Jahren.

DAMPF (1911) und PEUS (1968) beschrieben die beiden Exemplare und ordneten sie einer gemeinsamen Gattung zu:

Palaeopsylla klebsiana DAMPF, 1911

Palaeopsylla dissimilis PEUS, 1968

Die beiden Bernstein-Arten zählen zur Familie Hystrichopsyllidae, zu der die rezente Art *Hystrichopsylla talpae* gehört, die an Maulwürfen saugt. Von den fossilen Bernstein-Arten wird angenommen, daß sie ebenfalls Insectivora (Insektenfresser) befallen haben, die als grabende Säuger im Eozän weit verbreitet waren. Davon jedenfalls zeugen Funde aus der Grube Messel und aus dem Geiseltal.

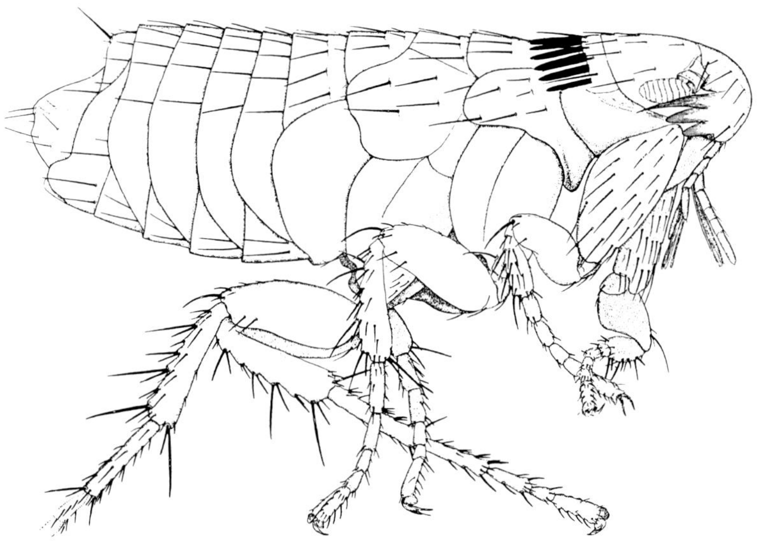

Abb. 96: *Palaeopsylla klebsiana* DAMPF, 1911 (Hytrichopsyllidae), Holotypus.

Tafel 89: Floh (Insecta: Siphonaptera) im Baltischen Bernstein.

Palaeopsylla dissimilis PEUS, 1968 (Hystrichopsyllidae), Holotypus.

2.90 Eidechsen im Baltischen Bernstein – Vertebrata: Reptilia (Lacertidae)

Lange Zeit galt die von KLEBS (1910) beschriebene und von BOULENGER (1917) als *Nucras succinea* benannte »Bernstein-Eidechse von Königsberg« als einziger Reptilien-Fund im Baltischen Bernstein.

Diese vollständig erhaltene Eidechse aus dem Baltischen Bernstein war Prunkstück der Inklusensammlung des 1889 gegründeten Bernstein-Museums der Firma STANTIEN & BECKER in Königsberg. Im Jahre 1899 wurden die Sammlungen dieses Museums vom Geologischen Institut der Universität Königsberg übernommen, wo sie bis zum II. Weltkrieg lagerten.

Erstmals wird diese Bernstein-Eidechse von KLEBS (1889) erwähnt, der eine vorläufige systematische Einordnung des Fundes in die Familie Teiidae, nahe der rezenten Gattung *Knemidophorus* vorschlägt. Zwei Jahre später wird der einzigartige Fund F.A. BOULENGER (British Museum of Natural History, London) vorgelegt, der dieses Bernstein-Fossil der südafrikanischen Lacertidae Gattung *Nucras* zuordnet und auf die große Ähnlichkeit mit der rezenten Art *Nucras tessellata* hinweist. In einer später erfolgten systematischen Bearbeitung beschreibt BOULENGER (1917, 1920) die Bernstein-Eidechse als *Nucras succinea.*

Bei der Auflistung südafrikanischer Kopal-Eidechsen erwähnt LOVERIDGE (1942) *Nucras succinea* und zweifelt, obwohl ihm das Stück nie vorgelegen hat, an der Echtheit des Einschlusses. In einer Fußnote erwähnt LOVERIDGE (1957) die Bernstein-Eidechse ein weiteres Mal, wiederholt seine Zweifel an der Echtheit und vermutet, daß *Nucras succinea* in Zanzibar-Kopal eingebettet sein. Die Mehrzahl späterer Autoren (WERMUTH 1966, ESTES 1983, BÖHME 1984, SCHLEE 1990, POINAR 1992, SPAHR 1993) folgt den Vermutungen von LOVERIDGE, daß es sich bei der Königsberger Eidechse tatsächlich um einen Kopal-Einschluß handelt.

Andere Autoren (KRZEMINSKA & KRZEMINSKI 1992, GRIMALDI 1996, KOSMOWSKA-CERANOWICZ 1997, KRUMBIEGEL 1998) verweisen bei der Auflistung von Inklusen des Baltischen Bernsteins auf den Verlust der Königsberger Bernstein-Eidechse während des II. Weltkrieges. Gegen die Behauptung des Verlustes wiederholt RITZKOWSKI (1996) seine früheren Angaben über das Schicksal der Königsberger Sammlung, daß nämlich »ein wichtiger, wenn auch nicht großer Teil« den II. Weltkrieg überlebt hat, und heute im Geologisch-Paläontologischen Institut der Universität Göttingen aufbewahrt wird. Unter dem geretteten Material befindet sich auch die berühmte Bernstein-Eidechse.

Bei der Neubearbeitung von *Nucras succinea* (BÖHME & WEITSCHAT 1998) wurde die Echtheit des Stükkes anhand der Syninklusen (u.a. Eichensternhaare) zweifelsfrei belegt. Zusammen mit einigen neueren Funden von Eidechsen-Resten aus dem Baltischen Bernstein, die derselben Art angehören, wird sie neu beschrieben und der neuen fossilen Gattung *Succinilacerta* zugeordnet.

Inzwischen liegt ein Neufund aus dem Jahre 1997 mit einer fast vollständig erhaltenen, juvenilen Eidechse aus dem Baltischen Bernstein in Polen (KOSMOWSKA-CERANOWICZ 1997) vor. Nach ersten Einschätzungen handelt es sich um eine weitere Lacertidae-Art, und nicht um *Succinilacerta succinea* (BOULENGER, 1917).

Tafel 90: Eidechsen (Vertebrata: Reptilia) im Baltischen Bernstein (Lacertidae).

a *Succinilacerta succinea* (Lacertidae), Bauchseite mit Hinterbeinen und Schwanz.
b *Succinilacerta succinea* (Lacertidae), der geöffnete Rücken mit Blick auf die Wirbelsäule.
c *Succinilacerta succinea* (Lacertidae), Zehen des linken Hinterfußes.

a

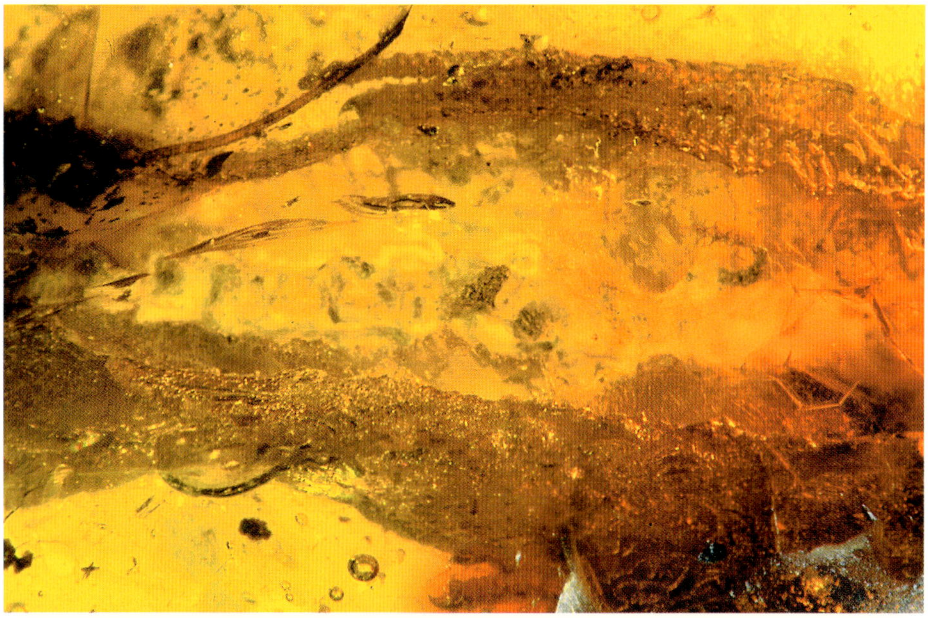
b

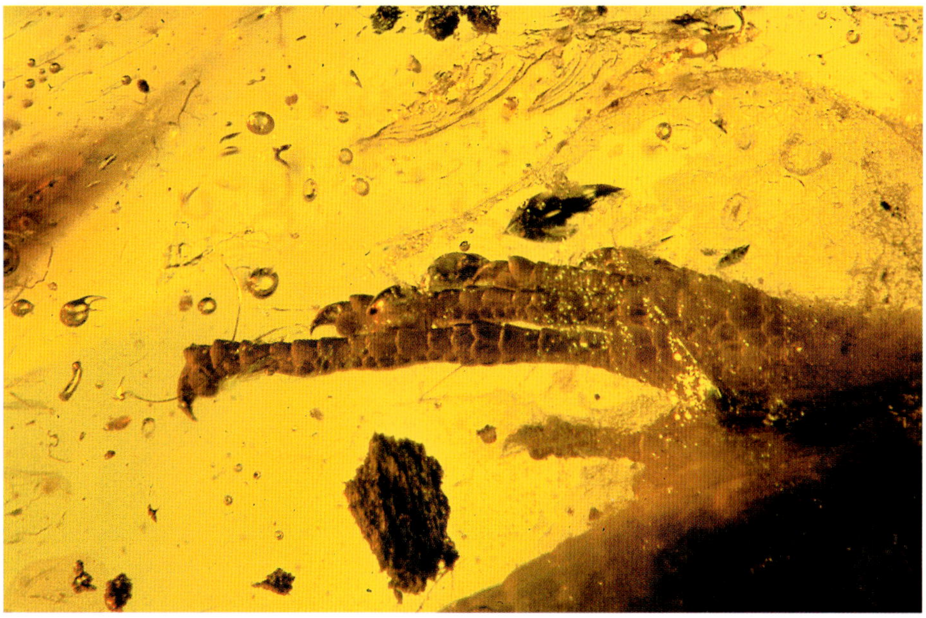
c

2.91 Vogelfedern im Baltischen Bernstein – Vertebrata: Aves

Die ältesten im Harz konservierten Vogelfedern stammen aus der unteren Kreide des Libanon Bernsteins (SCHLEE 1973). Sie stehen zusammen mit weiteren mesozoischen Vogelfedern in der zeitlichen Nähe des ältesten, aus dem Jura (Malm) stammenden Nachweises, der Federn vom *Archaeopteryx*. Der jüngere Baltische Bernstein aus dem Tertiär weist gut erhaltene Vogelfedern auf. Meistens liegen Deckfedern vor, die im Bauplan den rezenten Federn entsprechen und über ihre Größe auf die Größe der Vögel verweisen.

Die Feinstruktur von Konturfedern und insbesondere von Dunenfedern ist charakteristisch und erlaubt Hinweise auf die verwandtschaftliche Nähe zu rezenten Familien und Gattungen. BACHOFEN-ECHT (1936, 1944, 1949) macht in vergleichenden Studien an den Federn wahrscheinlich, daß im tertiären Bernsteinwald neben Sperlingsvögeln (*Sitta* – Kleiber, *Parus* – Meisen), spechtartige Vögel und Vertreter der Gattung *Momotus* lebten, die heute Mittel- und Südamerika bewohnen. Diese Vögel sind Baumbrüter und Insektenfresser und passen ins Bild eines Baltischen Bernsteinwaldes.

Tafel 91 zeigt die beiden Formen der Vogelfedern, eingebettet im Bernstein, das Endstück einer Dunenfeder (Taf. 91 a, b) und der basale Teil einer Konturfeder (Taf. 91 c, d). Die kleine Federfläche (Fahne) des vorliegenden Einschlusses resultiert aus der regelmäßigen Anordnung der Rami, die durch das Übergreifen parallel verlaufender Radii miteinander flächendeckend verbunden sind, obwohl Endhaken (Hamuli) nicht zu erkennen sind. Die Fahne wird von beiden Seiten von Dunen flankiert, deren lange Radii perlschnurartig, hintereinander gereihte Verdickungen (kleine Knötchen) aufweisen.

Im zweiten Bernstein ist eine kleine Dunenfeder eingeschlossen, deren lange Rami geschwungen sind und parallel verlaufen. Sie sind beidseitig dicht besetzt von kurzen Radii, die weich auslaufen, keine Häkchen besitzen und deshalb keine flächendeckende feste Verbindung halten. Dunenfedern gehen in der Entwicklung den Konturfedern voraus, sind deshalb häufig an der Basis der Konturfedern zu finden oder befinden sich separat zur Wärmeisolierung zwischen den Deckfedern.

Tafel 91: Vogelfedern (Vertebrata: Aves) im Baltischen Bernstein.

a Federfläche.
b Dunenteil der Konturfeder.
c Endstück einer Konturfeder.
d Ausschnitt mit 4 Rami einer Konturfeder

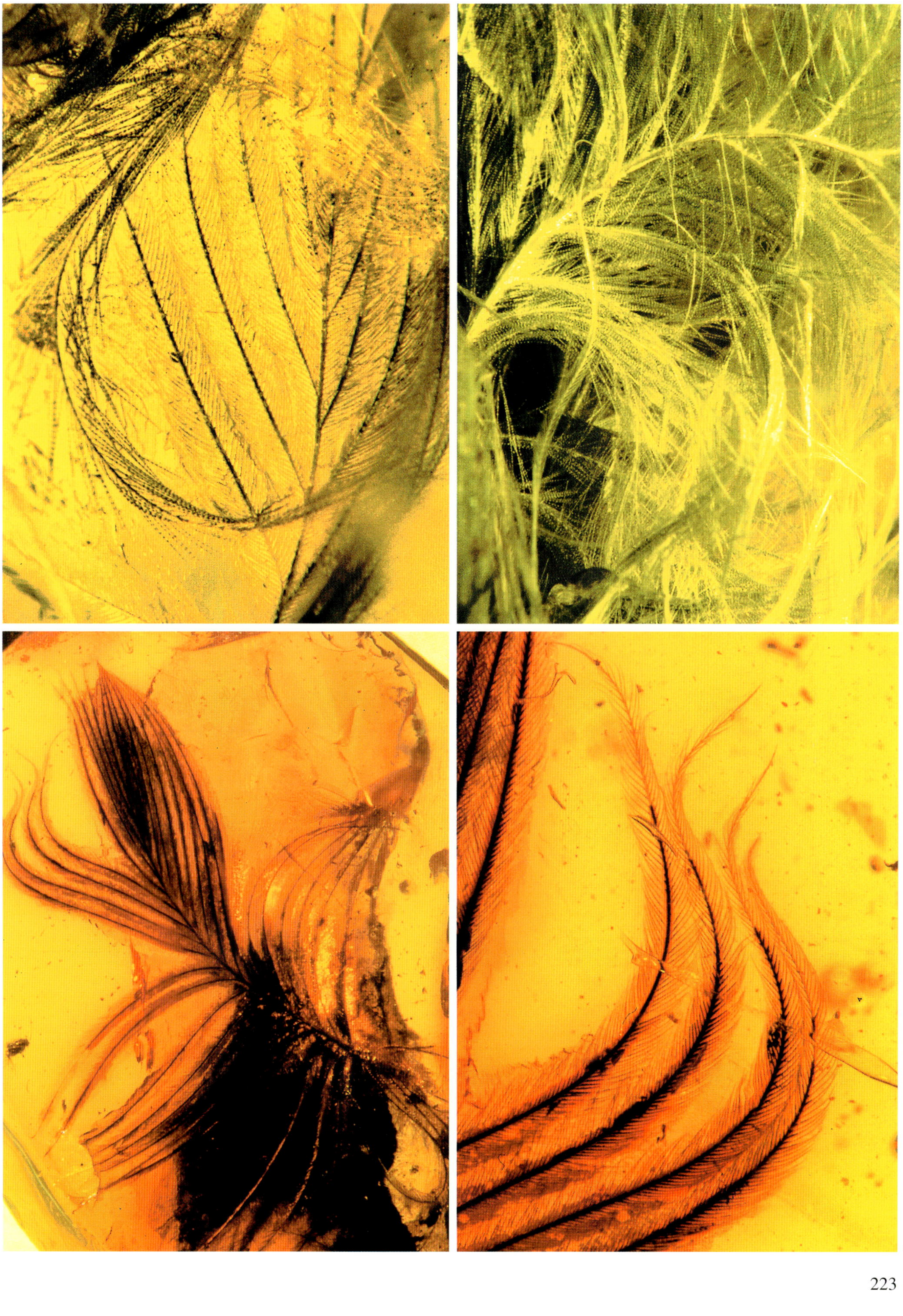

a b c d

2.92 Säugetierhaare im Baltischen Bernstein – Vertebrata: Mammalia

Vogel-Federn sind im Baltischen Bernstein deutlich seltener als Haare von Säugetieren. Oft sind es Haarbüschel, in denen man zwei verschiedene Haartypen unterscheiden kann: die Woll- oder Flaumhaare, die relativ dünn (ca. 12-17 mm) und stark gekäuselt sind, und die Grannenhaare, die länger, dicker (ca. 30 mm) und weniger stark gewellt sind. ECKSTEIN (1890) und LÜHE (1904) haben Haarinklusen beschrieben und versucht, sie bestimmten Tieren oder Tiergruppen zuzuordnen. ECKSTEIN glaubte eine *Sciurus*-Art (Eichhörnchen) und eine *Myoxus*-Art (Siebenschläfer) erkannt zu haben, eine Deutung, die in dieser Genauigkeit von VOIGT (1952) angezweifelt wird, der darauf hinweist, daß die Gattung *Sciurus* erst ab dem Miozän auftritt. LÜHE vergleicht zwei Haarinklusen mit Nagerhaaren (Myoxidae). Auch BACHOFEN-ECHT (1944, 1949) bildet einen Haarbüschel aus dem Baltischen Bernstein ab und vermutet die Haare eines Siebenschläfers (*Glis*).

VOIGT (1952) unterzieht fossile Säugetierhaare einer detaillierten Analyse und weist darauf hin, daß insbesondere die Beschaffenheit und Zeichnung der Cuticula-Struktur als Kriterien zur Unterscheidung von Säugetierhaaren von Bedeutung sind. Im Vergleich mit Cuticula-Mustern verschiedener rezenter Säugetier-Gruppen kommt VOIGT zu dem Schluß, daß ein großer Teil der im Baltischen Bernstein beschriebenen Haareinschlüsse von Nagetieren aus der Gruppe der Sciuromorphen stammt. Da die stammesgeschichtliche Entwicklung der Nagetiere erst in das jüngere Tertiär fällt, hält VOIGT eine Einordnung in rezente Gattungen *(Sciurus)* für nicht vertretbar.

In einer der vorliegenden Haarinklusen entdeckte VOIGT eine besondere paläontologische Kuriosität. An mehreren Haaren waren Eier von Parasiten angeheftet (Taf. 92 b), die zweifellos Tierläusen (Phthiraptera) zuzuordnen sind. Ob es sich dabei um echte Läusenissen (Anoplura) oder um Eier von Pelzfressern (Mallophaga) handelt, ließ VOIGT offen, doch spricht seiner Ansicht nach die Tatsache, daß Läuse bevorzugt an Nagetieren parasitieren, eher dafür, daß es sich um echte Läusenissen handelt. Außer diesen Eiern sind Vertreter beider Unterordnungen fossil bisher nicht bekannt.

Eindeutige Nachweise von Säugerknochen oder -zähnen liegen bisher aus dem Baltischen Bernstein nicht vor. Bei dem einzigen von KOSMOWSKA-CERANOWICZ & KULICKA 1995 beschriebenen Mammalia-Knochenrest (Unterkiefer mit Zähnen von Suiformes!) handelt es sich offensichtlich um ein Artefakt. Die von den Autoren postulierte Umwandlung von Knochen und Zahnmaterial in Bernstein (Succinifizierung) ist diagenetisch nicht möglich.

Neben direkten Beweisen der Existenz von Säugetieren im Baltischen »Bernsteinwald« durch den Nachweis von Haaren, weisen Parasiten von Säugetieren indirekt auf die Exsistenz ihrer Wirtstiere hin. Unter diesen ist wohl das berühmteste Beispiel der »Bernstein-Floh« der Gattung *Palaeopsylla* (Kap. 2.90), der mit zwei Arten aus dem Baltischen Bernstein vorliegt. Auch unter den Dipteren finden sich einige Blutsauger (Culicidae, Tabanidae), die höchstwahrscheinlich an Säugetieren parasitiert haben.

Tafel 92: Säugetierhaare (Vertebrata: Mammalia) im Baltischen Bernstein.

a-b Haare mit angehefteten Nissen von Tierläusen (Phthiraptera).
c Haarbüschel, vermutlich eines Nagetieres.

a
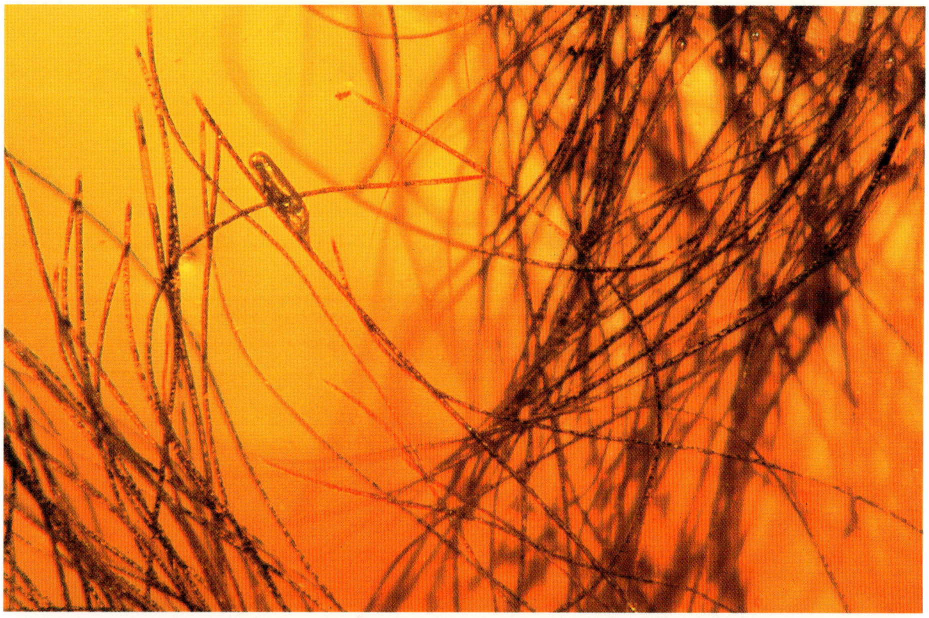
b

c

3 Literatur

ABDULLAH, M. (1965): New Anthicidae and Pyrochroidae (Coleoptera) from the Baltic amber (Oligocene). – The Entomologist 98: 38-42, London.

ABDULLAH, M. (1965): *Palaeoasemum crowsoni* and *P. duffyi* a new genus and two new species of the Asemini (Coleoptera, Cerambycidae) from the Baltic amber. – Deutsche entomologische Zeitschrift, N. F. 14: 147-151, Berlin.

ABDULLAH, M. (1969): *Dromius bakeri*, a new species of the Lebiini from the Klebs collection of the Baltic amber (Coleoptera, Carabidae). – Deutsche entomologische Zeitschrift, N. F. 16: 399-403, Berlin.

ABDULLAH, M. (1975): The higher classification of the insect order Coleoptera including fossil records and a classified directory of the coleopterists and coleoptera collections of the world. – Zoologische Beiträge, N. F. 21: 363-461, Berlin.

ABDULLAH, M., ABDULLAH, A. (1967): *Crichtonia macleani* a new genus and species of the Hedobiini (Coleoptera: Anobiidae) from the Baltic amber. – Entomological News 78: 23-27.

ABDULLAH, M., ABDULLAH, A. (1968): The discovery and probable phylogenetic significance of *Lathrobium (Palneolobrathium) whitei*, a new subgenus and species of Paederinae (Col., Staphylinidae) from Baltic amber. – The Entomologist's monthly Magazine 104: 1-3, Oxford.

ACHTERBERG, C. VAN (1982): The fossil species of the subfamily Blacinae discribed by C. T. Brues (Hym.: Braconidae). – Entomologische Berichten 42: 91-96, Amsterdam.

AFZELIUS, J., DALLAI, R. (1994): Characteristics of the flagellar axoneme in Neoptera, Coleoptera and Strepsiptera. – J. Morphology 219: 15-20.

ALEKSEEV, V. N. (1995): *Conostigmus antiquus* sp.n., a fossil ceraphronoid species from Baltic amber (Hymenoptera, Ceraphronoidea). – Amber & Fossils 1: 23-25.

ALEXANDER, C. P. (1927): Diptera. Fam. Tanyderidae. – Genera Insectorum (Hrsg.: P. WYTSMAN), 189: 1-13.

ALEXANDER, C. P. (1931): Crane flies of the Baltic Amber (Diptera). – Bernstein-Forsch. 2: 1-135.

ANDER, K. (1942): Die Insektenfauna des Baltischen Bernsteins nebst damit verknüpften zoogeographischen Problemen. – Lunds Univ. Arsskrift 38: 3-82.

ANDERSEN, N. M. (1982): The semiaquatic Bugs (Hemiptera, Gerromorpha). Phylogeny, Adaptions, Biogeography and Classification. – Entomonograph 3: 1-455; Klampenborg, Dänemark.

ANDRÉE, K. (1924): Ostpreußens Bernstein und seine Bedeutung, hauptsächlich für Wissenschaft, Kunstgewerbe und Industrie. – Ostdeutscher Naturwart 1924: 183-189, Breslau.

ANDRÉE, K. (1927): Vom »Ostpreußischen Gold«, dem Bernstein, im Allgemeinen und von der Klebs'schen Bernsteinsammlung und ihrer Bedeutung für Königsberg und die Bernsteinforschung im Besonderen. – Königsberger Universitätsbund. Jahresbericht 1926/27: 18-36.

ANDRÉE, K. (1929): Bernsteinforschung einst und jetzt. Bernstein-Forsch. 1: 1-32, Berlin.

ANDRÉE, K. (1937): Eine zweite Floh-Inkluse in baltischem Bernstein. – Bernstein-Forsch. 4: 131, Berlin.

ANDRÉE, K. (1951): Der Bernstein. Das Bernsteinland und sein Leben. – Stuttgart (Kosmos), 96 S.

ANSORGE, J. (1996): *Eotonisca tertiaria* MEUNIER, 1905 (Diptera, Psychodidae) aus dem Sächsischen Bernstein. – Studia dipterologica 3: 195-199.

ASPÖCK, H., ASPÖCK, U., HÖLZEL, H. (1980): Die Neuropteren Europas. – (2 Bd.) Goecke & Evers, Krefeld.

ASSMANN, A. (1870): Beiträge zur Insekten-Fauna der Vorwelt. – Z. Entomologie N.F. 1: 3-62, Breslau.

ATKINS, M. D. (1963): The Cupedidae of the world. – Canad. Entomologist 95: 140-162.

AX, P. (1984): Das Phylogenetische System. – G. Fischer, Stuttgart.

BACHOFEN-ECHT, A. (1928): Leben und Sterben im Bernsteinwald. – Palaeobiologica 1: 39- 50.

BACHOFEN-ECHT, A. (1934): Beobachtungen über im Bernstein vorkommende Spinnengewebe. – Biol. gen. 10: 179-184.

BACHOFEN-ECHT, A. (1936): Das Vorkommen von Federn im Bernstein. – Nova Acta Leopoldina 4: 341-347.

BACHOFEN-ECHT, A. (1942): Über die Myriapoden des Bernsteins. – Palaeobiologica 7: 394-403.

BACHOFEN-ECHT, A. (1944): Einschlüsse von Federn und Haaren im Bernstein. – Palaeobiologica 8: 113-119.

BACHOFEN-ECHT, A. (1949): Der Bernstein und seine Einschlüsse. – Wien (Springer), 204 S.

BAGNALL, R. S. (1914): Fossil Insect in Amber. On *Stenurothrips succineus* gen. et sp. nov., an interesting tertiary Thysanopteron. – Geological Magazine 6: 483-485, London.

BAGNALL, R. S. (1923, 1924, 1926): Fossil Thysanoptera I-IV. – Ent. Monthly Mag. 59: 35-38, 60: 130-133, 251-252, 62: 16-17.

BAKER, A. C. (1922): Two new aphids from Baltic amber. – J. Washington Acad. Sci. 12: 353-358.

BAKKENDORF, O. (1948): A comparison of a Mymarid from baltic amber with a recent species, *Petiolaria anomala* (Micro. Hym.). – Ent. Medd. 25: 213-218.

BALOGH, J. (1942): The Oribatid Genera of the World. – Budapest (Akadémiai Kiadó), 188 S.

BARONI URBANI, C., BOLTON, B., WARD, P. S. B. (1992): The internal phylogeny of ants (Hymenoptera: Formicidae). – Syst. Ent. 17: 301-329, Oxford.

BARTHEL, M., HETZER, H. (1982): Bernstein – Inklusen aus dem Miozän des Bitterfelder Raumes. – Z. angew. Geol. 28: 314-336; Berlin.

BECK, C. W. (1996): Zur Herkunftsbestimmung von Bernstein. – In: GANZELEWSKI, M., SLOTTA, R. (Hrsg): Tränen der Götter 59-61, Bochum.

BECK, C. W., WILBUR, E., MERET, S. (1964): Infrared spectra and origin of amber. – Nature 201: 256-257.

BECK, C. W., WILBUR, E., MERIT, S., KOSSOVE, D., KERMANI, K. (1965): The infrared spectra of amber and the identification of Baltic amber. – Archaeometry 9: 96-109.

BEIER, M. (1937): Pseudoscorpione aus dem baltischen Bernstein. – Festschrift für E. Strand 2: 302-316.

BEIER, M. (1947): Pseudoscorpione im baltischen Bernstein und die Untersuchung von Bernstein-Einschlüssen. – Mikroskopie (Wien) 1: 188-199.

BEIER, M. (1948): Phoresie und Phagophilie bei Pseudoscorpionen. – Österr. Zool. Z. 1: 441-497.

BEIER, M. (1955): Pseudoscorpione im baltischen Bernstein aus dem geologischen Staatsinstitut in Hamburg. – Mitt. geol. Staatsinstitut in Hamburg, 24: 48-54.

BEIER, M. (1963): Ordnung Pseudoscorpionidea. – Bestimmungsbücher zur Bodenfauna Europas 1: 1-313, Berlin.

BEIER, M. (1968): Mantodea (Fangheuschrecken). – In: Handbuch der Zoologie, 4 (2) 12: 1-47. Berlin.

BEIER, M. (1974): Blattariae (Schaben). – In: Handbuch der Zoologie, 4 (2) 13: 1-127; Berlin.

BENICK, L. (1943): Ein *Stenus* aus dem baltischen Bernstein: *St. (Parastenus) priscus* n. sp. (Coleoptera: Staphylinidae). – Arbeiten morphol. taxon. Entomologie 10: 101-104, Berlin.

BERENDT, G. C. (1845-1856): Die im Bernstein befindlichen organischen Reste der Vorwelt. Bd. I-II, (Hrsg.), Berlin.

BERKELEY, M. J. (1948): On three species of Mould detected by Dr. Thomas in the amber of East Prussia. – Ann. Mag. Natural History, Ser. 2, 2: 380-383, London.

BERTRAND, H. P. I. (1972): Larves et nymphes des Coléoptères aquatiques du globe. – Abbeville (Paillart), 804 S.

BERVOETS, R. (1910): Diagnoses de quelques nouvelles espèces de Cicadines de l´ambre de la Baltique. – Ann. Mus. Nat. Hungar 8: 125-128.

BISCHOFF, H. (1927): Bernsteinhymenopteren. – Schr. phys.-ökon. Ges. Königsberg 56: 139-144.

BISCHOFF, H. (1927): Biologie der Hymenopteren. – Biologische Studienbücher. 598 S.; Berlin (Springer).

BOGNER, J. (1976): Die systematische Stellung von *Acoropsis* Conwentz, einer fossilen Aracee aus dem Bernstein. – Mitt. Bayr. Staatssamml. Paläontologie und Geologie, 16: 95-98, München.

BÖHME, W. (1984): Erstfund eines fossilen Kugelfingergeckos (Sauria: Gekkonidae: Sphaerodactylinae) aus Dominikanischem Bernstein (Oligozän von Hispaniola, Antillen). – Salamandra 20: 212-220, Bonn.

BÖHME, W., WEITSCHAT, W. (1998): Redescription of the Eocene lacertid lizard *Nucras succinea* BOULENGER, 1917 from Baltic amber and its allocation to *Succinilacerta* n.gen. – Mitt. Geol. Paläont. Inst. Univ. Hamburg. 81 (im Druck).

BOLLAND, H. R., MAGOWSKI, W. L. (1990): *Neophyllobius succineus* n. sp. from Baltic amber (Acari: Raphignathoidea: Camerobiidae). – Entomologische Berichten 50: 17-21, Amsterdam.

BOLLOW, H. (1940): Die erste Helminide (Col. Dryop.) aus Bernstein. – Mitt. Münch. Ent. Ges. 30: 117-119.

BÖLSCHE, W. (1927): Im Bernsteinwald. – Kosmos-Buchbeilage: 78 S.; Stuttgart (Franckh).

BORGMEIER, T. (1968): A catalogue of the Phoridae of the world (Diptera, Phoridae). – Studia entomologica 11: 1-367, Petropolis, Rio de Janeiro.

BORKENT, A. (1995): Biting Midges in the Crateceous Amber of North America (Diptera: Ceratopogonidae). – Backhuys Publ. Leiden.

BORKENT, A., SZADZIEWSKI, R. (1992): The first records of fossil Corethrellidae (Diptera). – Entomol. Scand. 22: 457-463.

BOTOSANEANU L., LEVANIDOVA, I. M. (1987): The remarkable genus *Palaeagapetus* ULMER, 1912 (Hydroptilidae). – Series Entomologica 39: 43-46, Lancaster (Junk).

BOTOSANEANU, L., WICHARD, W. (1981): Trichoptera from the Baltic amber. [Summary]. – Series Entomologica 20: 31-32, The Hague (Junk).

BOULENGER, G. A (1917): A revision of the Lizards of the genus *Nucras* GRAY. – Ann. South African Museum 13: 195-216.

BRAUNS, A. (1964): Taschenbuch der Waldinsekten. – G. Fischer Verlag, Stuttgart.

BREYNE, J. P. (1734): An account of a leaf of a plant impressed in a piece of amber. – Phil. Transact. 6: 232-233, London.

BRISCHKE, D. (1886): Die Hymenopteren des Bernsteins. – Schr. naturf. Ges. Danzig 6: 278-279.

BROST, L., REINICKE, R. (1996): Bernstein in Südschweden – in: GANZELEWSKI, M., SLOTTA, R. (Hrsg.): »Bernstein – Tränen der Götter« 155-156.

BROTHERS D. J., JANZEN J.-W. (1998): New generic synonymy in Scolebythidae, with redescription of both sexes of *Pristapenesia primaeva* BRUES from Baltic amber (Hymenoptera: Chrysidoidea). – Proc. Int. Palaeont. Conf. Moscow (1998), (in press).

BRUES, C. T. (1915): A synonymic catalogue of the Dipterous family Phoridae. – Bull. Wisconsin nat. Hist. Soc., 12 (1914): 85-152.

BRUES, C. T. (1923): A fossil genus of Dinapsidae from Baltic Amber (Hymenoptera). – Psyche 30: 31-35.

BRUES, C. T. (1923): Ancient insects, Fossils in amber and other deposits. – Scientific Monthly 17: 289-304; New York. .

BRUES, C. T. (1923): Two new species of Phoridae from Baltic Amber. – Psyche 30: 59-62.

BRUES, C. T. (1926): A species of *Urocerus* from Baltic Amber. – Psyche 33: 168-170.

BRUES, C. T. (1933): Progressive change in the insect population of forests since the early Tertiary. – Amer. Naturalist 67: 385-406.

BRUES, C. T. (1933): Progressive change in the insect population of forests since the Early Tertiary. – American Naturalist, 67: 385-406.

BRUES, C. T. (1933): The parasitic Hymenoptera of the Baltic Amber. – Bernstein-Forsch. 3: 4-178.

BRUES, C. T. (1938): Ichneumonoidea, Serphoidea, and Chalcidoidea from Canadian amber. – Univ. Toronto Stud. Geol. 40: 27-44.

BRUES, C. T. (1939): Fossil Phoridae in Baltic Amber. – Bull. Mus. comp. Zool. Harvard 85: 411-436.

BRUES, C. T. (1939): New Oligocene Braconidae and Bethylidae from Baltic Amber (Hymenoptera). – Ann. ent. Soc. Amer. 32: 251-263.

BRUES, C. T. (1940): Calliceratidae in Baltic Amber. – Proc. Amer. Ac. Sci. Boston 73: 265-269.

BRUES, C. T. (1940): Fossil parasitic Hymenoptera of the family Scolionidae from Baltic Amber. – Proc. Amer. Ac. Sci. Boston 74: 69-70.

BRUES, C. T. (1940): Serphidae in Baltic Amber, with description of a new living genus. – Proc. Amer. Ac. Sci. Boston 73: 259-264.

BUCHARDT, B. (1978): Oxygen isotop palaeotemperatures from the Tertiary period in the North Sea Area. – Nature 275: 121-123.

BUCKTON, G. B. (1883): Fossil Aphids. – In: Monograph of the British Aphides 4: 144-178, London.

BUDRYS E. (1993): Digger wasps of the subfamily Pemphredoninae (Hymenoptera, Specidae) from the Baltic and the Taimyr amber. – Acta entomol. Lituanica 11: 34-56.

BURMEISTER, H. (1831-1932): Handbuch der Entomologie. Bd. 1+2, Berlin.

BURR, M. (1911): Dermaptera (earwigs) preserved in Amber from Prussia. – Trans. Linn. Soc. London 11: 145-150.

BUTTEL-REEPEN, H. V. (1906): Apistica. – Mitt. zool. Mus. Berlin 3: 117-201.

BYERS, G. W. (1979): *Hylobittacus*, a new genus of North American Bittacidae (Mecoptera). – J. Kansas Entomol. Soc. 52: 402-404.

CANO, R. J, POINAR, H. N, PIENIACEK, N. J, ACRA, A., POINAR, G. O. jr. (1993): Amplification and sequencing of DNA from a 120-135-million-year-old-weevil. – Nature 536-538,London.

CARPENTER, F. M. (1927): Notes on a collection of amber ants. – Psyche 34: 30-32, Boston, Mass.

CARPENTER, F. M. (1931): The affinities of *Holcorpa maculosa* SCUDD. and other Tertiary Mecoptera. – J. N. York ent. Soc. 39: 409-410.

CARPENTER, F. M. (1935): Tertiary insects of the family Chrysopidae. – J. Paleont. 9: 259-271.

CARPENTER, F. M. (1954): The Baltic amber Mecoptera. – Psyche, 61: 31-40, Cambridge, Mass.

CARPENTER, F. M. (1955): An Eocene *Bittacus* (Mecoptera). – Psyche, 62: 39-41, Cambridge, Mass.

CARPENTER, F. M. (1956): The baltic amber snake-flies (Neuroptera). – Psyche 63: 77-81.

CARPENTER, F. M. (1976): Note on *Bittacus validus* in Baltic amber. – Psyche 82 (1975): 303.

CARPENTER, F. M., HULL, F. M. (1939): The fossil Pipunculidae. – Bernstein-Forsch. 4: 8-17.

CARVALHO, J. C. M. (1966): A new fossil genus and species of Miridae from the baltic amber (Hemiptera). – Revista Brasil. Biol. 26: 199-202.

CARVALHO, J. C. M., POPOV, V. (1984): A new genus and species of Mirid bug from the Baltic amber (Hemiptera, Miridae). – An. Acad. brasil. Cienc. 56: 203-205.

CARVER, M., GROSS, G. F., WOODWARD, T. E. (1991): Hemiptera – in: CSIRO (1991): The insects of Australia, Vol. 1+2: 429-509, Cornell Univ. Press, Ithaca, New York.

CASPARY, R. (1886): Die Angiospermen des Bernsteins. – In: GÖPPERT, H. R., MENGE, A.: Die Flora des Bernsteins und ihre Beziehungen zur Flora der Tertiärformation und der Gegenwart, Bd. 2, 140 S., Danzig (Engelmann).

CASPARY, R. (1887): Einige neue Pflanzenreste aus dem samländischen Bernstein. – Schr. Physik.-Ökonom. Ges. Königsberg 27: 1-8.

CASPARY, R., KLEBS, R. (1907): Die Flora des Bernsteins und anderer fossiler Harze des ostpreußischen Tertiärs. – Abh. Königl. Preuß. Geol. Landesanst. 4: 1-182, Berlin.

CERNOVA, O. A. (1970): On the classification of fossil and recent Ephemeroptera. – Ent. Rev. 49: 71-81.

CHALWATZIS, N. (1994): Zur Bedeutung von Sequenzen des 18 rRNS-Gen für die systematische Gliederung innerhalb der Arthropoda mit Schwerpunkt Holometabola. – Diss. TH Darmstadt.

CHOPARD, L. (1936): Orthoptères fossiles et subfossiles de l'ambre et du copal. – Ann. Soc. ent. France. 105: 375-386.

CHOPARD, L. (1936): Un remarquable genre d'orthoptères de l'ambre de la Baltique. – Livre jubilaire de E. L. Bouvin 163-168, Paris.

CLOUDSLEY-THOMPSON, J. L. (1988): Evolution and Adaptation of Terrestrial Arthropods. – Springer, Berlin.

COCKERELL, T. D. A. (1909): Some European fossil bees. – The Entomologist 42: 313-317.

COCKERELL, T. D. A. (1910): Some insects in Baltic amber. – The Entomologist 43: 153-155.

COCKERELL, T. D. A. (1914): The fossil and recent Bombyliidae compared. – Bull. Am. Mus. nat. Hist. 33: 229-236; New York.

COCKERELL, T. D. A. (1917): Descriptions of fossil insects. – Proc. Biol. Soc Washington 30: 79-82.

COCKERELL, T. D. A. (1921): An Ortalid fly in British amber. – The Entomologist 54: 30-31.

COCKERELL, T. D. A., CLARK, E. (1918): A tipulid fly from Baltic amber. – Canad. Ent. 50: 115-116.

COLLESS, D. H., MCALPINE, D. K. (1991): Diptera – in: CSIRO (1991): The insects of Australia, Vol. 2, Cornell Univ. Press, Ithaca, New York.

COMMON, I. F. B. (1975): Evolution and classification of the Lepidoptera. – Ann. Rev. Entomology 20: 183-203.

COMWENTZ, H. (1886): Die Bernsteinfichte. – Ber. Dt. Botan. Ges. 4: 375-377, Berlin.

CONWENTZ, H. (1890): Monographie der baltischen Bernsteinbäume. – Leipzig (Engelmann), 151 S.

CRAMPTON, G. C. (1926): The external anatomy of the primitive Tanyderid Dipteron *Macrochile spectrum* LOEW, preserved in Baltic amber. – Bull. Brooklyn ent. Soc. 21: 1-14.

CROWSON, R. A. (1960): The phylogeny of Coleoptera. – Ann. Rev. Entomology 5: 111-134.

CROWSON, R. A. (1965): Some thoughts concerning the insects of the Baltic amber. – Proc. 12th Int. Congr. Entomology London 1964: 133.

CROWSON, R. A. (1973): On a new superfamily Artematopoidea of polyphagan beetles, with the definition of two new fossil genera from the Baltic amber. – J. nat. Hist.7: 225-238, London.

CROWSON, R. A. (1975): The evolutionary history of Coleoptera, as documented by fossil and comparative evidence. – Congr. nazionale Ital. Entomol., 1974: 47-90, Firenze.

CSIRO (1991): The insects of Australia, Vol. 1, 2, Cornell Univ. Press, Ithaca, New York.

CULLINEY, T. W. (1983): Geologicai history and evolution of the honey bee. – Am. Bee Journal 123: 580-585, Hamilton, Ill.

CZECZOTT, H. (1961): Sklad i wiek flory bursztynow baltyckich. – Prace Muzeum Ziemi 4: 119-145, Warszawa.

DAHL, C. (1971): Trichocoridae (Dipt.) from the baltic amber. – Ent. Scand. 2: 29-40.

DAHL, C., ALEXANDER, C. P. (1976): A world catalogue of Trichoceridae Kertész, 1902 (Diptera). – Ent. Scand 7: 7-18.

DAMPF, A. (1911): *Palaeopsylla klebsani* n. sp., ein fossiler Floh aus dem baltischen Bernstein. – Schr. phys.-ökonom. Ges. Königsberg 51, 248-259.

DE SALLE, R., GATESY, J., WHEELER, W., GRIMALDI, D. A. (1992): DNA sequences from a fossil termite in oligomiocene dominican amber and their phylogenetic implications. – Science 257, 1933-1936.

DEMOULIN, G. (1954): Essai sur quelques Ephéméroptères fossiles adultes. – Vol. jubilaire Victor van Straelen, 1: 547-574; Bruxelles.

DEMOULIN, G. (1955): Remarques critiques sur *Cronicus anomalus* (PICTET). Ephéméroptère de l´ambre oligocène de la Baltique. – Bull. Inst. R. Sci. Nat. Belg. 31 (4): 1-4.

DEMOULIN, G. (1956): *Electrogenia dewalschei* n.gen. n.sp., Ephéméroptère fossile de l´ambre. – Bull. Ann. Soc. R. Entom. Belg 92: 95-100.

DEMOULIN, G. (1958): Nouveau Schema de Classification des Archodonates et des Ephéméroptères. – Bull. Inst. R. Sci. Nat. Belg. 34 (27): 1-19.

DEMOULIN, G. (1965): Contribution à la connaissance des Ephéméroptères de l´ambre oligocène de la Baltique. – Entom. Medd. 34: 143-153.

DEMOULIN, G. (1968): Deuxième contribution à la connaissance des Ephéméroptères de l'ambre oligocène de la Baltique. – Bull. Inst. R. Sci. Nat. Belg., 46, 1-11 S.,

DEMOULIN, G. (1968): Deuxième contribution à la connaissance des Ephéméroptères de l´ambre oligocène de la Baltique. – Dtsch. Ent. Z. 15: 233-276, Berlin.

DEMOULIN, G. (1969): Remarques critiques sur la l'osition systematique des Baetiscidae et des Prosopistomatidae (Ephemeroptera). – Bull. Inst. R. Sci. Nat. Belg. 45, (27): 1-8.

DEMOULIN, G. (1970): Contribution à la Connaissance des Ephéméroptères du Miocène. I. Siphurites explanatus Cockerell. – Bull. Inst. R. Sci. Nat. Belg. 46 (5): 1-4.

DEMOULIN, G. (1970): Troisième contribution à la connaissance des Ephéméroptères de l´ambre oligocène de la Baltique. – Bull. Inst. R. Sci. Nat. Belg. 46 (2): 1-11.

DEMOULIN, G. (1974): Quatrième Contribution à la Connaissance des Ephéméroptères de l'Ambre Oligocene de la Baltique. – Bull. Inst. R. Sci. Nat. Belg. 50 (Entomologie) 3: 1-4; Bruxelles.

DEMOULIN, G. (1979): Les Avatars des Mesonetinae (Ephemeroptera). – Bull. Inst. R. Sci. Nat. Belg. 51 (Entomologie) 9: 1-6; Bruxelles.

DESSART, P. (1978): Revision de trois Conostigmus de l'ambre de la Baltique. (Hym. Ceraphronoidea Megaspilidae). – Bull. Ann. Soc. royal belge d'Entomologie 114: 50-58.

DIXON, H. N. (1922): Note on a moss in amber. – Journal of Botany, 60: 149-151; London.

DLUSSKIJ, G. M. (1967): Ants of the genus Formica from the Baltic amber. – Paleontol. J. 2: 69-77.

DOLLFUS, R. P. (1950): Liste des Némathelminthes connus à l'état fossile. – Compte rendu sommaire des Séances de la Soc. Geol. France, 5: 82-85; Paris.

DOMKE, W. (1952): Der erste sichere Fund eines Myxomyceten im baltischen Bernstein (*Stemonitis splendens* Rost. fa. succini fa. nov. foss.). – Mitt. Geol. Staatsinstitut in Hamburg, 21: 154-161.

DOUTT, R. L. (1973): The fossil Mymaridae (Hymenoptera: Chalcidoidea). – The Pan-Pacific Entomologist 49: 221-228.

DOWENS, J. A., WIRTH, W. W. (1981): Ceratopogonidae. – In: MCALPINE, J. F. et al. (Eds.): Manual of Nearctic Diptera 1: 393-421, Ottawa/Ontario.

DUISBURG, H. VON (1860): Urweltlicher Blütenstaub. – Neue Preußische Provinzial-Blätter, 3. Folge, 5: 294-298; Königsberg.

DUMPERT, K. (1978): Das Sozialleben der Ameisen. – Parey Verlag, Berlin, Hamburg.

DUNGER, W. (1974): Tiere im Boden – Die Neue Brehm Bücherei 327, Wittenberg.

DYBAS, H. S. (1961): A new fossil feather- wing beetle from baltic amber (Coleoptera, Ptiliidae). – Fieldiana, (Zool.) Chicago 44: 1-9.

ECKSTEIN, K. (1890): Tierische Haareinschlüsse im baltischen Bernstein. – Schrift. Naturf. Ges. Danzig, N.F. 7: 90-93.

EDWARDS, F. W. (1921): A note on the Dipterous subfamily Ditomyinae, with descriptions of new recent and fossil forms. – Ann. Mag. Nat. Hist., Ser. 9, 7: 431-437; London.

EDWARDS, F. W. (1924): Notes on the types of Diptera Nematocera (Mycetophilidae and Tipulidae) described by Mr. E. Brunetti. – Records of Indian Museum, 26: 291-307, Calcutta.

EDWARDS, F. W. (1925): British Fungus – Gnats (Diptera, Mycetophilidae). With a revised generic classification of the family. – Trans. Ent. Soc. London 1924: 505-670; London.

EDWARDS, F. W. (1928): Diptera. Fam. Protorhyphidae, Anisopodidae, Pachyneuridae, Trichoceridae. – In: Genera Insectorum (Hrsg.: P. WYTSMAN), 190: 1-41.

EDWARDS, F. W. (1932): Diptera. Fam. Culicidae. – In: Genera Insectorum (Hrsg.: P. WYTSMAN), 194: 1-258.

EDWARDS, F. W. (1940): Redefinitions and synonymy of some genera of amber fungus-gnats. (Diptera, Mycetophilidae). – Proc Roy entomol Soc London, Ser. B, 9: 120-126.

EHRENSBERG, C. G. (1848): Fossil Infusoria in amber. – Ann. Mag. Nat. Hist., 2: 1-397; London.

EISENBEIS, G., WICHARD, W. (1985): Atlas zur Biologie der Bodenarthropoden. – G. Fischer, Stuttgart.

ENDERLEIN, G. (1900): *Epipsocus ciliatus* Hagen, eine Psocide des Bernsteins und die recente peruanische *Epipsocus nepos* nov. sp. – Berliner ent. Zeitschrift, 45: 108-112; Berlin.

ENDERLEIN, G. (1905): Zwei neue beschuppte Copeognathen aus dem Bernstein. – Zool. Anz., 29: 576-580; Leipzig.

ENDERLEIN, G. (1906): The Scale winged Copeognatha (Monograph of the Amphientomidae, Lepidopsocidae and Lepidillidae in Relation to their Morphology and Taxonomy). – Spolia Zeylanica 4: 39-122; Colombo.

ENDERLEIN, G. (1907): Außereuropäische Copeognathen aus dem Stettiner Museum. – Zool. Jb. Syst. 24: 81-90.

ENDERLEIN, G. (1911): Die fossilen Copeognathen und ihre Phylogenie. – Palaeontogr. 58: 279-360.

ENDERLEIN, G. (1911): Die phyletischen Beziehungen der Lycoriiden (Sciariden) zu den Fungivoriden (Mycetophiliden) und Itonididen (Cecidomyiiden) und ihre systematische Gliederung. – Archiv Naturgesch., 77. Suppl. 3: 116-201; Berlin.

ENDERLEIN, G. (1921): Ein fossiler Simuliiden-Riese. – Zool. Anz. 53: 74-75; Leipzig.

ENDERLEIN, G. (1930): Die Klassifikation der Coniopterygiden auf Grund der rezenten und fossilen Gattungen. – Arch. klassif. phylogen. Ent. I. 2: 98-114.

ENGEL, M. S. (1996): A New Fossil Snake-Fly Species From Baltic Amber (Raphidioptera: Inocelliidae). – Psyche 102: 187-193.

ERICHSON, U. (1996): Ribnitz-Damgarten – Standort der Bernsteinverarbeitung in Mecklenburg-Vorpommern und des Bernsteinmuseums – in: GANZELEWSKI, M., SLOTTA, R. (Hrsg.): »Bernstein – Tränen der Götter«: 147-155.

ERMISCH, K. (1941): Mordelliden und Scraptiiden aus baltischem Bernstein. – Ent. Bl. 37: 177-185.

ERMISCH, K. (1943): Eine neue Mordellide und Scraptiide aus baltischem Bernstein. – Arb. morphol. taxon. Ent. 10: 64-68.

ERWIN, L. (1971): Fossil tachyine beetles from Mexican and baltic amber. With notes on a new synonymy of an extant group (Col. Carabidae). – Ent. Scand. 2: 233-236.

ESCHERICH, K. (1917): Die Ameise. – 2. Aufl., Vieweg, Braunschweig.

ESTES, R. (1983): Sauria terrestria, Amphisbaenia. – Handb. Paläoherpet. 10A, 1-249. G. Fischer Verlag, Stuttgart.

EVANS, G. O. (1992): Principles of Acarology. – CAB International, Cambridge.

EVANS, H. E. (1963): A new family of wasps. – Psyche 70: 7-16.

EVENHUIS, N. L. (1994): Catalogue of the fossil flies of the world (Insecta: Diptera). – Backhuys Publisher, Leiden.

EZHOVA, E. E., KOSTYASHOVA, Z. V. (1997): Specime of fossil oribatids (Acarina, Oribatida) from Baltic amber in the museums of Kaliningrad (Russia) – Metalla (Sonderheft) 66: 45-50.

FERRIS, G. F. (1941): Contributions to the knowledge of the Coccoidea (Homoptera) IX. A forgotten genus of the family Margarodidae from Baltic amber. – Microentomology, 6, Contr. 24: 6-10; Stanford/California.

FOELIX, R. F (1979): Biologie der Spinnen. – Thieme, Stuttgart.

FRAHM, J.-P. (1994): Die Identität von *Muscites hauchecornei* CASPARY & KLEBS (Musci) aus Baltischem Bernstein. – Nova Hedwigia 58: 239-243.

FRAHM, J.-P. (1996): Laubmoose aus Baltischem Bernstein. – Palaeontographica, B, 241: 127-135.

FRAHM, J.-P. (1996): Mosses newly recorded from Saxonian amber. – Nova Hedwigia 63: 525-527.

FRAHM, J.-P. (1999, im Druck): Die Laubmoosflora des Baltischen und Bitterfelder Bernsteins. – Mitt. Geol.-Paläont. Inst. Univ. Hamburg 82 (im Druck).

FRAKES, L. A. (1979): Climates through Geologic time. – Elsevier, 310 S., Amsterdam.

FRANZ, H. (1976): Scydmaeniden (Coleoptera) aus dem baltischen Bernstein. – Verh. zool.-bot. Ges. Wien 115: 80-85.

FRANZ, H. (1983): Fossile Scydmaenidae in Baltischem und Dominikanischem Bernstein (Coleoptera: Scydmaenidae). – Neue Ent. Nachr. 7: 25-29.

FUHRMANN, R., BORSDORF, R. (1986): Die Bernsteinarten des Untermiozäns von Sachsen. – Z. angew. Geol. 32: 309-316.

GANZELEWSKI, M., SLOTTA, R. (Hrsg.) (1996): Bernstein – Tränen der Götter – Deutsches Bergbau-Museum, Bochum 1996.

GANZELEWSKI, M. (1996): Aufbereitung und Verarbeitung von Bernstein im Samland bis 1945 – in: GANZELEWSKI, M., SLOTTA, R. (Hrsg.): Bernstein – Tränen der Götter: 215-236.

GANZELEWSKI, M. (1996): Aussehen und Eigenschaften von »Bernstein« – in: GANZELEWSKI, M., SLOTTA, R. (Hrsg.): Bernstein – Tränen der Götter: 19-26.

GANZELEWSKI, M. (1996): Entstehung und Lagerstätte des Baltischen Bernsteins – in: GANZELEWSKI, M., SLOTTA, R. (Hrsg.): Bernstein – Tränen der Götter: 11-18.

GARTY, J., GIELE, CH., KRUMBEIN, W. E. (1982): On the occurrence of Pyrite in a lichenlike inclusion in Eocene amber (Baltic). – Palaeogeogr., Palaeoclimat., Palaeoecology, 39: 139-147; Amsterdam.

GERMAR, E. F. (1813): Insekten in Bernstein eingeschlossen, beschreiben aus dem academischen Mineralien-Cabinet zu Halle. – Mag. Entomologie (Hrsg.: GERMAR, E. F.) 1: 11-18.

GERMAR, E. F., BERENDT, G. C. (1856): Die im Bernstein befindlichen Hemipteren und Orthopteren der Vorwelt. – in: BERENDT, G. C. (1845-1856): Die im Bernstein befindlichen organischen Reste der Vorwelt. 2. Bd. I. Abth., Berlin.

GHIURCA, V (1996): Vergleich zwischen den fossilen Harzen Rumäniens und der Ostsee – in: GANZELEWSKI, M., SLOTTA, R. (Hrsg.): Bernstein – Tränen der Götter: 363-368.

GIEBEL, C. G. (1846): Paläozoologie. Entwurf einer systematischen Darstellung der Fauna der Vorwelt. – 359 S.; Merseburg (Garcke).

GIEBEL, C. G. (1856): Fauna der Vorwelt mit steter Berücksichtigung der lebenden Thiere monographisch dargestellt. 2. Gliederthiere 1. Abt. Insecten und Spinnen. – Leipzig 411 S.

GIEBEL, C. G. (1863): Wirbelthier und Insektenreste im Bernstein. – Zeitschrift ges. Naturwiss., 20: 311-321; Berlin, Halle.

GOECKE, H. (1943): Monographie der Schilfkäfer. II. Die fossilen Funde und ihre Bestimmung. – Nova Acta Leopoldina, N. F. 12: 339-380; Halle.

GOEPPERT, H. R. (1850): Monographie der fossilen Coniferen. – Leiden.

GOEPPERT, H. R. (1853): Über die Bernsteinflora. – Monatsber. Königl. Preuß. Akad. Wiss. Berlin 1853: 450-477.

GOEPPERT, H. R. (1883): Von den Bernstein-Coniferen, insbesondere auch in ihren beziehungen zu den Coniferen der gegenwart. – in: (Hrsg.) GOEPPERT, H. R., MENGE, A. (1883-86): Die Flora des Bernsteins und ihre Beziehungen zur Flora der Tertiärformation und der Gegenwart. – Bd. 1 (1883): VIII, 63 S.

GOEPPERT, H. R., BERENDT, G. C. (1845): Der Bernstein und die in ihm befindlichen Pflanzenreste der Vorwelt. – in: BERENDT, G. C. (1845-1956): Die im Bernstein befindlichen organischen Reste der Vorwelt. 1. Bd, I. Abth., Berlin.

GOEPPERT, H. R., MENGE, A. (1883-86): Die Flora des Bernsteins und ihre Beziehungen zur Flora der Tertiärformation und der Gegenwart. – Bd. 1 (1883): VIII , 63 S., Bd. 2 (1886): IX, 140 S.; Danzig (Engelmann).

GOLUB, V. B., POPOV, Y. A. (1998): Cantacaderid lace bugs from the Baltic Amber (Heteroptera: Tingidae, Cantacaderinae). – Mitt. Geol.-Paläolont. Inst. Univ. Hamburg, 81 (im Druck).

GÖSSWALD, K. (1985): Organisation und Leben der Ameisen. – Wiss. Verlagsges., Stuttgart.

GOULET, H., HUBER, J. T. (1993): Hymenoptera of the World. Identification Guide to the Families. – Agriculture Canada Publ., Ottawa.

GRATSHEV, V. G., ZHERIKHIN, V. V. (1995): A new anthribid genus from the Baltic amber (Insecta: Coleoptera, Anthribidae). – Mitt. Geol.-Paläolont. Inst. Univ. Hamburg, 78: 149-157.

GRIMALDI, D. A. (1989): The genus *Metopina* (Diptera: Phoridae) from cretaceous and tertiary ambers. – J. New York Entomol. Soc. 97: 65-72.

GRIMALDI, D. A. (1991): Mycetobiine Woodgnats (Diptera: Anisopodidae) from the Oligo-Miocene Amber of the Dominican Republic, and Old Word Affinities. – Novitates 3014: 1-24, New York.

GRIMALDI, D. A. (1996): Amber – Window to the Past. – Am. Museum of Natural History, New York.

GRIMALDI, D. A., BONWICH, B., DELANNOY, M., DOBERSTEIN, S. (1994): Electron microscopic studies of mummified tissues in amber fossils. – Novitates 3097: 1-31, New York.

GROLLE, R. (1980): Lebermoose im Bernstein. – 1. Feddes Repertorium, 91: 183-190; Berlin.

GROLLE, R. (1980): Lebermoose im Bernstein. – 2. Feddes Repertorium, 91: 401-407; Berlin.

GROLLE, R. (1981): *Nipponolejeunea* fossil in Europa. – Journal. Hattori Botanical Laboratory, 50: 143-157; Nichinan/Japan.

GROLLE, R. (1981): Was ist *Lejeunea schumannii* CASPARY aus dem baltischen Bernstein? – Occasional Papers Farlow Herbarium Cryptogamic Botany, 16: 101-110; Cambridge/Mass.

GROLLE, R. (1982): *Trocholejeunea* fossil in Europa. – Journal. Hattori Botanical Laboratory, 51: 175-193, Nichinan/Japan.

GROLLE, R. (1984): Die Lebermoosgattung *Cheilolejeunea* fossil in Mitteleuropa. – Feddes Repertorium, 95: 229-236; Berlin.

GROLLE, R. (1985): Fossil *Spruceanthus* in Europe and two other Hepatics in Baltic amber. – Prace Muzeum Ziemi, 37: 79-85; Warszawa.

GROLLE, R. (1985): Monograph of Frullania in Baltic amber. – Prace Muzeum Ziemi, 37: 87-100; Warszawa.

GROLLE, R. (1985): Zwei weitere Lebermoose in Bernstein aus Bitterfeld (DDR). – Feddes Repertorium 96: 41-46; Berlin.

GROLLE, R. (1988): Bryophyte fossils in amber. – The Bryological Times 47: 4-5; Utrecht.

GROLLE, R. (1988): Die Lebermoosgattung *Notoscyphus* fossil in Europa. – Feddes Repertorium 99: 561-564; Berlin.

GROLLE, R. (1989): Weitere Lebermoosfunde in Bitterfelder Bernstein, darunter *Radula oblongifolia* CASPARY mit Sporophyt. – Feddes Repertorium 100: 131-136.

HAGEDORN, M. (1906): Borkenkäfer des baltischen Bernsteins. – Schr. Phys.-ökon. Ges. Königsberg 47: 115-121.

HAGEDORN, M. (1907): Fossile Borkenkäfer. – Dtsch. ent. Z. 1907: 259-261; Berlin.

HAGEN, H. (1848): Die fossilen Libellen Europas. – Stettin. ent. Z. 9: 6-13.

HAGEN, H. (1854): Über die Neuropteren der Bernsteinfauna. – Verh. zool-bot. Vereins Wien, 4: 221-232.

HAGEN, H. (1856): siehe PICTET-BARABAN, F. J., HAGEN, H. (1856): Die im Bernstein befindlichen Neuropteren der Vorwelt (mit Zusätzen von A. MENGE). – in: BERENDT, G. C. (1854-1856): Die im Bernstein befindlichen organischen Reste der Vorwelt. Bd. I-II, Berlin.

HANDLIRSCH, A. (1925): Palaeontologie. – In: SCHRÖDER, C. (Hrsg.): Handbuch der Entomologie, 3: 117-306.

HANDLIRSCH, A. (1906-1908): Die fossilen Insekten und die Phylogenie der rezenten Formen. – 1430 S., Leipzig.

HANDSCHIN, E. (1926): Die Collembolen des baltischen Bernsteins. – Zool. Anz. 65: 179-182.

HANDSCHIN, E. (1926): Revision der Collembolen des baltischen Bernsteins. – Ent. Mitt. 15: 161-185, 211-223, 330-342.

HANDSCHIN, E. (1926): Über Bernsteincollembolen. Ein Beitrag zur ökologischen Tiergeographie. – Rev. Suisse Zool. 33: 375-378.

HARDT, H. (1955): Der Bernstein. (2. Aufl.). – Die Neue Brehm-Büchcrei 128, Wittenberg.

HAUPT, H. (1944): Zur Kenntnis der Dryinidae III. (Hymenoptera-Sphecoidea). Über eine Bernstein-Dryinide. – Stettiner ent. Z. 105: 90-94.

HEER, O. (1869): Miocene baltische Flora. – Beitr. Naturk. Preußens 2: 104 S.; Königsberg.

HEIE, O. E. (1967): Studies on fossil aphids (Homoptera: Aphidoidea). – Spolis Zool. Musei Hauniensis 26: 1-273, Kopenhagen.

HEIE, O. E. (1968): An aphid identified with *Aphis transparens* GERMAR et BERENDT, 1856 and some other Baltic amber aphids in German collections. – Stuttg. Beitr. Naturk. 184: 1-7.

HEIE, O. E. (1969): The Baltic amber Aphidoidea of the Geologisches Staatsinstitut of Hamburg. – Mitt. Geol. Pal. Inst. Univ. Hamburg 38: 143-151.

HEIE, O. E. (1970): Notes on six little know tertiary aphids (Hem. Aphidoidea). – Ent. Scand. 1: 109-119.

HEIE, O. E. (1971): The rediscovered types of the fossil aphids described by GERMAR and BERENDT in 1856. – Dtsch. ent. Z., N. 18: 251-264.

HEIE, O. E. (1972): Some new fossil aphids from Baltic amber in the Copenhagen collection (Insecta, Homoptera, Aphididae). – Steenstrupia 2: 247-262.

HEIE, O. E. (1976): Taxonomy and phylogeny of the fossil family Elektraphididae STEFFAN, 1968 (Homoptera: Aphidoidea). – Ent. Scand. 7: 53-58

HEIE, O. E. (1985): Fossil aphids. – In: Evolution and biosystematics of aphids. Proc. Int. Aphidological Symp. 1981: 101-134; Wroclaw, Warszawa.

HEISS, E. (1997): Erstnachweis einer Aneurinae aus dem Baltischen Bernstein: *Aneurus ancestralis* n. sp. (Heteroptera, Aradidae). – Carolinea, 55: 111-113.

HEISS, E. (1998): Revision der Familie Aradidae des Baltischen Bernsteins. I. Bisher beschriebene Taxa der Gattung *Aradus* und zwei neue Arten (Insecta, Heteroptera). – Mitt. Geol. Paläont. Inst. Univ. Hamburg. 81 (im Druck).

HELM, O. (1884): Mittheilungen über Bernstein. IX. Über die Holzreste im Bernstein und unter Bernstein. – Schr. Naturforsch. Ges. Danzig, 6: 127-132.

HELM, O. (1886): Über die Insekten des Bernsteins. – Schr. Naturforsch. Ges. Danzig, 6: 267-277.

HELM, O. (1896): Beiträge zur Kenntnis der Insecten des Bernsteins. – Schr. naturforsch. Ges. Danzig, 9: 220-231.

HELM, O. (1896): Thierische Einschlüsse im Succinit. – Schr. Naturforsch. Ges. Danzig, 9: 88-89; Danzig.

HELM, O. (1899): Bemerkenswerthe Käfereinschlüsse in Succinit. – Schr. Naturforsch. Ges. Danzig, 10: 37-38.

HENNIG, W. (1938): Die Gattung *Rhachicerus* WALKER und ihre Verwandten im Baltischen Bernstein (Dipt.). – Zool. Anz. 123: 33-41.

HENNIG, W. (1939): Über einen Floh aus der Bernsteinsammlung des Herrn Scheele. – Arbeiten morphol. taxonom. Entomologie 6: 330-332, Berlin.

HENNIG, W. (1941): Beiträge zur Kenntnis des Kopulationsapparates und der Systematik der Acalyptraten. – Arbeiten morph. taxon. Entomologie 8: 54-65; Berlin.

HENNIG, W. (1960): Die Dipterenfauna von Neuseeland als systematisches und tiergeographisches Problem. – Beitr. Ent. 10: 221-329.

HENNIG, W. (1964): Die Dipteren – Familie Sciadoceridae im Baltischen Bernstein. – Stuttgart. Beitr. Naturk. 127: 1-10.

HENNIG, W. (1965): Die Acalyptratae des Baltischen Bernsteins und ihre Bedeutung für die Erforschung der phylogenetischen Entwicklung dieser Dipteren – Gruppe. – Stuttg. Beitr. Naturk. 145: 1-215.

HENNIG, W. (1966): Bombyliidae im Kopal und im Baltischen Bernstein (Diptera: Brachycera). – Stuttg. Beitr. Naturk. 166: 1-18.

HENNIG, W. (1966): Conopidae im Baltischen Bernstein (Diptera: Cyclorrhapha). – Stuttg. Beitr. Naturk. 154: 1-24.

HENNIG, W. (1966): Dixidae aus dem Baltischen Bernstein, mit Bemerkungen über einige andere fossile Arten aus der Gruppe Culicoidea. (Diptera: Nematocera). – Stuttg. Beitr. Naturk. 153: 1-16.

HENNIG, W. (1966): Einige Bemerkungen über die Typen der von GIEBEL 1862 angeblich aus dem Bernstein beschriebenen Insektenarten. – Stuttg. Beitr. Naturk. 162: 1-7.

HENNIG, W. (1966): Spinnenparasiten der Familie Acroceridae im baltischen Bernstein. – Stuttg. Beitr. Naturk. 165: 1-21.

HENNIG, W. (1967): Die sogenannten »niederen Brachycera« im baltischen Bernstein (Diptera Fam. Xylophagidae, Xylomyidae, Rhagionidae, Tabanidae). – Stuttg. Beitr. Naturk. 174: 1-51.

HENNIG, W. (1967): Neue Acalyptratae aus dem baltischen Bernstein (Diptera : Cyclorrhapha). – Stuttg. Beitr. Naturk. 175: 1-27.

HENNIG, W. (1967): Therevidae aus dem baltischen Bernstein mit einigen Bemerkungen über Asilidae und Bombyliidae (Diptera: Brachycera). – Stuttg. Beitr. Naturk. 176: 1-14.

HENNIG, W. (1968): Ein weiterer Vertreter der Familie Acroceridae im baltischen Bernstein (Diptera: Brachycera). – Stuttg. Beitr. Naturk. 185: 1-6.

HENNIG, W. (1969): Die Stammesgeschichte der Insekten. – Frankfurt. a. M. (Kramer), 436 S.

HENNIG, W. (1969): Neue Übersicht über die aus dem baltischen Bernstein bekannten Acalyptratae (Diptera: Cyclorrhapha). – Stuttg. Beitr. Naturk. 209: 1-42.

HENNIG, W. (1970): Insektenfossilien aus der unteren Kreide – II. Empididae (Diptera, Brachycera). – Stuttg. Beitr. Naturk. 214: 1-12.

HENNIG, W. (1971): Die Familien Pseudomyzidae und Milichiidae im baltischen Bernstein (Diptera: Cyclorrhapha). – Stuttg. Beitr. Naturk. 233: 1-16.

HENNIG, W. (1972): Insektenfossilien aus der unteren Kreide – IV. Psychodidae (Phlebotominae), mit einer kritischen Übersicht über das phylogenetische System der Familie und die bisher beschriebenen Fossilien (Diptera). – Stuttg. Beitr. Naturk. 241: 1-69.

HENNIG, W. (1973): Diptera (Zweiflügler). – Handbuch der Zoologie, 4 (2) 31: 1-337; Berlin.

HENWOOD, A. (1992): Exceptional preservation of dipteran flight muscle and the taphonomy of insects in amber. – Palaios: 203-212.

HERCZEK, A. (1991): *Amberofulvius dentatus*, a new genus and species of the subfamily Cylapinae (Heteroptera, Miridae). – Ann. Naturhist. Mus. Wien 92: 79-84.

HERCZEK, A. (1991): *Mixocapsus eocenicus* gen.n., sp.n. (Miridae, Heteroptera) from Baltic amber. – Ann. Naturhist. Mus. Wien 92: 85-88.

HERCZEK, A., POPOV, Y. A. (1992): A remarkable psallopinous bug from Baltic Amber (Insecta: Heteroptera, Miridae). – Mitt. Geol.-Paläolont. Inst. Univ. Hamburg, 73: 235-239.

HERCZEK, A., POPOV, Y. A. (1997): New peculiar representatives of the Isometopinae from the Baltic amber (Heteroptera: Miridae). – Mitt. Geol.-Paläolont. Inst. Univ. Hamburg, 80: 189-195.

HEVERS, J., LISKE, E. (1991): Lauernde Gefahr – Das Leben der Gottesanbeterinnen. – Staatl. Naturhist. Museum Braunschweig, 68 S.

HIEKE, F., PIETREZENIUK, E. (1984): Die Bernstein-Käfer des Museums für Naturkunde, Berlin (Insecta, Coleoptera). – Mitt. Zool. Mus., Berlin 60: 297-326.

HINTON, H. E. (1966): The spiracular gill of the fly *Eutanyderus* (Tanyderidae). – Aust. J. Zool. 14: 365-369.

HOFFEINS, Ch., HOFFEINS, H. W., WAGNER, R. (1997): Beschreibung einer Art der Gattung *Heleodromia* (Diptera, Empididae, Hemerodromiinae) aus dem Baltischen Bernstein. – Studia dipterologica 4: 441-446.

HOFFEINS, H.-W., HOFFEINS, CH. (1995): Erstfund von Nymphomyiidae im Baltischen Bernstein. – Fossilien 12: 207-210.

HOLL, F. (1829): Handbuch der Petrefactenkunde. – Hilscher, Dresden.

HÖLLDOBLER, B., WILSON, E. O. (1995): Ameisen – Die Entdeckung einer faszinierenden Welt. – Birkhäuser Verlag Basel.

HORN, W. (1906): Über das Vorkommen von *Tetracha carolina* L. im preußischen Bernstein und die Phylogenie der *Cicindela*-Arten. – Dtsch ent. Z., 1906: 329-336; Berlin.

HORN, W. (1907): Brullés »Odontochila aus dem baltischen Bernstein« und die Phylogenie der Cicindeliden (Col.). – Dtsch. ent. Z., 1907: 461-466; Berlin.

HUBBARD, M. D. (1987): Ephemeroptera. Fossilium Catalogus. I: Animalia 129: 1-99.

HUBBARD, M. D. (1990): Mayflies of the World – A Catalog of the Family and Genus Group Taxa (Insecta: Ephemeroptera). – Flora & Fauna Handbook 8: 1-119, Gainesville.

HULL, F. M. (1945): A revisional study of the fossil Syrphidae. – Bull. Mus. comp. Zool. Harvard 95: 215-355.

HULL, F. M. (1949): The morphology and inter-relationship of the genera of Syrphid flies, recent and fossil. – Trans. Zool. Soc. London, 26 (1947-1950), 4: 257-408; London.

HULL, F. M. (1958): Tertiary flies from Colorado and the Baltic amber. – Psyche 64: 37-45.

HUMMEL, D. (1958): Kunststoff-, Lack- und Gummianalyse. Chemische und infrarotspektroskopische Methoden, II. – München.

HUNGER, R. (1977): The magic of amber. – 131 S.; London (NAG Press).

HUSTACHE, A. (1942): Un Curculionide de l'ambre de la Baltique. – Bull. Mens. Soc. Linné. Lyon 11: 108-109.

ILLIES, J. (1965): Phylogeny and Zoogeography of the Plecoptera. – Ann. Rev. Entomology, 10: 117-140; Palo Alto.

ILLIES, J. (1967): Die Gattung *Megaleuctra* (Plecopt., Ins.). Beitrag zur konsequent-phylogenetischen Behandlung eines incertae-sedis-Problems. – Z. Morph. Ökol. Tiere 60: 124-134, Berlin.

ILLIES, J. (1968): Ephemeroptera (Eintagsfliegen). – In: Handbuch der Zoologie, 4 (2) 2: 1-63; Berlin.

JABLOKOV-CHNZORJAN, S. M. (1960): Novye zestkokrylye iz baltijskogo jantarja. – Paleonto-logiceskij Zurnal Akademii Nauk SSSR, 1960: 90-101; Moskva.

JABLOKOV-CHNZORJAN, S. M. (1961): Novye zestkokrylye semejstva Elateridae iz baltijskogo jantarja. – Paleontologiceskij Zurnal Akademii Nauk SSSR, 1961: 84-97; Moskva.

JABLOKOV-CHNZORJAN, S. M. (1961): Predstaviteli semejstva Helodidae (Coleoptera) iz baltijskogo jantarja. – Paleontologiceskij Zurnal Akademii Nauk SSSR, 1961: 108 – 116; Moskva.

JABLOKOV-CHNZORJAN, S. M. (1962): Predstaviteli Sternoxia (Coleoptera) iz baltijskogo jantarja. Semejstva Throscidae BACH, 1849 (Trixagidae sensu Crowson). – Paleontologiceskij Zurnal Akademii Nauk SSSR, 1962: 81-89, Moskva.

JACOBI, A. (1938): Eine neue Bernsteinzikade (Homopt.). – Sber. Ges. naturf. Fr. Berlin 15: 188-189.

JACOBS, W., RENNER, M. (1988): Biologie und Ökologie der Insekten. – G. Fischer, Stuttgart.

JACOT-GUILLARMOD, C. F. (1970): Catalogue of the Thysanoptera of the World – Ann. Cape prov. Mus.

JOHANSON, K. A., WICHARD, W. (1996): Caddis flies of Baltic Amber. 4. New descriptions of *Palaeohelicopsyche* (Trichoptera, Helicopsychidae). – Mitt. Münch. Ent. Ges. 87: 101-108.

JORDAN, K. H. C. (1944): Eine neue Miride in Bernstein, *Electrocoris fuscus* n. gen. et n. sp. (Hemiptera Heteroptera: Miridae). – Arbeiten morph. Taxon. Entomologie, 11: 132-134, Berlin.

JORDAN, K. H. C. (1944): *Oligocoris bidentata* n. gen. et n. sp., eine Miride aus dem ostpreußischen Bernstein (Hemiptera – Heteroptera). – Arbeiten morph. taxon. Entomologie, 11: 8-10, Berlin.

JORDAN, K. H. C. (1952): *Nabis succini* n. sp. eine Nabide aus dem Bernstein Ostpreußens (Hemiptera Heteroptera). – Beitr. Ent. 2: 455-457.

JORDAN, K. H. C. (1972): Heteroptera (Wanzen). – Handbuch der Zoologie, 4 (2) 20: 1-113; Berlin.

JUST, J. (1974): On *Palaeogammarus* ZADDACH, 1864, with a description of a new species from western Baltic amber. – Steenstrupia 3, 93-99, Copenhagen.

KAISER, P. (1890): Die fossilen Laubhölzer. I. Nachweise und Belege. – Wissenschaftl. Beilage Jb. Realprogymnasiums zu Schönebeck: 1-46.

KALTENBACH, A. (1968): Embiodea (Spinnfüsser). – In: Handbuch der Zoologie, 4 (2) 28: 1-29; Berlin.

KAPLAN, A. A., GRIGIALIS, A. A., STRELNIKOVA, N. I., GLIKMAN, L. S. (1977): Stratigraphy and correlation. – Sovietskaja Geologija, 4: 30-43, Moskau.

KARSCH, F. (1884): Neue Milben im Bernstein. – Berliner Ent. Z. 28: 175-176.

KATHIRITHAMBY, J. (1989): Review of the order Strepsiptera. – System. Entomol.14: 41-92.

KATINAS, V. (1971): Amber and amber-bearing deposits of the southern Baltic area. – Trans. Lithuanian scient. research geol. Survey Inst. 20: 1 – 156.

KEFFERSTEIN, C. (1834): Die Naturgeschichte des Erdkörpers in ihren ersten Grundzügen dargestellt, (2. Teil). – Fleischer, Leipzig.

KEILBACH, R. (1939): Neue Funde des Strepsipterons *Mengea tertiaria* MENGE im baltischen Bernstein. – Bernstein-Forsch. 4: 1-7.

KEILBACH, R. (1982): Bibliographie und Liste der Arten tierischer Einschlüsse in fossilen Harzen sowie ihrer Aufbewahrungsorte. – Dtsch. Ent. Z. 29: 129-286, 301-491, Berlin.

KELNER-PILLAULT, S. (1969): Les Abeilles fossiles. – Mem. Soc. Entomol. Italiana 48: 519-534; Genova.

KELNER-PILLAULT, S. (1970): L'ambre balte et sa faune entomologique avec déscription de deux Apoides nouveaux. – Ann. Soc. ent. France, 6: 3-24; Paris.

KELNER-PILLAULT, S. (1970): Une Mélipone (s.l.) de l'ambre Balte (Hym. Apidae). – Ann. Soc. ent. France, 6: 437-441.

KELNER-PILLAULT, S. (1974): Etat d'evolution des Apides de l'ambre Balte. – Ann. Soc. ent. France, 10: 623-634.

KINZELBACH, R. (1971): Morphologische Befunde an Fächerflüglern und ihre phylogenetische Bedeutung (Insecta: Strepsiptera). – Zoologica, 41, 119: 1-256; Stuttgart.

KINZELBACH, R. (1971): Strepsiptera (Fächerflügler). – In: Handbuch der Zoologie, 4 (2) 24: 1-73; Berlin.

KINZELBACH, R. (1983): Fächerflügler aus dem dominikanischen Bernstein (Insecta: Strepsiptera: Myrmecolacidae). – Verhandl. Naturwiss. Verein Hamburg, 26: 29-36; Hamburg.

KINZELBACH, R. (1990): The systematic position of Strepsiptera (Insecta). – Am. Entomol. 35: 292-303.

KINZELBACH, R., LUTZ, H. (1985): A stylopid larva from the eocene – a spotlight on the phylogeny of the stylopids (Strepsiptera). – Ann. Entomol. Soc. America. 78: 600-602.

KINZELBACH, R., POHL, H. (1994): The fossil Strepsiptera (Insecta: Strepsiptera). – Ann. Entomol. Soc. America 87: 59-70.

KIRCHHEIMER, F. (1937): Beiträge zur Kenntnis der Flora des baltischen Bernsteins I. – Beihefte zum Botanischen Centralblatt, Abt. B, 57: 441-484; Kassel.

KLAUSNITZER, B. (1975): Probleme der Abgrenzung von Unterordnungen bei den Coleoptera. – Ent. Abh. Staatl. Mus. Tierk. Dresden 40: 269-275.

KLAUSNITZER, B. (1976): Neue Arten der Gattung *Helodes* LATREILLE aus Bernstein (Coleoptera, Helodidae). – Reichenbachia 16, 53-61, Dresden.

KLAUSNITZER, B. (1982): Wunderwelt der Käfer. – Herder, Freiburg.

KLAUSNITZER, B. (1996): Käfer im und am Wasser. – Die Neue Brehm- Bücherei 567 (2. Aufl.), Magdeburg.

KLEBS, R. (1886): Beitrag zur Kenntnis fossiler Conchylien Ostpreußens. – Malakozoologische Blätter, 8: 149-160; Kassel.

KLEBS, R. (1886): Gastropoden im Bernstein. – Jb. Königl.-preuß. Geol. Landesanstalt, 1885: 366-394; Berlin.

KLEBS, R. (1890): The fauna of amber. – Ann. Mag. Nat Hist., incl. Zool., Bot., Geol. 6: 486-491; London.

KLEBS, R. (1890): Über die Fauna des Bernsteins. – Tageblatt Vers. Dtsch. Naturf. Ärzte, 62: 268-271.

KLEBS, R. (1910): Über Bernsteineinschlüsse im allgemeinen und die Coleopteren meiner Bernsteinsammlung. – Schr. phys. ökon. Ges. Königsberg 51: 217-242.

KLEINE, R. (1940): Eine Lycide aus dem baltischen Bernstein. – Ent. Blätter 36: 179-180.

KLEINOW, W. (1966): Untersuchungen zum Flügelmechanismus der Dermapteren. – Z. Morph. Ökol. Tiere 56: 363-416.

KLIMASZEWSKI, S. M. (1993): New species of Eocene psyllids representing the tribe Paleopsylloidini BECKER-MIGDISOVA (Homoptera, Aphalaridae). – Acta Biol. Silesiana. 22: 9-18.

KLIMASZEWSKI, S. M. (1997): New psyllids from the Baltic amber (Insecta: Homoptera, Aphalaridae). – Mitt. Geol.-Paläolont. Inst. Univ. Hamburg, 80: 157-171.

KLYUGE, N. Y. (1986): A reccnt May fly species (Ephemeroptera, Heptageniidae) in Baltic amber. – Paleontological Journal, 20: 106-107; Washington.

KOCH, C. L., BERENDT, G. C. (1854): Die im Bernstein befindlichen Crustaceen, Myriapoden, Arachniden und Apteren der Vorwelt. – in: BERENDT, G. C. (1845-1856): Die im Bernstein befindlichen organischen Reste der Vorwelt. 1. Bd, 2. Abth., Berlin.

KOHRING, R. (1998): REM-Untersuchungen an harzkonservierten Arthropoden. – Entomol. generale 23, Stuttgart (im Druck).

KOHRING, R., WEITSCHAT, W. (1994): Weichteil-Erhaltung an Bernstein-Insekten. – Abstract Jahrestagung Paläont. Ges., 64, Budapest.

KOLBE, N. J. (1883): Neue Beiträge zur Kenntnis der Psociden der Bernsteinfauna. – Stettin. ent. Z. 44: 186-191.

KOLIBAC, J., GERSTMEIER, R. (1997): Description of *Eurymetopum wachteli* sp.n. from the Baltic amber (Coleoptera, Cleridae, Hydnocerinae). – Mitt. Münch. Ent. Ges. 87: 97-100.

KOLLER, J., BAUMER, B., BAUMER, U. (1997): Die Untersuchung von Bernstein, Bernsteinölen und Bernsteinlacken – Metalla (Sonderheft) 66: 85-102.

KÖNIGSMANN, E. (1978): Das phylogenetische System der Hymenoptera. Teil 3: »Terebrantes« (Unterordnung Apocrita). – Dtsch ent. Z. 25: 1-55; Berlin.

KÖNIGSMANN, E. (1978): Das phylogenetische System der Hymenoptera. Teil 4: Aculeata (Unterordnung Apocrita). – Dtsch ent. Z. 25: 365-435; Berlin.

KONOW, F. W. (1897): Ueber fossile Blatt- und Halmwespen. – Ent. Nachr. Berlin 23: 36-38.

KORNILOWITCH, N. (1903): Hat sich die Struktur quergestreifter Muskeln bei Insekten, die wir im Bernstein antreffen, erhalten ? – S. Naturf. Ges. Dorpat 13: 198-206.

KORSCHEFSKY, R. (1939): Abbildungen und Bemerkungen zu vier Schaufuß'schen Coleopteren aus dem deutschen Bernstein. – Arbeiten Morph. Taxon. Entomologie, 6: 11-12; Berlin.

KOSMOWSKA-CERANOWICZ, B. (1984): Plant Inclusions in Amber. – In: Amber in the Nature (Guide and Catalogue of the Exhibition): 24-26; Warsaw.

KOSMOWSKA-CERANOWICZ, B. (1987): Mineralogical-petrographic characteristics of the Eocene amber-bearing sediments in the area of Chlapowo and the Paleogene sediments of northern Poland. – Bull. Inst. Geol. 356: 29-50, Warszawa.

KOSMOWSKA-CERANOWICZ, B. (1996): Bernstein – die Lagerstätte und ihre Entstehung – in: GANZELEWSKI, M., SLOTTA, R. (Hrsg.): Bernstein – Tränen der Götter: 161-168.

KOSMOWSKA-CERANOWICZ, B. (1996): Die tertiären und quartiären Bernsteinvorkommen in Polen – in: GANZELEWSKI, M., SLOTTA, R. (Hrsg.): Bernstein – Tränen der Götter: 299-310.

KOSMOWSKA-CERANOWICZ, B., KRUMBIEGEL, G. (1989): Geologie und Geschichte des Bitterfelder Bernsteins und anderer fossiler Harze. – Hall. Jb. Geowiss. 14: 1-25.

KOSMOWSKA-CERANOWICZ, B., KULICKA, R. (1995): Amber molars. – Amber & Fossils 1: 38-41.

KOSMOWSKA-CERANOWICZ, B., KULICKA, R., GIERLOWSKA, G. (1997): Nowe znalezisko jaszczurki w bursztynie baltyckim. – Przegl. Geol. 45: 1028-1030, Warszawa.

KOSMOWSKA-CERANOWICZ, B., KOHLMAN-ADAMSKA, A., GRABOWSKA, I. (1997): Erste Ergebnisse zur Lithologie und Palynologie der bernsteinführenden Sedimente im Tagebau Primorskoje – Metalla (Sonderheft) 66: 5-17.

KOTEJA, J. (1984): The Baltic amber Matsucoccidae (Homoptera, Coccinea). – Annales zoologici 37: 437-496; Warszawa.

KOTEJA, J. (1985): Czerwce (Homoptera, Coccinea) bursztynu baltyckiego. – Wiadomosci entomologiczne, 6: 195-205; Warszawa.

KOTEJA, J. (1986): *Matsucoccus saxonicus* sp. n. from Saxonian amber. (Homoptera, Coccinea). – Dtsch ent. Z. 33: 55-63; Berlin.

KOTEJA, J. (1986): Stellata Hairs – index fossils of ambers. – Inclusion 5: 4-8; Krakow.

KOTEJA, J. (1987): Current state of coccid paleontology. – Boll. Lab. Ent. Filippo Silvestri, 43 (1986), Suppl. 41: 29-34; Portici.

KOTEJA, J. (1987): Matsucoccidae (Homoptera, Coccinea), living fossils. – Boll. Lab. Ent. Filippo Silvestri, 43 (1986), Suppl.: 41-44; Portici.

KOTEJA, J. (1987): *Palaeonewsteadia huaniae* gen. et sp.n. (Homoptera, Coccinea, Ortheziidae) from Baltic amber. – Polskie Pismo entomologiczne, 57: 235-240; Warszawa.

KOTEJA, J. (1987): *Protorthezia aurea* gen. et sp.n. (Homoptera, Coccinea, Ortheziidae) from Baltic amber. – Polskie Pismo entomologiczne, 57: 241-249; Warszawa.

KOTEJA, J. (1988): Eriococcid crawlers (Homoptera, Coccinea) from Baltic amber. – Bull. Ent. Pol. 58: 503-524, Wroclaw.

KOTEJA, J. (1988): *Sucinikermes kulickae* gen. et sp. n. (Homoptera, Coccinea) from Baltic amber. – Bull. Ent. Pol. 58: 525-535, Wroclaw.

KOTEJA, J., ZAK-OGAZA, B. (1988): *Arctorthezia antiqua* sp.n. (Homoptera, Coccinea) from Baltic amber. – Ann. Zool. 41: 321-328; Warszawa.

KOTEJA, J., ZAK-OGAZA, B. (1988): *Newsteadia succini* sp.n. (Homoptera, Coccinea) from Baltic amber. – Ann. Zool. 41: 329-334; Warszawa.

KOVALEV, O. V. (1994): Paleontological History, Phylogeny, and Systematics of Brachycleistogastromorpha, Infraorder N., and Cynipomorpha Infraorder N. (Hymenoptera) with Descriptions of New Fossil and Recent Families, Subfamilies, and Genera. – Ent. Obozreniye 73: 385-426.

KOVALEV, O. V. (1995): New taxa of fossil cynipoids (Hymenoptera, Cynipoidea) from the Createaceous and Palaeogene. – Amber & Fossils 1: 9-16.

KOZLOV, M. V. (1987): New moth like Lepidoptera from the Baltic amber. – Paleont. J., 21, 4: 56-65; New York.

KRANTZ, G. W. (1978): A Manual of Acarology. – 2 Ed., Oregon State University Bookstores, Corvallis.

KRAUS, O. (1995): System der Insekten. – in: GEWECKE, M.: Physiologie der Insekten, 10: 429-436, G. Fischer, Stuttgart

KRÄUSEL, R. (1919): Die fossilen Koniferenhölzer (unter Ausschluß von *Araucanoxylon* KRAUS). – Palaeontogr. 62 (1916-1919): 185-275; Stuttgart.

KRÄUSEL, R. (1949): Die fossilen Koniferen-Hölzer (unter Ausschluß von *Araucarioxylon* KRAUS). II. – Palaeontogr., 89: 83-203; Stuttgart.

KRIVOLUCKIJ, D. A., DRUK, A. Y. (1986): Fossil oribatid mites. – Ann. Rev. Entomology 31: 533-545; Palo Alto.

KROMBEIN, K. V. (1986): Three cuckoo wasps from Siberian and Baltic amber (Hymenoptera: Chrysisidae: Amiseginae and Elampinae). – Proc. Ent. Soc. Washington 88: 740-747.

KRUCKOW, T. (1962): Eine echte Bernstein-Eidechse. – Der Aufschluß, 13: 267-270; Göttingen.

KRÜGER, L. (1913): Osmylidae. Beiträge zu einer Monographie der Ncuropteren Familie der Osmyliden. II-IV. – Stett. Ent. Z., 74: 3-123, 193-224, 225-294.

KRÜGER, L. (1922):Hemerobiidae. Beiträge zu einer Monographie der Neuropteren. – Stett. Ent. Z. 83: 138-172.

KRÜGER, L. (1923): Neuroptera succinica baltica. Die im baltischen Bernstein eingeschlossenen Neuropteren des Westpreussischen Provinzial – Museums in Danzig. – Stett. Ent. Z. 84: 68-92.

KRÜGER, L. (1923): Sisyridae. Beiträge zu einer Monographie der Neuropteren-Familie der Sisyridae. Stett. Ent. Z. 84: 25-66.

KRUMBIEGEL, G. (1991): Der Bitterfelder Bernstein und seine Inklusen. – Fossilien 8: 152-158, Korb.

KRUMBIEGEL, G. (1998): Eidechsenfund im Baltischen Bernstein. – Fossilien 15: 231-235, Korb.

KRUMBIEGEL, G., KRUMBIEGEL, B. (1994): Bernstein – fossile Harze aus aller Welt. – Fossilien, Sonderband 7, 110, S., Korb.

KRUMBIEGEL, G., KRUMBIEGEL, B. (1996): Bernstein im weiteren Sinne – Die Akzessorischen Harze – in: GANZELEWSKI, M., SLOTTA, R. (Hrsg.): Bernstein – Tränen der Götter: 27-30.

KRUMBIEGEL, G., KRUMBIEGEL, B. (1996): Bernsteinlagerstätten und -vorkommen in aller Welt – in: GANZELEWSKI, M., SLOTTA, R. (Hrsg.): Bernstein – Tränen der Götter: 31-46.

KRUMBIEGEL, G., KRUMBIEGEL, B. (1996): Pflanzliche und tierische Organismen im Bernstein – Biologische Indikatoren der Erdgeschichte – in: GANZELEWSKI, M., SLOTTA, R. (Hrsg.): Bernstein – Tränen der Götter:47-58.

KRZEMINSKA, E., KRZEMINSKI, W. (1992): Les fantomes de l'ambre. – Musée d'Histoire naturelle, 142 S., Neuchâtel.

KRZEMINSKI, W. (1985): A representative of Trichoceridae (Diptera Nematocera) from Baltic amber (in the collection of the Museum of the Earth in Warsaw). – Prace Muzeum Ziemi 37:119-121.

KRZEMINSKI, W. (1985): Limoniidae (Diptera Nematocera) from Baltic amber (in the collection of the Museum of the Earth in Warsaw) Part. I Sybfamily Limoniinae. – Prace Muzeum Ziemi 37: 113-117.

KUKALOVA-PECK, J., LAWRENCE, J. F. (1993): Evolution of the hind wing in Coleoptera. – Canad. Entomol. 125: 181-258.

KULICKA, R. (1977): *Mengea tertiaria* w bursztynie baltyckim (w zbiorach Muzeum Ziemi Pan). – Przeglad geol. 25: 32-33; Warszawa.

KULICKA, R. (1979): *Mengea mengei* sp. n. from the Baltic amber. – Prace Muzeum Ziemi, 32: 109-112; Warszawa.

KULICKA, R. (1984): Zbior inkluzji zwierzceych w bursztynie Muzeum Ziemi Pan. – Przeglad zool., 28: 387-389 (97-99); Wroclaw.

KULICKA, R. (1985): Inkluzje zwierzece w bursztynie baltyekim w zbiorach Muzeum Ziemi Pan w Warszawie. – Wiadomosci Entomologiczne, 6: 179-186; Warszawa.

KULICKA, R. (1990): The list of animal inclusions in Baltic amber from collection of the Museum of the Earth in Warsaw. – Prace Muzeum Ziemi 41: 144-146; Wroclaw.

KULICKA, R., HERCZEK, A. POPOV, Y. A. (1997): Heteropteran in the Baltic amber. – Prace Muzeum Ziemi 44: 19-22.

KULICKA, R., KRZEMINSKI, W., SZADZIEWSKI, R. (1985): Kolekcja muchówek (Diptera Nematocera) w bursztynie baltyckim ze zbiorów Muzeum Ziemi PAN x Warszawie. – Prace Muzeum Ziemi 37: 105-111.

KULICKA, R., SLIPINSKI, A. (1996): A review of the Coleoptera inclusions in the Baltic amber. – Prace Muzeum Ziemi 44: 5-8.

KULICKA, R., WEGIEREK, P. (1996): Aphid species (Homoptera: Aphidinea) from the collection of the Baltic amber in the Museum of the Earth, Polish Academy of Sciences, Warsaw (Part three). – Prace Museum Ziemi, 44: 41-44.

KULLMANN, E., STERN, H. (1975): Leben am seidenen Faden. – Bertelsmann, Gütersloh.

KUNOW, G. (1872): Zwei Schnecken im Bernstein. – Schr. phys.-ökon. Ges. Königsberg 13: 150-154.

LAKOWITZ, N. (1882): Die Bernsteinbäume. – Forstlich-naturwiss. Z., 1: 244-248; München.

LANGENHEIM, R. L., BECK, C. W. (1965): Infrared spectra as a means of determinig botanical source of amber. – Science 149: 52-55.

LANTERNO, E. , BESUCHET, C. (1966): L'ambre et ses insectes. – Rev. Mens. Mus., Coll. Ville de Geneve, 7: 8-10.

LARSSON, S. G. (1962): The Copenhagen collection of amber-fossils. – Entomologiske Meddelelser, 31: 323-326, Kobenhavn.

LARSSON, S. G. (1965): Reflections on the Baltic amber inclusions. – Entomologiske Meddelelser, 34: 135-142; Kobenhavn.

LARSSON, S. G. (1978): Baltic Amber – a Palaeobiological Study. – Entomonograph, 1: 192 S.; Klampenborg/Denmark.

LAWRENCE, J. F., BRITTON, E. B. (1991): Coleoptera (Beetles). – in: CSIRO: The insects of Australia, Vol. 2, Cornell Univ. Press, Ithaca, New York.

LAWRENCE, P. N. (1985): Ten species of Collembola from Baltic amber. – Prace Muzeum Ziemi 37: 101-104; Warszawa.

LEGG, G., JONES, R. E. (1988): Pseudoscorpiones. – Brill/ Backhuys, Leiden/Köln.

LENGERKEN, H. v. (1913): Etwas über den Erhaltungszustand von Insekteninklusen im Bernstein. – Zool. Anz. 41: 284-286.

LIEDTKE, W. (1975): Käfer des baltischen Bernsteins. – Diplomarbeit Univ. Kiel: 68 S.

LINDQUIST, E. E. (1984): Current theories on the evolution of mjar groups of Acari and on their relationships with other groups of Arachnida, with consequent implications for their classification. – In: D. A. GRIFFITHS, C. E. BOWMAN (eds), Acarology VI, John Wiley, Sons, New York.

LOEW, H. (1850): Über den Bernstein und die Bernsteinfauna. – Progr. Realschule Meseritz, Berlin, 3-44.

LOEW, H. (1861): Über die Dipterenfauna des Bernsteins. – Vers. Dtsch. Naturf. 1860, Amtl. Ber. 35: 88-98 Königsberg.

LOEW, H. (1864): On the Diptera or twowinged insects of amber-fauna. – Amer. J. Sci. Arts, 2. Ser. 37: 305-324.

LOEW, H. (1873): Über die Arten der Gattung *Sphyracephala* Say. – Z. ges. Naturwiss. 42: 101-105.

LOURENCO, W. R., WEITSCHAT, W. (1996): More than 120 years after its description, the enigmatic status of the baltic amber scorpion ›*Tityus eogenus*‹, MENGE, 1869 can finally be clarified. – Mitt. Geol.-Paläont. Inst. Univ. Hamburg 79: 183-193.

LOVERIDGE, A. (1942): Scientific results of a fourth expedition to forested areas in East, Central Africa. – Bull. Mus. Comp. Zool. 91: 237-373, Cambridge/Mass.

LUCKS, R. (1927): *Palaeogammarus balticus,* nov. sp., ein neuer Gammaride aus dem Bernstein. – Schr. Nat. Ges. Danzig 8, 1-13.

LÜHE, M. (1904): Säugetierhaare im Bernstein. – Schr. phys.-ökon. Ges. Königsberg 45, 62-63.

MACKAY, M. R. (1969): Microlepidopterous larvae in Baltic amber. – Canad. Entomol. 101: 1173-1180.

MACLEOD, E. G. (1970): The Neuroptera of the Baltic amber. I. Ascalaphidae, Nymphidae, and Psychopsidae. – Psyche 77: 147-180.

MÄGDEFRAU, K. (1957): Flechten und Moose im baltischen Bernstein. – Ber.. Dtsch. Botan. Ges., 70: 433-435; Stuttgart.

MALICKY, H. (1984): Ein Beitrag zur Autökologie und Bionomie der aquatischen Netzflüglergattung *Neurorthus* (Insecta, Neuroptera, Neurorthidae). – Arch. Hydrobiol. 101: 231-246.

MANEVAL, H. (1938): Trois Serphoides de l'ambre de la Baltique. – Rev. franc. Entom. 5: 107-116; Paris.

MANNING, F. J. (1952): Recent and fossil honey bees: Some aspects of their cytology, phylogeny and evolution. – Proc. Linnean Society London 163: 3-8.

MANNING, F. J. (1960): A new fossil bee from Baltic amber. – Verh. XI. Intern. Kongr. Entomol. Wien 1: 306-308.

MANTON, S. M. (1977): The Arthropoda. – Clarendon, Oxford.

MARTENS, J. (1978): Weberknechte, Opiliones. – Die Tierwelt Deutschlands 64: 1-464.

MATILE, L. (1979): Un nouveau genre de Keroplatidae de l'ambre oligocène de la Baltique. (Diptera: Mycetophiloidea). – Rev. franc. Entom, N.S. 1: 36-41; Paris.

MATILE, L. (1980): Identité du genre fossile de l'ambre balte Archaeumacrocera et du récent nord-americain Hesperodes (Dipt. Mycetophiloidea Keroplatidae). – L'Entomologiste, 36: 65-70; Paris.

MATILE, L. (1983): Systématique phylogénétique: application à l'étude des Diptères de la famille des Keroplatidae. – Bull. Soc. Ent. France, 88: 406-414; Paris.

MAYR, L. (1868): Die Ameisen des baltischen Bernsteins. – Beitr. Naturk. Preussens 1: 1-102. Königsberg.

MCALPINE, J. F. (1989): Phylogeny and Classification of the Muscomorpha. – in: MCALPINE, J. F. (Editor): Manual of Nearctic Diptera. Vol. 3, Hull, Quebec.

MCCAFFERTY, W. P. (1987): New fossil Mayfly in Amber and its Relationships among extant Ephemeridae (Ephemeroptera). – Ann. Ent. Soc. America, 80: 472-474.

MEINANDER, M. (1975): Fossil Coniopterygidae (Neuroptera). – Notul. Ent. Helsingfors 55: 53-57.

MEINANDER, M. (1981): A review of the genus *Coniopteryx* (Neuroptera, Coniopterygidae). – Ann. Ent. Fennici, 47: 97-110; Helsinki.

MEINANDER, M. (1990): The Coniopterygidae (Neuroptera, Planipennia). A check-list of the species of the world, descriptions of new species and other new data. – Acta Zool. Fennica, 195: 1-95.

MENGE, A. (1855): Über die Scherenspinnen, Chernetidae. – Neueste Schr. naturforsch. Ges. Danzig, 5: 143.

MENGE, A. (1856): Lebenszeichen vorweltlicher im Bernstein eingeschlossener Tiere. – Progr. Petrischule Danzig, 1-32.

MENGE, A. (1858): Beitrag zur Bernsteinflora. – Neueste Schr. naturforsch. Ges. Danzig 6: 1-18.

MENGE, A. (1866): Über ein Rhipidopteron und einige Helminthen im Bernstein. – Schr. naturf. Ges. Danzig N. F. 1: 1-8.

MENGE, A. (1869): Über einen Scorpion und zwei Spinnen im Bernstein. – Schr. naturf. Ges. Danzig N. F. 2: 1-9.

MENGE, A. (1872): Über eine im Bernstein eingeschlossene *Mermis*. – Schr. naturf. Ges. Danzig. N. F. 3: 1-2.

METCALF, Z. P., WADE, V. (1966): A catalogue of the fossil Homoptera (Homoptera: Auchenorrhyncha). – Contr. Ent. Dep., North Carolina agricult. Exp. Station, Paper 2049, Raleigh.

MEUNIER, F. (1894): Note complementaire sur les Platypezidae de l'ambre. – Bull Soc. zool. France 22-24.

MEUNIER, F. (1894): Note sur les Mycetophilidae fossiles de l'ambre tertaire. – Wien. ent. Ztg. 62-64.

MEUNIER, F. (1895): Les Dolichopodidae de l'ambre tertiare. – Ann. Soc. scient. Bruxelles 19: 5-6.

MEUNIER, F. (1899): Etudes de quelques Dipteres de l´ambre tertiaire. – Bull. Soc. Ent. France 1899: 334-335, 358-359, 392-393.

MEUNIER, F. (1900): Über die Mycetophiliden (Sciophilinae) des Bernsteins. – Ill. Z. Ent. Germar 5: 68-70.

MEUNIER, F. (1901): Nouvelles recherches sur quelques Cecidomyidae et Mycetophilidae de l'ambre. – Ann. Soc. scient. Bruxelles 25: 183-203.

MEUNIER, F. (1901): Über. die Syrphiden des Bernsteins. – Allg. Z. Ent. 6: 70-72.

MEUNIER, F. (1902): Description de quelques diptères de l'ambre. – Ann. Soc. scient. Bruxelles. 26: 96-104.

MEUNIER, F. (1902): Études de quelques Diptères de l'ambre. – Ann. Sci. nat. Zool. 16: 395-405.

MEUNIER, F. (1902): Les Cecidomyidae de l'ambre de la Baltique. – Marcellia. Riv. int. de Cecidologia, Padova 100-105.

MEUNIER, F. (1902): Les Culicidae de l'ambre. – Rev. Sci. Bourbonnais 15: 199-200.

MEUNIER, F. (1903): Beitrag zur Fauna der Bibioniden, Simuliiden und Rhyphiden des Bernsteins. – Jb. geol. Landesanst. Berlin (1903) 24: 391-404.

MEUNIER, F. (1903): Beitrag zur Syrphidenfauna des Bernsteins. – Jb. geol. Landesanst. Berlin für 1903: 201-210.
MEUNIER, F. (1904): Contribution à la faune des Helomyzinae de l'ambre de la Baltique. – Feuille jeunes Naturalistes 35: 21-27.
MEUNIER, F. (1904): Monographie des Cecidmyidae, des Sciaridae, des Mycetophilidae et des Chironomidae de l'ambre. – Ann. Soc. scient. Bruxelles 28: 12-275.
MEUNIER, F. (1905): Contribution à la faune des acalyptères Agromyzinae de l'ambre. – Ann. Soc. scient. Bruxelles 29: 89-94.
MEUNIER, F. (1905): Sur deux Mymaridae de l'ambre de la Baltique. – Miscellanea Entomologica 13: 1-4, Narbonne.
MEUNIER, F. (1906): Les Dolichopodidae de l'ambre de la Baltique. – C.R. Ac. Sci. Paris 617-618.
MEUNIER, F. (1906): Monographie des Tipulidae et des Dixidae de l'ambre de la Baltique. – Ann. Sci. nat. Zool. 4: 349-401.
MEUNIER, F. (1908): Les Asilidae de l'ambre de la Baltique. – Bull. Soc. ent. France 2: 18-20.
MEUNIER, F. (1909): Monographie der Leptiden und Phoriden des Bernsteins. – Jb. geol. Landesanst. 30: 64-90.
MEUNIER, F. (1909): Sur quelques Diptères (Xylophagidae, Therevidae, Arthropidae, Stratiomyiidae, Tanypezinae et Ortalinae) de l'ambre de la Baltique. – Ann. Soc. scient. Bruxelles 32 (1908): 258-266.
MEUNIER, F. (1912): Coup d'oil rétrospectif sur les Diptères du succin de la Baltique. – Ann. Soc. scient. Bruxelles 36: 160-186.
MEUNIER, F. (1916): Sur quelques diptères (Bombylidae, Leptidae, Dolichopodidae, Conopidae et Chironomidae) de l'ambre de la Baltique. – Tijdschr. Ent. 59: 274-286.
MEUNIER, F. (1917): Beitrag zur Monographie der Mycetophiliden und Tipuliden des Bernsteins. – Jb. geol. Landesanst. Berlin 68 : 477-493.
MEUNIER, F. (1917): Über einige Mycetophiliden und Tipuliden des Bernsteins nebst Beschreibung der Gattung *Palaeotanypeza* (Tanypezinae) derselben Formation. – N. Jb. Mineral. 73-106.
MEUNIER, F. (1917): Un Pompilidae de l'ambre de la Baltique. – Tijdschrift voor Entomologie, 60: 181-184.
MEUNIER, F. (1922-23): Nouvelle contribution a la monographie des »Mycetophilidae« (Ceroplatinae, Mycetophilinae et Sciophilinae) de l'ambre de la Baltique. – Rev. scient. Bourbon. Centre de la France, 1922: 114-120, 1923: 14-34; Moulins.
MEY, W. (1985): Die Köcherfliegen des Sächsischen Bernsteins (I). (Trichoptera). – Dtsch. ent. Z. 32: 275-278, Berlin.
MEY, W. (1986): Die Köcherfliegen des Sächsischen Bernsteins (II). (Trichoptera). – Dtsch. ent. Z. 33: 241-248, Berlin.
MEY, W. (1988): Die Köcherfliegen des Sächsischen Bernsteins (III). (Trichoptera). – Dtsch. ent. Z. 35: 299-309, Berlin.
MEYER, A. B. (1887): Notiz über im Ostsee-Bernstein eingeschlossene Vogelfedern. – Schr. naturf. Ges. Danzig N. F. 6: 206-208.
MIERZEJEWSKI, P. (1978): Electron microscopy study on the milky impurities covering arthropod inclusions in the Baltic amber. – Prace Muzeum Ziemi, 28, Prace geologiczne: 79-84; Warszawa.
MOENKE, H. (1962): Spectralanalyse von Mineralien und Gesteinen. – Leipzig.
MÜHLENBERG, M. (1971): Phylogenetisch-systematische Studien an Bombyliidae (Diptera). – Z. Morph. Tiere 70: 73-102, Berlin.
NAGEL, P. (1979): Aspects Of The Evolution Of Myrmecophilous Adaptions In Paussinae (Coleoptera, Carabidae). – Misc. Pap. Agric. Univ. Wageningen, 18: 15-34.
NAGEL, P. (1987): Fossil Ant Nest Beetles (Coleoptera, Carabidae, Paussinae). – Ent. Arb. Mus. Frey, 35/36: 137-170.
NEW, T. R. (1989): Planipennia (Lacewings). – In: Handbuch der Zoologie, 4 (2) 30: 1-132; Berlin.
NIELSEN, E. S., COMMON, I. F. B. (1991): Lepidoptera. – in: CSIRO (1991): The insects of Australia, Vol. 2, Cornell Univ. Press, Ithaca, New York.
NOETLING, F. (1883): Über das Alter der samländischen Tertiärformation. – Z. dtsch. Geol. Ges., 35, 671-694, Berlin.
OBENBERGER, J. (1957): Eine neue Buprestidenart aus dem baltischen Bernstein nebst Bemerkungen über einige fossile Buprestiden. (Coleoptera: Buprestidae). – Beitr. Entomologie, 7: 308-316; Berlin.
OESLER, R. (1943): Über einige Copeognathengenera. – Stett. Ent. Z., 104: 1-14.
OHL, M. (1995): Eine neue Bethylidae der Gattung *Lytopsenella* KIEFER 1911 aus dem Baltischen Bernstein (Hymenoptera: Chrysidoidea). – Paläont. Z. 69: 409-416.
OLFERS, E. W. M. (1907): Die »Ur-Insecten«. (Thysanura und Collembola im Bernstein). – Schr. phys.-ökon. Ges. Königsberg, 48: 1-40.
OLFERS, E. W. M. (1911): Ein neuer Thysanure im Bernstein. – Berliner ent. Z. 56: 151-152.
OSTEN SACKEN, C. R. (1864): On the Diptera or two-winged insects of the Amber-fauna. – Am. J. Sci. 37: 305-324.
OSTEN SACKEN, C. R. (1881): A relic of the tertiary period in Europe, *Elephantomyia*, a genus of Tipulidae. – Mitt. Münch. ent. Vers. 5: 152-154.
OWEN, R. M, REA, D. K (1985): Sea floor hydrothermal activity links climate to tectonics: The Eocene carbon dioxide greenhouse. – Sciene, 227, 166-169.
PARSONS, C. T. (1939): A ptiliid beetle from Baltic amber in the Museum of comparative Zoology. – Psyche, 46: 62-64.
PETRUNKEVITCH, A. (1942): A study of amber spiders. – Trans. Conn. Acad. Arts. Sci., 34, 119-464, New Haven, Connecticut.
PETRUNKEVITCH, A. (1950): Baltic amber spiders in the museum of comparative Zoology. – Bull. Mus. comp. Zool. Harvard 103: 259-337.
PETRUNKEVITCH, A. (1958): Amber spiders in European collections. – Trans. Connec. Ac. Arts Sci. 41: 97-400.
PEUS, F. (1968): Über die beiden Bernsteinflöhe (Insecta, Siphonaptera). – Paläont. Z. 42: 62-72.

PEYERIMHOFF, P. DE (1909): Le *Cupes* de l'ambre de la Baltique (Col.). – Bull. Soc. Ent. France, 1909: 57-60, Paris.

PFAU, H. K. (1975): Zwei neue Kleinlibellen (Odonata, Zygoptera – möglicherweise Platycnemididae) aus dem baltischen Bernstein. – Stuttg. Beitr. Naturk. A 270: 1-7, Stuttgart.

PICTET-BARABAN, F. J., HAGEN, H. (1856): Die im Bernstein befindlichen Neuropteren der Vorwelt. – in: BERENDT, G. C. (1845-1856): Die im Bernstein befindlichen organischen Reste der Vorwelt, 2. Bd. II Abth., Berlin (Nicolai).

PICTET, F. J. (1845): Résultat de ses recherches sur les insects fossiles de l'ordre des Névroptères contenus dans l'ambre. – Act. soc. Helv. sc. nat. 30: 69-75.

PIELINSKA, A. (1990): The list of plant inclusions in Baltic amber from collection of the Museum of the Earth in Warsaw. – Prace Muzeum Ziemi, 41: 147-148; Wroclaw.

PIELINSKA, A. (1997): Inclusions of wood in the amber collections of the Museum of the Earth in Warsaw – Metalla (Sonderheft) 66: 25-28.

PIROZYNSKI, K. A. (1976): Fossil Fungi. – Ann. Rev. Phytopathology, 14: 237-246.

PITON, L. E. (1938): *Succinotettix chopardi* PITON, Orthoptère (Tetricinae) inédit de l'ambre de la Baltique. – Bull. Soc. ent. France 43: 226-227.

PITON, L. E. (1940): Un Longicorne nouveau de l'ambre de la Baltique. – Bull. Soc. Ent. France, 45: 63-64; Paris.

PITON, L. E. (1940): Une Blatte nouvelle de l'ambre de la Baltique. – Bull. Mens Soc. Linné. Lyon, 9: 68-69.

PODENAS, S. (1997): New *Macrochile* LOEW, 1850 (Diptera, Tanyderidae) from the Baltic amber. – Mitt. Geol.-Paläolont. Inst. Univ. Hamburg, 80: 173-177.

POHL, H., KINZELBACH, R. (1995): Neufunde von Fächerflüglern aus dem Baltischen und Dominikanischen Bernstein (Strepsitera: Bohartillidae & Myrmecolacidae). – Mitt. Geol.-Paläolont. Inst. Univ. Hamburg, 78: 197-209.

POINAR, G. O. (1984): Fossil evidence of Nematode parasitism. – Rev. Nématologie, 7: 201-203; Paris.

POINAR, G. O. (1992): Life in amber. – Stanford Univ. Press, Stanford.

POINAR, G. O. (1993): Insects in Amber. – Ann. Rev. Entomol. 46: 145-159.

POINAR, G. O., GRIMALDI, D. A. (1990): Fossil And Extant Macrochelid Mites (Acari: Macrochelidae) Phoretic On Drosophilid Flies (Diptera: Drosphilidae). – J. New York Entomol. Soc. 98: 88-92.

POINAR, G. O., HESS, R. (1982): Ultrastructure of 40-million-year-old insect tissue. – Science 215: 1241-1242.

PONOMARENKO, A. G. (1975): A new Hymenopteran species from Baltic amber. – Paleontol. J. 9: 124-127; Washington.

PONOMARENKO, A. G. (1976): Corydalidae (Megaloptera) from the Cretaceous of northern Asia. – Entomol. Rev. 55: 114-122; Washington.

PONOMARENKO, A. G. (1995): The geological history of beetles. – in: PAKALUK, J., SLIPINSKI, S. A. (eds.): Biology, Phylogeny, and Classification of Coleoptera, Muz. Inst. Zool. PAN, Warszawa.

POPOV, Y. A. (1978): New species of Aradidae (Hemiptera) from the Baltic amber. – Prace Muzeum Ziemi 29: 137-140; Warszawa.

POPOV, Y. A. (1996): Water measures from the Baltic amber (Heteroptera: Gerromorpha, Hydrometridae). – Mitt. Geol.-Paläolont. Inst. Univ. Hamburg, 79: 211-221.

POPOV, Y. A., HERCZEK, A. (1992): The first Isometopinae from Baltic Amber (Insecta: Heteroptera, Miridae). – Mitt. Geol.-Paläolont. Inst. Univ. Hamburg, 73: 241-258.

POPOV, Y. A., HERCZEK, A. (1993): *Metoisops punctatus* sp.n., the second representative of the fossil genus *Metoisops* from Baltic amber (Heteroptera: Miridae: Isometopinae). – Ann. Upper Silesian Mus., Entomology, Suppl. 1: 51-56.

POPOV, Y. A., HERCZEK, A. (1993): New data on Heteroptera in amber resins. – Ann. Upper Silesian Mus., Entomology, Suppl. 1: 7-12.

POTONIÉ, R. (1925): Bernstein-Einschlüsse, ihre Freilegung und Untersuchung. – Der Naturforscher 1: 565-567.

PRIESNER, H. (1924): Bernstein-Thysanopteren. – Ent. Mitt. 13: 130-151.

PRIESNER, H. (1929): Bernstein-Thysanopteren II. – Bernstein-Forsch. 1: 111-138; Berlin.

PUTSHKOV, P. V., POPOV, Y. A. (1993): A remarkable nymph of a centrocneminous bug from the Baltic Amber (Insecta: Heteroptera, Reduviidae). – Mitt. Geol.-Paläolont. Inst. Univ. Hamburg, 75: 211-229.

PUTSHKOV, P. V., POPOV, Y. A. (1995): *Collarhamphus mixtus* n.gen. n.sp. – The first Collartidina (Heteroptera: Reduviidae, Emesinae) from the Baltic Amber. – Mitt. Geol.-Paläolont. Inst. Univ. Hamburg, 78: 179-187.

QUIEL, G. (1909): Zwei neue Coleopteren aus dem baltischen Bernstein. (Eocän bzw. Unteres Oligocän). – Berliner ent. Z., 54: 49-52.

QUIEL, G. (1911): Bemerkungen über Coleopteren aus dem baltischen Bernstein. – Berliner ent. Z., 55: 181-192.

RASNITSYN, A. P., KULICKA, R. (1990): Hymenopteran Insects in Baltic amber with respects to the overall history of the order. – Prace Museum Ziemi 41: 53-64. Wroclaw.

RASNITSYN, A. P. (1977): A new family of sawflies (Hymenoptera, Tenthredinoidea, Electrotomidae) from the Baltic amber. – Zool. Zhurn. 56: 1304-1308.

REBEL, H. (1935): Bernstein-Lepidopteren. – Dtsch ent. Z. »Iris«, 49 (1935-36): 162-186; Dresden.

REBEL, H. (1936): Mikrolepidopteren aus dem baltischen Bernstein. – Naturw. 24: 519-520.

REBEL, H. (1937): Zur Systematik der Bernstein-Lepidopteren. – Z. österr. Ent. Ver. 22: 1-3.

REINICKE, R. (1996): Bernstein im vorpommerischen Küstengebiet – in: GANZELEWSKI, M., SLOTTA, R. (Hrsg.): Bernstein – Tränen der Götter: 139-146.

RICE, P. C. (1980): Amber. The golden gem of the ages. – New York, London, 289 S.

RITZKOWSKI, S. (1990): Die Inklusen der ehemaligen Königsberger Bernsteinsammlung in Göttingen. – Prace Muzeum Ziemi 41: 149-153; Wroclaw.

RITZKOWSKI, S. (1996): Die Geschichte der Bernsteinsammlung der Albertus-Universität zu Königsberg i.Pr. – in:

GANZELEWSKI, M., SLOTTA, R. (Hrsg.): Bernstein – Tränen der Götter: 293-298.

RITZKOWSKI, S. (1997): K-Ar-Altersbestimmung der bernsteinführenden Sedimente des Samlandes (Paläogen, Bezirk Kaliningrad) – Metalla (Sonderheft) 66: 19-23.

RÖDER, G. (1980): Eine neue *Cheilosia*-Art aus Baltischem Bernstein mit REM-Untersuchungen rezenter Arten. – Stuttg. Beitr. Naturk. B, 64: 1-18.

ROESLER, R. (1943): Über einige Copeognathengenera. – Stettiner ent. Z., 104: 1-14.

ROESLER, R. (1944): Die Gattungen der Copeognathen. – Stettiner ent. Z., 105: 117-166.

ROEWER, C. F. (1939): Opilioniden im Bernstein. – Palaeobiologica 7: 1-5; Wien.

RÖSCHMANN, F. (1995): Die Sciariden des Baltischen und des Sächsischen Bernsteins (Insecta, Diptera, Sciaridae). – Diss. Univ. Greifswald.

RÖSCHMANN, F. (1997): Ökofaunistischer Vergleich von Nematocerenfaunen (Inscecta: Diptera: Sciaridae und Ceratopogonidae) des Baltischen und Sächsischen Bernsteins (Tertiär, Oligozän-Miozän). – Paläontol. Z. 71: 79-88; Berlin.

ROSEN, K. (1913): Die fossilen Termiten: eine kurze Zusammenfassung der bis jetzt bekannten Funde. – Trans. II. Ent. Congr. 1912: 318-335.

ROSS, E. S. (1956): A new genus of Embioptera from Baltic amber. – Mitt. geol. Staatsinst. Hamburg 25: 76-81.

ROSS, E. S. (1970): Biosystematics of the Embioptera. – Ann. Rev. Entomol. 15: 157-172.

ROSS, H. H. (1951): Phylogeny and biogeography of the caddisflies of the genera *Agapetus* and *Electragapetus* (Trichoptera: Rhyacophilidae). – J. Washington Acad. Sciences 41: 347-356.

RÜFFLE, L., HELMS, J. (1970): Waldsteppe und Insektenwelt im Bernstein, Beispiele aus der Bernsteinsammlung des Paläontologischen Museums. – Wiss. Z. Humboldt-Univ. Berlin, math.-naturwiss. Reihe, 19: 243-249.

SALT, G. (1931): Three bees from Baltic amber. – Bernstein-Forsch. 2: 136-147.

SANDBERGER, V. F. (1887): Bemerkungen über einige Heliceen im Bernstein der preussischen Küste. – Schr. Naturf. Ges. Danzig 6: 137-141.

SAVCENCO, E. M. (1967): New fossil Limoniid-fly (Diptera, Limoniidae) from the Baltic amber. – Dopodivi Akademii Nauk Ukrainskoj RSR Ser. B, Nr. 5: 469-473; Kiev.

SAVKEVICH, S. S, (1969): K voprosu o vjilanii osobennostej fossilizacii na svojsta iskopaemych smaol (na primere baltiskogo jantarja). – Geochim. Sb., Leningrad 271: 312-323, Leningrad.

SCHAUFUSS, C. (1891): Preussens Bernstein-Käfer. Neue Formen aus der Helm'schen Sammlung im Danziger Provinzialmuseum. – Berliner ent. Z., 36: 53-64.

SCHAUFUSS, C. (1896): Preussens Bernsteinkäfer. II. Neue Formen aus der Helm'schen Sammlung im Danziger Provinzialmuseum. – Berliner ent. Z., 41: 51-54.

SCHAUFUSS, L. W. (1888): Einige Käfer aus dem baltischen Bernstein. – Berliner ent. Z., 32: 266-270.

SCHAUFUSS, L. W. (1890): Eine Staphylinengattung aus dem baltischen Bernsteine. – Ent. Nachr., 16: 69-70, Berlin.

SCHAUFUSS, L. W. (1990): Die Scydmaeniden des baltischen Bernsteines. – Nunquam otiosus, 3: 561-586, Dresden.

SCHAWALLER, W. (1978): Neue Pseudoscorpione aus dem baltischen Bernstein der Stuttgarter Bernsteinsammlung (Arachnida: Pseudoscorpionidea). – Stutt. Beitr. Naturk. B 42: 1-22.

SCHEDL, K. E. (1947): Die Borkenkäfer des baltischen Bernsteins. 58. Beitrag zur Morphologie und Systematik der Scolytidae und Platypodidae. – Zblatt Gesamtgebiet Entomologie, 2: 12-45; Klagenfurt.

SCHEDL, K. E. (1967): Bernsteinborkenkäfer aus dem Zoologischen Museum der Universität Kopenhagen. 247. Beitrag zur Systematik und Morphologie der Scolytoidea. – Entomol. Meddel., 35: 85-87; Kobenhavn.

SCHEDL, K. E. (1970): Bernsteinborkenkäfer aus dem Zoologischen Museum der Universität Kopenhagen II. 261. Beitrag zur Morphologie und Systematik der Scolytoidea (Coleoptera). – Entomol. Meddel., 38: 68-70; Kobenhavn.

SCHLEE, D. (1969): Der Flügel von *Sphaeraspis* (Coccina), prinzipiell identisch mit Aphidina-Flügeln. – Stuttg. Beitr. Naturk. 211: 1-11.

SCHLEE, D. (1970): Insektenfossilien aus der unteren Kreide I. Verwandtschaftsforschung an fossilen und rezenten Aleyrodina (Insecta, Hemiptera). – Stuttgart. Beitr. Naturk. 213: 1-72.

SCHLEE, D. (1973): Harzkonservierte Vogelfedern aus der unteren Kreide. – J. Ornithologie 114: 207-219, Berlin.

SCHLEE, D. (1980): Bernstein-Raritäten – Farben, Strukturen, Fossilien, Handwerk. – Staatl. Museum Naturkunde Stuttgart. 88 S.

SCHLEE, D. (1984): Notizen über einige Bernsteine und Kopale aus aller Welt. – Stuttg. Beitr. Naturk., C, 18: 29-37.

SCHLEE, D. (1990): Das Bernstein-Kabinett. – Begleitheft zur Bernsteinausstellung im Museum am Löwentor, Stuttgart. Stuttg. Beitr. Naturk. C, 28: 1-100.

SCHLEE, D., GLÖCKNER, W. (1978): Bernstein – Bernsteine und Bernstein-Fossilien. – Stuttg. Beitr. Naturk. C, 8: 1-72.

SCHLÜTER, T. (1976): Die Fossilfalle Harz – der gegenwärtige Erforschungsstand. – Naturw. Rundschau 29: 350-354, Stuttgart.

SCHLÜTER, T. (1986): The Fossil Planipennia – a Review. – in: GEPP, J., ASPÖCK, H., HÖLZEL, H.: Recent Research in Neuropterology, Graz: 103-111.

SCHLÜTER, T., KÜHNE, W. G. (1975): Die einseitige Trübung von Harzinklusen – ein Indiz gleicher Bildungsumstände. – Entomol. germanica 2: 308-315, Stuttgart.

SCHUBERT, K. (1939): Mikroskopische Untersuchung pflanzlicher Einschlüsse des Bernsteins. I. – Bernstein-Forsch. 4: 23-44; Berlin.

SCHUBERT, K. (1953): Mikroskopische Untersuchung pflanzlicher Einschlüsse des Bernsteins. 2. Teil: Rinden und Borken. – Palaeontogr. 93: 103-119; Stuttgart.

SCHUBERT, K. (1961): Neue Untersuchungen über Bau und Leben der Bernsteinkiefern [*Pinus succinifera* (CONW.) emend.]. – Geol. Jb., Beih 45: 1-149; Hannover.

SCHUBERT, K. (1964): Chemisch-physikalische Prozesse im Innern des Baltischen Bernsteins. – Natur und Museum 94: 259-264, Frankfurt a.M.

SCHUBERT, K. (1965): Chemisch-physikalische Prozesse im Innern des Baltischen Bernsteins. 2. Die »Sonnen«- Flinten, Beugungs- und Brechungserscheinungen des Lichts an kapillaren Spaltflächen des Steininnern. – Natur und Museum 95: 261-270, Frankfurt a. M.

SCHUMANN, E. (1885): Schnecken im Bernstein. – Malakozool. Blätter, N.F. 7: 100-101; Kassel.

SCHUMANN, H. (1984): Erstnachweis einer Raubfliege aus dem Sächsischen Bernstein. – Dtsch. ent. Z., N.F. 31: 217-223; Berlin.

SCHUMANN, H., WENDT, H. (1989): Zur Kenntnis der tierischen Inklusen des Sächsischen Bernsteins. – Dtsch. ent. Z., 36: 33-44; Berlin.

SELLNICK, M. (1919): Die Oribatiden der Bernsteinsammlung der Universität Königsberg i. Pr. – Schr. phys.-ökon. Ges. Königsberg (1918) 59: 21-42.

SELLNICK, M. (1927): Rezente und fossile Oribatiden (Acar. Oribat.). – Schr. phys.-ökon. Ges. Königsberg 65: 114-116.

SELLNICK, M. (1931): Milben im Bernstein. – Bernstein-Forsch. 2: 148-180.

SHELLFORD, R. (1910): On a collection of Blattidae preserved in amber, from Prussia. – J. Linn. Soc. London 30: 336-355.

SHELLFORD, R. (1911): The British Museum collection of Blattidae preserved in amber, from Prussia. – J. Linn. Soc. London 32: 59-69.

SHERCHIN, W. W. (1971): Über Rüsselkäfer (Insecta, Coleoptera) des baltischen Bernsteins. – Trans. Palaeont. Inst. Acad. Sci. USSR Moskau 130: 197-209.

SHULTZ, J. W. (1990): Evolutionary morphology and phylogeny of Arachnida. – Cladistics 6: 1-38.

SILVESTRI (1912): Die Thysanuren des baltischen Bernsteins. – Schr. phys.-ökon. Ges. Königsberg 53: 42-66.

SIVKOV, V., KRYLOV, A. (1997): Paleogene evolution of the ocean and some hypotheses with respect to the origin of the Baltic amber deposits – Metalla (Sonderheft); 66: 51-53.

SKALSKI, A. W. (1973): Studies on the Lepidoptera from fossil resins. Part II. *Epiborkhausenites obscurotrimaculatus* gen. et spec. nov. (Oecophoridae) and a Tineid Moth discovered in the Baltic amber. – Acta Palaeont. Pol. 18: 153-160.

SKALSKI, A. W. (1974): Studien an Lepidopteren aus fossilen Harzen. Teil V. Zwei neue Gattungen und Arten der Familie Tineidae aus dem baltischen Bernstein. – Beitr. Ent. 24: 97-104.

SKALSKI, A. W. (1977): Studies on the Lepidoptera from fossil resins. Part I. General remarks and descriptions of new genera and species in the families Tineidae and Oecophoridae from the Baltic amber. – Prace Muz. Ziemi 26: 3-24.

SKALSKI, A. W. (1985): Motyle (Lepidoptera) w bursztynie baltyckim. – Wiadomosci Entomologiczne, 6: 207-210; Warszawa.

SKALSKI, A. W. (1985): Stan badarn nad inkluzjami zwierzecymi w bursztynie baltyckim. – Wiadomosci Entomologiczne, 6: 167-178; Warszawa.

SLOTTA, R. (1996): Die Bernsteingewinnung im Samland (Ostpreußen) bis 1945 – in: GANZELEWSKI, M., SLOTTA, R. (Hrsg.): Bernstein – Tränen der Götter: 169-214.

SLOTTA, R., GANZELEWSKI, M. (1996): Die heutige Bernsteingewinnung und -verarbeitung in Jantarnyi – in: GANZELEWSKI, M., SLOTTA, R. (Hrsg.): Bernstein – Tränen der Götter: 249-268.

SNYDER, T. E. (1928): A new Reticulitermes from Baltic Sea amber. – Proc. Washington Ac. Sci. 18: 515-517.

SORG, M. (1986): Grabwespen der Gattung *Passaloecus* aus fossilen Harzen (Hymenoptera, Sphecoidea, Pemphredoninae). – Paläont. Z. 60: 277-284.

SORG, M. (1988): Zur Phylogenie und Systematik der Bethylidae (Insecta: Hymenoptera, Chrysidoidea). – Geol. Inst. der Univ. Koeln (Sonderveröffentl.), 63: 1-146.

SPAHR, U. (1981): Bibliographie der Bernstein- und Kopal-Käfer (Coleoptera). – Stuttg. Beitr. Naturk. B 72: 1-21.

SPAHR, U. (1981): Systematischer Katalog der Bernstein- und Kopal-Käfer (Coleoptera). – Stuttg. Beitr. Naturk. B 80: 1-107.

SPAHR, U. (1985): Ergänzungen und Berichtigungen zu R. Keilbachs Bibliographie und Liste der Bernsteinfossilien – Ordnung Diptera. – Stuttg. Beitr. Naturk. B 111: 1-146.

SPAHR, U. (1987): Ergänzungen und Berichtigungen zu R. Keilbachs Bibliographie und Liste der Bernsteinfossilien – Ordnung Hymenoptera. – Stuttg. Beitr. Naturk. B 127: 1-121.

SPAHR, U. (1988): Ergänzungen und Berichtigungen zur Keilbachs Bibliographie und Liste der Bernsteinfossilien – Überordnung Hemipteroidea. – Stuttg. Beitr. Naturk. B 144: 1-60.

SPAHR, U. (1989): Ergänzungen und Berichtigungen zu R. Keilbachs Bibliographie und Liste der Bernsteinfossilien – Überordnung Mecopteroidea. – Stuttg. Beitr. Naturk. B 157: 1-87.

SPAHR, U. (1990): Ergänzungen und Berichtigungen zu R. Keilbachs Bibliographie und Liste der Bernsteinfossilien – »Apterygota«. – Stuttg. Beitr. Naturk. B 166: 1-23.

SPAHR, U. (1992): Ergänzungen und Berichtigungen zu R. Keilbachs Bibliographie und Liste der Bernsteinfossilien – Klasse Insecta. – Stuttg. Beitr. Naturk. B 182: 1-102.

SPAHR, U. (1993): Ergänzungen und Berichtigungen zu R. Keilbachs Bibliographie und Liste der Bernsteinfossilien – verschiedene Tiergruppen, ausgenommen Insecta und Araneae. – Stuttg. Beitr. Naturk. B 194, 1-77.

SPAHR, U. (1993): Systematischer Katalog und Bibliographie der Bernstein- und Kopal-Flora. – Stuttg. Beitr. Naturk. B 195: 1-99, Stuttgart.

STACH, J. (1922): Eine neue *Sminthurus*art aus der Bernsteinfauna. – Bull. intern. Acad. Pol: 53-61.

STANNARD, L. J. (1956): Two new fossil Thrips from Baltic amber (Thysanoptera; Terebrantia). – Fieldiana, Zoology, 34: 453-460; Chicago.

STARÝ, P. (1973): A revision of the fossil Aphidiidae (Hymenoptera). – Ann. Zool. Bot., 87: 1-22; Bratislava.

STEYSKAL, G. C. (1972): A catalogue of species and key to the genera of the family Diopsidae (Diptera: Acalyptratae). – Stuttg. Beitr. Naturk. 234: 1-20.

STRÜMPEL, H. (1983): Homoptera (Pflanzensauger). – Handbuch der Zoologie, 4 (2) 19: 1-222, Berlin.

STUCKENBERG, B. R. (1974): A new genus and two new species of Athericidae (Diptera) in Baltic amber. – Ann. Natal. Mus. 22: 275-288.

SZABÓ, J (1975). Einige phylogenetische Folgerungen aufgrund der fossilen Psychodiden (Diptera, Nematocera) von Europa und Amerika. – Acta Biologica Debrecina 12: 65-68.

SZADZIEWSKI, R. (1988): Biting midges (Diptera, Ceratopogonidae) from Baltic amber. – Polskie Pismo entomol. 58: 3-283.

SZADZIEWSKI, R. (1990): Biting midges (Diptera, Ceratopogonidae) from Sakhalin amber. – Prace Museum Ziemi 41: 77-81, Warschau.
SZADZIEWSKI, R. (1990): Biting midges (Diptera, Ceratopogonidae) from Sakhalin amber. – Prace Museum Ziemi 41: 77-81, Warschau.
SZADZIEWSKI, R. (1993): Biting midges (Diptera, Ceratopogonidae) from Miocene Saxonian amber. – Acta zool. cracov. 35: 603-656, Krakow.

SZADZIEWSKI, R. (1995): The oldest fossil Corethrellidae (Diptera) from Lower Cretaceous Lebanese amber. – Acta zool. cracov. 38: 177-181, Krakow.

SZADZIEWSKI, R. (1996): Biting midges from Lower Cretaceous amber of Libanon and Upper Cretaceous Siberian amber of Taimyr (Diptera, Ceratopogonidae). – Studia dipterologica 3: 23-86.

SZADZIEWSKI, R., GROGAN, W. L. (1994): Biting midges from Dominican amber. I. A new fossil species of *Baeodasymyia* (Diptera, Ceratopogonidae). – Proc. Ent. Soc. Washington 96: 219-229.

SZADZIEWSKI, R., KRZEMINSKI, W., KUTSCHER, M. (1994): A new species of Corethrella (Diptera, Corethrellidae) from Miocene Saxonian amber. – Acta zool. cracov. 37: 87-90, Krakow.

SZADZIEWSKI, R., SCHLÜTER, T. (1992): Biting midges (Diptera, Ceratopogonidae) from upper Cretaceous (Cenomanian) amber of France. – Ann. Soc. Entomol. France 28: 73-81.

SZADZIEWSKI, R., SZADZIEWSKI, M. M. (1985): *Culex erikae* sp. n. (Diptera, Culicidae) from the Baltic amber. – Polskie Pismo Entomologiczne, 55: 513-518; Warszawa.

THOMAS, K. (1858): Einige Bemerkungen über eine den Bernstein und seine Begleitung betreffende Sammlung ostpreußischer Mineralien. – Neue Preuß. Prov.-Blätter, 3. Folge, 1: 218-232; Königsberg.

THURÓCZY, C. (1983): *Stethynium townesi* sp. n. from the Baltic Oligocene. (Hymenoptera, Mymaridae). – Reichenbachia 21: 123-125; Dresden.

TRJAPITZIN, V. A. (1963): A new hymenopteron genus from Baltic amber. – Pal. Zhurn. Moskva 3: 89-95.

TRJAPITZIN, V. A., MANUKYAN, A. R. (1995): *Electrocampe sugonjaevi* gen. et sp. n., the first record of a fossil Tertiary tetracampid (Hymenoptera, Tetracampidae, Mongolocampinae) – Amber & Fossils 1: 17-22.

TURKIN, N. I. (1997): Preliminary results of mikroscopic research of tangential wood imprints in Baltic amber – Metalla (Sonderheft) 66: 55-56.

TUTSKIJ, W. (1997): Geologie und Entstehung der Bernsteinvorkommen im Nordwesten der Ukraine – Metalla (Sonderheft) 66: 57-62.

UHNANN, E. (1939): Hispinen aus baltischem Bernstein. 81. Beitrag zur Kenntnis der Hispinen. (Col. Chrys.). – Bernstein-Forsch. 4: 18-22; Berlin (de Gruyter).

ULKE, T. (1947): A new genus and species of Curculionidae (Coleoptera) in Baltic amber. – Notulae naturae 193; 1-7, Philadelphlia.

ULMER, G. (1910): Über Bernsteintrichopteren. – Zool. Anz. 36: 449-453.

ULMER, G. (1912): Die Trichopteren des Baltischen Bernsteins. – Beitr. Naturk. Preussens 10: 1-380, Königsberg.

ULRICH, H., SCHMELZ, R. M. (1999): Enchytraeidae as prey of Dolichopodidae, recent and in Baltic amber (Oligochaeta; Diptera). – Bonn. zool. Beitr. (im Druck).

ULRICH, W. (1927): Über das bisher einzige Strepsipteron aus dem baltischen Bernstein und über eine Theorie der Mengeinenbiologie. – Z. Morphol. Ökol. 8: 45-62.

USINGER, R. L. (1939): *Protepiptera*, a new genus of Achilidae from Baltic amber (Hemiptera, Fulgoroidea). – Psyche 46: 65-67.

USINGER, R. L. (1941): Two new species of Aradidae from Baltic amber (Hemiptera). – Psyche, 48: 95-100.

USINGER, R. L. (1942): An annectent genus of Cimicoidea from Baltic amber (Hemiptera). – Psyche 49: 41-46.

VACHON, M. (1949): Ordre des Pseudoscorpions. – Traité de Zoologie 6: 437-481.

VAVRA, N. (1982): Bernstein und andere fossile Harze. – Z. Dtsch. Gemmol. Ges. 31: 213-254; Idar-Oberstein.

VAVRA, N. (1984): Bernstein – die Tier- und Pflanzenwelt fossiler Harze. – Schr.Verein z. Verbr. naturwiss. Kenntn. Wien 122/123: 67-96, Wien.

VINKEN, R. (1987): The Northwest European Tertiary Basin. – Geol. Jb., A, 100, 1-267, Hannover.

VOIGT, E. (1935): Die Erhaltung von Epithelzellen mit Zellkernen von Chromatophoren und Corium in fossiler Froschhaut aus der mitteleozänen Braunkohle des Geiseltales. – Nova Acta Leopoldina, N.F. 3, 14, 339-360, Halle.

VOIGT, E. (1937): Paläohistologische Untersuchungen an Bernsteineinschlüssen. – Paläontol. Z. 19: 35-46; Berlin.

VOIGT, E. (1938): Eine neue Methode zur mikroskopischen Untersuchung von Bernsteineinschlüssen. – Forsch. Fortschr. 14: 55-56.

VOIGT, E. (1952): Ein Haareinschluß mit Phthirapteren Eiern im Bernstein. – Mitt. geol. Staatsinstitut Hamburg, 21: 59-74.

VOIGT, E. (1952): Ein seltener Fund: Nissen im Bernstein. – Die Umschau, 52: 432; Frankfurt.

VOSS, E. (1953): Einige Rhynchophoren der Bernsteinfauna (Col.). – Mitt. geol. Staatsinstitut Hamburg, 22: 119-140.

VOSS, E. (1957): *Archimetrioxena electrica* VOSS und ihre Beziehungen zu rezenten Formenkreisen, (Col., Curc.). – Dtsch ent Z, N.F. 4: 95-102; Berlin.

VOSS, E. (1972): Einige Rüsselkäfer der Tertiärzeit aus baltischem Bernstein. (Coleoptera, Curculionidea). – Steenstrupia, 2: 167-181; Kobenhavn.

WAGNER, H. (1924): Ein neues Apion aus dem baltischen Bernstein. (Col. Curcul.). – Dtsch ent. Z. 1924: 134-136; Berlin.

WASMANN, E. (1926): Die *Arthropterus*-Formen des baltischen Bernsteins. (267. Beitrag zur Kenntnis der Myrmecophilen). – Zool. Anz. 68: 225-232; Leipzig.

WASMANN, E. (1926): Die Paussidengattungen des baltischen Bernsteins. (265. Beitrag zur Kenntnis der Myrmecophilen). – Zool. Anz. 68: 25-30; Leipzig.

WASMANN, E. (1927): Die Paussiden des baltischen Bernsteins und die Stammesgeschichte der Paussiden. – Tijdschrift voor Entomologie 70: 63-69.

WASMANN, E. (1929): Die Paussiden des baltischen Bernsteins und die Stammesgeschichte der Paussiden. 270. – Bernstein-Forsch. 1: 1-110; Berlin.

WEGIEREK, P. (1990): Aphid species from the Collection of the Baltic amber in the Museum of the Earth, Polish Academy of Sciences in Warsaw (Part one). – Prace Museum Ziemi, 41: 83-90.

WEGIEREK, P. (1996): Aphid species (Homoptera: Aphidinea) from the collection of the Baltic amber in the Museum of the Earth, Polish Academy of Sciences, Warsaw (Part two). – Prace Museum Ziemi, 44: 25-39.

WEGIEREK, P. (1996): Aphid species (Homoptera: Aphidinea) from the collection of the Baltic amber in the Museum of the Earth, Polish Academy of Sciences, Warsaw (Part three). – Prace Muzeum Ziemi 44: 41-44.

WEIDNER, H. (1952): Insektenleben im Bernsteinwald. (Ein Bericht über die Bernsteinsammlung des Geologischen Staatsinstitutes Hamburg.) – Entomologische Zeitschrift 62: 62-72 u. 88; Stuttgart.

WEIDNER, H. (1955): Die Bernstein-Termiten der Sammlung des Geologischen Staatsinstitutes Hamburg. – Mitt. Geol. Staatsinst. Hamburg 24: 55-74.

WEIDNER, H. (1956): Die Bernstein-Heuschrecken (Saltatoptera) der Sammlung des Geologischen Staatsinstitutes Hamburg (Orthopteroidea). – Mitt. Geol. Staatsinst. Hamburg 25: 82-103.

WEIDNER, H. (1956): Kotballen von Termiten im Bernstein. – Veröfft. Überseemus. Bremen A 2: 363-364.

WEIDNER, H. (1958): Einige interessante Insektenlarven aus der Bernsteininklusen-Sammlung des Geologischen Staatsinstituts Hamburg (Odonata, Coleoptera, Megaloptera, Planipennia). – Mitt. Geol. Staatsinst. Hamburg 27: 50-68.

WEIDNER, H. (1964): Eine Zecke, *Ixodus succineus* sp. n. im baltischen Bernstein. – Veröff. Überseemus. Bremen A 3: 143-151.

WEIDNER, H. (1970): Isoptera (Termiten). – In: Handbuch der Zoologie, 4 (2) 14: 1-89, Berlin.

WEIDNER, H. (1972): Copeognatha (Staubläuse). – In: Handbuch der Zoologie, 4 (2) 16: 1-94: Berlin, New York (De Gruyter).

WEITSCHAT, W. (1987): Bernstein der Insel Sylt. – In: Fossilien von Sylt (Hrsg: HACHT, U.): 109-121; Hamburg.

WEITSCHAT, W. (1996): Bernstein in der Deutschen Bucht und in Jütland auf 3., 4., 5. oder 6. Lagerstätte – in: GANZELEWSKI, M., SLOTTA, R. (Hrsg.): Bernstein – Tränen der Götter: 77-82.

WEITSCHAT, W. (1997): Bitterfelder Bernstein – ein eozäner Bernstein auf miozäner Lagerstätte – Metalla (Sonderheft) 66: 71-84.

WEITSCHAT, W. (1997): Zur Altersstellung des »Bitterfelder Bernsteins«. – Arbeitskreis Paläontologie Hannover 25: 175-184.

WEITSCHAT, W., WICHARD, W. (1992): Farbeffekte bei Komplexaugen von Köcherfliegen (Insecta: Trichoptera) im Bernstein. – Mitt. Geol.-Paläont. Inst. Univ. Hamburg 73: 223-233.

WERMUTH, H. (1966): Der Status von *Platydactylus minutus* GIEBEL 1862 (Reptilia, Sauria, Gekkonidae). – Stuttg. Beitr. Naturk. 163: 1-6.

WETTSTEIN, R. VON (1891): Der Bernstein und die Bernsteinbäume. – Schr. Vereines Verbr. Naturw. Kenntnisse in Wien 31: 363-386.

WETZEL, W. (1939): Miozäner Bernstein im Westbaltikum. – Z. dtsch. Geol. Ges. 91: 815-822, Stuttgart.

WETZEL, W. (1953): Mikropaläontologische Untersuchung des schleswig-holsteinischen Bernsteins. – Neues Jb. Geol. Palaeontol., Monatshefte, 1953: 311-321; Stuttgart.

WEYGOLDT, P. (1966): Moos- und Bücherskorpione. – Die Neue Brehm Bücherei 365, Ziemsen Verlag, Wittenberg.

WEYGOLDT, P. (1969): The Biology of Pseudoscorpions. – Harvard Univ. Press, Cambridge.

WHALLEY, P. (1978): New taxa of fossil and recent Micropterigidae with a discussion of their evolution and a comment on the evolution of Lepidoptera (Insecta). – Ann. Transvaal Mus. 31: 71-86; Pretoria.

WHEELER, W. M. (1910): Fossil ants. – In: Ants. Their structure, development and behaviour: 166-175; Columbia Univ. Biol. Series 9; New York.

WHEELER, W. M. (1915): The ants of the Baltic amber. – Schr. Phys.-ökon. Ges. Königsberg, 55: 1-142.

WICHARD, W. (1984): Fossil caddisflies in fossil resins. – Series Entomologica 30: 441-444; The Hague (Junk).

WICHARD, W. (1986): Köcherfliegen des Baltischen Bernsteins. 1. *Marilia altrocki* sp.n. (Trichoptera, Odontoceridae) der Bernsteinsammlung Bachofen-Echt. – Mitt. Bayer. Staatsslg. Paläont. hist. Geol. 26: 33-40, München.

WICHARD, W. (1988): Die Köcherfliegen – Trichoptera. – Die Neue Brehm-Bücherei 512 (2. Aufl.), Ziemsen Verlag, Wittenberg.

WICHARD, W. (1997): Schlammfliegen aus Baltischem Bernstein (Megaloptera, Sialidae). – Mitt. Geol.-Paläont. Inst. Univ. Hamburg, 80: 197-211.

WICHARD, W., ARENS, W., EISENBEIS, G. (1995): Atlas zur Biologie der Wasserinsekten. – G. Fischer, Stuttgart.

WICHARD, W., CASPERS, N. (1991): Caddis flies of Baltic Amber. 2. Fossil species of the genus *Rhyacophila*. – Proc. 6th Int. Symp. Trichoptera, Lodz-Zakopane 1989: 447-45, Univ Press, Poznan.

WICHARD, W., SUKATCHEVA, I. (1992): Köcherfliegen des Baltischen Bernsteins. 3. *Lithax herrlingi* n.sp., eine fossile Art der Goeridae (Insecta: Trichoptera). – Mitt. Geol.-Paläont. Inst. Univ. Hamburg 73: 217-222.

WICHARD, W., WEITSCHAT, W. (1996): Wasserinsekten im Bernstein – eine paläobiologische Studie. – Entomol. Mitt. Löbbecke-Museum+Aquazoo, Beih., 4, 1-122, Düsseldorf.

WILLEMSTEIN, S. C. (1978): Preliminary results of a pollen analysis of insects enclosed in Baltic amber. – Abstracts Ann. Meeting Palaeontol. Ges. Paleontol. Ass., Maastricht.

WILLMANN, R. (1989): Evolution und phylogenetisches System der Mecoptera (Insecta: Holometabola). – Abh. Senckenberg. Naturforsch. Ges., 544: 1-153; Frankfurt.

WITZTUM, A., PARTHASARATHY, M. V. (1985): Observation with the scanning electron microscope of a fly captured in amber. – Proc. Ent. Soc. Washington, 87: 676-677.

WOOD, D. M., BORKENT, A. (1989): Phylogeny an Classification of the Nematocera. – in: MCALPINE, J. F. (Editor): Manual of Nearctic Diptera. Vol. 3: 1333-1370, Hull, Quebec.

WOODLEY, N. E. (1989): Phylogeny an Classification of the »Orthorrhaphous« Brachycera. – in: MCALPINE, J. F. (Editor): Manual of Nearctic Diptera. Vol. 3: 1371-1396, Hull, Quebec.

WUNDERLICH, J. (1983): Zur Konservierung von Bernstein-Einschlüssen und über den »Bitterfelder Bernstein«. – Neue Ent. Nachr. 4: 11-13; Keltern.

WUNDERLICH, J. (1986): Fossile Spinnen in Bernstein und ihre heute lebenden Verwandten. – Spinnenfauna gestern und heute, 1: 283 S.; Wiesbaden (E. Bauer bei Quelle & Meyer).

WUNDERLICH, J. (1986): Liste der vom Baltischen und Dominikanischen Bernstein bekannten Familien fossiler Käfer (Coleoptera). – Entom. Z. 20: 298-301, Essen.

WUNDERLICH, J. (1988): Die fossilen Spinnen im Dominikanischen Bernstein. – Beiträge zur Araneologie, 2: 378 S.; Straubenhardt (Verlag J. Wunderlich).

WUNDERLICH, J. (1989): A new Type of Stellate Hairs in Amber. – Inclusion 9: 2; Krakow.

WUNDERLICH, J. (1993): Die ersten fossilen Becherspinnen (Fam. Cyatholipidae) in Baltischem und Bitterfelder Bernstein (Arachnida: Araneae). – Mitt. Geol.-Paläolont. Inst. Univ. Hamburg, 75: 231-241.

WUNDERLICH, J. (1993): Die ersten fossilen Speispinnen (Fam. Scytodidae) im Baltischen Bernstein (Arachnida: Araneae). – Mitt. Geol.-Paläolont. Inst. Univ. Hamburg, 75: 243-247.

WUNDERLICH, J. (1996): Nachträge zum Buch von Bachofen-Echt: Übersehene und neue Funde aus großen Gruppen (I) und eine aktuelle Übersicht (II). – als Anhang zu: BACHOFEN-ECHT, A.: Der Bernstein und seine Einschlüsse. Neudruck J. Wunderlich Verlag, Straubenhardt.

WUNDERLICH, J. (1997): Zur Bestimmung der häufigsten fossilen Spinnen im Baltischen Bernstein. – Arbeitskreis Paläontologie Hannover 25: 185-195.

WUNDERLICH, J. (1999 im Druck): Fossile Spinnen in Bernstein und Kopal und über verwandte heutige Spinnen. – J. Wunderlich Verlag (im Druck).

YABLOKOV-KHNZORIAN, S. M. (1960): Neue Käfer aus baltischem Bernstein. – Pal. Zhurn. 1960: 90-101.

YABLOKOV-KHNZORIAN, S. M. (1961): Helodidae (Coleoptera) from Baltic amber. – Pal. Zhurn. 1961: 107-116.

YABLOKOV-KHNZORIAN, S. M. (1961): New Elateridae from the Baltic amber. Pal. Zhurn. 1961: 84-97.

YABLOKOV-KHNZORIAN, S. M. (1962): Some Sternoxia (Coleoptera) from Baltic amber. – Pal. Zhurn. 1962: 81-89.

ZACHOS, J. C., LOHMANN, K. C, WALKER, J. C., WISE, S. W. (1993): Abrupt climate change and transient climates during the Paleogene: A marine perspective. – J. Geology 101: 191-213.

ZACHOS, J. K., STOTT, L. D., LOHMANN, K. C. (1994): Evolution of the early Cenozoic marine temperatures. – Palaeooceanology 9: 353-387, London.

ZADDACH, E. G. (1864): Ein Amphipode im Bernstein. – Schr. phys.-ökon. Ges., Königsberg 5: 1-12.

ZADDACH, E. G. (1868): Amber, its origin and history, as illustrated by the geology of Samland. – Quaterly J. Science 5: 167-185; London.

ZADZIEWSKI, R. (1985): Biting midges of the genus *Eohelea* PETRUNKEVITCH (Insecta, Diptera, Ceratopogonidae) from Baltic amber (in the collection of the Museum of the Earth). – Prace Muzeum Ziemi 37: 123-129; Warszawa.

Zaitzev, V. F. (1981): Vergleich der tertiären (Oligozän und Miozän) und rezenten Bombyliidenfauna Europas (Diptera, Bombyliidae). – Acta ento. jugoslavica 17: 103-106; Zagreb.

ZANG, R. (1905): Coleoptera Longicornia aus der Berendt-'schen Bernsteinsammlung. – Sb. der Ges. naturf. Fr. Berlin, 1905: 232-245.

ZANG, R. (1905): Über Coleoptera Lamellicornia aus dem baltischen Bernstein. – Sb. Ges. naturf. Fr. Berlin, 1905: 197-205.

ZANON, D. V. (1929): Le Diatomee dell'ambra. – Studi Etruschi 3: 427-450.

ZERICHIN, V. V. (1968): O novych nachodkach Curculionoidea iz baltijskogo jantarja. – Bjulleten Moskowskogo Obscestva ispytatelej Prirody, Otd. geol., 43: 156; Moskva.

ZERICHIN, V. V. (1971): The zoogeographical relationships of Baltic amber Rhynchophora (excluding Scolytidae). – In: Proc. 13th Int. Congr. Entomology, Moscow 1968, 1: 322-323, Leningrad.

ZEUNER, F. E. (1939): Fossil Orthoptera Ensifera. – Brit. Mus. nat. Hist. London 321 S.

ZEUNER, F. E., MANNING, F. J. (1976): A monograph on fossil bees (Hymenoptera: Apoidea). – Bull. British Museum (Nat. Hist.), Geol. 27: 149-268, London.

ZWICK, P. (1967): Beschreibung der aquatischen Larve von *Neurorthus fallax* (RAMBUR) und Errichtung der neuen Planipennierfamilie Neurorthidae fam. nov. – Gewässer und Abwässer 44/45: 65-86, Düsseldorf.

4 Verzeichnis der abgebildeten Holotypen

ARACHNIDA

Scorpiones

Palaeolychas balticus LOURENCO & WEITSCHAT, 1996 (Taf. 9)
Sammlung J. von Holt (Hamburg); Nr. Soslg. 66.

Pseudoscorpiones

Neobisium extinctum BEIER, 1955 (Taf. 10 c, Abb. 29)
SGPIH, Typ.Kat.Nr.262

Progonatemnus succineus BEIER, 1955 (Taf. 10 e, Abb. 30)
SGPIH, Typ.Kat.Nr.266

Electrochelifer balticus BEIER, 1955 (Taf. 10 f)
SGPIH, Typ.Kat.Nr.269

Araneae

Scytodes weitschati WUNDERLICH, 1993 (Taf. 15 c)
SGPIH, Typ.Kat.Nr.3597

Spinilipus teuberi WUNDERLICH, 1993 (Taf. 17 e)
SGPIH, Typ.Kat.Nr.3804

INSECTA

Heteroptera

Limnacis hoffeinsi POPOV, 1996 (Taf. 40 a)
Sammlung H.-W. HOFFEINS (Hamburg) Nr.251

Metrocephala anderseni POPOV, 1996 (Taf. 40 d, Abb. 55)
SGPIH, Typ.Kat.Nr.3750

Electromyiomma weitschati POPOV & HERCZEK, 1992 (Taf. 41 b)
Sammlung G. HERRLING (Bramsche) BBHet.2.

Proptilocerus dolosus WASMAN, 1932 (Taf. 43 a, b)
SGPIH, Typ.Kat.Nr.3805

Colarhamphus mixtus PUTSHKOV & POPOV, 1995 (Taf. 43 c)
SGPIH, Typ.Kat.Nr.3602

Aradus frateroides HEISS, 1998 (Abb. 57 c)
Sammlung E. HEISS, Innsbruck

Aneurus ancestralis HEISS, 1997 (Taf. 42 e)
Sammlung E. HEISS, Insbruck

Intercader weitschati GOLUB & POPOV, 1998 (Taf. 44 b)
SGPIH, Typ.Kat.Nr.3800

Paleocader strictus GOLUB & POPOV, 1998 (Taf. 44 c)
Bayrische Staatssammlung für Paläontologie und Historische Geologie, München (BACHOFEN-ECHT) Nr.0.130

Tingicader cervus GOLUB & POPOV, 1998 (Taf. 44 f)
SGPIH, Typ.Kat.Nr.3801

Sternorrhyncha (Psylloidae)

Parascenia weitschati KLIMASZEWSKI, 1997 (Taf. 49 g)
SGPIH, Typ.Kat.Nr.3752

Megaloptera

Sialis (Protosialis) baltica WICHARD, 1997 (Taf. 51 b, Abb. 65)
Sammlung G. HERRLING (Bramsche), Nr. Meg.1

Sialis groehni WICHARD, 1997 (Taf. 51 a)
Sammlung C. GRÖHN (Glinde bei Hamburg), Nr.826.

Coleoptera

Paonaupactus sitonitoides VOSS, 1953 (Abb. 20 b)
SGPIH, Typ.Kat.Nr.197.

Glaesotropis weitschati GRATSHEV & ZHERIKHIN, 1995 (Taf. 64 c)
SGPIH, Typ.Kat.Nr.3630.

Glaesotropis minor GRATSHEV & ZHERIKHIN, 1995 (Taf. 64 d)
Sammlung Paleontological Institute, Russian Academy of Sciences, Moscow Nr.964/80

Trichoptera

Marilia altrocki WICHARD, 1986 (Taf. 77 e, Abb. 84)
Bayerische Staatssammlung für Paläontologie und historische Geologie München (BACHOFEN-ECHT) BSP 1958 VIII K 2

Siphonaptera

Palaeopsylla dissimilis PEUS, 1968 (Taf. 89)
SGPIH, Typ.Kat.Nr.825.

SGPIH = Sammlung Geologisch-Paläontologisches Institut und Museum, Universität Hamburg

5 Register der Familien, Gattungen und Arten